汉服通论

杨　娜　张梦玥
刘荷花◎著

中国纺织出版社有限公司

内 容 提 要

本书共分为三篇：第一篇前世今生，阐释古代汉服体系的起源、发展与演变特征，结合实践论证现代汉服是古代汉服的接续与传承，是为汉服正名；第二篇汉族服章，揭示并重构现代汉服这一完整的服饰体系，围绕汉服是什么、如何穿、怎么穿的实践核心问题，是为汉服正位；第三篇续写青史，明晰"汉服学"概念，建构现代汉服理论，推动其创造性转化和创新性发展，是为汉服正方向。

图书在版编目（CIP）数据

汉服通论 / 杨娜，张梦玥，刘荷花著 . -- 北京：
中国纺织出版社有限公司，2021.10

ISBN 978-7-5180-8642-9

Ⅰ.①汉… Ⅱ.①杨… ②张… ③刘… Ⅲ.①汉族 −
民族服装 − 研究 − 中国 Ⅳ.① TS941.742.811

中国版本图书馆 CIP 数据核字（2021）第 120345 号

责任编辑：徐屹然　巨亚凡　　责任校对：江思飞
责任印制：何　建

中国纺织出版社有限公司出版发行
地址：北京市朝阳区百子湾东里 A407 号楼　邮政编码：100124
销售电话：010—67004422　传真：010—87155801
http://www.c-textilep.com
中国纺织出版社天猫旗舰店
官方微博 http://weibo.com/2119887771
北京华联印刷有限公司印刷　各地新华书店经销
2021 年 10 月第 1 版第 1 次印刷
开本：710×1000　1/16　印张：26.5
字数：393 千字　定价：128.00 元

序言一 | 杨丽丽

中国传统文化促进会会长

自古以来，中华文明就以博大精深著称于世，一袭华美的衣冠更是随着举世闻名的丝绸之路走向世界。这么多年来，我与国际友人交流时，无不对我们中华悠久灿烂的历史文化叹为观止、称赞有加。可见我国历史文化资源是多么丰富和灿烂，在世界文明史上有着举足轻重的地位。

但是不得不承认，我们有很多优秀的传统文化并没有得到很好的继承，比如拥有五千年历史的中国服饰文化，在现实生活中几乎找不到踪影。不管是在日常生活中，还是在庆典礼仪中，几乎都是西式服饰，以致于还有一首歌是这样唱着："洋装虽然穿在身，我心依然是中国心。"那么与洋装相对的中国服饰，又是什么呢？

这个问题一直困扰着我，我们博大精深、悠久灿烂的中华文明难道没有相配套的服饰体系吗？我不是服饰专业的，这个问题一直藏在我的心底，一直看到有这样一群年轻人，百折不挠、坚持不懈地宣传推广汉服文化。汉服是汉民族传统服饰体系，也是中华服饰体系中的重要组成部分。当我在现实生活中看到汉服时，突然明晰了古代诗文中"虹裳霞帔步摇冠、钿璎累累佩珊珊"的描述：原来，我们的中国衣裳，可以这样美丽。

据我所知，很多矢志不渝宣传推广汉服的人们都是挤出业余时间，全凭热情投身于这份事业。这群人中，我意外地发现，除了年轻人，也有中年人，还有老年人，天南地北的他们，因为一个共同的目标而聚集在一起，并且为了复兴汉服而坚韧不拔地努力和付出，取得了今天的成绩。漂亮衣服千千万，为什么他们十几年如一日地坚持这件衣裳呢？我在想，恐怕不仅仅是因为衣服好看吧，更有可能，支撑他们热情似火的，是心中对中华文化赤忱的热爱，是发自内心的爱国主义。这份赤忱，这份信念，让我把他们从人群中辨认了出来，清清楚楚地辨认了出来，最大的特点就是：他们心里有火、眼里有光，愿意用满腔的热情去换得华夏衣冠再回人间。

从五千年历史中走来的汉服体系，是我们建设社会主义文化的极好的基础材料，我们需要对其进行分辨和扬弃，创造性、创新性地继承和发展。在杨娜、张梦玥、刘荷花三人合著的《汉服通论》中，我看到了她们对中国传统文化的"温情与敬意"，也看到了她们将汉服现代化建构的殷切希望。

我原先以为这本书就是一本介绍中国服饰史的书籍，就是一本向读者普及传统服饰文化的读本。当我细细阅读之后，发现与我想象的大不一样，充满了突破性的创见，无论是内容还是架构，都有着让人耳目一新的感觉。

从历史中梳理出中国衣冠的发展脉络，敏锐地指出现在汉服研究中存在的问题，提出了建构汉服体系的理论，初步搭建了关于体系的框架，畅谈了关于"汉服学"的设想……不仅是从历史内容的抉微钩沉，更是一本关于汉服研究方法论的书籍，有许多打破陈见、慧心独具的观点和思路。我没有深入研究过汉服，但是从这本书中，我看出了作者们长达十几年来殚精竭虑、苦苦求索真理的痕迹。

不可否认，这本书尚有许多瑕疵，但是瑕不掩瑜，从作者们提出"建构现代汉服体系"的观点，我领悟到她们是着眼于现在，不是穿越回古代，而是寄希望于未来。相比已有的古代服饰研究，这种没有人走过的道路，显得异常艰辛和曲折，可想而知她们在探索过程中遭遇到的困境和挫折。

汉服运动是中国当代社会史极其重要的一项社会现象，每一步都充满了巨大的争议，就像一面多棱镜，折射出了我们当代中国文化思潮中的各种影像，颇具田野调查的意义。在《汉服通论》中，我隐约读出了作者们想要探索"民族传统文化现代化"路径的热情和抱负，似乎看到了她们超越形下之器谈论形上之理的努力和气质。正所谓"太上三不朽，立德立功立言"，在汉服商业价值越加凸显的今天，能够依然站在学术的、理论的阵地上坚持输出的，几乎都是怀着执着之心，循道而行；又所谓"十年饮冰，难凉热血"，能够在纷纷纭纭、复杂混乱的社会运动中保持理性思辨的头脑、金石可镂的精神，自成一家之言，更为难得。我希望能够继续看到汉服理论的成熟、体系的完善，希望从今天的地基和框架出发，早日落成美轮美奂的学术大厦。

序言二 | 蒋金锐

国家级高级服装设计师

北京服装学院教学督导

原服装系服装设计教研室主任

硕士研究生导师

近年来，汉服运动风起云涌，方兴未艾。

我目睹着群众性的汉服着装状态，关注着汉服市场动态，观看并参与了汉服相关的民俗活动。一直以来，被汉服参与者的热情和执着所感动，为中华民族的悠久历史和灿烂文化而自豪。同时我也注意到了社会上关于汉服的争论和热议话题。

2019年夏天，在汉服领域发生了一件重大事件。8月16日这一天，我邀请杨娜博士走进了北京服装学院，并做了一场关于汉服的学术报告。

这是汉服运动划时代的一天。这一天汉服运动的参与者第一次登上了我国服装业界的最高学术殿堂。在这次讲座中，杨娜博士身着汉服侃侃而谈，引经据典，阐述了她对汉服，对于汉服运动，以及汉服形制的看法和论点。

杨娜博士在讲台上的第一句话就告诉大家，今天是具有里程碑意义的日子。汉服运动终于从群众性的热烈，升华到了文化殿堂学术研究和冷静思考。

汉服运动的自发性和群众性带给我诸多思考。作为服装文化艺术的研究者和服装教育工作者，我们对于汉服运动的社会性、重大性不应熟视无睹。在我接触到的诸多与汉服的相关书籍与文章中，中国人民大学出版社2016年8月出版的杨娜博士的《汉服归来》给我留下深刻印象。该书的作者杨娜博士以服装文化艺术的研究者和传播者的科学态度，肩负了汉服运动文化回归的历史使命，客观地引发了汉服的研究与教学群体的共鸣，自然地纳入了我所主导的两个涉及中华传承服装项目范畴之中。

杨娜博士不仅仅是一个汉服文化的忠实热爱者，是汉服运动的积极参与者，而且她还是一个擅长在热度中保持清醒，在众说纷纭中保持冷静见解和学而不倦的年轻学者。她具有诚恳而充满自信的睿智，具有很强的沟通能力与合作精神，具有善良、高效、责任心和使命感。这正是我希望看到的年轻人所具备的难能可贵的品质。我欣赏并且赞同杨娜博士的观点和论述，并且肯定她的萃取、归纳能力和前瞻性。

　　非常高兴在这个时机结识了杨娜博士，在我们的研讨和交谈中，我们发现并感觉到了巨大的默契和共同点。我们一致认为，汉服的根本出路在于文化的回归。汉服运动的社会属性是文化艺术。

　　我本人主导的北服中华服装文化传承项目，于2019年夏《唐代风格汉服设计与工艺》暑期培训如期开班。我首次鼎力邀请杨娜博士到场任教。杨娜博士不负众望，塑造精彩，从而使我们共同铸就了中国汉服运动的里程碑。

　　上个学期的寒假初始，北京服装学院应时推出了《首届汉服模特表演班》培训，填补中国高等院校服装设计与表演专业汉服模特专业课程教学的空白，实现了又一个里程碑。为此，我们组成了强大的教师团队。我再一次推荐杨娜博士参与其中，并且安排她在第一天开讲。当课程即将结束的时刻，所有学员穿着汉服，在北服的表演厅展示了一场别开生面的汉服模特结业秀，取得了令人满意的教学效果。杨娜博士牺牲了自己的年假，培训期间全程坚守在课堂上，为了结业秀奉献了十套崭新的丝绸汉服，感动了每一个人。在所有教师群策群力协调配合下，此项目获得了创新性、突破性的教学成果，在汉服运动中同样具有划时代的意义，杨娜博士功不可没。

　　由于杨娜博士多次在北京服装学院的汉服培训项目中授课，并且获得了权威部门专家的考核和肯定，因此被授予了北京服装学院的特聘教师证书。

　　伴随着汉服运动轰轰烈烈快速发展，汉服市场面临井喷之势，杨娜博士的《汉服通论》适时地问世了。

　　杨娜博士平和而周密的阐述，避开争论。大胆地总结和归纳，形成了独特的、比较全面的立论。

　　《汉服通论》是杨娜博士的精心之作。在此，我向广大的汉服爱好者和广大读者强力推荐杨娜博士的新著《汉服通论》。我坚信这本书会给汉服运动和汉服行业带来一股清新春风，对汉服运动的健康发展，将起到非常积极的推动作用。我也非常赞赏杨娜博士刻苦钻研的精神和科学态度。虽然杨娜不是服装专业行内的研究者，但是，读者可以在她著作的字里行间看到她严肃认真的探讨，看到她一点一滴的努力和心血的付出。在她的书中，最值得赞赏之处是实现了对于服装文化本质研究体系的融入。我真诚地希望汉服爱好者和广大读者能够对书中争议点有所包容，因为这毕竟是汉服运动文化回归的重要一步。

目前，北京服装学院已经为汉服文化的传播独辟蹊径，向汉服爱好者提供学习进修及各种汉服活动的平台。汉服论坛、汉服品牌产品宣传、汉服模特选拔比赛等丰富多彩的活动已经排上日程。培养汉服专业人才，进入汉服设计师岗位，以及文化旅游、文化创新，均纳入其中。为此我再一次向汉服文化的爱好者真诚推荐杨娜博士的《汉服通论》。在她的书中学习系统的汉服理论知识的同时，可以读到作者的良苦用心，作者的科学严谨的精神，以及作者对汉服运动健康发展所寄予的厚望。

我相信，杨娜博士也会带着她的《汉服通论》及不断创新的研究成果，怀揣教书育人的热忱，时常走进北京服装学院的讲堂。

序言三 | 王冠

中央广播电视总台财经评论员

能够受邀为本书作序，深感与有荣焉。虽然油腻如我常年一身尾货运动服，自身时尚气质和对汉服的研习都是路人甲的水平，想来汗颜，但因为对历史略知一二，所以深知此事难度非比寻常。对于作者杨娜和她团队的各位伙伴十分钦服。

第一次见到杨娜，是在一个大型活动上。这个身材高挑的"80后"女生很容易吸引旁人的目光。随后你会注意到她那双漂亮的眼睛，和笑意盈盈的热情眼神。然而随着更为深入的接触，我逐渐读懂了杨娜目光中的执着与坚定。

我工作的中央人民广播电台大楼，地处北京复兴门立交桥西南角。我平日判断北京空气质量和PM$_{2.5}$浓度，并不是看各种APP，而是自己可否从14楼的办公室窗户看到北海的白塔。每次看到它，我都会有些出神。大约因为我是北京人，这座藏式白塔就是我的乡愁吧。白塔兴建于清顺治八年（公元1651年），彼时满清刚刚入关7年，清政府通过大力宣扬藏传佛教来团结蒙藏诸部。而其实早在辽代，北海公园一带已经是辽国的皇家御苑。公元1004年，大辽发兵南下，边打边谈。最后在河南濮阳一带和北宋签订了澶渊之盟，双方换来了百年的和平时光。此后以金代辽，以元代金，直至明军北伐和满清入关。历史的车轮滚滚前行，留下了多少无情与深情。

今年是紫禁城建成600周年，在1420年紫禁城修建好后的第二年，完成验收工作的明成祖朱棣不顾朝野的诸多反对，将明帝国的首都从南京迁到北京。为什么此事如此重要？不仅因为帝国的命运从此改写，也因为从1421—1644

年满清入关这二百二十余年是北京在上一个千年的中国封建王朝时期（公元1000—1911），唯一作为汉王朝首都的时刻，大约仅占总时长的四分之一。而这个四分之一来得还颇有些侥幸和偶然的味道。

我讲述这些并不深沉的历史架构，是想说明一个很直观的问题：写一部关于汉服的学术著作是何其的艰难。《诗经》的三百首传世佳作，有大约五分之一都有关于服饰的正面和侧面描写，其历史跨度至今大约有三个千年。而长城作为15英寸等雨线，其南北交互并非只有烽火狼烟，还有诸多经济活动。这其中当然包括衣着服装的生产，贸易和美学流行风尚。可以说服饰既是一个国家和民族的最为显性直观的文化符号，也是一个动态发展的更新迭代过程。而对于中华民族这样历史悠久的民族共同体来说，汉服的组成元素和历史脉络何其繁芜。想必杨娜团队在落笔探佚之时也曾陷入深深的思索与彷徨：汉服之"汉"，究竟是一个血缘和地缘概念，还是文化概念？抑或其实是一种方块字的儒家文明板块概念？汉服的坐标轴原点在哪里？孔子和学生们的束发右衽，东晋时代的衣冠南渡，长安歌姬的血色罗裙，还有李香君在秦淮河畔的低吟浅唱……到底哪个时刻才是当下汉服的基准线？更关键的是，时代已经到了2020年，我们该用一种什么样的眼光去看待汉服？我们真正要坚持以及继承发扬的内在价值究竟是什么？

看到以上一连串的疑问句，希望不会增加您对于翻开此书的纠结与抗拒。而是希望能有助于您明确阅读的基调与期待。这本书的名字是《汉服通论》，而不是什么《汉服最炫流行风》之类的网感书名。已经说明了作者团队的学术素养和行文初心。没有避重就轻，没有故弄玄虚，而是以大巧不工的严谨治学精神，为您展现关于汉服的煌煌长卷。

在这喧嚣的尘世中，究竟是什么让你怦然心动？青青子衿，悠悠我心。那青色的恋人的衣领，至今诉说着萦绕千年的相思情愫。我一直认为这城关之上难以抑制的守望与相思，是十分东方的性感。真正的性感不是一系列的视觉刺激，而是那些关于自己内心涌动真正的热爱与坚持。杨娜和她的团队已经立于时代的城阙之上，眺望汉服风潮十数年有余。如今厚积薄发，写就《汉服通论》。接下来就让我们在作者的指引下，来一同领略汉服于历史深处生发的呐喊、叹息与无限荣光。

目　录

第一篇
前世今生

第二篇

汉族服章

第三篇

续写青史

第一篇

前世今生

「黄帝、尧、舜垂衣裳而天下治，
盖取诸《乾》《坤》。」

——《周易·系辞下》

引言

汉服——全称汉民族传统服饰体系，分为古代和现代两个历史阶段。古代汉服源自黄帝创制衣裳，至清初"薙发易服"政策消亡，是自成一体的服饰文化体系；现代汉服为现代继承古代汉服基本内容而建构的民族传统服饰体系。现代汉服是体现汉民族优秀传统文化及现代精神，表现民族特征与性格，寄托民族情感，凝聚民族认同，明显区别于其他民族服饰，由人民自主选择与推动，为现代人服务的民族传统服饰体系。又称华夏衣冠、汉衣冠和华服，是现代中国文化乃至中华文明的一个重要组成部分，综合历代汉服普遍共性提炼出："平中交右、宽襟合缨"八个字，不仅是对外观的描述，更蕴含了与中华文化息息相关的内涵，也是汉服体系的典型标志。

　　服饰之于中华绝非一件小事。在人类服饰这一色彩斑斓的史书中，汉民族服饰也是其中一颗璀璨的明珠。古人对于服饰的重视，除了"避寒暑、御风雨、蔽形体、遮羞耻、增美饰"等一系列人类通行的实用功能外，还有着"知礼仪、别尊卑、正名分"等特殊意义，其中各部分的文明理念，也连接着《易经》《论语》一系列的中国哲学之本，融入了传统的"礼治"精髓。"衣冠之治"不仅上升到民族、文化与国家的认同高度，更成了中国古代社会政治统治的一个重要组成部分，与国家制度、礼仪文化密切相连，为历代认同华夏文明的王朝所遵从，被东亚邻邦政权所认同，源远流长。

　　汉服不仅体现着鲜明的民族特征，也带有浓烈的自然伦理、信仰和历史等文化内涵，衣裳制、衣裤制、深衣制和通裁制各类形制的演变历程，完全是一部"穿在身上的史书"，记录着中国文明变迁、扩大和发展的步伐。古代汉服的起源与汉民族的起源一样，并非一蹴而就，它是一个不断发展的过程。这是因为民族服饰的发展不等于朝代服饰史的更替，有着一次次鲜明的标志，而是在循序渐进中逐步前行，汉文明的发展史有过多种社会形态，也有着文明的盛衰演变，但是却是世界上四大文明发源地唯一从未中断过历史的一个古老文明。汉文明的博大精深，源远流长，更是彰显了服饰文化的丰富多彩。"文化一旦产生，立即向外扩散，这就是'文化交流'。人类走到今天，之所以能随时进步，重要原因之一就是文化交流❶。"服饰文明更是如此，随着文化的交流与扩大，汉民族服饰不仅吸收了其他民族服饰的元素，也影响了东亚各个国家的服饰发展。

文献之中，无论是"衣冠"还是"汉服"的称谓，都曾指代昔日灿烂与辉煌的民族服饰。与汉人自称的"衣冠"相比，"汉服"往往是源自异族的他称，表示汉族人或汉朝人的衣着特征，与异族人或他朝的服饰相对应，突出的是穿衣者为汉民族或汉朝的身份属性。然而，现代汉服语境中的"汉服"与中国历史文献典籍中的"汉服"并不能完全等同，既不能等同于汉朝的服装，更不能认为是汉族族称确定后民众所穿的服饰才能真正称为汉服，这些都是片面的。因为服饰起源讲究的是"源"与"流"的关系，若是抛开汉朝确定汉族族称之前的服饰，或是单就汉朝时期的服饰作为汉族服饰的起始，这就抛弃了服饰起源的根本"源流"所在。今天所说的汉服，是指现代人基于在古代汉服的基础上，即根据历史上汉族人所穿过的常服、礼服、朝服等典型款式，明显区别于其他民族服饰体系的文化服装，突出服饰本身自成一体的结构、搭配、审美和文化，而从生产生活实践角度进行的传统汉民族服装的传承与重构。

按照中国历史的脉络，古代汉服体系的发展可以分为三大阶段：诞生期、发展期与消亡期，每一阶段都不是"扶摇直上"，也不是"江河日下"，而是伴随着汉文明的变迁与兴衰，有着跌宕起伏的发展历程。在消亡期前的不断积淀、更迭的过程中，汉族服饰的款式、体系与文化在不断丰富、庞大与完善。而汉服的消失，更不是自然演化，而是因为政权更迭被迫消失的民族服装。整体来说，在五千年的历史长河之中，汉族服饰的演变也是文明的侧影，与文明史风雨同舟，共同谱写了一部波澜壮阔的服饰史。

但是由于汉服在三百多年前从人们的世俗生活中被中断、被遗忘，现代汉服的复兴除了需要面对其他民族服饰所遭遇的现代化演化问题之外，还亟须重新在现代社会生活中建构一套汉民族传统服饰体系。在此过程中，对于一个断裂过的汉服体系，在古与今、东与西、旧与新的碰撞中，服饰体系本身所呈现出的断裂、变异、扭曲的特质也愈加突出。毕竟，现代汉服复兴面临的问题，不是单纯

---

❶ 季羡林. 东方文化集成·总序. 昆仑出版社, 2006(10): 1.

的使一件服饰流行起来，而是在已经现代化的社会中接续起断裂的传统。

按照现代汉族的民族服饰的定位，汉服本应该是一个独立的，历经数千年发展而定型的服饰文化体系，是汉族的民族服饰，是汉族的形象符号，甚至在一定程度上可以作为中华民族的身份认同标识。但是由于历史上断代的客观事实，再加上后来诸多因素，最终导致了人们对汉族的民族服饰概念淡漠甚至有了深深的误解。其中的争议点，主要围绕在"汉""服""民族""传统""文化"五个词的理论阐释上。诚然，中国国家与汉民族的内涵各不相同，不能简单地混淆历史上的政治实体与民族实体的关系，更不能混淆了编年史记事体下的服饰制度与民族服饰的发展，将古代汉民族服装史与中国传统服饰史画上等号的理论。长期以来导致关于汉服的诸多争议。对于汉服的很多研究多是依托古代服饰史，即按照朝代论和名物训诂的思路审视汉服，但这一点又是忽略了服饰"源流"之上的整体性，让社会上增添了各种各样对于汉服的误读与质疑。

今天，在汉服复兴的进程中，除了大量身体力行的实践者，通过持续不断地"穿"，以汉服复兴运动的形式，反反复复地把汉服呈现在现代社会中，重建汉民族民俗服装的基础，还需要一整套理论的修订和重构。也就是说，结合大量汉服爱好者们在社会公共空间中，颇具建构主义特点的活动❶，以及大量款式先行的建构实践应用，建构一套与"建构主义活动"相匹配的现代汉服理论，重构当代的汉族服饰体系，进而破除"汉服言说与汉服运动理论具有强烈本质主义色彩"这一困境，弥补汉民族服饰缺位这一尴尬，使汉服成为现代中国诸多中式服装和多元文化的一个重要组成部分。

这里的重构，实际上是分了两步来完成：第一步，鉴于很多人眼中并没有汉族民族服饰这一概念，首先要厘清古代汉服在历史上的本来面貌，将汉民族传统服饰的概念从中国古代服饰史的遮蔽中呈现出来，为现代汉服的研究理论打下基础；第二是完成现代化的进程，明晰现代汉服研究是一个全新的理论范式，让现代汉服以款式体系的方式，实现古代汉服到现代汉服的转变，亦即"弯道超车"，最后形成一套立足于民族性与传统性的汉民族服饰理论，进而指导21世纪现代汉服的理论重构与发展。

第一步，建立一套汉民族服饰概念。考虑到目前并没有成型的古代汉民族服

---

❶ 周星. 本质主义的汉服言说和建构主义的文化实践——汉服运动的诉求、收获及瓶颈. 民俗研究,2014(3).

饰史，对于汉服的研究，首先是要树立古代汉民族服饰整体体系的理论框架，提炼归纳出汉民族服饰的特征，从民族服饰的角度，建立起汉民族传统服饰体系的观念。也就是从浩如烟海的古代服饰史中，立足汉民族的民族发展史、思想史、文明史，解构中国古代服饰史，把汉服的概念从历朝历代的古装概念中分离出来。因为服饰的文化价值具有"历时变性"和"共时差异"，表现在服饰上则是"体系历时性"和"形制共时性"。所谓"历时变性"是时间上的可变性，指同一地域里不同时代的文化有不同时代的价值解读；"共时差异"是空间上的差异性，指同一时代不同地域里的文化有不同地域的价值理解。在中国古代服饰史中，更多的描述基础是"共时差异"，即按照时间整理出不同款式的差别，采用常见的"朝代论"和名物训诂的方式，形成一个朝代一个风格的感觉，更是让人们认为古代服饰是由"汉代服装""唐代服装"构成的中国古代服饰朝代感受，而淡泊了汉民族服饰体系的概念，甚至有"汉族"从来都不在的感觉。更不能站在文物考据的历史上，采用文物作为唯一的衡量标准，把现代汉服与中国古代服饰史画等号，用"唯文物论"来指导现代汉服的款式设计，这样所做的服饰，不过成了考古文物的复原实践品，更是混淆了日用层面"当世之服"与精神层面"传统服饰"的内涵。

　　这里的古代汉服体系，将立足"历时变性"的特征，通过对古代服饰形制的反复比较与综合思考，梳理汉服体系的变化、发展与演变，把这盘根错节的历史关系梳理清楚，形成汉民族服饰体系的概念。即立足民族文化发展视角，根据历朝历代的基本款式，挖掘汉服体系的服饰、文化和思想的共性，以及服饰形制的演变轨迹，淡化朝代、文物和款式的个性，使汉服研究从中国古代服饰史的研究中独立。换句话说，是从服饰体系的起源、特征、发展、应用、文化等角度，重建人们对于汉民族传统服饰体系概念的认知，把"汉服研究"这一理念从中国传统服饰史、名词训诂等诸多学科、方向、主义的遮蔽中提炼出来。这里的"汉服研究"也是理论自觉的一种表现。

　　在重新梳理古代汉服脉络时，主要检验有三个维度：理论检验、历史检验和实践检验。理论检验是指汉服在古代是实际存在的，是隶属华夏民族文化范畴的民族服饰，是在影响力的缩小与扩大中不断演变的服饰体系，即"古代汉服再发现"。历史检验是指尊重历史事实，在历史文献和文物中明晰汉服存在和演化的依据，进而明确汉服的概念、内涵、外延、别称等内容，也是对现代汉服的重新定义。实践检验是指经得起一代又一代人传承，同样只有不断引入那些新时代设计的，又可以风行不衰的款式，才是传承又发展的民族服饰，这也是今天接续古代汉服与现代汉服，复兴与重构汉服体系的核心依据。

第二步，接续现代汉服与古代汉服。由于历史原因，汉服已经从人们的生活中消失，对于现代汉服的复兴实践，可以把它看作是古代汉服体系断裂后的接续发展。主要方法是在全盘掌握古代汉服发展脉络的基础上，借鉴其他民族服装体系的理论研究思路，改变单纯名物训诂办法，采用分析考古文物，挖掘边缘记忆资料等方式，立足于现代汉服复兴运动的实践，实现古代汉服与现代汉服的接续，建构一套立足于民族性与传统性的汉民族传统服饰体系的理论，进而指导21世纪现代汉服体系的建立和发展。

重构，意味着在原有基础上的建设。这里面还有三点误解需要澄清：第一点，不能因为古代汉服的断裂，而否认汉服乃至汉民族的真实存在，否定今天人们从古代汉族服饰中提取基因的行为。第二点，接续现代汉服与古代汉服的发展，要做的是"取舍"，即"取其一脉相承的整体框架，舍其过于突出的时代特征"，梳理汉服体系的整体概念，以物质层面的款式先行和理论层面的汉服研究，共同推动"华夏衣冠"这一影响深远服饰体系的整体复兴。第三点，重构是在已有基础上的延续，但绝不是反向抨击，这里重要的是对传统服饰和文明有文化自觉自知之明的前提下，深入理解现代化的含义，进而完成传统的接续。只有重新明确汉服是"汉民族传统服饰体系"之名，完成现代汉服与古代汉服的理论接续，才能促使汉服真正地传承下去。

这一篇要做的是为汉服正名——从汉服的概念和定义出发，论证汉民族传统服饰体系是延续数千年、自成一体的真实概念，是历史和现实的统一体，也是形式与内容的统一体，有着典型的民族性与传统性，取代"汉服是伪概念，汉民族服饰是单薄款式、历代服饰相杂糅"的认知。不仅要把对古代汉服的研究从中国古代服饰史的框架中提炼出来，还要使现代汉服从文献史料、考古文物、边缘记忆、民俗服饰的遗迹中找回，依据大量款式的实践与重构，重新建立汉民族服饰这一概念与实物，用同一性、传承性、完整性、多样性、自觉性的思路，去理解古代汉服与现代汉服的重构。最后，重新论述汉服复兴运动的目标与意义，探寻现代汉民族服饰款式重构的方法论，建立现代社会中民族服饰的概念与内涵，辨析汉服运动中的误会与不解，为古代汉服与现代汉服建构起理论的接续，更是为下一篇现代汉服体系的重构探索奠定思想基础。

第一章

垂衣裳文明伊始

中国历史上素有"衣冠上国"的美誉，自"黄帝创制衣裳"起，以华夏文明为核心的服饰制度，更是成为文明史的重要组成部分。服饰作为实用的生活必需品，伴随着人类的诞生而创造出来，是先有蔽体御寒、遮羞美体的基础性功能，再慢慢发展出其他功能和文化内涵。汉服体系中的衣、裤、裙，这类最基本、最经典的服装样式，同原始社会服饰相似，由本民族先民首创，并不断地随着生产力发展和文化进步而丰富完善，最终发展为衣裳制（分裁）、衣裤制（分裁）、深衣制（分裁连属）、通裁制四个大类，为衣冠上国的服饰、礼仪、文明、政治制度奠定了基础。需要说明的是，古代汉服体系还包括了戎服、甲胄等内容，但是这一类属于特定用途的功能性服饰，有着相对特定的发展脉络，本书限于篇幅，暂不涉及。

第一节　汉服体系诞生初记

21世纪的今天，在谈及汉服体系的发展历史时，通常包含了汉民族先民炎黄部落和华夏族时期的服饰，这是因为"汉民族不仅完全继承了其前身华夏民族的全部文化遗产，也由于秦始皇和汉武帝的'海内为一'，也使汉民族文化'定于一'而定型❶。"自黄帝创制衣裳起，在历史的发展中又在不断与其他民族借鉴、交流和融合，逐渐形成的服饰体系。虽然历史上有诸多名称，但是最终采用统一的名词概念——汉服，依据的是汉族这个现实存在的民族，依据的是历史上源远流长的服饰脉络，以及外族眼中的典型民族服饰风貌。

一、远古时代　布衣之初

远古时代人类多穴居于深山密林之中，过着"茹毛饮血，食草木之食，衣禽兽之皮"的原始生活。《后汉书·舆服志》记载："上古衣毛而冒（帽）皮。"可

❶ 徐杰舜. 文化视野: 汉民族文化史分期纲要. 广西民族大学学报: 哲学社会科学版, 2015(6): 35–38.

知，黄帝时代以前中国先民以兽皮做主要服装材料，系扎衣服也可能采用的是动物的韧带。中国服饰的起源非常久远，在距今三万年的旧石器时代北京周口店山顶洞人遗址中，"发现有与服饰关系密切的一枚骨针和141件钻孔的石、骨、贝、牙装饰品❶。""山顶洞人以兽皮为材料制作披围式'服装'……原始的兽头帽、皮甲、射韝、胫衣之类的部件衣着在旧石器时代率先发明，并因此引导出一般衣服。"❷

此后，麻布作为布衣之祖出现，人类开始着麻布制的衣服。后来，又发明了饲蚕和丝纺，使人们告别了以树叶蔓草为衣的初级装束，开始进入日臻完备的纺织时代。相传在神农时代，人类便已会制造不同功能的服饰，也会依据不同的活动需求而穿着不同服装，譬如参加祭天地、拜祖先等活动，并已经出现了冠饰、裤子、裙子、腰带、靴子等部件，也有簪笄、文身、面具、项链等配饰。根据岩画，服装款式以"贯头衣"为主（图1-1），即"大致用整幅织物拼合，不加裁剪而缝成，周身无袖，贯头而着，衣长及膝❸"。这一时期，中国先民的服饰活动，还没有被明确赋予系统的思想文化内涵，可以理解为汉服体系的孕育期。

图1-1　贯头衣示意图

注：胡楠　手绘

二、始制文字　乃服衣裳

从文献记载上看，汉服起源于黄帝时期，相当于仰韶文化时期，距今五千年到六千年。相传是黄帝的妻子嫘祖首创种桑养蚕，以及丝绸织造，还教会了人们制造衣裳，改变了过去以树叶、兽皮、麻布遮身盖体的远古生活习俗。后人评说，"始制文字，乃服衣裳"的黄帝与"尝百草，制耒耜，种五谷"的炎帝并成为中华民族的人文始祖。如《周易·系辞下》载："黄帝、尧、舜垂衣裳而天下治，盖取诸《乾》《坤》。"《九家易》曰："黄帝以上，羽皮革木以御寒，至乎黄

---

❶ 沈从文，王㐨. 中国服饰史. 中信出版集团，2018：3.

❷ 同❶4.

❸ 沈从文. 中国古代服饰研究. 北京，商务印书馆，2011(12)：35.

帝,始制衣裳垂示天下。"《史记·五帝本纪》云"黄帝之前,未有衣裳屋宇。及黄帝造屋宇,制衣服。"以及不少舆服志开篇都上溯黄帝时期,如后汉书《舆服志》:"黄帝、尧、舜垂衣裳而天下治,盖取诸《乾坤》。《乾坤》有文,故上衣玄,下裳黄。"旧唐书《舆服志》:"昔黄帝造车服",宋史《舆服志》:"《易·传》言:'黄帝、尧、舜,垂衣裳而天下治,盖取诸乾坤。'"这些标志着黄帝时期是华夏衣冠体系制度文化的开始,服饰不再是零散的个性行为,而变成文明的记忆。

从文献和文物上对于"衣裳"的描述看,它的样式特征是:交领上衣,加围合式下裳。如《易经》的"黄裳元吉"、《系辞》的"黄帝垂衣裳"、青铜器铭文中的赐服、周礼及以后最高等级礼服的服制等,其"上衣下裳"结构都采用了不破肩缝、前身续衽交叠,下裳分前后两片或一片式围合的形态。"裳"也泛指下身衣物,不仅仅是围合式"下裳",还有穿在里面的"内裤"。如《礼记·曲礼上》:"嫂叔不通问,诸母不漱裳"的裳指代广义上的下装,与现代单纯围系在腰间的"裳"范畴并不一样。

此时衣已经是"交领衣",它演化自"贯头衣"。对于这一演变历程,尽管新石器时代的出土文物不足,还是可以猜测其演变过程有三步:第一步,两幅布拼接形成中缝,覆盖前后,作贯头衣,如日本正仓院的"男士贯头衣❶",领口呈现"凹"型;第二步,四幅布拼接,形成袖子,这也是考虑到古时布幅较窄的特性,需要拼接而成;第三步,穿着时胸前形成内外衽,最初有可能是直接围绕脖子披裹形成的交领,这也是很多寒冷地区民族服饰的共性。经历了一代又一代人的生活变迁,最后形成了现在的交领衣。

根据甲骨文中"衣"的结构◇、◇,即两襟相掩的样式,最初被赋予文明意义的"衣"即是这类交领衣,这也表明了"黄帝垂衣裳"是中国服装设计的滥觞。但当时的"衣"字形没有反映具体是左衽或右衽,所以有向左和向右两种形状,因此"并不是刻辞者有意表现当时左、右衽交覆两种衣式,而是甲骨文书写的对称性所决定的。❷"但从殷商出土的文物来看,时人有"尚右"的观念,也有理由认为,交领右衽是当时服饰的主流。

尽管有观点认为"炎帝"和"黄帝"这两个名号都是民族文化融合的结果,但并不影响它们作为中华民族人文始祖的地位和象征意义。因为从民族形成的过

---

❶ 周菁葆.日本正仓院所藏"贯头衣"研究.浙江纺织服装职业技术学院学报,2010(2).
❷ 朱桢.读《甲骨文所见商代的服饰》——与杜勇先生商榷.中原文物,1993(3):96.

程看，包括"华夏族""汉族""中华民族"在内的世界上所有的民族，并不是一开始就是一个庞大的民族共同体。《尚书》等文献还称之为"万邦"，都是由分散的各个部落团体，经过民族融合和民族文化的融合，最后才形成统一的民族，才会出现统一民族的人文始祖的概念和需求，"炎黄"作为人文始祖的象征意义才突显了出来。而来自人文始祖的"衣裳"则成为汉族服饰的起源，种种关于"黄帝制衣冠""黄帝臣子发明衣冠""黄帝妻子发明养蚕缫丝"等传说，也是对黄帝时期文明发展一个高峰时期的集体记忆——高度抽象凝练而又朴实简单的内容，符合口耳相传的历史流传规律❶。

此后历史直到明末清初，无论汉文明服饰体系中衍生出多少款式，都没有改变过"上衣下裳"的主干地位，以"上衣下裳"为标志的服饰制度更是在中国古代社会延续了数千年，"垂衣裳"与"天下治"行为联系，亦即汉文明中最高礼仪层面的服饰规制，为历代认同汉文明的王朝所遵从与继承。

三、衣裤传统　摒弃偏见

裤子，是汉民族的固有服饰，只是穿在了"裳"的里面，而且古往今来，文字记载都不会详细描述贴身亵衣，显得裤子较为陌生。裤子是个统称，指有裤腰、裤裆和裤腿等部件的下装，根据内外层次，分为内裤（古称"裈"）、外裤（古称"袴""绔"）、套裤（古称"胫衣"）、绑腿等多种类别。类似于今天的内裤、棉毛裤、外裤、连裤袜、长筒袜等区别，由于穿着层次、覆盖部位和功用不同，因此称谓也就有所不同。从殷商文物可以对比推测，贵族穿着层次是：内裤、外裤、裳、蔽膝。

原始和早期的内裤称为"裈"，也是最早发明的服饰之一。先秦文献中出现的"私、亵、衷、泽、褰"等词语，推测是指包括内裤在内的内衣。原始时期的内裤大概分为两种情况，一是遮蔽前后之物，比如树叶、兽皮、木片之类，进入文明时代之后演变为外穿的蔽膝和后绶；二是包裹前后左右之物，比如兜裆布、犊鼻裈之类，是用一块纺织物把下身包裹捆扎起来。比如至少距今5000~6000年前的安徽含山凌家滩遗址出土玉人，明显穿着一条内裤。

包裹腿部的裤子，在新石器时代早已出现，是一种保暖护体的生活实用物

---

❶ 王震中. 重建中国上古史的探索. 云南出版集团, 2015: 101.

品。如距今5000年前的江苏六合程桥羊角山遗址出土的纺轮，刻画了穿短袖短裤的人像；又如距今4600~4000年前石家河文化邓家湾出土的陶俑，或是距今2700多年前河南三门峡虢国墓出土西周时期的裤子残片，说明长江流域、黄河流域的先民已经有了包裹腿部的裤子。由此可见，裤子绝非是特定地区、特定族群的专属物，而是很多民族都会出现的一种普遍性服饰，是很多民族的先民们都会"首创"的实用衣物。

外裤的基本样式是前后直裆左右交叠，也称为"袴"或"绔"，即所谓的"开裆裤"。从江陵马山楚墓、黄昇墓、周瑀墓出土的文物来看，以及对秦简《制衣》篇的解读，可知汉服体系中的裤子，裤腿、裤裆和裤腰是连成整体的，穿着时裤腰部分需要左右交叠，用系带在腰间固定。这里的"裆"与现代西式剪裁中的"裆"不完全一样。所谓"开裆裤"，是指根据"胫衣"演化而来，即遮裹小腿或长到大腿的"膝裤"或者绑腿，而后延长至腰身部分，但裤腰部分没有完全缝合，是以左右交叠的形式遮住"私处"，故俗称为"开裆"，形制是"裤筒前后两幅缝合上横接腰，两裤筒内侧各上一三角形小裆❶"。也就是说，所谓的"开裆"实际上是有裆的，且每条裤腿至少拼接一幅裤裆裁片，只是在制作工艺上前后直裆部分不缝合而已。穿着方式与帷裳、帷裙是相同的，都是左右相交围合式。这与西式剪裁中裤裆处"无裆"或"满裆"的概念截然不同，不能用今天立体裁剪的儿童开裆裤去简单比附汉服体系中平面剪裁的"开裆袴"。除了裆部交叠的袴，还有无裆的套裤或者胫衣，这两种普遍存在于早期人类社会，直到今天一些少数民族都还在搭配使用。

第二节　衣裳制之礼治典范

周朝以来古代汉服体系逐渐成型，确立以周礼为典范的服饰文化体系。经历魏晋南北朝的演变，衣冠的形制和风格有了变化，开启了"宽袍博带"的新篇章。而唐与五代，又不断吸纳和融合异族元素，使一些异族款式"汉化"，服饰体系在一脉相承的基础上表现出新的面貌。从服制上看，从周代到五代十国，在

---

❶ 肖梦龙. 江苏金坛南宋周瑀墓发掘简报[J]. 文物, 1977(7).

衣裳制和衣裤制的基础上，逐步产生了深衣制和通裁制两大类，确立了汉服体系主体装束的四类基本形制，服式典章也成为礼制规范的组成部分。直到明朝，汉服体系虽是在波动中缓慢成长，但一直延续着以冕服制度为典型代表的"上衣下裳"基础形制，并一次次在延续主体风格的基础上，使款式推陈出新，在文明交流中，作为民族服饰的功能和象征，逐渐变得清晰与规范。

一、上衣下裳　冕冠之服

周代以后的衣裳制，应用较为广泛，典型款式有冕服、弁服、玄端等礼服。冕服起源于祭服，以不同的头冠区分，属于高等级礼服，逐步赋予了等级制度的文化含义，也是统治权力的象征。冕服的形制特征是交领右衽或者直领穿成交领、宽大袖子的上衣，前三片和后四片围合的下裳，配有内衣、中衣、蔽膝、大带、玉佩、冕冠、赤舄等搭配。在后来的出土文物中可以看到"直领穿交领"的样式。判断依据是衣身打开后在胸前有一对系带外，左右两侧腋下也各有一条系带，因而穿成直领时只系胸前的系带，如果要穿成交领则将右胸前的系带与左腋下系带连结，左胸前系带与右腋下系带连结固定。

玄端为古代诸侯士大夫的礼服，上衣为黑色，衣身正裁，袖型方正，袖袪深度至腰间，因而有"规矩而端正[1]"的说法，衣服下摆呈现出燕尾的形态，盖住下裳。裳有两种基本形制，一种是前三片后四片前后分别围合的典型款式；另一种是联结成整体一片式围合的典型款式即帷裳，如江陵马山战国楚墓和长沙马王堆一号西汉墓中均出土了穿在里面的一片式裙子。

衣裳的样式也非常丰富，有窄袖短衣，也有宽袖长衣；有曳地长裙，也有及脚面长裙；面料有厚裘衣，也有薄葛衣。这一时期的窄袖短衣，相传源自神农、夏禹、后羿等帝王，"他们穿的都是大同小异的小袖短衣，未必是少数民族的专属[2]"，从西周的出土文物中也可以看出窄袖短衣的样式，而且是常见的生活服饰，如洛阳庞家沟西周墓出土的人形铜车辖，束发、窄袖的方领上衣、下裳、蔽膝；在洛阳东郊出土的西周玉人，也是戴笄、窄袖的方领上衣、下裳、腰系大带、佩蔽。

西周时期也有了关于"交领右衽"的社会观念，即领口相交时衣襟要向右

❶ 孙晨阳,张珂.中国古代服饰辞典.中华书局,2015:153.
❷ 杨启梅.中国对襟纽扣服饰源流探析[D].苏州大学,2007.

掩，并赋予文明的内涵。如《论语·宪问》记载："微管仲，吾其被发左衽矣。"孔子认为：如果没有管仲，恐怕我们都要被发左衽，因此赞扬管仲"尊王攘夷"的功劳，说明在孔子所处的春秋时代，已经形成了以"被发左衽"作为区分"华夷"标志的社会共同观念。如果按照"形成一种社会观念，一定要有某种客观事实长期存在作为支撑"的逻辑推算，汉服"交领右衽"的社会偏好至少可以往上追溯到西周时期。

二、冠冕堂皇　章服制服

魏晋和南北朝时期，在礼服层面都沿用了汉代制度，衣裳的基本形制仍是交领或"直领穿交领"的大袖上衣和前三幅后四幅的下裳。隋唐时期经历战乱后，恢复周礼，要求重新厘定冕服制度，冕服朝服采用玄衣纁裳等。如唐章怀太子李贤墓出土的壁画《礼宾图》显示，礼官头戴漆纱笼冠，内穿阔大曲领衣，上身为宽大的对领上衣，下为有密集细褶的下裳，再加蔽膝、绶带等。又如敦煌220窟壁画《维摩诘经变》下部展示了帝王冕服和大臣朝服的形象，咸阳张湾豆卢建墓出土的文吏陶俑衣着，均为宽大衣袖的衣裳制。

宋代的衮冕沿用上衣下裳形制，有玄衣纁裳、青罗衮服配红罗裙、青表朱裳等，基本结构未发生变化。典型款式为：上衣交领大袖，搭配中单，下裳为前三幅、后四幅分开围合，如《舆服志》记载："下裳以七幅为之，殊其前后；幅广二尺二寸，每幅削幅一寸，腰间辟积无数。"这一时期领口处还出现了"方心曲领"，也是宋代官员朝服形象的典型特征。"方心曲领"的样子本应如唐阎立本《历代帝王图》里阔大而弯曲的领子，但宋人凭借文献记载，自行创造了一款"方心曲领"，这种领子上圆下方，形似缨络锁片，如宁波东钱湖南宋石雕文臣像显示，盛于宋朝并且延续至明代，传至韩国保留至今。

明代太祖朱元璋重新拟定冕服制度，永乐、嘉靖二朝又对冕服制度进行了修订，基本形制是交领大袖上衣，衣内着前三后四的打襞积的下裳。除此之外，皮弁服、武弁服、朝服、祭服等礼服，均采用衣裳制（图1-2）。如衍圣公府的传世之物赤罗朝服，整体为交领右衽，大袖、缘边、两腋下加褶、下摆宽大，下裳为马面裙形制。这一时期衣裳制又有了三种新的款式，分别是"燕弁冠服""忠静冠服"和"保和冠服"。如"燕弁冠服"出自嘉靖时期，其说明是根据"玄端深衣"而来，但从样式看，为衣裙相连不开衩的通裁上衣，无下裳搭配，用色黄深衣制的中单来代替下裳的功能。"忠静冠服""保和冠服"也颇为相似，即衣身采用长款两侧不开衩，与当时流行的下摆开衩袍衫不一样，而且下装采用深衣中单来代替下裳。从服制角度看，这类服饰不是"古衣冠"的复古，而是明代人根据传统先秦汉服的再设计与创新，也是汉服体系内款式扩大的建构例证。

第一篇　前世今生

图1-2　商家制作的仿明代祭服（非复原）

注：服装雅韵华章汉服提供，祭服参照《大明衣冠图志》制作，模特书杀，摄影：忍者便利屋。

三、上衣下裙　百美竞呈

周代起，普通民众所穿的服饰是根据衣裳制衍生而来的衫裙、夹裙等，一般样式也是窄袖上衣加围合的下裳，里面搭配内衣、裈袴或胫衣。如《诗经》中多处记载："岂曰无衣？与子同裳。""子惠思我，褰裳涉溱。""绿兮衣兮，绿衣黄裳。"汉乐府诗《陌上桑》："缃绮为下裙，紫绮为上襦。"汉代百姓日常仍穿襦裙，如古诗《焦仲卿妻》所描绘："著我绣夹裙，事事四五通。"南京石子冈出土的东晋侍女陶俑，也是穿交领上襦和裙子。襦通常为交领的短上衣，多双层，不开衩，腰襕可加也可不加。上衣的袖子可为半袖，有的加荷叶形状的百褶缘饰。

魏晋时期长裙已是五彩缤纷，裙子多为拼接的片裙，流行款式为间色裙，如甘肃花海毕家滩出土了片裙的残片，不同颜色的布料裁剪后间色拼接，使搭配更有视觉冲击力。裙子里面还要穿裤子，层层叠叠，如北朝敦煌壁画有间色裙的形象，裙底露出裤脚痕迹。如张敞《晋东宫词旧事》描述的："皇太子纳妃，有绛纱复裙，绛碧结绫复裙，单碧纱纹双裙，紫碧纱纹绣缨双裙，紫碧纱縠双裙，单碧杯文罗裙。"❶可见裙子的绚丽多样（图1-3左）。

图1-3　商家制作的仿唐仿五代裙

注：左图雅韵华章汉服提供，模特璇玑，授权使用。右图璇玑本人提供，授权使用，摄影：甄雨湘。

---

❶ [唐]徐坚.初学记：[卷二六《器物部·裙第十》]. 中华书局, 1962：632.

唐代女性日常穿交领、对领或圆领上衣，可为窄袖的衫子，或者是大袖的衫子，搭配长长的间色裙、幅裙或褶裙，也可外搭半袖或披帛做装饰。这一时期的新特征是把长裙系在腰上部或胸部以上，形成极为修长的视觉效果，这也是各个阶层都认可的流行审美样式，如西安王家坟村出土的唐三彩釉陶坐俑，穿着的是较窄的小袖上衣，领口较低，梯形拼接的长裙系束到胸口部分，搭配低领的半袖，共同造就了隋唐服饰雍容大度、百美竞呈的景象。唐代女子的服饰也比较华丽，尤其到了唐中晚期，婚礼服往往是大袖配长裙，像莫高窟出土文献中唐五代的婚嫁诗词："襦袴两袖双鸱鸟，罗衣接缘入衣箱。"这里的"襦袴"既是一种华丽的对领大袖上襦，与长裙搭配穿着，又是一种比较高档的婚嫁礼服或以示庄重的盛服❶。又如敦煌103窟唐代乐廷环夫人行香图，形制为宽袖的交领上衣，胸口以上系着围合式的长裙，再搭配长长的披帛。

女子在五代十国到宋代的主流服饰仍是上衣下裳，典型的款式为有齐胸束系的长裙和齐腰裙。如南唐周文矩《宫中图》，女子的衣着是长袖交领或对领的上衣，胸部以上系长裙，搭配细长披帛，形制与隋唐时期没有根本差别。典型的款式还有修长细巧的齐腰裙，上身为窄袖短衫，下身穿宽松的长裙。如五代顾闳中所绘的《韩熙载夜宴图》，女子的衣着是长袖交领或对领的上衣，腰部系长裙，搭配披帛。从文物来看，五代也有大袖上衣，如麦积山壁画中女子身穿宽袖和大袖的交领上衣，衣内搭配长裙（图1-3右）。

四、当世之服　百姓衣裳

到了宋明时期，上衣下裳仍为百姓的日常装束，而且也赋予了"传统"的含义，被文人们作为"理想之服"延续。宋代男性文人雅士和年长者在燕居时，通常在交领长衣外，围上一条布裙，效仿古代上衣下裳的样式。也就是说，在宋人看来，尽管服饰样式来自古代壁画上的人物形象，但他们并不是要复古，或者穿"古衣冠""古装"，而是他们按照自己理解对传统的重构，即在对服饰文化基因的提炼中，找寻他们的"传统服饰"。如宋徽宗《听琴图》、马远《西园雅集图》、华祖立的《玄门十子像》，画上人物的着装为交领宽袖上衣，搭配下裳，衣在裳外，用腰带系束。又如从文物中看，福建尤溪宋代墓中壁龛展现了身穿交领大袖

---

❶ 谭蝉雪.(襦)袴探析.敦煌研究,2006(3): 36.

上衣，搭配下裳的男性形象。这些交领衣裳的形象与直脚幞头圆领袍服形象同时出现，说明宋人已经开始在现实生活中出现了"传统服饰"的认知（图1-4）。

图1-4　商家制作的仿宋男子衣裳

注：花朝记提供，授权使用。

宋代一般普通百姓，也穿交领窄袖上衣，下身为裤装，腰间系围裙，类似于"下裙"的效果。如《梧阴清暇图》的人物着短袖上衣，下身围系的长裙，也可以外穿短衣，是一种长不过腰的半袖，推测有开衩，形制上看更接近于对襟半袖。男性穿裙子也可以穿出层次感，平民可以在腰部围一条裙子，称之为襒子。而且无论男女均穿衬裙，如戴缙夫妇墓出土的白棉布裙，就是穿在袍衫、外衣里面的衬裙。

这一时期出现了一种新款的裙子：两片裙，即裙腰相连裙摆分离的裙装。如南宋黄昇墓出土的文物显示，两片裙的裙片不是直接连缀在一起，而是中间部分重叠再连缀在一起，形成前后裙摆开合从而达到既包臀显瘦又增加活动量的效果。对于传统的一片式裙子，围合方式也有了变化，有常见的交叠围合的形制，还有不交叠围合的形制。交叠围合是因为传统的裙腰宽度远远大于腰围，围合时左右在腰部交叠；不交叠围合的裙子是因为裙腰宽度与腰围相当，是从后往前或从前往后围合，若隐若现地露出穿在里面的裤子或裙子，增加层次感。此外，裙子的细节上也有创新，比如活褶与死褶结合的褶裥，形成裙子上半部分褶裥缝合、下半部分褶裥散开的效果。这一阶段裙子还有很多不同的穿法，既可以放在衣内，也可以放在衣外。如遵义宋赵王坟石室墓出土的雕刻宴会奴仆，身穿交领或对领的窄袖上衣，衣内搭配长裙；出土的女俑和大足石刻人像显示，交领窄袖上衣，腰部系百褶裙，衣在裙内；还有一种是对领不开衩短上衣，腰部系百褶裙，衣在裙外。

明代人继续穿着半臂短上衣，并发展出新款式无袖的比甲。如《元史·后妃传一·世祖后察必》记载："（后）又制一衣，前有裳无衽，后长倍于前，亦无领袖，缀以两襻，名曰比甲，以便弓马，时皆仿之。"也就是说，比甲本身是元朝人用作骑射的戎装，但进入汉服体系后演变为世俗装饰用的外衣，有长有短。

明代女性服装比较典型的款式是"袄裙"，即上衣搭配下裙，衣在裙外。如《明宪宗元宵行乐图》显示，成化年间宫廷妇女的穿着打扮是：头戴尖髻，交领右衽齐腰短衫，袖子较长，下着蓬松宽大的长裙；又如《三才图会》中刻绘的平民女子和劳动妇女，挽发髻，上衣是交领两侧开衩的短衫，袖子较窄，下着围合长裙。这一时期上衣领型有了极大的变化，除传统的交领、圆领以外，还有方领和竖领。方领对襟上衣，典型款式如孝靖百子衣，方领对襟，用金钮扣，圆袂收袪，下裳搭配马面裙。竖领又称立领，其来源于交领，"从画像和实物来看，应当是从缀纽扣的交领与直领发展而来，并逐渐成为女性便装的主流款式❶。"领子与衣襟分离，领型呈直立状，与颈部贴合，如定陵出土的一件月白串枝山茶花罗立领女衣，可以看出平铺后仍是左右相交的结构，是交领衍生出竖领的过渡痕迹。竖领的领角还可以下翻，或整个领子翻折❷，领口和衣襟闭合处还可以镶嵌金属制成的子母扣。根据襟形结构不同，分为竖领对襟和竖领斜襟，竖领对襟如江西南城明益宣王继妃孙氏墓出土的黄锦绣花对襟夹短衫，就是竖领对襟、收袪长袖。竖领斜襟，如孔府旧藏明代蓝色暗花纱夹衫，就是竖领斜襟，收袪大袖，汉服体系中的竖领和交领必须基于内外衽交叠结构和系带闭合系统。

女子裙子的形制在明代有两种，一种是一片裙，另一种是两片裙。一片裙的

❶ 董进.Q版大明衣冠图志.北京:北京邮电大学出版社,2011:340.
❷ 丁培利,王亚蓉.明代女衫的时尚演变——从一件出土四合如意暗花云纹云布女衫说起.南方文物,2019(2).

做法很多样，有分幅拼接的片裙，也有打褶的褶裙，或者在片裙上加褶裥。两片裙则有了新的款式——马面裙，马面是因其打褶部分之间有明显的光面，形似城墙凸出的塔楼式建筑而得名，特征是裙子由四个裙门构成，平铺状态中间两个裙门重叠，围合穿着后可以看到前后两个裙门呈交叠状态。马面裙是由布幅拼接而成，但是在两侧又打褶，可以看作是片裙和褶裙结合之后的新款式。马面裙是一个裙式大类，光面有宽有窄，褶子有多有少，整体有蓬松的也有瘦削的。而且裙子下摆可以加襕，根据襕的数量可分为单襕和双襕。如孔府旧藏的明代葱绿地妆花纱蟒裙，就是双襕马面裙。

总而言之，从宋明士大夫不断追求衣裳制复原和实践的行为，可以看出中国人在文化层面上对于服饰的认知和追求，这种复古行为虽然有其"乃其心好异，非好古也"的社会心理❶，但由此也促进了服装款式的推陈出新。

第三节　衣裤制之内外兼备

虽然从文献上看，古代汉服体系中对于裤子的描绘较少，但并不是因为没有裤子，而是因为在汉服体系中，裤子早期属于内穿服饰，而不能成为礼服"登堂入室"。因此，尽管很早就被祖先创制，起到包裹下半身、保暖遮羞的作用，但因为仅仅露出裤腿，而被后世误以为是"重下裳而轻裤子"，甚至被误认为是赵武灵王"胡服骑射"后才引入汉服体系的。长沙马王堆汉墓出土的医书《脉法》中提到："圣人寒头而暖足，治病者取有余而益不足也。"意思就是，寒气容易从下半身入侵身体，从中医理论"寒头暖足"可以看出古人对于腿部保暖的重视，自然会由裤子来承担"泻实补虚"的保健效果。

一、百变裤子　形制多样

周朝时，衣裤制依然是延续殷商的穿搭方式，无论男女老幼、高低贵贱，都穿裤子。贵族通常是先穿裤子，再穿下裳和蔽膝，从外看只露出一小截裤腿，或者全部被遮挡住。如孟晖在《中原女子服饰史稿》说道：战国秦汉时代，人们很

---

❶ [明]范镰.云间据目抄:卷三　记风俗.

少仅披一件外衣的情况，一般均在外衣内加穿衬衣，当时叫做中衣，中衣下要穿内衣与裤装。

根据河南三门峡虢国墓出土西周时期的裤子残片的考古报告，"麻质纺织品由一件短裤和一件短裈组成。麻布短裤出土时上部的裤腰部分已残损，裆部相连，裤腿平齐，由两层内、外不同颜色的麻布做成，外层为土黄色的粗麻布，内层为棕褐色的较细麻布。麻布短裈出土时除右侧外部的前襟保存较好外，其他部分残破为数十片，由两层内、外不同颜色的麻布做成，外层为土黄色的粗麻布，内层为浅黄褐色的细麻布。"❶从这段话中可见四点，一是西周就有合裆裤，绝非是战国引进的胡服，更不是西汉的发明；二是有了贴身穿着的短裤，也就是裤装的主要功能在于实用性；三是采用了挂里的制作技法，这说明内穿裤子，外穿裙子是固有的常态，虽然贵族会穿双面挂里的精细布料，平民只是穿单层无里的粗疏布料，但都是要穿裤子的；四是上衣与下裤是同种面料、颜色、制作工艺，证实了体系中的确存在成套衣裤的着装形态。这也对应了汉简中的记载，衣和裤常常一起出现，如"袭一领。复绔一两。皁履二两。"❷其中"袭"是指上衣，"复绔"是指双层挂里的裤子。

而且，周代平民百姓的衣裤装，一般来说比较紧窄适体，方便劳作，如河南信阳战国时期楚墓彩绘漆器上描绘了社会生活图景，其中"猎户一律短衣，紧身袴。"秦汉时期，上衣下裤绝大多数仍作为内衣穿在里面的。古人不"箕踞而坐"，是守礼，与裤子无关系。一是古人裈袴裙层叠穿，不会走光；二是即便在今天，叉腿坐也是不礼貌的动作。

著名的赵武灵王"胡服骑射"故事，主要是指模仿游牧部族骑兵的训练和装备，组建轻骑兵部队❸。服饰上是脱去裙子只穿裤子，即"内衣外穿"方式，就像龙山文化出土的玉人像从时间上推算比"胡服骑射"提前了近2000余年，那里人们已经穿上了"裤子"。这种穿着方式的变革争议，体现的是车战向马战转变的社会背景，更是"改变古制，去下裳而只着长裤，并且以此为正式服装穿上朝堂❹"的重大历史事件。因此，"胡服骑射"的历史意义应定位为——为了适应

❶ 李清丽, 等. 河南三门峡虢国墓地M2009出土麻织品检测分析. 中原文物, 2018(4).

❷ 李均明. 秦汉简牍文书分类辑解. 北京: 文物出版社, 2009: 372–374. 转引自刘丽. 北大藏秦简　制衣. 释文注释.

❸ 何清谷. 胡服骑射初探. 史学月刊, 1982(4).

❹ 江冰. 中华服饰文化. 广东人民出版社, 2009(3): 45.

车战向马战变革而在军队中推广的"内衣外穿"事件，重点是为较大规模的骑兵应用，是一件影响力很大且针对性强的改革。而变革的对象并不是对赵国社会各个层级的服饰习俗，重点是对军队和军制进行改造，并衣裤制作为与骑射相结合的一个组成部分。而且在军队变革之后，赵国贵族阶层乃至华夏诸国并没有废除原先的服饰制度。自秦朝统一六国后，兵马俑中将士依然穿深衣制袍服。总而言之，"胡服骑射"对于古代汉民族而言，这是一次穿搭方式的功能性调整，而不是基础款式的引进。

二、兵民戎服　首创袴褶

秦汉时期，汉族人也穿裤和上襦，如《内则》："衣不帛襦袴。"但贵族是不会穿衣裤直接外出的，只有骑者、厮徒等劳动人民为了行动方便，才把裤装露在外面❶。当时，衣裤制是平民百姓的"贱服"，只有底层人民才会这么穿，是"礼不下庶人"的延伸。如《三国志》载："而猥袭虏旅之贱服。"由于战争需要，上衣加外穿的裤子常用于战争戎装，如《居延汉简·四十一》："袭八千四百领，右六月甲辰遣……绔八千四百两，常韦万六千八。"此后，慢慢从戎服发展出"袴褶服"（图1-5），如《晋书·舆服志》："袴褶之制，未详所起。近世凡车驾亲戎，中外戒严服之。"又如王国维《胡服考》："以袴为外服，自袴褶服始。然此服之起，本于乘马之俗。"意思是袴褶服即是原先穿在里面作内衣的上衣下裤，作为戎装便服穿在外面。中原以车战为主流，但是没有骑兵并不是说没有骑马的行为，也不能由此推出中原不穿裤子的结论来。

图1-5　袴褶服

注：中国装束复原小组提供，授权使用。

---

❶ 黄能馥，陈娟娟. 中国服装史. 上海人民出版社，2014：200.

魏晋之后，袴褶服开始作为外衣服饰广为流行。袴褶服的上衣是衫，是一种膝盖以上的短衣，且单薄无里，袖口敞口无收祛。如河南邓州市出土的南北朝画像可以看出，上衣为大袖无收祛的对领或浅交领的短衫，里面露出圆领的内衣，用腰带系束，下面穿长袴，膝盖处用带子束缚，衣在袴外。值得注意的是，上衣两侧没有开衩，这也是汉民族的传统制衣方法，也意味着等同于是去掉汉代时的深衣外套，将原先的内衣直接当成外衣而穿着，便于骑马和劳作。随着袴褶服广泛传播，上衣样式也从小袖到大袖、袴脚从便利到宽松的变化，同时也呈现日常化的特征而逐渐固定。据沈从文考证道："袴褶基本式样，必包括大、小袖子长可齐膝的衫或袄，膝部加缚的大小口袴。"又如东晋顾恺之《斫琴图》中的侍从和唐代阎立本《历代帝王图》中的侍女形象，均为大袖的上衣，下穿大口袴。两晋南朝后，袴褶装发展演变比较平稳且具有连续性。北魏迁都洛阳后，汉族的袴褶服仍然保留了右衽的属性，与迁都前鲜卑衣袴装相比差异明显，而南朝的袴褶服则没有太大的变化。

总而言之，衣裤制作为外穿装束开始广为流行是在魏晋之后，演化过程从内衣以及劳动服装，到戎装，到外衣，再到公服，最后以制度化与普遍化的形式进入古代汉服体系。而其中最典型的款式袴褶服，由汉族创制，同样经历了"从贱到贵、从个别到普遍"的发展过程❶。而且在"内衣当外衣"穿的过程中，还融入了"礼制化"，即摒弃了其他民族左右衽不分的习俗，重新回到右衽的规范进程，这也说明古代汉服体系在吸收融合外来元素时，不是生搬硬套，而是按照自己理解的方式进行创造。

三、衣裤时尚　套装搭配

隋唐时期袴褶服仍为流行服饰，但较常见的是着于袍衫、裙袄之内，如西安长安区出土的隋代柴悍墓无臂女俑，下着红白相间的高腰长袴，外面原有丝织品。上衣有交领亦有圆领，袖子有宽亦有窄，下身穿大口袴，搭配裲裆，如李寿墓仪仗队图上显示，男女上衣都较长，往往遮盖至膝下或足上之部位，袴子多被遮盖，或不露出，或仅露出一小截，故以"汗袴"名之，视同内衣。"汗袴"的含义与"汗衫"相对，指贴身的裤子❷。而且，在这一时期的文物记载中，往往是

❶ 张珊. 东晋南朝的袴褶——兼论中国古代袴褶服的起源. 美术与设计, 2017(1): 85.

❷ 叶娇. 敦煌文献服饰词研究. 北京: 中国社会科学出版社, 2012(6).

衣和裤并列，如唐代典当衣物的记载："故绯小绫夹裙一；故白小绫夹袴一；故绯罗领巾一；白绢衫子。"❶五代之后也如此。如天津艺博0735号背《后晋天福四年（939）姚文清雇工契（抄）》："春衣壹对，长袖壹领，汗衫壹领，褐袴壹腰，皮鞋一量。"意味着上衣下裤往往是成套穿搭的。

到了宋代，贵族的主流搭配依然是内着裤子，外穿长裙或长袍（图1-6）。但是也有直接把裤子外穿的情况，如宋代《赵匡胤踢球图》，画中主角赵匡胤穿的便是交领上衣与长裤，以此为运动装束。❷对于平民百姓，上衣下裤则是一种惯常装束，如南宋周季常、林庭圭的作品《五百罗汉》中，有一个女子在官员祭祀场合，身穿开衩的短衫，露出里面的红色内衣，下穿素色长裤。再从北宋张择端《清明上河图》、李公麟《莲社图》、赵令穰《柳亭行旅图》、南宋佚名《花坞醉归图》、刘松年《茗园赌市图》中可以看出，平民百姓身穿各种款式的上衣，搭配长裤。基本特征都是短袖、窄袖、背心或半臂，裤脚上挽或裹护具"行縢"，短

图1-6　商家制作仿唐内穿裤子与仿两外侧开衩裤

注：图片本人璇玑提供，授权使用，拍摄：甄雨湘。

❶ 唐长孺. 国家文物事业管理局古文献研究室. 吐鲁番出土文书[M]. 北京：文物出版社，1983：34-340.
❷ 沈从文. 中国古代服饰研究. 北京：商务印书馆，2011(12)：462.

衣或将下摆撩起来掖在腰带里。南宋《耕织图》和元至治刻本《全相平话五种》插图显示，乡村人们穿对襟短衣、背心，下着短裤。《农事图》中表现渔民的形象，穿的是兜裆布。

宋朝时上衣下裤仍为男女平民特征，裤子形制除了传统的内裤（裈），交叠开裆裤（袴）以外，还有缝合一体的合裆裤，形制是"裤筒前后两幅缝合上横接腰，另加三角形裆，于右侧开腰系带❶"，即裤裆部、裤身和裤腰缝合一体，如江苏泰州明代刘鉴家族墓发掘简报描述了一件明代的合裆裤："外裤为一层单棉布；内裤为外白色棉布、内素缎，中夹丝绵絮。内外裤在腰部被缝合为一体，腰部有包边，双系带。"这种前后缝合的裤子，与传统的袴一样，也是交叠穿着。

从考古文物上看，黄昇墓（女性）出土24件裤子，其中8件合裆裤，16件开裆裤；金坛周瑀墓（男性）出土7件裤子，其中4件合裆裤，3件开裆裤，穿着方式是贴身穿合裆裤，再穿开裆裤，再在外面穿裙子或外衣。也就是说，对于贵族来说，不论是穿下裳或裙，又或是褙子、开衩袍服，里面都要穿裤子，不会单独穿着上衣下裳或袍服。但劳动人民日常会撩起衣摆掖进腰带，露出裤装。如明人绘制的《皇都积胜图》和明万历刻本《水浒全传》插图都展示了百姓的日常着装，基本是窄袖交领上衣搭配裤子，或者背心搭配裤子。

第四节　深衣制之史海钩沉

先秦时期，流行过一种新的款式——深衣，它将以前独立的上衣下裳合二为一，又保持着一分为二的界限。基本特征是上半部分为交领右衽、不破肩缝、袖袼较宽、领袖有边缘，有系带约束；"下裳"部分也出现很多变体，典型特征是"续衽钩边"，从而产生很多形态，也就是后世的深衣制。今天所说的"深衣制"，是统称衣裳上下相连的服式，包括了《礼记·深衣》《礼记·玉藻》篇在内的多种深衣款式。

一、深衣盛行　影响深远

深衣制可以分为长度覆盖全身的礼服盛装类和短至胯部的常服类。如《周

---

❶ 肖梦龙. 江苏金坛南宋周瑀墓发掘简报, 文物, 1977(7).

礼·天官·内司服》记载，女子的最高等级礼服为："内司服掌王后之六服：袆衣、
褕翟、阙翟、鞠衣、展衣、褖衣。"这里的六类服饰都是花色不同的深衣制服饰。
从文物上看，礼服盛装流行的款式（曲裾深衣）❶（图1-7），有层层缠绕的，有
缠绕到后面露出一截的，有下方露出尖角的，艺术形式纷繁复杂，如信阳战国楚
墓出土的彩绘木俑、长沙陈家大山战国楚墓出土的帛画、云梦西汉墓出土彩绘木
俑，都是曲裾深衣的形象，有男有女。除此之外，还有一类直裾深衣，该款式的
特征是下半部分不用绕襟缠绕，如《说文解字·衣部》："直裾谓之襜褕。"江陵
马山战国楚墓和长沙马王堆一号汉墓均出土了直裾深衣实物。

图1-7　曲裾深衣

注：中国装束复原小组提供，授权使用。

从实用性的角度看，深衣制之所以会被认作是以"续衽钩边"为特征，实际上是跟汉服的"二次成型"特征有关，即同一件衣服不同身型的人穿上效果会不同，使一件衣服呈现不同效果。之所以要制作成下摆缠绕半圈乃至多圈的"曲裾"款式，除了制作时候的"衽"长短不一外，更重要的是不同人穿上去的最终效果不同，因而有了缠绕圈数不同、衣长不一的样式。

从穿着效果看，深衣制的款式并不都是"被体深邃"，上身效果除了长款外，还有短款，可以露出腿上裤装。如洛阳金村韩墓出土的银人，穿的就是窄袖短款的深衣和裤子。窄袖长至膝盖的深衣制曲裾"长襦"❷，里面搭配裤子，由此可以推测，

❶ 本书"曲裾"是指"续衽"的服饰特征，"深衣制"是指"上下连属"的基本形制，所以这里的"曲裾深衣"
词汇虽然不见于历史文献，但是对曲裾"襌衣""袿衣"等历史名词。春秋战国秦汉出土的各种文物的抽
象总结。

❷ 名词流变现象极为复杂，"襦""长襦"的概念并不是一成不变的，本书此处使用的是《方言》："襦，裴骃
集解徐广曰一作短小襦也。司马贞索隐云：盖谓褐布竖裁为劳役之衣短而且狭故谓之短褐，亦曰竖褐。汉
书贡禹传：短褐不完，颜注云：褐者谓僮竖所著布长襦也。"从秦汉兵马俑、侍从等奴仆俑等服饰来分析，按照
长度大概分为至臀胯的襦、至大腿的长襦、覆盖全身的袍。

曲裾深衣并不一定只有覆盖全身的袍服，还有接腰不开衩的上衣。此外，深衣制外面还可以搭配外套，有冬夏之分应用广泛，如长沙楚墓出土车马厄的彩绘，就是冬装的人物形象。

二、追忆深衣　儒学符号

流行了一千多年的层层叠叠缠绕的各式曲裾深衣，到魏晋时期开始逐渐消失，只留下一些隐约的痕迹被人们所追忆。对于曲裾深衣消失的原因，至今仍没有定论，或许是因为文化的衰颓，技艺的衰弱乃至断层，又或许是因为曲裾深衣的制作相对上衣下裳来说要复杂得多，再加上曲裾深衣发展出层层缠绕、后垂交叠等华丽造型，在社会普遍以戎装、简便为时尚的情况下，便慢慢地消失了。也有学者猜测，可能是因为从汉魏以来，坐具由低变高，坐姿由"席地而坐"变为"垂足而坐"，种种因素的共同推动下，导致了曲裾深衣这种形制不再流行。

但是文物显示，魏晋时的一些衣服在裙身处会有"三角形"的装饰物，或许是由于已经没有实物参照，于是裁成三角形的样子装饰在衣裳制的裙裳上，刻意模仿曲裾深衣的样式，如新疆尉犁县营盘墓地出土的文物，"女尸所着绢夹襦的下摆普遍裁成尖角形。"❶如宋代摹本的东晋顾恺之《洛神赋图》中，女神的围裳下方也露出多条三角形的飘带；再如西安草场坡出土的北魏彩绘俑，穿的是交领的条纹上襦，下面是装饰有呈三角形花纹的长裙。这些三角形则可以理解为模仿曲裾深衣露出的三角形衣裾。此外，根据女性彩绘陶俑，隋唐时期的下裳处还可佩戴一条宽大的蔽膝，蔽膝的两侧缀上对称的三角形装饰物，类似于袿衣的痕迹，也可以看作是仿古的设计。唐代以后的深衣制（图1-8），也继续以遗留痕迹的形式存在，如舞伎的服饰，像南京牛首山南唐李昇墓出土舞伎陶俑，从衣裾下方露出三角形的装饰物，两侧又缀有对称的尖角，应该是曲裾深衣——袿衣——垂髾飞纤——舞服的历史痕迹。

但是深衣作为"儒学""礼制"的象征，并没有从汉服体系中远去，它的形态演化为加襕的上衣，即通过衣身处加横襕的方式象征"上衣下裳分开裁制后合二为一"的理念，继续流行与发展，如甘肃花海毕家滩26号墓出土的紫缬襦残片，即是交领右衽，腰下接襕。上下区分这一明显的特征，由上下分裁后缝合而

---

❶ 新疆文物考古研究所. 新疆尉犁县营盘墓地1999年发掘报告. 考古, 2002(6).

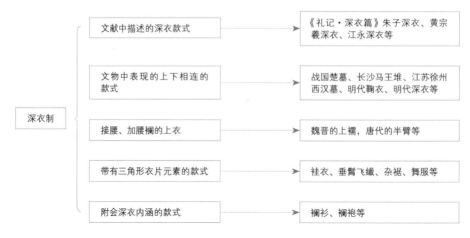

图1-8 深衣制分类

成，且下摆不开衩。如《隋书·礼仪志》记载，北周初期的"宇文护始命袍加下襕"。又如《新唐书·车服志》记载"太尉长孙无忌又议，服袍者下加襕。""中书令马周上议：'《礼》无服衫之文，三代之制有深衣。请加襕、袖褾、襈，为士人上服。'"也就是说，在宇文护和马周眼中"深衣"与"三代""礼"等紧密相关，代表着"传统"，也是用衣身加襕的形制，附会古深衣衣裳相连之意❶。这一特征也反映了当时人们的思想观念，即对"传统服饰"的传承并不一定要去穿实际存在过的深衣，而是把深衣的本质特征与当时的服饰相联系，重新表达出来。

这时还出现了一种"半臂"，即加了横襕的半袖衣，既可以穿在外面起到叠穿的效果，也可以穿在外衣之内，撑起肩背，显示出魁梧。如伯2567号背《癸酉年公元（793）二月沙州莲台寺诸家散施历状》记载："帛绫半臂一碧绫兰……"兰通襕，指半臂下加碧色的、材质为绫的襕，这里的半臂，即是后周马缟《中华古今注》卷中所注释的"尚书上仆射马周上疏云：'士庶服章有所未通者，臣请中单上加半臂，以为得礼。'"即交领短袖上衣，腰部有横襕，长至腰际，两袖到肘部，如敦煌莫高窟116窟盛唐弥勒经变之"树上生衣"，显示出人们穿着加异色襕半臂的形象。除此之外，还有加异色腰襕的圆领长袖上衣，搭配裤装。由此可见，用"横襕"比作"深衣"不仅是少数精英的阳春白雪，也是广泛存在于

---

❶ 扬眉剑舞. 回到唐朝需要准备几件衣服(一) ——唐代日常男装的层次与搭配. 豆瓣日记, 2013-9-16.

普通民众的服饰之中。这里也可以看出东汉初期的深衣制袍服，到了魏晋时期演化为较为流行的腰襕上衣，隋唐时期还衍生了交领半臂衣、圆领长袖等加腰襕的上衣款式，而且在内衣、中衣层面，依旧保留了上下分裁的深衣制款式，有着长期、广泛现实存在的社会基础。

三、襕衫兴起　仿古深衣

到了隋唐之后，接襕衣则成为对于深衣追忆的款式而再次兴起，并且引申出新的款式，即襕衫（又称为襕袍），承接的是深衣的遗绪。襕衫的形制有两种，第一种指"加襕衫"，又称"襕袍"，流行于隋唐至宋（图1-9左）；第二种指"蓝袍"，流行于明代。二者都主要作为士人儒服、冠礼服使用，被赋予深衣的礼制含义。如《新唐书·车服志》中记载："是时士人以棠苧襕衫为上服"，表明唐代时襕衫已经成为士人的着装。宋代绘画中文人着襕衫的样式比比皆是，其广泛程度可为文人燕居、告老还乡或低级吏人之服。明代更是成了儒生、贡生、举人的常见服饰。

第一种襕衫流行于唐朝至宋朝，袍服下部有一条横置的襕以代下裳，此种袍服整体与加上去的襕在用色上相同，"衣身颜色多为白色❶"，袍的长宽度也没有发生改变，只不过是在膝盖以下多一条线而已❷。如《宋史·舆服志》中记载襕衫是"以白细布为之圆领，大袖下，施横襕为裳"这一道襕的起源与加接襕衣相似，相传由"北周宇文护"加入，并引入到礼制的层面，成为"仿成周之制"的深衣。这一种形象如隋唐时期壁画中着襕袍的人物为典型，又如赵伯澐墓出土了一件圆领单衫，袖子肥大衣身宽松两侧不开衩的长衣，其特点是腰部断开加接三幅横襕缝合后为下裳，属于上下分裁连制。

第二种襕衫兴起自明代，下摆处无襕。因衣身样式为蓝色，应理解为"蓝衫"或"蓝袍"。特征是圆领、大袖长衣，衣裾开衩加插摆，外观如明代的直身。领、袖、裾用相同色缘边，为深蓝色或黑色与衣身作区别，用宽裾缘代替横襕，以此比附深衣的含义。对于这一种襕衫，"襕"的含义则演化为"唐马周说"，如明《三才图会》中记载："唐志曰'马周以三代布深衣，因于其下着襕及裾，名襕衫，以为上士之服'，今举子所衣者即此。"对于加"襕"的说法为何会发生了

---

❶ 吕亚军，刘欣．士人服饰渊源及其社会文化内涵．康定民族师范高等专科学校学报，2009(2).
❷ 陈志谦，张崇信．唐昭陵段蕳璧墓清理简报．文博，1989(6).

变化，有学者猜测"大概与当时的政治环境以及宋代文化相关联，即现实政治的御侮需求激发了宋人的民族本位意识❶"。这一类襕衫在明代小说中也常常被描述为蓝衫，如《警世通言》第十八卷："破儒巾，欠时样，蓝衫补孔重重绽。"从文物中可以看出，襕衫在明代通常为秀才使用，也被用在祭孔六佾舞礼生服饰，带有强烈的文人色彩（图1-9右）。

总而言之，从白色的横襕"加襕衫"到蓝色的底襕"蓝色衫"，自襕袍从唐朝确立为官服后至明末，襕衫或襕袍在人们的礼仪活动和日常生活等诸多方面，是士人、学子、秀才、儒生的代表服装，或多或少地扮演着"深衣"的角色，成为儒家礼治的重要象征载体。

到了明朝，开国伊始即着手推行唐宋旧制，颁布诏令恢复唐宋时期官服制度，《明史·本纪第二》曰"壬子，诏衣冠如唐制"，对官员和百姓的服饰样式进行了制定，直到明朝末年，冠服制度未曾有大变。明朝溯源古典文献，礼服层面采用古制，保持结构一脉相承。有继承也有变化，创新了圆领深衣，如《明

图1-9　商家制作的仿宋接襕襕衫和仿明无襕襕衫

注：左图溪春堂传统服饰提供，授权使用。右图雅韵华章提供，授权使用，模特书茶，拍摄：忍者便利屋。

---

❶ 李建军.宋代《春秋》学与宋型文化.四川大学博士学位论文,2007:2.

史·舆服志》记载皇后六服之中的鞠衣也是上下分裁的深衣制，下裳分为十二幅，后背的拼缝上下贯通。又如撷芳主人根据《中东宫冠服》绘制的鞠衣❶，可以看出为深衣制，腰间有接缝。

四、追忆深衣　传承道统

魏晋之后，虽然世俗生活中已经不见传统深衣的踪迹，却在主流精英的思想意识中回归。如唐代孔颖达对东汉郑玄的《礼记》注释作疏，从文献角度阐释了唐人对深衣的理解，并对"衽"和"曲裾"提出自己的理解，其最大的贡献是第一次将深衣"制十有二幅，以应十有二月"明确为深衣下裳用布六幅，每幅交解为二，共十二幅，这也成为后世学者研究深衣的基本范式（图1-10）。

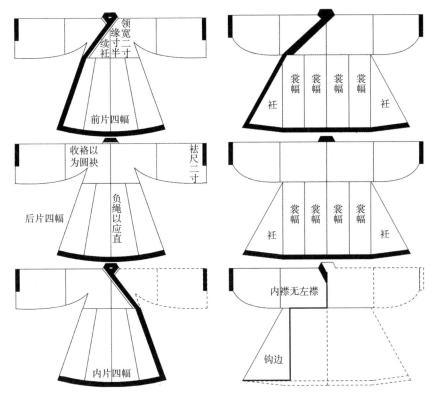

图1-10　黄梨洲深衣和江慎修深衣形制图

注：昊飞ufe绘制，授权使用。

❶ 撷芳主人. 大明衣冠图志. 北京大学出版社, 2016: 54.

南宋时期，虽然距离深衣流行的时代已经过去了近千年，但是仍不乏文人士子尝试考据与复原深衣。如司马光《独步至洛滨》云："草软波清沙径微，手持筇竹著深衣。"他在《深衣制度》中提出颜色为"白衣黑缘"，被后来遵循。而且本人也制作深衣、冠簪、幅巾、缙带后，"每出，朝服乘马，用皮匣贮深衣随其后❶"，这一版也被称为"温公深衣"。

除了司马温公外，宋代还有一位著名的学者朱熹，也对深衣做了很深的研究。他认为除了深衣之外的都是"胡服"，并在《朱子语类》中说："今世之服，大抵皆胡服……中国衣冠之乱，自晋五胡，后来遂相承袭。"于是，朱熹根据典籍恢复深衣之制："用白细布，度用指尺，衣全四幅，其长过胁……圆袂方领，曲裾黑缘。❷"但朱熹的《深衣》制度，也往往是和《祭仪》一起在当时的士人学者间流传，他在抨击"今世之服"的同时，自己也说："尝见唐人画十八学士，裹幞头，公服极窄；画裴晋公诸人，则稍阔；及画晚唐王铎辈，则又阔。❸"也就是说，复原之意义本身不是立足于服饰形制嬗变。在《深衣制度》中，朱熹不用"续衽钩边"这样的古语，直接用"衣裳""曲裾"等广为人知的俗语代替，用简洁明了的文字说明深衣的制作用料及其尺寸样式，省却了制作意蕴的内涵解释❹，这一举动也足见得他们复原"深衣"这一举动是基于"儒学""道统"的视角来重新阐释士大夫对于儒家思想的认同。朱熹所复原的深衣，则被冠以"朱子深衣"的名字，影响深远，到了明初和明末清初，又一次成为士大夫复原深衣的重要依据。

还有南宋末年的金履祥，晚年隐居仁山书院讲学，并著有《作深衣小传王希夷有绝句索和韵》提到，"深衣大带非今士，考礼谭经尽古书"。也是以深衣为符号，表达对于国家政治的担忧。而在朱熹、司马光、金履祥等精英分子的眼中，记载于经书中的"深衣"，是"道统"的象征物，恢复"深衣"，实际上是承接"道统"的表达，也是用服饰来借物言志。

到了明代，士人不满足于襕衫的形式，他们继续倡导"深衣"，并且在生活中实践。如刘绩《三礼图》、王圻《三才图会》、黄乾行《礼记日录》中，对深衣有所描绘，在朱子深衣的基础上，还将"直领穿交领"改回了交领的剪裁，形成"明式深衣"，如湖北武穴市明代义宰张懋夫妇合葬墓出土的"明式深衣"实物。

---

❶ 邵伯温. 邵氏闻见录卷十九. 北京：中华书局，1983：210.
❷ 宋史：卷一百五十三志第一百六 舆服五.
❸ 朱子语类：卷九十一.
❹ 殷慧. 朱熹礼学思想研究. 湖南大学博士论文，2009.

第五节　通裁制之汉化融合

隋唐时期，是古代汉服体系较大的发展期，呈现出欣欣向荣的景象，往东的影响力扩大到东亚的日本等地，日本飞鸟、奈良、平安三个时代的服饰，男子圆领幞头，女子襦裙披帛，与中国十分相似；往西则随着"丝绸之路"扩散到中亚和西亚等地。与此同时，外来服饰文化也影响到了汉服体系，在衣裳制、衣裤制和深衣制的基础上，普及和广泛流行新的制式大类：通裁制。通裁制（图1-11）可以大致分为开衩和不开衩两大类，其中开衩类最典型的圆领缺胯袍/衫，通裁制的典型特征是上下一体的加长版上衣，腰间没有界线，穿到身上起到"接近覆盖全身"的效果。既不像衣裳制、衣裤制是分开制作后组合穿在一起，又不像深衣制上下分裁再缝合在一起，而是一种全新的袍服样式❶。值得说明的是，汉服体系本身存在上下通裁、圆领和开衩元素，但是将这几种元素集合在一起的圆领缺胯袍，大约是在隋唐时期进入汉服体系的。

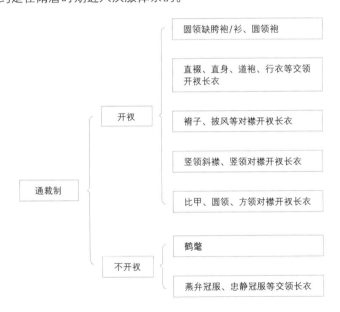

图1-11　通裁制分类

❶ 这里的"通裁制"主要是指带有"圆领""开衩"元素的袍服，与之前通裁不开衩的"袴褶"的"褶"有所区别。

一、元素汉化　公服规范

隋唐时期汉服体系出现了新的变化，即引入了源自北方民族的袍衫，最为典型的款式有圆领缺胯袍（衫）。这一类通裁制款式源自北齐、北周，之所以认为这类通裁制属于汉服体系，并不是波斯、粟特等异域服饰的直接搬用，绝非是两类截然不同的服饰体系并存的情况，而是因为这类式有着元素"汉化"过程，是在中国原有服饰结构的基础上，融合创造的新服式，在完成"汉化"后在汉服体系内流传久远。

其中的圆领缺胯袍（衫），被认为是"从北朝胡服的基础上发展成熟，长至脚踝处，下摆部分更为宽肥，成为独具特色的唐代圆领缺胯袍❶。"它的特征是不破肩缝、上下通裁、腰部无断、前后有中缝、内外衽交叠、领子通常为圆领、衣身两侧近胯处开衩，衣长过膝，外面搭配革带，里面搭配裤装，便于骑马和劳动。

从文物上看，圆领这种服饰元素至少在东汉时期已经普遍采用。河南密县打虎亭二号东汉墓壁画，南京石子冈、南京幕府山和南京小洪山出土的东汉陶俑，都露出了弧线形的内衣领子，或高或低。汉族服饰体系中的圆领，虽然与西域服饰的圆领外观相似，但结构截然不同。汉服体系中的圆领，采用了内外衽交叠的形式，源自内衣外穿的圆领外衣。具体来说，是右襟内衽，在左下固定住，左襟覆盖右襟，在右边固定住，而且领口可以下翻，形成翻领的样式，这与西域和其他中亚地区民族服饰中，套头式、对称或对襟式或无内外衽结构的圆领不一致（图1-12）。虽然汉服体系中并不绝对禁止类似贯头衣的套头结构，比如唐阎立本绘制的《历代帝王图》中陈文帝和身后侍女露出如花朵般舒展开弧形的内衣领子，即"阔大而曲"的"方心曲领"。极有可能是套头结构，但是主流线索和本质结构是内外衽交叠和系带闭合系统。

汉族体系中圆领的形成，可以从宽阔肥大的圆领内衣中找到演变轨迹，也可以看出在"圆领缺胯袍（衫）"进入汉服体系前的圆领样式不同。圆领内衣的样式，最早可能在于"反闭"式汗衫内衣，即反向闭合的内衣。如汉刘熙《释名·释衣服》记载："反闭，襦之小者也，却向着之，领含于项，反于背后，闭其襟也。"也就是说，反向穿的汗衫内衣，领子自然包裹颈部，呈现出圆领的形态。

---

❶ 程雅娟."后裾"至"缺胯"——中国古代"席地而坐"至"垂足而坐"对服饰制制的影响研究. 装饰, 2015 (3): 78.

图 1-12　商家制作的仿唐圆领袍
注：左图池夏提供，右图花间赋提供，授权使用。

又根据出土文物显示，东汉时期还有一种"过渡性"的右衽圆领斜襟袍，即右襟在内，是圆领，而左襟在外，是斜襟。换句话说，是内襟呈较高的圆领包裹颈部，外襟为斜襟系于右腋下。如东汉陶俑出土所示，即左右衣襟不对称，领襟缘一体的相交型曲领。与此相对应的是，新疆尉犁县营盘墓地东汉中晚期的 15 号墓出土的冥衣，可以看出它们结构的相似之处，但却是左右正好相反。这也意味着："汉民族服饰中的圆领并不完全是受到胡服的影响，而是不同文化背景下独立发展而成❶。"根据新疆尉犁县营盘东汉魏晋时期墓地出土过一件类似的右衽圆领斜襟袍："C 型 1 件（M19：16），男尸外袍……圆领，衣襟右掩，胯两侧开衩。"这一样式与东汉陶俑结构相似，但是不同的是两侧有开衩。魏晋时期新疆地区的服装领型与东汉时期四川山东地区的服装领型如出一辙，可能反映了内地文化在丝绸之路上的传播和融合。

西域的圆领服饰，属于套头式的"贯头衣"。如新疆山普拉古墓出土的圆领

---

❶ 杜京芳. 中国传统衣领形制与文化研究[D]. 内蒙古师范大学，2019.

套头衫，显示约为汉朝时期属于男尸的内衣，形制为高领、领口有绢带相系，套头、窄袖，两侧开衩；又如新疆尉犁县营盘东汉魏晋时期的墓地出土了一件圆领袍："B型1件（M15∶12），男尸内袍……圆立领，套头式，胯两侧开衩。袍服裁缝时除两袖和袍缘后加外，前、后身各为一整片。"又如《魏书·西域传·波斯国》卷一〇二记载："其俗：丈夫剪发，戴白皮帽，贯头衫，两厢近下开之。"《太平御览》载："其衣则缝布二幅，合两头，开中央，以头贯穿。"又如壁画显示，"位于莫高窟第285窟西魏时期的壁画，描绘的是五百强盗的因缘故事，其中一些手持武器的步卒们，身上穿的皆为窄袖圆领对襟及膝的袍衫，领口、双襟、袖口及下摆镶边，腰部用带束紧，此为典型之西胡装束。"❶根据现代人猜测："波斯流行一种'贯头衫'，这种衫从身体下部两侧开襟，穿着方式是头穿过袍领部，所以说是套头衫，也不同于粟特地区流行的两边或中间开襟的窄袖长袍。这种袍又分为圆领半袖长袍和圆领窄袖两种，开襟方式有下部侧开襟和下部正中开襟两种。"而且"虞弘墓出土图像中短发粟特人形象非常普遍……最多的仍是下部开衩的'贯头衫❷'。"也印证了"社会进程滞缓的民族一直沿用贯头衣未变❸"的说法，这些无内外交衽的圆领才是典型的西北民族装束。

除了领型是在西域和中亚服饰文化影响后演变出内外衽交叠的圆领形制，"缺胯袍"上的开衩同样在服饰文化交流中，从军事上的戎服进入汉服体系，并一步步扩大为便服。如文物显示，早期穿圆领缺胯袍的形象多为仪仗俑、骑马俑，而后被更多阶层所穿着，文献中也记载了戎服如何扩大到便服的历程。如《通典》卷六一记载："开元四年二月制：军将在阵，赏借绯紫，本是从戎缺胯之服。一得之后，遂别造长袍，递相仿效。"意思是源自"戎服"的开衩长袍，被人们纷纷效仿。隋朝时期取其便利，使其扩大为便服，成为人们日常生活中非正式场合的服饰，也是官员出行远门的服饰，如《册府元龟》卷六十记载"（隋炀帝大业六年）诏从驾步远者，文武官等皆戎衣。"再后来，进入《舆服志》，成为官员的制服，如《朱子语类》卷九十一："隋炀帝时始令百官戎服，唐人谓之'便服'，又谓之'从省服'，乃今之公服也。"

在经历了"汉化"过程后，到唐朝时期的圆领缺胯袍衫，已经与西北、中亚

---

❶ 黄良莹. 北朝服饰研究.

❷ 师艳明. 隋虞弘墓石椁图像的多元文化因素分析. 山东大学, 2019.

❸ 沈从文. 中国古代服饰研究. 北京: 商务印书馆, 2011(12): 35.

的圆领缺胯衫有了很大差别。如北朝壁画所见的圆领缺胯袍多为裹紧颈部的高领口，紧窄的袖口，两侧开衩，整体廓形较为紧身，搭配的是风帽、蹀躞带、长靴等，用料也多为厚料，适应的是风沙气候，反映的是游牧民族习俗；而隋唐时期汉民族的圆领缺胯袍，多为较低领口，袖子越来越宽大，整体廓形越来越宽松，搭配的是幞头、革带、短靴，用料多为布帛。

　　总而言之，如果纵向看汉服体系款式的演变，可以很明显地看出圆领缺胯衫是如何在隋唐时期吸收融合的，是在传统内外衽交叠的长袍基础上，吸收西域乃至中亚圆领对襟、圆领套头衫的服饰元素，北方人民共同创造出来的新款式，经过北齐、北周传播而流行开来。进入隋唐之后，从戎服的功能扩大到便服（从省服），再扩大到制服（公服）。

二、形制变换　体系丰富

　　唐朝到宋朝的男装延续圆领缺胯袍的形制，但袖子和领子都有一些变化。如衣袖加宽加大，"两袖之大，几欲垂地"。领口也会露出内衣领子，衣身肥大增加褶皱。如陕西安西榆林窟壁画曹义金图像，圆领大袖红袍，内有衬领。宋太祖、宋徽宗、宋高宗的画像显示，圆领袍宽大裕容，有明显的中缝，束腰带，袖子极为宽大，圆领领口露出内衣领子。领子的细节也发生变化，体现在圆领开始加内衬，即"唐代圆领中不加衬领，而宋代则用衬领。"❶如宋仁宗皇后坐像的宫女，身穿窄袖的两侧开衩的圆领袍，两侧开衩处可见露出来的衬裙褶裥。

　　到宋代时，缺胯衫的领型呈现了交领和圆领并存的特征，如山西右玉宝宁寺水陆画中，交领和圆领的长衣都有被穿着。而交领通裁制袍服还引申出了直裰（又称直缀）和道衣（即道袍，又称道服），都是交领右衽、宽袍大袖、前后有中缝、下摆开衩的特点。这一类服饰曾经是道士的服饰，但是自五代起到南宋时期，世俗人士着道服之风日益盛行，最后演变为士大夫阶层日常所穿的流行服饰。直裰一般以素布为之，曾为对襟大袖，衣缘四周镶有黑边，多用作僧人和道士之服❷，如宋初隐士林道也身披粗布的直裰，如其《寄李山人》诗"身上衣粗直裰"。又如苏辙《答孔平仲惠蕉布二绝》："更得双蕉缝直掇，都人浑作

---

❶ 滕开颜.唐代蓝色菱纹罗袍的保护修复：天衣有缝——中国古代纺织品保护修复论文集.文物出版社，2009：20.

❷ 高春明.传统服饰形制考.上海艺术家，1996(3).

道人看。"也可以看出文人也有穿直裰的，只是在世人眼中，这种服装仍为僧侣之服。

宋代道袍与直裰的样式相似，本来也是释道之服，后逐步世俗化。并非专指道士之服，一般文人士人皆可穿着。宋代的道袍衣身宽大，"穿道袍时，有时会用丝绦约束腰间[1]"，两侧开衩下垂至脚踝，不加摆。如周文矩的《重屏会棋图》，图中观棋者为南唐中主李璟[2]，身穿宽松的交领道袍，腰系红丝绦。如《三朝北盟会编》卷八七记载了宋徽宗被俘后"着紫道服，戴逍遥巾"的情形[3]，紫色在宋代品色制度中排首位，也可以看出宋代道教之兴和帝王被捕后的隐逸心态。明朝后的道袍开始加内摆，如定陵出土的交领绫面绢里丝绵大袖衬道袍，可以看出里面有内摆。这一时期的道袍也成为一种世俗广泛应用的男装款式，既可以作为外衣穿着，也可以作为衬衣穿在圆领袍里面（图1-13）。

另外，还有道袍之外的氅衣，也发展成为通裁制长袍，特征是对襟直领长衣不开衩。氅衣源自最初的"鹤氅"，最早见于《世说新语·企羡》："尝见王恭乘高舆，被鹤氅裘。"就是一块用仙鹤羽毛做的披肩，多为无袖，披在肩上，甚至用羽毛制作，多为道家所用。氅由毛羽制成的初始型向袍服型转变发生在唐代，在宋代时已演变为宽袍大袖的样式，并且在文人中流行起来，用以遮风御寒，体现出儒道审美的融合[4]，宋代赵佶的《听琴图》中表现了鹤氅，对襟、缘边、大袖，更多是表现道家的气派。随着不断世俗化，也成为比较传统的日常款式。明代后更加世俗化（图1-14），多作为春、秋或冬季的便服外套使用，如明《酌中志》中记载："氅衣，有如道袍袖者，近年陋制也，旧制原不缝袖，故名曰氅也。彩素不拘。"观察明代的容像，穿于道袍之上，可用来遮风御寒[5]，也可与披风一样内衬毛里。

宋人也会将交领半臂或上衣穿在里面，露出交领内衣的领子，如萧照《中兴瑞应图》显示，画里的人物穿圆领缺胯衫，下摆撩起来掖在腰部，露出里面的交领上衣下摆部分，里面搭配裤子。

明代的通裁制延续了上一阶段的基本形制，有圆领袍、交领袍、对襟长衣

---

[1] 高春明.传统服饰形制考.上海艺术家，1996(3).
[2] 张蓓蓓.彬彬衣风馨千秋——宋代汉族服饰研究.北京：北京大学出版社，2015(12)：135.
[3] [宋]徐梦莘.三朝北盟会编卷87.上海：上海古籍出版社，2008：647.
[4] 张默涵.氅衣造型的演化与文化含义探析.长沙大学学报，2016(4).
[5] 董进.图说明代宫廷服饰（六）——皇帝便服.紫禁城，2012(3).

图 1-13　商家制作的仿宋道袍

注：镜水桐光授权使用，模特：郑锋、郑扬，摄影：凉小酸

图 1-14　商家制作的仿明道袍

注：花妖汉衣堂授权使用，模特：雪菲，摄影：晓衾

等，也发展出花样繁多的款式。通裁袍衫的时代特征是除了两侧开衩，还广泛加入了"摆"的结构。摆的作用是弥补开衩的缺点，在行动时不露出里面的着装，让服装廓形更加沉稳庄重。摆可以简单划分为内摆和外摆，内摆可以分为两种结构类型：肩挂式无褶内摆、腰挂式有褶内摆。有褶内摆又可再细分两种形式：独立裁片的摆和非独立裁片的摆。而且袖子形式也很丰富，有窄袖，也有宽袖。典型款式如皇帝衮龙袍、团龙常服等。官员穿的公服、常服也是两侧开衩的圆领袍。圆领袍是广泛应用的男装款式，平民也可以穿着，根据面料、花色和长短有多种多样的表现风格。如江苏泰州徐蕃夫妇墓出土的八宝花缎空绣孔雀补服，即为圆领开衩袍服，两侧有摆。

　　明代时又增加了加摆的交领开衩袍，即交领直身，两侧开衩，有双摆。如定陵出土的交领龙袍，其款式特征是交领右衽、宽袖收祛、两侧开衩，有双摆。明刘若愚《酌中志·内臣佩服纪略》载："直身，制与道袍相同，惟有摆在外，缀本等补。"可知道袍和直身的形制区别在于道袍双摆在内，而直身双摆在外。如江苏叶家宕明墓出土的一件麻布直身袍，交领右衽，双侧有外摆，衣物疏名为"青布大襕❶"。这一时期，除少数上中层官吏衣着仍按规定穿圆领开衩袍外，交领开衩长袍成了官员们常穿的常服❷，并在士庶阶级间流行起来，逐渐成为古代男子的一般便服。

三、褙子风靡　传承有序

宋代，通裁类别的服饰又增加了褙子（又称背子、绰子）这一类男女皆可穿的服式，但女子穿的情况比较多见，特征是直领对襟的中长衣或长衣。褙子通常认为是起源于半臂，宋叶梦得《石林燕语》卷十记载："背子本半臂，武士服。"宋代高承《事物纪原》载："唐高祖减袖，谓之半臂，今背子也。"但半臂的特征是：短款、不开衩，还有的接腰襕❸。根据文献记载，推测演变过程可能有两步：第一步是加长半臂的袖子和衣裾，成为穿在外衣内的中单，领型多样，下身不开衩，如宋程大昌《演繁露》卷三记载："背子者，状如单襦袷袄，特其裾加长，直垂至足焉耳。其实古之中禅也。禅之字或为单。中单之制，正如背子。"单襦，是指单层的短衣，袷袄是指双层的上衣，也就是演变初期衣身可为单层，亦可为双层；第二步是腋下两侧开衩直接到下摆，并从内衣作为外套穿着，如周锡保先生的观点："宋代的褙子，即承前期的半臂形式以及前期的中单形式两者发展而形成的❹"对于腋下高开衩的做法，可能是受到女真服饰的影响❺，但也有可能是女冠道服世俗化的影响，即女性道服世俗化的表现❻，但这些都不是简单地照搬和挪用，而是在原有的服饰基础上做了变动，即"为了效仿中单两侧虚垂的衣带，是对古代衣式的一种遗存，以表'好古存旧'之意❼"使褙子的样式更为丰富，并且赋予了传承的内涵（图1–15左）。在很多人印象中，这一时期褙子风格有追求窄瘦的审美倾向，如诗句描绘的"墨绿衫儿窄窄裁"，呈现出又长又瘦的特征。如河南偃师酒流沟宋墓出土的厨娘砖画像、瑶台步月图，所穿的即是衣长及大腿或及膝的中长款褙子。又有长款的褙子衣长到脚面，如南宋的《歌乐图卷》。但

❶ 江阴博物馆. 江苏江阴叶家宕明墓发掘简报. 文物, 2009(8): 33, 37.
❷ 沈从文. 中国古代服饰研究. 北京: 商务印书馆, 2011(12): 494.
❸ 唐代还有一种"背子"，是无袖无襕通裁不开衩的短上衣。
❹ 文物, 1996(8): 46–50.
❺ 杜雪, 谢静. 金代女真族女性服饰对汉族女性服饰的影响. 设计, 2018(19).
❻ 张蓓蓓. 女服褙子形制源流辨析——从唐宋之际"尚道"之风及女冠服饰谈起. 民族艺术, 2014(4).
❼ 文物, 1983(8): 40–44.

是又不是完全如此，褙子细节样式丰富，也有多样化的表现形式。直领对襟的基础上，两襟有合拢的，也有不合拢的；衣身两侧开衩，有的从腋下开衩，有的从胯骨附近开衩；有的两腋垂带，作为装饰，领襟使用"领抹"，一通到底；有的裾和衩全部缘边；两襟无系束，自然敞开，或用暗纽，或用勒帛；袖子覆盖整个手臂，有宽袖，也有窄袖；衣身下摆宽度与胸宽基本一致，呈直筒状，也有下摆宽阔的式样❶。从福州新店南宋黄昇墓中出土的紫灰色绉纱镶花边褙子来看，两侧腋下开衩，没有纽扣系带，上下宽度基本一样，与《瑶台步月图》描绘的相仿。江西德安南宋周氏墓出土的印金罗襟折枝花纹罗衫（窄袖褙子），也是对襟直领，但是合拢的，在隐蔽处加一枚纽扣，两侧从胯下部分开始开衩，衣身下摆处明显比胸围宽。可谓形态各异。男性也可穿"同款"褙子，如金坛南宋周瑀墓出土了7件直领对襟的长衣，考古报告描述道："合领对襟，大阔袖，身长过膝，襟怀一对系带，两腋下各舒垂一带。"

晚唐五代已有对襟大袖开衩且长与身齐的"披衫"，宋代则有"大袖衫"。南宋黄昇墓出土了一件贵族的命妇服，其形制主要特征在于宽大的袖子以及后襟下方用于放霞帔的三角兜。到了明代，大袖衫也是女性的重要礼服，样式为对襟直领长衣，左右开衩，典型款式是皇后大衫，如南昌明代宁靖王夫人吴氏墓出土了一件素缎大衫，"对襟，直领，宽摆，大袖。背后有三角形衣缀一片，专用于藏霞帔的尾端。……前后衣身长短不等。"❷这里的三角形衣缀并不是对襟大袖开衩长衣的必备配件，也常见无三角形衣缀的款式，如江苏泰州森森庄明墓出土的一件花缎夹袍（M1：10）："对襟，敞开式袖口。腋下开叉，左右两襟胸口处各缝有一根系带。"❸

除了大袖衫外，褙子在明代还发展出一种新的服式：披风。披风与褙子的最大变化体现在领襟部分❹。"褙子是直领对襟，领襟一体全缘边，衣襟多为敞开不系，领襟垂直向下；而披风是对襟直领，领襟分离，衣襟多合拢穿戴，胸口领缘下方多施金属扣，领襟为"V字形"。如江西南昌明代宁靖王夫人吴氏墓出土了

❶ 历史名词流变现象极为复杂，且古代没有"工业标准"，并不一定长到脚面的才能叫"褙子"。《石仓历代诗选》："鹅黄短褙素罗裳，紫绣盘囊苏合香"，《文献通考》："褙，即如今之道服也。斜领交裾，与今长背子略同。"有长有短，说明古代对"褙子"的长度并无规定。
❷ 徐长青.南昌明代宁靖王夫人吴氏墓发掘简报.
❸ 泰州市博物馆.江苏泰州森森庄明墓发掘简报，2013(11)：37.
❹ 陈芳.明代女子服饰"披风"考释.艺术设计研究，2013(2).

图1-15　商家制作的仿宋褙子与仿明竖领披风

注：左图虞鹏提供，授权使用。右图杨娜提供，北京华裳摄影拍摄。

一件素缎大衫，贵州思南明代张守宗夫妇墓出土了一件驼色素缎披风，就是领口呈"V字状"。还有竖领披风（图1-15），竖领上装饰金属纽扣，胸前一对系带的对襟开衩长衣。除此之外，通裁的长衣也发展出诸多款式，袖子有大袖宽袖，领子有竖领、方领，也用华丽的金属扣装饰。其中典型的有竖领斜襟长袄，两侧开衩，衣内搭配马面裙，如孔府旧藏的一款明代暗云纹白罗长衫，就是大袖的竖领斜襟。另外，明朝还出现了半袖的交领、两侧开衩的通裁长衣，典型款式如褡襫。

总体而言，宋明两代各类款式的推陈出新，不是照搬恢复汉唐时期的服饰样貌，而是在唐宋服饰的基础上进行的"建构"。这些建构主体延续了古代汉服体系的框架和基本形态，同时也主动吸收和创制了新的服式和风格，使汉服体系不断扩大与完善。然而此时，也就是1644年的明朝末年，那些款式多样，工艺精湛、辉煌绚烂的服饰文化，竟成为华夏衣冠的风雨末年。一个崛起于白山黑水之间的民族，进入北京城，一纸"薙发易服"令，让传统意义上的汉服记忆戛然而止……

第六节　古代汉服正本清源

从黄帝时期到明朝末年，汉服体系一直处于发展演变的绵延不绝状态。发展期间，也是在文化交流中曲折、波动中缓慢成长，这里有基于文化认同的"赐服制度"，也有因为国家动荡的"衣冠南渡"。站在当代的视角，纵向审视这个历经五千年风雨，从小到大、从少到多不断发展和积淀的服饰文明史，特别是体系内起源、发展、交流和扩大，随着时间推演不断地创造和融合新的款式和元素，规模越来越庞大、体系越来越复杂，进而重新建立起古代汉族服饰风貌。

一、服饰起源　不唯一性

中国幅员辽阔，除了汉民族以外，其他少数民族也都有着与本民族地域、习性等相适应的服饰文化。但他们大多数为游牧或渔猎民族，服饰注重保暖、方便骑马狩猎等实用功能，迥异于汉族传统服饰。但因为种种历史原因，今天在论述汉族服饰史，往往会从"汉族服饰吸纳了胡服的实用功能角度"出发，讲述"汉民族服装与少数民族服装之间的服装交流"现象，如春秋战国的"胡服骑射"、魏晋南北朝的"南北融合"、唐朝时的"胡风盛行"以及明末清初的"满汉交融"，于是给现代人形成了"汉服杂乱无章""汉服体系不存在""胡服更实用"的错觉。

特别是论及先秦服饰起源时，往往会参考"西周贵族的服装不外乎冠冕衣裳❶"的术语，得出"华夏固有服饰不实用、不完善"，进而得出"华夏民族不穿裤子"，以"胡服"中有裤子来佐证汉服中的裤子必定引自胡服，以深衣的"被体深邃"来倒推汉服体系起源中没有裤子，以此来证明"汉服裤装不完善"的结论，这类观点是片面的、错误的。事实上，深衣与裤子并不存在直接关系，所谓的"害怕裤子不能遮蔽下身，而发明了深衣"这也是典型的倒推型思路。第一，裤子是裈绔胫衣层层穿着，不会暴露下体，不存在"不完备"的情况；第二，深衣有长有短，并非用来掩盖"裤子不完备"的设计；第三，古人说撩起裙子近乎裸体，不能证明古人不穿裤子，因为即便是现代人，大庭广众之下露出棉毛裤或者打底裤也是失礼的。

❶ 孙机. 华夏衣冠——中国古代服饰文化. 上海：上海古籍出版社，2016(7)：21.

而且新石器时代的很多服饰，是一种概括性、笼统化的整体服装，如"贯头衣、胫衣（裤），在相当长时间都具有一般性，并在极广阔地域内和较多的民族中通行，只是随地理气候在尺寸的长短和选用材料等方面有所变化。"典型的是贯头衣，从古文献上，向东至日本，向西到新疆西北边境的霍城、裕民、额敏等地，向南到苗族、彝族、傣族等民族区都可以发现，所反映的族属并不单一，而是相当多的。又如"胫衣，向上加长发展为袴，合裆又称为裤等❶"，这些简单的衣、裤很多都是原始社会各部落先民的首创，并在文明制度形成后，为后续的本民族服饰体系奠定了基础。

　　又像所谓的"胡服骑射"一语，政令颁布时并没有对胡服样式的详细记载，仅有《庄子·说剑》做了介绍，是为"短后之衣"，今天也可以猜测所谓的"短后之衣"样式早已深入人心。根据学者推测，所谓的"窄袖裤装"胡服，并不是指少数民族特有的服装，"有可能是商、周劳动人民及战士一般衣着"。只是在社会阶级分化后，贵族阶级无须劳动，正式场合穿起了符合礼治的"上衣下裳"，因此只要提到窄袖短款衣和裤装，人们就把它与少数民族的胡服连在了一起。甚至根据洛阳金村韩墓文物显示，"齐膝短上衣是古代阶级形成初期，统治阶层尚未脱离劳动，为便于行动的服式，由商到东周末、春秋、战国，沿用了一千多年后❷"影响到北方羌族的。而且，根据考古文物，"胡人"不是只穿窄袖裤，也有"宽袍大袖"的礼服，如中山国王陵中出土了大袖深衣的灯台人像，还出土了大量华丽复杂的玉佩，因此并不能认为"窄衣裤装"就是胡人的专属服饰。

　　赵武灵王在历史上，还成为了被比附的对象，很多物件起源，人们都喜欢归结到他的头上，类似于一个"筐"，表达"变革""创新""勇于进取"的精神。如"貂服""赵惠文冠""鹖冠""搭耳帽""皂靴""具带鵔鸃""金貂饰首""术士冠""靴""黄金师比""短鞠""好鵁鶄""短服"❸……都是赵武灵王从胡人那里学过来的，《日本国志》还称"高坐之设萌于赵武灵王"，应劭《风俗通》还说："赵武灵王好胡服，作胡床"，《夜航船》言之凿凿："岳飞制藤牌。殷盘庚制烽燧告警。赵武灵王制刁斗传。"换句话说，在历代不断地构建下，赵武灵王不仅在

❶ 沈从文. 中国古代服饰研究. 北京：商务印书馆，2011(12)：38.
❷ 同❶49.
❸ [明]董说. 七国考；[明]董斯张. 广博物志：卷38. 艺林汇考. 刘子. 补注杜诗.

服饰方面作出了前沿搭配，还做了很多发明创造。《后汉书补逸》说得很好："灵帝好胡服、胡饭，京师贵戚皆竞为之，又作胡箜篌。案灵帝所好直为戏耳，非若赵武灵王之能自强也。"由此可见，古往今来人们不惜比附赵武灵王想要表达的，不是真的名物训诂和考证，而是用"胡服骑射"承载"改革摆脱政治困境"的王者精神。

二、汉化融合　绝非胡化

汉服体系的发展是曲折前进的，虽然存在着跌宕起伏，但整体上是在一脉相承的基础下，不断地吸引、融合与消化的过程。因为在中华大地上，除了汉服体系外，还有其他的服饰体系，辽、金、元时期少数民族服饰的元素，也在不断影响汉族服饰。但是整个服饰体系与汉文明史也非常相似，它的连续性很强，在思想、文字、习俗等部分始终保持着一致，因而在服饰体系上表现出了自成一体的属性。

汉服体系在文明发展之中，有着内源性和外源性的演变。内源性是指传统体系内部的演化，典型的是衣裳制、衣裤制和深衣制，是在传统形制基础上演变，是体系内部衍生出来的，属于内源性文化。外源性是指源自文化交流而获得的服饰形制，即有一个"汉化"的过程，如通裁制的圆领缺胯袍虽然源自西域服饰，但是有了一个很明显的"汉化"过程，逐步成为汉族服饰的一个部分，也有了明显区分于北方其他民族服饰的特征，融入之后得到了广泛的应用。在漫长的岁月中，逐渐承载了汉文化的内涵和历史，成为汉服公服体系中的重要组成部分。这种汉化历程也与丝绸之路上佛教的汉化历程颇为相似，就像玄奘西天取经的故事家喻户晓，但是今天我们讲的佛教，是已经中国化的佛教，是中华文化中极为重要的一部分。人们记忆中的"观音像"在北魏时期，身穿的袈裟已经变成"曲领下垂""褒衣博带"式的汉服，下衣层层重叠，衣褶密集，像极了汉服中的长裙，这就是在文化体系存在时的服饰"汉化"。

这也类似于日本的和服，虽然是来自于唐朝的吴服，但是到了平安时代后期，随着唐朝的衰落，日本遣唐使的终止，日本服饰逐渐脱离了学习中国服饰的轨道。在全盘消化唐文化的基础上，走上了独立发展的"和风化"道路❶。此

---

❶ 竺小恩，葛晓弘. 中国与东北亚服饰文化交流研究. 浙江：浙江大学出版社，2015(12)：206.

后的服装逐渐摆脱汉文化的影响，如原来的图像纹样具体化，袖子也形成独特方形样式，男子狩衣姿、女子十二单也成为典型的和服礼服款式。如今的和服，已经是公认的日本民族服饰，而不是中国的民族服饰。因为和服反映的是日本民族的思想和审美，在历史之中承载的是日本民族的历史记忆。也就是说，判断一类服饰属于哪类民族服饰，并不是以起源作为唯一标准，而是综合考察该服饰是否融入了民族文化之中，是否反映了民族文化的思想和审美，成为民族文化的一部分（图1-16）。

图1-16 大唐人物群像（商家原创设计，非文物复原）

注：石门汉韵任俊波拍摄，授权使用。

沈括《梦溪笔谈》说："中国衣冠，自北齐以来，乃全用胡服"，一个"全"字用得并不恰当，这里忽略了文明的交流和"同化"。虽然胡服对汉族服装确实有过影响，但"胡"在不同历史时期有不同所指，有时指匈奴，有时泛指从东北到西北的诸多游牧民族，有时是更要宽泛些。历经曲折复杂的历史，"胡"大多数已经融合成为中华民族一员，自然不应以偏概全地认定为"全是胡服"。另外，沈括在《梦溪笔谈》又写道："济州金乡县发一古冢，乃汉大司徒朱鲔墓，石壁刻人物、祭器、乐架之类。人之衣冠多品，有如今之幞头者，巾额皆方，悉如今制，但无脚耳。妇人亦有如今之垂肩冠者，如近年所服角冠，两翼抱面，下垂及肩，略无小异。人情不相远，千余年前冠服已尝如此。"可见沈括本身并没有对中国服饰源流做出科学分析，判断也并不严谨，因此沈括的记载只能作为参考。

总而言之，对于汉服体系的变迁，不能仅站在朝代论的立场和政权更迭的视角，而是要纵览整个汉文明史。汉服体系是一个发展开放的服饰体系，它博大包容，可以吸收外来元素，推陈出新，创制新奇款式，是应有之义。

三、相互交流　从未取代

汉服体系发展的整体趋势是层累地积淀而成，越到后期体系愈趋丰富、庞大，无论是从基本大类还是具体风格来说，都是越来越丰富和繁杂。无论是通过自我创造还是吸收外来元素，都是增加与扩充汉服体系的款式，并没有服制的"双轨制"。所谓双轨制是指不同身份的人，在一样的场合被不同的对待，如果是服饰的"双轨"应理解为依据民族、国籍不同而穿各自的衣服，如欧洲境内的印度纱丽、苏格兰男裙，又或是在少数民族政权时因为《舆服志》而形成的"二元制"。契丹女真所创立的辽国，属于少数民族的政权，辽国初创时期，礼服分为两类，即服饰体系最早的"二元制"。《辽史》志第二十四仪卫志一舆服记载："辽国皇帝与南班汉官用汉服；太后与北班契丹臣僚用国服，其汉服即五代晋之遗制也。"意思是辽国皇帝与汉族官吏穿着五代、后晋服饰，称"汉服"或"南班服制"；太后与契丹官吏之衣则称"国服"或"北班服制"，并用"汉服"和"国服"的概念，强调官员民族认同的差异。

又如在蒙元期间，尽管蒙古人实行了严格的等级制度，但在服饰制度上与辽国相似，采用了"二元制"，意思是元代前朝由汉人统治时定的制度与蒙古国原有制度并行❶，这两种制度也被后人称为是"汉法"和"国俗"，也就是采用了兼容汉族和蒙古族服装，在官服制度中允许"北班""南班"衣服同存并行。然而，不论少数民族朝堂中的款式如何丰富，汉族人的服装主体结构和基本款式并没有改变，与前朝的汉服相比，只是局部、材质、搭配上有所区别，也形成了汉族右衽、蒙古族左衽共制的民族融合时代❷。

具体到汉服体系，内部不存在"二元""两轨"的区隔。比如两晋南北朝时期，衣裳制和衣裙制是并存的，百姓们日常服饰既穿裤子，也穿裙子，裤子里既穿合裆裤，也穿开裆裤，如前凉墓葬出土报告一位叫"赵双有"家的衣服："男主人有帬（裙）、绔（袴）、裈（裈）"，女主人有"裈（裈）、绔（袴）、帬（裙）❸"。可见各类款式是同时并存的，不是相互取代关系。又像唐代圆领缺胯袍的广泛流行，并没有取代其他形制的服饰，更没有导致交领衣裳制和深衣制的消亡，而是与交领衣共存，甚至衍生出新的"交领缺胯袍"，以多类共存的形态和功能延续、使用和共存。如《山西北齐壁画墓男子服饰研究》的统计，交领窄袖袍出现196次、圆领和翻领窄袖袍共计出现164次，占据96%；而裲裆、襦裙、

❶ 华梅, 等. 中国历代《舆服志》研究. 北京: 商务印书馆, 2015(9): 346.
❷ 刘瑞璞, 陈静洁. 中华民族服饰结构图考. 北京: 中国纺织出版社, 2013: 63.
❸ 寇克红. 高台骆驼城前凉墓葬出土的衣物疏考释. 考古与文物, 2011(2).

袴褶服共计出15次，仅占据4%❶。这也说明了在北齐政权中，圆领袍和交领袍并行使用，且大量穿着在民间的现象。

又如宋朝时期裙和袴也是同时存在并搭配、交互使用的，并不存在二选一的问题（图1-17）。如江阴博物馆《江苏江阴叶家宕明墓发掘简报》，M3墓同时出土了开裆的棉布裤，以及合裆的麻布裤。又如湖北武穴市明代张懋夫妇合葬墓中出土了腰裙、夹袴，都显示了裤和裙在同一时期并存的特征。又像褙子的流行，并没有取代传统的交领衣。如苏州博物馆藏《宋人消夏图》（又名《五王嬉春图》）展示了在同一个画面里，同时出现了圆领长衫、交领长衫、上衣下裳、上衣下裤等形制，也说明了体系兼容并蓄，和谐共存。

而且，服饰本身是一件件衣服，它的形成离不开政治、经济、文化和宗教等的影响，而它流行更是与时尚密切相关，一类款式的消失存在着诸多因素，如审美疲劳，时尚更迭等，推陈出新以新的样式所传承，但绝不能断章取义的认为是被某一类款式所取代。就像朱熹虽然说冕服朝服等大礼服非常隆重，一般都不穿，平时穿通裁的圆领袍衫，尽管"官吏士人阶层虽然普遍穿圆领袍"，但也不能曲解为完全取代了衣裳制度。

图1-17　宋朝人物谱（商家原创设计，非文物复原）

注：花朝记提供，授权使用。

---

❶ 周丰伟. 山西北齐壁画墓男子服饰研究. 山西大学硕士学位论文，2018.

关于整个体系的基础形制与每个时代特征的关系见图1-18：

图1-18 古代汉服体系发展脉络大纲（部分款式）

总体而言，如同古代服饰史所言，汉服体系随着时代的发展，在每个时期都有一些独特的表现形式，结合面料、花色、工艺展现出绚烂多姿风貌，但是归根结底都是在同一个形制范畴内演变，都归属于同一个文化体系。尽管是以《周礼》为蓝本，历代都有《舆服志》，但是这些政治制度不等于古代汉服体系，它们的重点是服饰等级制和社会分工的差异，属于古代汉服体系的一个组成部分。但看到局部的同时，也必须从现代的视角，审视历史上古代汉服体系自己的发展脉络和历史。而这一体系体现的是贯穿五千年上下的气脉、道统与灵魂，这一部分，更是现代汉服建构的重要依据。

失落的汉族服饰

"不用则失"是遗忘规律，但"不用"的原因很多，在不同时代、不同社会环境下"失去"的缘由也不一样。汉民族服饰的消失在历史上有着特殊性，不是因为自然演化，也不是因为外来文化冲击、社会进步导致人们自愿放弃，而是在政权更迭中，因统治者施行民族压迫，在政治权力的严令禁止下被迫消失。在改朝换代的"薙发易服"政令下，不仅流传五千年的"上衣下裳"汉族最高礼服制度，再也没有出现在国家朝堂之上，而且民间文人学士、平民百姓的服饰也逐步被满人服装所代替。在政治变迁的影响下，汉族服饰文化体系逐渐被"连根拔起"，更是淡出了人们的民俗生活。

第一节　易服令下血色衣冠

1644年，清朝建立。与历史上的汉族政权更迭不同，清朝是由少数民族建立的国家政权之一，它的民族服饰属于满洲服饰体系。衣冠不仅是文化认同的标志，也是政治承认的象征[1]。入关伊始为使汉人臣服，清政府下达了异常残酷的"薙发易服令"，施行严酷的民族压迫政策，相比薙发的快速实行，易服相对比较缓慢，毕竟"若要实现全民换装，其实是一个非常庞大的习俗改革运动[2]。"因此，清统治者持续不断地以强硬手段推行易服令，从制度上、文化法统上、精神上、心理上贬低汉衣冠，以根除后患达到征服汉民族巩固统治地位的目的。自此延续了数千年的汉服体系在200多年的"非法"处境中崩溃瓦解。在对清政府的政权认同中，辫子和马褂成为汉族民众新的生活服饰而存在，也变成了一个对于政权和统治认同标识的载体。

一、江山易主　薙发易服

明清易代之际，作为渔猎民族的满洲人入主中原，面对要征服的是一个无论

---

❶ 葛兆光. 大明衣冠何处在. 史学月刊, 2005(10): 41-48.
❷ 周星. 百年衣装——中式服装的谱系与汉服运动. 北京: 商务印书馆, 2019(11): 50.

是国家制度、生活水平，还是历史与文明都远远超越自身的汉民族，其在文化上的抉择耐人寻味。在深层的意识形态领域，清政府主动学习汉文和汉文化，也选择汉族传统儒学即程朱理学为统治思想。在表层的风俗习尚层面，则厉行薙发易服，强制汉人改从满洲衣冠发式，违者视同"逆命之寇"，必诛之而后快。明确汉族人必须改穿满洲人服饰。

以其文化目的而言，清廷之薙发易服表面上虽以"满汉一体""一道同风"相标榜，实质上则是以武力相威胁，强制推行民族同化，以便在精神上征服汉人❶。对于这个原因，或许是因为在满洲贵族心中始终横亘着一种挥之不去的历史记忆，那就是关于其先世"金国"因衣冠、风俗汉化而亡国的前车之鉴，始终强调金国的衰弱和灭亡与放弃了骑射服装为主体的服饰制度密不可分，所以绝对不能在国俗朝服中"改衣冠"。因此他们一方面竭力推行维护"国语骑射"，另一方面严行"薙发易服"的民族压迫政策，认为本朝朝服制度既要废除历代政权中的冕服制度，也不能采用典型的通天冠、绛纱袍，即使是百姓的着装，整体上也必须遵循满人的习俗，被视为政治承认的象征，否则将导致清国国势衰弱。

早在入关前，皇太极即命令被征服的汉族官民："凡汉人官民男女，穿戴要全照满洲式样……有效他国衣冠、束发、裹足者，重治其罪。"明确规定汉人必须改穿满人服饰，留满人发式。而且皇太极对推行满洲服装也是十分坚决，面对劝其采用汉族服饰制度的儒臣，皇太极还训告大家："屡劝朕改满洲衣冠，效汉人服饰制度……朕试为此喻，如我等于此，聚集宽衣大袖，左佩矢，右挟弓，忽遇硕翁科罗·巴鲁图（满语：鹫一般的勇士）劳萨（人名）挺身突入，我等能御之乎？若废骑射，宽衣大袖，待他人割肉而后食，于尚左手之人何异耶？……恐后世子孙忘旧制，废骑射以效汉人俗，故常切此虑耳"（《清太宗实录》卷三二崇德元年十一月癸丑）。这是说，一旦满洲人放弃本民族的装束，换上汉人的宽衣大袖，必定会废弃骑射，沦落到"任人宰割"的悲惨处境。皇太极此时已经认定改衣冠、效汉人制度是亡国忘本的同义词，"将接受汉人的生活方式和耽于享乐、溺于酒色画等号，并与骑射武功完全对立起来，这个观念也逐步成为清朝统治者制定政策的一个基本原则，一直延续到后世君主❷。"薙发易服令正是这种观念的产物。

❶ 孔定芳.清廷剃发易服与明遗民的抗争.江苏社会科学，2013(5)：184–189.
❷ 江冰.中华服饰文化.广东人民出版社，2009(3)：162.

1644年（顺治元年）清军五月初二进京，初三就颁布政令，要求薙发易服，如《清世祖实录》记载："凡投诚官吏军民，皆著薙发，衣冠悉遵本朝制度。"这也是满洲入关后颁发的首条"薙发易服"令。并以"薙发易服"谕旨，作为对官员和民众采取投降升官、安抚收容的政策。谕兵部："檄文到日薙发归顺者，地方官各升一级，军民免其迁徙。"也就是说，军队薙发者升官，百姓薙发者安抚；对负隅顽抗者则格杀勿论。

但是由于政权不稳，强制推行的"薙发易服令"引起人民的极大反抗，包括已经降服的明朝官兵，都心存抵触。多尔衮只得暂时收回旨意，让"天下臣民照旧束发，悉从其便（《清世祖实录·卷十七》）"。暂时终结了薙发之令。并在服饰制度上实行短暂的"满汉二班制"，如《研堂见闻杂录》记载："我朝初入中国也，衣冠一承汉制，凡中朝之臣（明朝遗臣），皆束发顶进贤冠，为长袖大服，分为满汉二班"，也就是汉人大臣仍旧束发带进贤冠，穿长袖礼服，满人则穿满服，分满汉两班站立。值得说明的是，在这个历史过程中，不管汉族官员是主动迎合还是奋力劝阻，薙发易服政策从始至终体现的是满洲统治者的意志。

二、始自薙发　断绝后路

1645年（顺治二年），明王朝的半壁江山已纳入清王朝的统治之中，多尔衮认为天下已经大定，再次下达严酷的薙发令和易服令，以此作为清政府军事征服与政治统治的胜利标志，并随着清政权的不断扩张在全国范围内迅速推广。其中，薙发令规定："自今布告之后，京城内外，直隶各省，限旬日尽行剃完。若规避惜发，巧词争辩，决不轻贷。该地方官若有为此事渎进表章，欲将朕已定地方仍存明制，不遵本朝制度者，杀无赦（《东华录·卷五·顺治二年》）。"20天之后，鉴于服饰改易进展迟缓，再次强调易服令，宣布："官民既已薙发，衣冠皆宜遵本朝之制。"责令礼部"即行文顺天府五城御史，晓示禁止。官吏纵容者，访出并坐。仍通行各该抚按，转行所属，一体遵行（《清世祖实录·卷19·顺治二年七月戊午条》）"。

自此，清军入关所至之处，无不施行异常残酷的"薙发易服"令，并把"薙发易服"作为归顺清政权的重要标志，口号便是著名的："留头不留发，留发不留头。"这里的"薙发"也作"剃发"，但二者略有区别。"薙发"是指按照特定的样式削去头发，清朝的"薙发"源自金制❶，如南宋人徐梦莘《三朝北盟会编》（卷三）"女真记事"记载："男子辫发垂后，耳垂金银，留脑后发，以色丝系之。"意思前额头发削去，只在头顶留下如铜钱大小的一撮头发，编成辫子，多与"薙发编辫"连用，俗称为"金钱鼠尾"。而"剃发"是指把头发全部削去，通常是出家之人落发而用。但后来二词经常混用，薙发令也写作"剃发令"。清政府更是希望以"薙发易服"作为判别民众顺逆的政治符号，从根本上断绝对归顺犹豫观望的汉人后路。

　　衣冠发式，外显为风俗习尚，内隐则为民族意识❷。虽然在民族文化系统中属于最为外显的层面，但是却是一个民族的历史记忆、文化传统的层累积淀、价值观念的附着之物，特别是对于汉民族，历史之中有关衣冠、发型的礼数记载烦琐而庄重，"正衣冠"在礼仪场合中别具意味，发型更是承载着繁重的生命、礼仪和文明意义。根据《说文解字》的解释，"发"是"根"的意思，含有生命本身的意义。《孝经·开宗明义章》有言："身体发肤，受之父母，不敢损伤，孝之始也。"将头发喻为生命的形成因果，而生命来自父母，所以又与孝道紧密相连。而且发式涉及古人的"夷夏之大防"观念。汉族在辨别和描述不同族群时，也往往聚焦发式的差异，披发、辫发、断发、薙发、髡发，都不是华夏民族的习俗，"若薙发，就是抛弃华夏文明之风，甘愿认同蛮夷之俗，这是一种不义❸"，更是文明沦陷的"亡天下"。

　　一纸薙发令犹如晴天霹雳，令本已接受了改朝换代的汉人惊恐万状。这惊恐瞬间化作满腔怒火，他们高呼："头可断，发决不可薙也。"于是，清军南下，本已接受了改朝换代的汉人，面临着变易传统的强令，尤其是要顺遂"夷狄"习俗后，面对清军的铁蹄，各地汉人揭竿而起，江南人民浴血反抗，扬州、嘉定、镇江等地尤为激烈，可谓是惊天地、泣鬼神。嘉定民众因薙发而被屠城三次，史称"嘉定三屠"，当清朝统治者"如愿以偿"地将"削发令已行"的旗幡插上城头之时，城内已是白骨累累，前后牺牲两万人❹。

　　最悲壮的要数"江阴八十一日"，81 日坚守，城破，被屠杀者 17 万余众。韩菼《江阴城守纪》记载："江阴群众举义，誓死捍卫颅上发。坚守城池八十一

❶ 弓因. 清代强迫汉人"薙发"源流. 社会科学辑刊, 1986(6).
❷ 孔定芳. 清廷剃发易服与明遗民的抗争. 江苏社会科学, 2013(5): 184–189.
❸ 陈宝良. 清初士大夫遗民的头发衣冠情结及其心理分析. 安徽史学, 2013(4).
❹ 范梅莉. 清帝推行剃发改装的重要性. 兰台世界, 2010(1).

天。城破，屠城十日，全城十七万百姓殉国，无一人投降。"抗清主将阎应元在江阴城楼上留下绝命对联——八十日戴发效忠，表太祖十七朝人物；十万人同心死义，存大明三百里江山。这首诗成为江阴抗清纪事中，以发式作为大明政权委离之思的最好脚注。但是要改变的终究是普通民众，在经历了扬州十日、嘉定三屠、江阴八十一日反抗后，普通民众在权势和屠刀双重威逼下，只好服从强权，变易服色——史称："薙发之夕，哭声遍野"。

三、政令严苛　依满人制

与薙发的惨烈程度相比，易服的影响则是缓长的隐痛。尽管政令已经统一下达，但涉及地域之广、人口之多，还有背后的国家经济、纺织生产力、社会风俗、家庭财力、日常生活等一系列现实问题，实际执行非一朝一夕可以完成。

易服之举首先变更的是官服制度，并通过法律的规定，把等级和形制区别分明。《清史稿·舆服志》与历代《舆服志》最大的不同是以满洲的传统服饰为基础，历经努尔哈赤到乾隆几代帝王修订和整理形成，"其制度规章之烦琐、精细超过以往任何一个时代❶。"清代朝冠采用满洲特有的袍服，这与汉族的"袍"结构截然不同。满洲的袍服以袍褂为主，袍服的袖子做得很小，袖口狭窄，穿上之后紧裹在臂上，主要作用是保暖御寒又不影响拉弓射箭，因其袖根至袖口呈斜线收窄，故被称为"箭袖"，又因袖口呈马蹄状，也称为"马蹄袖"。官袍服的下摆多有开衩，并且以开衩数多为贵，皇族宗室开四衩；官吏开两衩，还有不开衩的，俗称"一裹圆"，是一般的市民服饰❷。满洲服饰中的缺襟袍与汉服体系中的缺胯袍，有着本质区别。清代朝冠服的式样，马蹄袖、披领、襟袖的缘饰和开衩等，朝带所佩的囊带、刀削和拴帉等，以及裘皮服饰和对东珠的尊崇，体现的都是东北寒冷气候下渔猎民族的服饰特色，适合渔猎经济和马上行动，民族特色十分鲜明。

尽管清朝在服饰上选用部分汉人服饰元素作为组合，即清廷所谓的"未可轻革旧俗"政权稳固、满汉同俗的"权宜之策"。比如选用了汉族冕服中的十二章纹饰和明代官服的补子，但不采用汉族礼仪的通天冠、绛纱袍、圆领袍，服饰体系的核心仍然是满洲的袍服形制。清代统治者更是屡屡下令"严格遵守本族形

❶ 华梅,等.中国历代《舆服志》研究.北京:商务印书馆,2015(9):464.
❷ 同❶463.

制"，汉族服饰体系的公服制度荡然无存。虽然有古画显示，清初雍正、乾隆都有身穿汉服的形象，如《雍正行乐图》中的雍正，但头发已薙，仅后部扎上一方布。又如《平安春信图》里的雍正和乾隆皆穿着汉服的儒士服装，且头后方扎巾。又如《乾隆观孔雀开屏图》，乾隆与在场的官员身穿汉服，乾隆为交领襕衫，官员为圆领袍服，且都戴冠。对于高压政治薙发令下，两代帝王为何会舍弃标志性满洲服装而穿上汉族服装的原因，绝非是因为"薙发易服令"只是空文，而是背后有着重要因素：

第一点，对外标榜中华文化正统的意识形态。在雍正和乾隆时期，清朝政权已经稳固，《平安春信图》两位满洲君主把自己表现成中国文化的代表，通过传统的中国象征符号（尤其是松和竹）彰显出儒家的价值观念。这一点也是当代学界的观点，即"这两位满洲皇帝的'扮装'实际上否认了满洲作为入侵外族攫取中国文化的形象，建立了他们占有并掌控中国文化传统的合法性❶"。

第二点，古人也有"影楼装"摆拍，对于清帝的汉服画像，也被认为是"装扮"游戏，类似于cosplay之意味，雍正不仅穿过汉服，《行乐图》中还有西洋服装"刺虎"，也有佛祖袈裟"腾云驾雾"。而且雍正《十二月行乐图》中的汉服，通常是以古代的典故和常见题材作画，如化身为陶渊明，表达采菊东篱下的意境。对于"变装秀"，乾隆很明确的说过"此不过丹青游戏，非慕汉人衣冠"（乾隆三十六年（1771）年《御制诗三集》小注）。

第三点，清初经济生产力不足，很难在一夜之间实现全民易服的目标，但是一夜之间，合法变非法，正统变异端。虽然从清初康熙《耕织图》上看庶民的样子："妇女野老和平民工农普通服装却和明代尤多类同处，并无显著区别。……衣着还近似江南明末农家装束，惟男子头上多露顶椎髻，用明式巾裹网巾和瓜皮帽的不多，但并无曳长辫的。作者为宫廷画师，作本画时生产程序部分受楼璹《耕织图》影响，……表现多有美化，近于粉饰现实❷。"说明此画并非完全写实，不过普通劳动阶层和妇女的着装仍保留一些晚明的风格，但这并不意味着"清装与明朝立领袄裙一脉相承""旗袍马褂也是清朝的汉装"，因为这只是易服的阶段性现象，作为民族服饰已经完全失去了继续演化的条件，在"上行下效"的推广中

---

❶ 巫鸿. 清帝的假面舞会：雍正和乾隆的"变装肖像". 见氏著，梅枚等译. 时空中的美术：巫鸿古代美术史文编二集. 北京：三联书店，2016：363.

❷ 沈从文. 中国古代服饰研究. 上海：上海书店出版社，2002：692.

很快也就消失在易服大潮之中。

四、经济困境　执行偏差

换装政令对于普通民众相对缓慢，毕竟衣冠的改易涉及经济的层面，这对决策层来讲也是重要难题。顺治二年重申"薤发令"之后，在执行上却放宽了一些尺度，其中一个很重要的原因即是官民的经济负担："戊午谕礼部：官民既已薤发，衣冠皆宜遵本朝之制。从前原欲即令改易，恐物价腾贵，一时措置维艰，故缓至今日（《清世祖实录》第三册）。"很显然，"薤发留辫"增加了成年男性的开支，根据清朝的账目和文献估算："普通士人如果要保持发式整洁，约需要10天剃头一次，而官员最低需要7天一剃头。这样，人民每月的剃头支出大约在7升到1斗米之间。这仅为最小单位家庭的最低数额。平均下来，剃头的开支委实是一项不菲的花销❶。"这也从另一侧面说明，为何清代某些偏远地区在很长一个时期内，仍然有平民保持束发的习惯。

相比薤发的价格不菲，易服的成本更大。这里面首先涉及了明末清初时，长江三角洲的经济出现了"资本主义萌芽"，作为服饰原料则体现在纺织业上的流水线作业，因为"丝织业几乎完全脱离了农耕，而成为专业化的生产。从晚明时期，许多丝织是靠城镇作坊中的雇工实现的❷。"而且"新的棉花经济和扩展的桑蚕经济所要求的附加劳动力，来自农户的辅助劳动力❸。"也就是说，植桑、养蚕、缫丝还是小农一家一户的作业❹，但是纺织只是部分家庭的手工业，中上等收入阶层的妇女一般已不再纺织❺，而印染、丝织、绣花都有专门的织造匠人负责，并且已经形成了流水线作业，采用民间雇募制工作，到了清初更是为雇佣生产模式❻，从而使服装进入商品化交易时代。典型的机构是江南三织造局，"从康熙年间，江南织造的生产能力进一步恢复，生产秩序及各项条例也日趋条理❼。"因此，当时江南的百姓获得衣服的方式，已经不再是家庭式麻布生产，而是通过商品化购买。

❶ 鱼宏亮. 发式的政治史——清代剃发易服政策新考. 清华大学学报, 2020(1).
❷ [美]黄宗智. 明清以来的箱损社会经济变迁——历史、理论与现实: 中. 北京: 法律出版社, 2014(8): 40.
❸ 同❷38.
❹ 同❷41.
❺ [美]黄宗智. 明清以来的箱损社会经济变迁——历史、理论与现实: 上. 北京: 法律出版社, 2014(8): 163.
❻ 李绍强. 论清官营织造与民营丝织业的关系. 河南大学学报: 社会科学版, 1999(11).
❼ 刘菲. 清前期皇室及贵族服饰研究. 山东大学博士论文, 2014.

这一商品的支出，对于一个家庭而言也是占比很高。如明末清初嘉兴府湖州一农户每年生活消费的支出约为银32.6两，用布支出共约为银3两，占据10%❶。又如清朝末年，小农的市场交易中粮食和棉制品（指棉花、棉纱、棉布和服装合计的平均数）是最主要的，在长江三角洲的6个村庄分别占小农购入商品的31%和6.8%，在华北的3个村庄分别占48.8%和6.2%❷。也就是说，正常情况一个农户家庭应对日常服饰开销，已经占据了总支出的6%到10%，不可能有额外的财力去单独置办新服装，为了保全性命，利用旧的服装依照满洲样式进行修改来替换，是最便捷可行和便宜操作的方式。

虽然民间相传"男从女不从，生从死不从，阳从阴不从，官从隶不从，老从少不从，儒从而释道不从，倡从而优伶不从，仕宦从而婚姻不从，国号从而官号不从，役税从而语言文字不从"。

但纵观清朝正史、官书，从未记载"十从十不从""男从女不从"的特赦令，详细介绍此事的是清末天嘏所著《清朝外史》："之俊乃提'十不从'之纲曰……多尔衮皆允之，于是之俊降，旋得参机密。"，又或是徐珂《清稗类钞·服饰类》："国初，人民相传，有生降死不降，老降少不降……"均属于民间野史范畴，或有可能是后人所附会，这类著作也是"晚清野史中诸多传说的源头，相当不可信❸"。到了清末，又被革命党人当做"排满"的口号，如柳亚子说："吾又遍搜稗官小说，以及遗闻口述之流，见有所谓'男降女不降'之说，吾未尝不奉之以为中国女界之魂，而决民族思想必起点于是也。❹"在新时代的今天，我们应该客观理性地看待这些野史传说，它们反映的不是统治者的开恩怜悯，也不是清代汉族女性的民族抵抗意识，而是汉服体系逐渐崩解、消亡、异化的历史过程。

与此相对的是，根据清朝的官方档案记载，释道、戏子、孩童均不在豁免之列，如顺治末康熙初，刑部捉住"未经薙发优人王玉、梁七子"，他们"供称戏子，欲扮女装，以故未经薙发"。但是皇帝勃然大怒，下诏曰："前曾颁旨，不薙发者斩，何尝有许伶人留发之伶。……颁示十日后，如有不薙发之人，在内送刑部审明正法❺。"要求戏台上的伶人也必须薙发。又据乾隆三年福建总督"奏为

❶ 方行. 清代江南农民的消费. 中国经济史研究, 1996(3).
❷ [美]黄宗智. 明清以来的箱损社会经济变迁——历史、理论与现实: 中. 北京: 法律出版社, 2014(8): 82.
❸ 鱼宏亮. 发式的政治史——清代剃发易服政策新考. 清华大学学报, 2020(1).
❹ 松陵女子潘小璜. 中国民族主义女军人梁红玉传. 女子世界, 1904(7).
❺ 清世祖实录. 北京: 中华书局, 1985: 卷七十八, 顺治十年十月戊子, 第3册: 619.

遵旨酌量办理示禁下南泉漳地方戏童蓄发情形事"、福建水师提督王郡"奏为下南戏童蓄发攸关风化请定例示禁事"两个奏折显示，法令上儿童、戏子均不在豁免之列。乾隆三十七、四十五、四十六年分别还有两广、江西、山东等巡抚奏请"禁止头陀行脚游方蓄发批垂事❶"，可见出家之人若是"剃发"须符合规定，但蓄发行为也不在特赦范畴之内。

从物质文化层面来看，经过200多年后，汉服体系原有的主流款式、特征和元素都从社会生活层面消失，比如交领右衽、圆领袍服、大袖深衣等，今天的中国人看到它们的确是非常陌生的。当一个文化门类的主体内容和基本特征都没有流传下来，那么单薄的几个元素是无法撑起整个体系的；一个原本博大精深、随时而行的服饰体系，十之八九的款式在十七世纪中期之后停滞，没有机会继续演变，那么证明并不是汉服体系"不合时宜"，而是历史原因不让它有机会"合时宜"。最关键的是，残留在寺庙道观、戏台舞服之中的种种元素、痕迹，不能起到延续汉服文化的作用，反而进一步摧毁和扭曲了世俗民众对传统衣冠的认知观念，不再是值得付出温情与敬意去传承的传统文化，变成了可有可无、戏谑嘲弄的"古装""戏服""道具""玩意儿""小众爱好"。覆巢之下，焉有完卵，并不存在只有女装而无男装、只有童装而无成年人装束的民族服饰体系，更不存在超然于社会生活、独立于历史背景的民族服饰、传统文化。社会文化的物质与观念相辅相成，没有可能物质层面停滞演化而观念保持不变；也没有可能观念层面改变而物质形式独善其身。总之，根据现实生活中的物质传承断裂、认知观念层面集体断裂的事实，由此得出汉服体系在近三百多年来出现断代的结论。

五、上行下效　遵时从俗

"万代衣冠终泯灭，百年流俗尽蒙尘。"随着国家政权的稳固、经济的发展，社会流行元素也发生了巨大的变化，人们对满洲服饰的抵制心态也已经消弭减弱❷。到了乾隆后期，大众发式与服饰开始倾向于满洲风格，成为人们的日常生活服饰而应用。毕竟服饰的流行与风尚，也有着上行下效的跟风与传播。衣冠虽然是政治与文化认同符号体系，但实际上也是日常生活之用与时尚风俗之本，所以

---

❶ 中国第一历史档案馆.宫中档案全宗.档案号：04-01-01-0024-004、04-01-01-0024-006.04-01-01-0384-030、04-01-01-0384-031、04-01-15-0013-002.
❷ 鱼宏亮.发式的政治史——清代剃发易服政策新考.清华大学学报,2020(1).

有不得不变化者。面对统一制式的官员服饰，流行与时尚则成为服饰演进的一个重要因素。

清朝的北京城有内外城之分，"汉人必须住在城外和关厢，那里有最大的市场和店铺"（康熙三十一年俄国沙皇派遣荷兰人伊兹勃兰特伊台斯到北京拜谒清朝皇帝时记载）。皇室的用品由宫内生产，但偶尔也会在民间采购，对于一些普通满洲贵族，则要经常光顾市井店铺。这些店铺不仅提供商品，还有具备服饰加工制作能力的作坊，这些作坊提供的商品往往具有独特的风格，如清末北京著名的瑞蚨祥绸布店可以量身定做各种旗袍，"这些店铺的制作手艺及艺术特点往往经由市井中的消费者口耳相传形成共识，并在特定的消费群体中形成特有的服饰风格。"因而京城内店铺所销售的服饰必然带有极强的满洲风格，吸引达官贵人的消费。"皇室贵族处于政治经济领域的高地，因此其对服饰的审美以内城为中心向外辐射，影响着外城汉族居民的服饰穿戴❶。"在强烈的满洲风格引领下，官方的发型与服饰不断向下漫延到民间，曾经的合法变成了非法，正统变成了异端。虽然物质层面并没有马上消失，而是慢慢退潮，但是心理上不再是理所当然，天经地义和正统合法。而满人的发型、服饰、审美开始以一种习俗的形式改变了中国人的外在形象。

这是因为社会风俗习惯，要远远大于来自历史的记忆。据朝鲜《燕行录》记载，乾隆时期再次来华的朝鲜使者感叹："中国衣冠之变，已百余年矣。今天下惟吾东方略存旧制，而其入中国也，无识之辈莫不笑之。呜呼，其忘本也。"（[朝]洪大容，《燕记》）或许，对于"忘本"的指责也许太过苛刻。毕竟"遵时"和"从俗"的代价是压抑历史记忆，这种历史记忆的被压抑，是因为汉人经历过很惨烈、很漫长的血腥岁月❷。随着"明遗民"的离世与减少，在普通民众记忆中，满洲服饰逐步成为新的生活服装记忆，东亚使者身上所穿的衣服，反倒成了"奇装异服"。"历史遗忘"与"历史记忆"就这样同时进行、同步展开。历史记忆与民族认同在逻辑上，也构造出一个共同的、重叠的、外延的部分——被记忆的部分也就是被选择和被认同的部分❸。

这里还涉及清王朝统治两百余年间对于"中华"正统的自居和"中国"的

---

❶ 刘菲. 清前期皇室及贵族服饰研究 [D]. 山东大学, 2014.

❷ 葛兆光. 大明衣冠今何在. 史学月刊, 2005(10): 41-48.

❸ 彭兆荣. 论民族作为历史性的表述单位. 中国社会科学, 2004(2).

认同问题。清兵入关前曾自称为"女真国"，如努尔哈赤在对朝鲜的回帖中自称"女直国建州卫管束夷人之主"，这也是努尔哈赤使用"女直国"的最早记载。（"女直"即女真，后因辽兴宗讳宗真，故改称女真为女直）。直到清兵入关，也揭开了"华夷之辩"的思想交锋篇章，如何确立"夷狄"统治"中华"的合法性，成为清朝政权最为严峻的挑战。雍正提出"天下一统，华夷一家"的思想，而乾隆则提出了"主中华者为正统"的观点，认为判定王朝是否正统的核心不在于出身是"华"或"夷"，只要"奄有中原"即为正统❶，并且把蒙、回、藏也纳入"中华"的范畴。到清朝末年"华"的概念已经从民族认同与国家认同、政权认同合而为一。宣统三年，隆裕太后懿旨宣布清帝退位时，写道："仍合满、蒙、汉、回、藏五族完全领土为一，大中华民国"。从这道退位懿旨中可以看出，这里的"华"，不仅涉及皇帝、民族，而且与"大中国"的疆土、政权内涵一致。所以到了清朝末年，人们也就习惯成自然地把清朝的文化、服饰当作中国文化的一个组成部分。

在清政府的两百余年的统治中，满洲服装成为汉人对于清朝政权的认同象征而得到延续，也成了新的历史记忆。乾隆末年《十全敷藻图册》之安南国王黎维祁至避暑山庄改易服色图上显示，除安南王国使者还穿着两侧开衩的袍服，头戴黑色冠之外，其余人已经都是马蹄袖袍服，胸前胸后有补子，头上为红绒顶帽。清代光绪年间的茶园演戏图，画中所有人后脑勺处都有一条长长的辫子，上衣穿着短款过臀的马褂，下装为长裙或短裤。毕竟，群体的回忆与政权认同是互为条件、不可分割❷。

经过百年的沧桑，人们对于大明衣冠的记忆早已日渐模糊，甚至烟消云散，也渐渐习惯了新朝的服装，而自己祖先的形象也逐步被清装、辫子的形象所代替，汉衣冠反倒成异域之服饰。就像鲁迅说的："这辫子，是砍了我们古人的许多头，这才种定了的，到得我有知识的时候，大家早忘却了血史……"反而把"金钱鼠尾""阴阳头"当作祖先的文化来爱护。

六、衣冠满化　消灭记忆

乾隆时期，清政府已入主中原近百年，不仅没有缓和高压的"薙发易服令"，

❶ 张森，杜常顺．清代中前期国家认同建构探析．民族论坛，2016(8).

❷ [法]莫里斯·哈布瓦赫．毕然，郭金华，译．论集体记忆．上海：上海人民出版社，2002.

还对衣冠制度勒令甚严。乾隆三十八年下谕："衣冠必不可轻言改易。所愿奕叶子孙，深维根本之计，毋为流言所惑，永恪遵朕训，庶几不为获罪祖宗之人。"意思是，若不遵循祖制维持满洲衣冠，我就是得罪祖宗之人。乾隆六十年时，已经84岁的乾隆临终前仍再次强调："且北魏、辽、金以及有元，凡改汉衣冠者，无不一再世而亡。后之子孙能以朕志为志者，必不惑于流言，于以绵国祚承天佑于万斯年，勿替引之，可不慎乎？可不戒乎？"❶乾隆帝以北魏、辽、金、元朝为例，说明凡是改穿汉装朝代的后果即是亡国。面对如此惨痛的历史教训，必须慎戒，这一规制直到嘉庆时期还被不断重申。

乾隆中期还大兴"文字狱"，文字狱的压迫更是不断磨灭汉人对于衣冠的记忆。如江西抚州金溪县生员刘震宇著《佐理万世治平新策》一书，抒发了"易更衣服制度"的观点，被乾隆发现，认为他胆敢议论清朝冠服制度，是为大逆不道："妄议国家定制，居心实为悖逆。"为打击与他有同样思想的人，拿他开刀，以儆其余："将他处斩，书版销毁❷。"这种因文获罪的惨痛记忆，及持续的高压政令下，但凡涉及反清思想、记录满人征服中国过程中的暴行野史，都成为禁书，而且是要"斩草除根"❸。

乾隆皇帝还是资深戏迷，他认为戏曲不能"禁"而是要"改"，对于那些内容符合统治者价值观的戏，可以取其精华去其糟粕，使之更好地为盛世文艺舞台服务❹，对底层民众起到"寓教于乐"的功能。禁的戏是有民族情绪、政治上有违碍的暴力戏，或者是才子佳人爱情戏、水浒戏、宫廷斗争戏等，改的戏本则以宣扬忠君、忠孝、节烈等为主题。宫廷戏更是上演频繁，戏曲地位达到了空前兴盛，"主题则是喜庆、欢乐、祥和、太平；场面永远是华服艳舞、仙乐飘飘、欢声笑语、恍若天界❺。"但实际上戏曲的过度娱乐化，更成了汉衣冠的悲哀。因为戏曲上的热闹、排场、喜庆，把原先帝王将相的祭服、朝服、公服这些很严肃的国家制服，消解为戏服，将原本承载历史的民族文化娱乐化、文艺化、舞台化，汉服体系的形式与内容均分崩离析、荡然无存、遮蔽异化，因此成为后人复兴汉衣冠或汉服时的重要阻力之源。

❶ 清实录. 第27册·高宗实录·卷1489. 中华书局, 1986: 926–927.

❷ 清代文字狱档. 第一册　刘震宇治平新策案, 1上—8上.

❸ 张宏杰. 饥饿的盛世——乾隆时代的得与失. 重庆: 重庆出版集团, 2016(4): 170.

❹ 同❸183.

❺ 同❸187.

整个易服过程，可以归纳为六步：第一步是改变公服、官服、朝祭服三种重要国家礼服制度，形成了以满洲骑射为内核的新服饰制度；第二步是以官兵与文人薙发为政权认同标识，汉人官僚和儒士阶层穿上了代表满人特征的长袍马褂，以及脑后垂辫，从根本上断绝汉人后路；第三步是文人儒生逐步易服，满洲的服装样式取代汉人的传统服装成为清代文人、学子的主流服装；第四步是日常服装更迭，针对底层人民的经济状况，换装形式多样，华夏衣冠从汉民族生活中彻底消失，旗袍、马褂逐步成为普通百姓的日常着装打扮，汉服体系的传承彻底中断；第五步是乾隆时期之后，底层人民开始效仿京城贵族服饰，汉族民俗服饰风格进一步满洲化；第六步是高压政令下的大量"文字狱"，不断磨灭汉人的服饰记忆，与此同时戏曲地位的提升则进一步消解汉服的民族服饰属性。自此以后，新构建的清装体系逐步成为时人的集体记忆而得以稳固。

第二节　模糊的汉衣冠记忆

真的是在"盛世之下"忘本了吗？事实却不尽如此，汉人对于衣冠发式的历史记忆其实埋藏得很深，并没有随着时代变迁而流失。正如同那首传唱了三百六十年的民谣一般："正月里，不剃头；正月里剃头死舅舅。"虽然岁月早已朦胧了原来的意思，但是时至今日，大多数人依然恪守正月不理发的习俗。这首民谣根本是在用"正月不剃头——思旧"，诅咒脖子上的钢刀硬弩，以假托为"死舅舅"的传唱方式做掩饰，回忆着不用剃发的前朝记忆❶（网络资料）。这种口口相传的民谣，表面上是讹传原意，但其包含的精神内核却没有变，存活于中国民间。

一、明朝遗民　追忆深衣

明清易位之际，对于当时的士大夫来说，薙发易服令带来极大的困惑与窘迫。一些遗民用"衣冠"来表达对于明朝的追思，通常采用的是六类方式，留存他们与汉人衣冠的记忆。这六类方式大致是：一是与大明江山、发式衣冠共存

---

❶ 这一说法在网络上广泛流传。另外，北京大学中文系教授陈连山在2017年2月20日人民网《"正月剃头死舅舅"？专家告诉你真相》采访中也证实该说法.

亡；二是深衣下葬，面见祖先；三是隐于乡野，讲经教课；四是家居不出或是栖息山林、隐居度日；五是落发为僧、便服为道；六是东渡日本，传播文化。

第一种，以身殉国，就义时身着汉衣冠。如南明抗清儒将张煌言，对于复明一事"时势既去，不可为而为"（《清史稿》），抗清期间曾作诗"葭管初开周甲子，葱珩重见汉衣冠"，康熙三年在杭州刑场，身着大明服饰就义❶，以此表示对于衣冠的追忆。如曾任弘光政权吏部验封司员外郎的华允诚，与其婿不肯薙发被逮，头发被一根根拔尽，依然不屈，临死时云："吾不爱身而易中国之冠裳❷"除此之外，还有大量闻薙发易服令后投河、自缢的遗民，如清徐鼒的《小腆纪年附考一卷十》记载，殉国者百余人。

第二种，生前筑发冢、立衣冠冢，亦为明遗民坚守故国衣冠发式的一种宣示。有清一代"汉衣冠"下葬也成为遗民对薙发易服的抗议方式，甚至有人在生前就预先造好了自己的衣冠冢，将自己的明代衣冠葬入，如遗民屈大均在《自作衣冠冢志铭》中说，予于南京城南雨花台之北木末亭之南作一冢以藏衣冠，自书曰：南海屈大均衣冠之冢……无发何冠？无肤何衣？衣乎！冠乎！乃藏于斯。噫嘻！衣冠之身与天地而成尘，衣冠之心与日月而长新，登斯冢者，其尚知予之苦辛。❸由此可见屈大均对于汉衣冠的一番苦心。这样的例子也见于鲁迅家族的葬礼，1904 年，鲁迅和周作人的祖父介孚公逝世，葬礼上一共穿了十三件殓衣，全都是明朝的服装❹。

第三种，隐于乡野，讲经教课。又如黄宗羲一生将深衣作为家国情怀的寄托载体，明政权岌岌可危时，他冒死东赴日本，恳求日本出兵抗清，但无果而终。归国之后，黄宗羲选择了剃发易服归顺清朝，但他没有做官，而是讲学于民间。他一生所著《深衣考》和《深衣经解》最为著名，有网友分析到："黄宗羲当时为什么选择'活下去'？因为只有活下去，明朝的思想著作才能经他的手保留下来。只有把服装的样式通过文字流传下去，将来才有恢复的可能和希望❺。"他曾写道，死后"即以所服角巾深衣殓"，他入殓时所穿的寿衣，正是古老的深衣（但黄宗羲是否冒死制深衣入殓下葬并无记载，甚至还有"裸葬说"《黄梨洲先生

❶ 任彦. 与岳飞、于谦同为"西湖三杰"：他书生入将，决不降清，以死殉国. 我们爱看历史，微信账号，2017(11).

❷ 计六奇. 明季南略·无锡华允诚传.

❸ 李竞恒. 衣冠之殇：晚清民初政治思潮与实践中的"汉衣冠". 天府新论，2014(5).

❹ 钱理群. 周作人传. 十月文艺出版社，1990：101.

❺ 杨娜. 汉服归来. 北京：中国人民大学出版社，2016(8)：19.

裸葬说》)。他活下来就像明遗民所说："不有死者，何以报国？不有生者，何以报公？"报国而死的壮烈不难理解，但是为了故国而不能不生存，确实最为痛苦。除黄宗羲之外，江永也著有《深衣考误》，并自创下裳正裁加衽之说，"唯衽在裳旁，始用斜裁"。上衣用五幅布正幅，下裳中幅亦用正裁。其裳的剪裁方式是用布六幅裁为十二幅，前后正处用布四幅裁为八幅，尺寸上下一致，其余二幅斜裁为四幅，为上窄下宽，称为衽。之所以如此安排，他认为如果用六幅布全部交解裁成十二幅的方法，会造成下裳的裁片除前后中缝保持正直之外其余皆成奇斜不正之缝，因此有违圣贤法服之本义。戴震作《深衣解》，他的主张也类似于江永，他们都是以文字考辨为要，其主旨是在揭示深衣之礼，而非深衣之裁制❶，使先人的服饰在学术研究层面继续保留。

第四种，居家不出或是隐居山林，如文天祥后裔文可纪明亡后"即归，闭户不出。清人履征不起……已故衣冠终❷。"又如黄宗羲的弟弟黄宗会与好友结伴，"遍走山中，而两人冠服奇古，频遭诘难，顾不以为苦"。无论是在家中，或者是到山中，都要受到盘查，这种心态也并不同于此前隐居山林的避世心理，而是避祸与避世的合一❸。

第五种，为僧、为道者，其中为僧者尤多，甚至出家人的缁衣也成为落发后明遗民的精神寄托。在明朝末年，遁入空门、削发披缁，甚至成为"幸而不死"的明遗民们消极抗争的典型行为。以归庄为例，明亡后，归庄以遗民自处，清廷剃发令下，他僧装亡命，号普明头陀❹。又如刘宗周之子刘汋、弟子周之玙："既到薙发令严，相与披缁兴福寺，事定还家。"❺除此之外，也有变服为道或好神仙之说的遗民，以此作为一种逃生手段。

第六种，东渡日本，如明末学者朱之瑜在明亡之后流寓日本，人称其"明室衣冠，始终如一"。他在日本积极传播明代服饰文化，除了亡国之恨、维护礼教等因素外，客观上也是在保存中华传统文化。《朱氏舜水谈绮》中专门有《深衣幅巾之制》，较为集中地展现了明代士人对深衣的理解。

总体而言，在明遗民眼中，深衣和网巾，也成为他们拒绝满洲发式和衣冠的

---

❶ 刘乐乐. 从"深衣"到"深衣制"——礼仪观的革变. 文化遗产, 2014(5).
❷ 皇明遗民传: 卷二《文可纪》. 明遗民录汇辑上册: 19.
❸ 何宗美. 明末清初文人结社研究. 上海: 上海三联书店, 2016(10): 262.
❹ 孔定芳. 清廷剃发易服与明遗民的抗争. 江苏社会科学, 2013(5): 184–189.
❺ 明遗民录: 卷二四　周之玙. 明遗民录汇辑, 上册: 372.

一种象征。明末士人纷纷提及汉衣冠，显然这并不是个人喜好、衣着复古的问题，而是寄托家国情怀的载体。明朝遗民对待"古衣冠"的心态和境遇与宋明时期人们穿古服完全不同，在清政府的高压统治时期，穿"古衣冠"是犯法的行为，而宋明时期"穿古服"是个人爱好，两者性质完全不同。

二、番邦使节　复见衣冠

"人间岁月初周甲，天下衣冠久化夷。"时间的车轮悠悠荡荡，随着清王朝统治的巩固，人们对于前朝衣冠的痛苦记忆本应在时间的流逝中被消磨，但这些伤疤却不时地被来访的朝鲜、日本、安南使者所揭起。顺治六年，南明政权还在"极力抗争"阶段，每当有穿着大明衣冠的朝鲜使者，出现在一片胡服辫发之中时，好像都会引起汉人的故国离黍之思❶。朝鲜使者记载，在街头会发觉"市肆行人见使行服着，有感于汉朝衣冠，至有垂泪者，此必汉人，诚可惨怜"；而且"华人见东方衣冠，无不含泪，其情甚戚，相对惨怜"（［朝］李濬，《燕途纪行》）。这些文献，流露出经历改易服色的明朝遗民们，对于"似曾相识"的旧日衣冠发式的痛苦与无奈之情。

到了乾隆时期，汉民族服装沦为边缘记忆，支离破碎地以零星元素的形式存在于人们生活之中。因为，文化记忆的选择本质是权力。一个人对于"过去"的记忆反映他所处的社会认同体系以及相关的权力关系❷。这时距离明朝灭亡已经过去了近百年，在高压统治下，汉人不再且不敢有"大明政权"的离黍之思，没有了痛楚回忆的人也没有心思再穿明代衣冠。对于大部分普通民众而言，那些象征汉族正统的衣冠发式和他们矢志"反清复明"的遗民心情，随着时间的流逝早已变得模糊。

在朝鲜人眼中"明亡后无中国❸"，他们则对于自己仍然坚持穿着明朝衣冠感到特别自豪❹，面对已经改易服色的清朝人，则是相当蔑视。因为穿汉家衣冠，自明代以来就是中国周边藩属国的传统与规则。明清之际中国变色，按照朝鲜人的说法，已是满目腥膻、遍地蛮夷。东亚诸国也开始以"汉唐中华文化"之正脉（小中华）自居。番邦使者来访时，清廷倒是对他们的服饰听之任之，因此清时

❶ 葛兆光. 大明衣冠今何在. 史学月刊, 2005(10): 41–48.

❷ 保罗·康纳顿, 著, 纳日碧力戈, 译. 社会如何记忆. 上海: 上海人民出版社, 2000: 4.

❸ 洪大容. 湛轩书: 内集卷三. 金钟厚. 直斋答书. 及洪大容. 又答直斋达书.

❹ 葛兆光. 宅兹中国——重建有关"中国"的历史论述. 北京: 中华书局, 2015(7): 156.

经常有穿着明朝服饰的朝鲜和安南使节招摇过市。而这些外国人的服装，则成为打开往昔记忆的一扇门。

而且来访的使者们认为，他们穿着能够唤起汉族历史记忆的明朝衣冠，在心理上就有一种居高临下的感觉，在他们眼中，"汉族人在他们面前，常常会自惭形秽❶"。比如他们会指着自己的衣冠，对汉人明知故问："是否认识这样的衣裳"，进而证明朝鲜才是"中华"，清帝国则是"蛮夷❷"，更是让已经易服的中国人在追忆往事时感到羞愧。如雍正年间，朝鲜使者李宜然与一个名叫张裕昆的读书人笔谈，还特意向他展示朝鲜"衣冠之制"，穿上道袍说，这是我们的上服，张便羞愧交加。另一个汉族人士来访，他也一样给他看朝鲜的衣冠，并直截了当地追问："先生乃是汉人，见仆等衣冠，想有悦慕之心矣。"这个汉人用笔写了四个字"不言而喻❸"。这时的朝鲜使者心中往往得到极大的自我满足，中国的汉族人心里却多少不是滋味。

日本人也不断漂洋过海，在中国人那里寻找自我证明。一位日本人，拿了日本保存的深衣幅巾及东坡巾对中国渔夫说，这是"我邦上古深衣之式"，还故意询问说："你们那里一定也有这样的衣服吧？"那位中国人只好尴尬地承认，这是"大明朝秀才之服式。今清衣冠俱以改制。前朝服式，既不敢留藏，是以我等见于演戏列朝服饰耳❹"。随着他们对于汉族衣冠的坚持，日本人、朝鲜人更是把它们看作是"文明"与"小中华"正统的象征。

三、衣冠蓄发　潜藏记忆

如乾隆所说，对于满式衣冠，百余年来，并没有完全被人们接受，特别是思想意识上的认可。有些汉人始终有着民族感情，怀念明朝的衣冠制度，这种情绪是潜在的，但一有机会，它就会表现出来❺。就像清初孔氏后人，陕西河西道孔闻谤，曾以"自汉暨明，制度虽各有损益。独臣家服制，三千年来未之有改。今一旦变更，恐于皇上崇儒重道之典，有未备也。应否蓄发，以复先世衣冠，统惟圣裁。"为由，申请对于孔氏后人免薙发、保衣冠，但因触动了统治者薙发易服

❶ 葛兆光. 宅兹中国——重建有关"中国"的历史论述. 北京: 中华书局, 2015(7): 156.
❷ 葛兆光. 想象异域——读李朝朝鲜汉文燕行文献札记. 北京: 中华书局, 2014(1): 48.
❸ 李宜万. 入沈记: 燕行录全集　第三十册: 234, 267.
❹ 葛兆光. 渐行渐远——清代中叶朝鲜、日本与中国的陌生感. 书城, 2004(9).
❺ 冯尔康. 清初的剃发与易衣冠——兼论民族关系史研究内容. 史学集刊, 1985(2).

的根本利益，清廷坚决予以回绝，并且是"著行革职，永不叙用❶"。这种惩罚实际上体现了统治者对于薙发易服的态度——即使是圣人后裔也不能违背政权政令❷。

　　尽管"汉人社会特别是明遗民的反薙发易服表面上虽为清廷以武力各个击破，但汉族衣冠发式所具有的文化意象与民族情感仍潜藏于汉人心中❸"。以致影响有清一代历史，迄至乾隆时期，发生的"叫魂剪辫案"，白莲教横行时的"发逆""长毛"，太平天国的"发匪""发逆""长毛贼"皆是以蓄发为号召。除此之外也不乏衣冠为载体的起义，像康熙年间吴三桂起兵反清时，声讨清朝"窃我先朝神器，变我中国衣冠"的《檄文》，一路用束发复衣冠相号召，颇受人们拥护❹。

　　在乾隆年间，更不乏穿着"戏服"揭竿而起的农民团体。如马朝柱，自乾隆十二年（1747年）起，就与霍山白云庵的正修和尚商量"起大事"、当皇帝。后来宣城自己获得一把神奇的扇子，用此扇"西洋不日起事，兴复明朝"。还派人制造了许多"蟒袍"和"冠带"，而这些"官员"拿回去一看分明是戏班子唱戏用的❺。再如清朝末年太平天国起义，洪秀全在《奉天讨胡檄》中宣称："中国有中国之形象，今满洲悉令削发，拖一长尾于后，是使中国人变为禽兽也。中国有中国之衣冠，今满洲另置顶戴，胡衣猴冠，坏先代之服冕，是使中国人忘其根本也。"因此，他们剪去辫子，留满额发，"宁愿穿着戏班的服装出外行军打仗，而将清朝官服'随处抛弃''往来践踏'，表明与清廷划清界限❻。"并严明纪律，如纱帽雉翎一概不用，不准用马蹄袖。虽然他们的装束看起来有些异类，但实际可以理解为在特定条件下，用衣冠作为反清的革命标识。

　　总而言之，从服装样式和思想内涵看，明末以后汉服体系呈现了逐步断层的特点，在整个高压政令下，汉民族服饰体系逐步崩溃，被连根拔起。虽然有观点认为有"十从十不从"的特赦令，但其实是执行层面中的实际结果，导致汉服体系仅剩下一些残枝败叶或非本质的元素，在清装服饰文化体系中残留与拼凑，更

❶ 清世祖实录. 北京: 中华书局, 1985: 196.
❷ 孙经超. 清初统治者与曲阜衍圣公关系研究. 潍坊学院学报, 2017(5).
❸ 孔定芳. 清廷剃发易服与明遗民的抗争. 江苏社会科学, 2013(5): 184–189.
❹ 侯杰, 胡伟. 剃发・蓄发・剪发——清代辫发的身体政治史研究. 学术月刊, 2005(10).
❺ 张宏杰. 饥饿的盛世——乾隆时代的得与失. 重庆: 重庆出版集团, 2016(4): 153.
❻ 中国最另类的一支军队: 把女人内衣围在脖子上, 脑袋上还蒙着裙子. 搜狐《山川社》公众号, 2018-2-25.

不是自然融合。部分代替不了整体，元素更撑不起一个体系，这些残留的元素，在岁月中还是被主流服饰体系吸收和同化。存在的部分汉服元素或许可以作为服饰史、传统工艺的研究对象，但是绝不能作为民族服饰看待。而清装体系拼贴汉族服饰元素的风格，一直延续到清代末期，直到辛亥革命时期剪辫易服风潮，随着革命的暴风雨，清装衣冠习俗逐渐退出中国人的社会生活。

第三节　汉民族服装的缺位

辛亥革命之初，新政府的革命派同样把冠服制度视为"改元易朔"的重要标记，在面对西方列强的先进科技时，一些以西式礼服为板型，融入中国文化思想蕴意的服装，如中山装、旗袍，则成了新政府时期最典型的改革成果。曾经活色生香的汉服复兴之路还未开始便夭折了，巍冠博带的传统装束彻底从人们的生活中消失。直到新中国成立后，汉民族的传统服装始终处于缺位的状态。

一、辛亥革命　昙花一现

辛亥革命之初，新政府的革命派同样把冠服制度视为"改元易朔"的重要标记。《民报》创刊伊始，汪精卫便借剪辫易服宣传民族主义，他指出："衣冠、发式是'民族之徽识'，常与民族精神相维系，望之而民族观念油然而生。"[1]其意义在于通过冠服制度改变旧有观念，树立对新秩序的认同。

随着"排满"的革命宣传口号，"汉衣冠"曾被视为一种民族主义的符号再度出现，这时的"汉衣冠"不仅能够强化新生"中华"人群的国族身份认同，也鲜明地与作为"他者"的清政权统治者形成鲜明区分，而且成为颇具悲情、适于社会动员和最易获得民众共鸣的革命标志。在打响了起义第一枪的武昌军政府，率先实行了恢复"汉衣冠"行动。"守卫军府每一道门的士兵，身穿圆领窄袖长袍，头戴四脚幞头，……使人怀疑这些人是不是刚从戏台下来的！"[2]城内民众也纷纷穿起了"戏服"欢迎革命队伍："市上间有青年，……同舞台上武松、石秀

---

❶ 汪精卫.民族的国民.民报:第1号,1905-12-10.

❷ 任鸿隽.记南京临时政府及其他.全国政协文史资料委员会·辛亥革命亲历记.北京:中国文史出版社,2001:777.

一样打扮，大摇大摆，往来市上。❶"显然，这些事件与行动之间并非纯粹巧合，而是基于辛亥革命本身通过"汉衣冠"这一悲情符号唤回历史记忆，并以之为宣传建设现代民族国家之目标的一次尝试。

革命人士除了亲自参与之外，还利用报纸等媒体广泛宣传和推动"汉衣冠"的政治话语，与革命形成呼应。章士钊在《疏〈黄帝魂〉》文中回忆："吾少时喜看京剧，古衣古貌，入眼成悦。泊到上海，一见小连生之铁公鸡，以满洲翎顶上场，立时发指而无能自制。此真革命思想，二百年来，潜藏于累代国民之脑海中，无人自觉者也。"邹容在《革命军》中也多次赋予了汉衣冠的悲壮想象，他在文中写道："剃头之令……此固我是汉人种，为牛为马，为奴为隶，抛汉、唐之衣冠，去父母之发肤，以服从满洲人之一大纪念碑也。……忍令上国衣冠，沦于夷狄；相率中原豪杰，还我河山！"上述资料可以看出，革命时期的"汉衣冠"不仅被赋予了历史的创伤记忆，还交织着现代民族国家的崇拜想象。

与此同时，知识精英们对"汉衣冠"的社会实践活动也是接连不断，这时衣冠被视为传统文化的一个符号，也是他们对于国家富强和身份表达的追求。而且实践者们，也都是社会中"响当当"的人物——国学大师章太炎在日本时，曾请日本友人缝制交领衣一件，上绣两个"汉"字，此衣是章太炎一生最钟爱的衣服。他在绝食抗争袁世凯期间，曾在家书中写道："魂魄当在斯衣也。"这也是一件让他寄魂的衣裳（尽管从形制上讲并不是）。中国新文化运动的倡导者之一、著名思想家钱玄同曾经研究了《礼记》《书仪》等古书。1913年在浙江就职教育司长时，穿深衣、戴玄冠报到，并发表《深衣冠服考》向社会推广，为新生的民国作出"复古"的表率❷。1947年辅仁大学社会系毕业生与校领导合影，其中学生的毕业学士服即汉服式服饰。尽管这种"星星之火"并没有"燎原"，但是这种对于传统的情结被认为隐蔽在汉族知识分子的心理结构之中，即使经历了两百余年的清政府统治也并未逝去。一旦与现实的某种情境相遭遇，就可以顺利地被转化为一种现实的外在标志，起到文化符号的功能。

然而，让这一次"汉衣冠"运动最终成为昙花一现的导火索，源于袁世凯北洋政府的实践，企图依托传承并沿用"汉衣冠"古制，作为标榜政权正统性、合

❶ 程潜. 辛亥革命前后回忆录. 全国政协文史资料委员会·辛亥革命亲历记. 北京：中国文史出版社，2001：107.

❷ 李竞恒. 衣冠之殇：晚清民初政治思潮与实践中的"汉衣冠". 天府新论，2014(5).

法性、传承性的象征。1914年12月23日冬至，袁世凯遵行民国祭祀礼制在天坛举行了祭天仪式，这一典礼极力模仿古代帝王祭天的传统服饰与礼仪，这也成为中国历史上最后一次祭天典礼，更被认为是传统服饰的"回光返照"。正是这一举动，在新旧交织、破立并存的朝野上下掀起了轩然大波，还在社会上激起了民主派的广泛批判，进而被认为是"袁世凯预谋复辟帝制的'罪证'"，也联系到了"洪宪帝制"，使"汉衣冠"与封建君主统治再次联结在一起。"汉衣冠"不仅是"帝制之先声"，更是"自由宪政"的敌人。在此背景下，北洋政府所颁布《祀天通礼》《祭祀冠服制》《祭祀冠服图》等七部礼服制度，不仅没有形成"自上而下"的服饰推广，反而在"五族共和"的民族运动和新文化运动的冲击中，致使汉衣冠被弃如敝履。

正如鲁迅先生在《洋服的没落》中记述的这种尴尬："恢复古制罢，自黄帝以至宋明的衣裳，一时实难以明白；学戏台上的装束罢，蟒袍玉带，粉底皂靴，坐了摩托车吃番菜，实在也不免有些滑稽。所以改来改去，大约总还是袍子马褂牢稳。"在此背景下，具有强烈政治动机的"排满""复辟"符号，则显得非常不合时宜。取而代之的是西装、长衫等特色服饰，成为新时代的大众社会生活服饰而广泛流传。

二、西式服装　全面引入

在新政权初期，服饰文化往往与政权统治密切相连。民国初期，政府也深谙"易服"的政治象征意义，并将"剪辫子、易服色"视为革命性标志。对于辛亥革命来说，面临的不仅是传统意义上的政权更迭，中国还遭遇"三千年未有之大变局"。西方的坚船利炮和科学技术，使中国自成一体的千年文明体系遭遇了"前史所未载，亘古所未通"的劲敌，与从前所遭遇的"华夏－蛮夷"王朝更迭之变，不仅有着"程度"之别，亦且有着"性质"之异。在"剪辫易服"的口号之后，发式和服饰应换为何种样式，社会各界更是认为未必要回归古代，恢复"束发褒衣"的传统服饰，却呈现出对西式风格的趋之若鹜。中华民国的易服改元之举，其意义不仅是废除清朝的服饰制度，更重要的还在于它是中国历史上第一次用法律的方式将西洋服饰直接地、自上而下地引入中国，并以此为社会政治变革的手段之一。

1912年，民国临时政府和北洋政府陆续颁发了一系列服饰草案条令，1912

《服制》最显著的特点就是中西式并置，以西服为主要导向，这就使当时中国社会的服饰改革具备了明显的西洋化和国际化色彩。尤其是大礼服基本上照搬西洋服装，男子常礼服采用中西两式，甲式核心是西式装束，乙式为中式长袍马褂。《服制》规定的女子礼服较简单："长与膝齐"的中式绣衣加褶裥裙。自此之后，那种中西糜集、西装革履与长袍马褂并行不悖的风格，成了民国初年的特有标志❶。民国服制在当时社会背景下具有进步意义，在新时代的今天，放置在全球化和5000年文明史等更广阔的视野来看，存在历史局限性。

随着"剪辫"运动的成功，更释放了"易服"诉求的张力。因为剪辫基本上实现了对于清统治汉人之身体的符号性颠覆，男子们也并没有回到"束发峨冠"的样子，而是采用西式的平头、分头的短发样式。对于"易服"而言，更多的有识之士认为，"换装"就是脱去清政权强加的衣冠，至于换上何种服饰，却未必一定要回归古代，换上西装革履，与现代文明接轨，也是"易服"。

而且，对于积贫积弱的新兴国家，"八国联军""鸦片战争""甲午战争"一系列国家主权危机下，缺乏全民换装的经济实力。若要实现全民换装，其实就是一个非常庞大的习俗改革运动，其工程之巨大、之艰难，很难一蹴而就。以当时的中国社会而言，还有很多远比服饰更为急迫的社会风俗改革任务，诸如国家独立、人民民主、经济发展、破除迷信等一系列问题，亟待新政府来解决。新生的中华民国，更多的是面临着全球化进程中西方文化潮水般涌来的格局。在"西强东弱"的世界格局下，"汉衣冠"显然不符合当时的社会思潮。在"新文化运动"的浪潮下，形成西式服饰体系为主、"中西合璧"为辅的社会现象，汉衣冠的复兴之路还未开始便夭折了，汉衣冠再次从人们的生活中消失。

三、西式为体　元素拼贴

此后，一些以西式服装板型为主体，加入中国传统元素的拼贴和设计，则陆续成为新时代最典型的改革和时尚成果，被认为实用、朴素、富有时代的进步意义，典型的则是中山装和现代旗袍。如孙中山多次在文章中提出了对于穿衣问题的主张，并认为服饰是仅次于吃饭的问题。他的《三民主义》中有专门一讲提到了穿衣问题，"宇宙万物之中，只是人类才有衣穿，而且只是文明的人类才有衣

❶ 周星.百年衣裳——中式服装的谱系与汉服运动.北京:商务印书馆,2019(11):54.

穿，他种动物植物都没有衣穿，就是野蛮人类也没有衣穿；所以，民生主义的第一个问题是吃饭，第二个问题就是穿衣❶"。他进一步指出，衣服的三个传统作用"护体""彰身""等差"之外，还需要增加一个作用，就是方便。"讲到今日民众所需要之衣服的功能，必须能护体、能美观又能方便，不碍于做工，那才是完美的衣服❷"。在这方便性、实用性的服装创作理念影响下，孙中山于1916年根据西式服装形制、杂糅了传统文化意识，结合新时期的民主理念设计的中山装。民国十八年，即1929年，民国政府决议《文官制服礼服条例》规定："制服用中山装"，就此中山装正式成为法定的公务员制服。

对于女子服饰，有学者认为：民国时期风靡一时的现代旗袍是根据满洲的袍服设计，经由上海妓女的出奇制胜，后是进步女学生的革命鼓吹，最终流行于全国❸。再至1942年汪伪政权颁布的《国民服制条例》中规定女子常服与礼服都仿如旗袍的改装，正式确立了改良旗袍在民国时期的礼服地位。自此之后，中山装和旗袍也成为近现代史上，代表中国人形象的一种最典型礼服款式，也成为政治因素的影响下，形成的新时期代表革命、进步、文明的审美认同。

中山装与旗袍的推广与流行，促成了中国传统礼服由满洲袍服、西式服装向自主设计服装的转型，也折射出中华民国作为新兴的民族国家，力图通过推广民族服装重塑中国人的服饰认同的政治立场。值得一提的是，旗袍有一个从平面剪裁到立体剪裁的转变，即在"西风东渐"下，最初都是由上海"本帮裁缝"❹设计，使用的是传统平面结构，而后由上海"红帮裁缝"❺改为西式制作，突出服饰的立体、修身、线条的特征和审美，最后作为特定场合的着装而流行。特别是旗袍，最初是平面剪裁制作，呈现胸围松而下摆宽的样式，到了20世纪30年代，出现了"改良旗袍"，即采用了西式剪裁方式，加入了胸省和腰省，同时出现了肩缝、绱袖和开衩，使旗袍的制作进入了新阶段。服装造型从平面转向立体，连带着对女性身材的审美观念也发生了变化，从含蓄美转为性感美，奠定了传统旗袍走向现代的基础。

❶ 孙文.三民主义.台湾：三民书局，2009：234.
❷ 同❶284.
❸ 杜佩红.民族、女性与商业——社会史视角下的旗袍流行.民俗研究，2016(3).
❹ 以传统旗袍、长衫等中式服装为主，采用平面剪裁技术，面料触感较软，也被称为"软货".
❺ 主要做男士的西装和女士的套装，红帮源自对于欧洲"红毛"的俗称，转而成为西式服装制衣裁缝的代名词，致力于研制西服.

俱往矣，中国服装史上也不再有基于传统的服饰制度和国服标准，有的只是政治领袖在特定场合的礼仪着装，并以此为时尚引领的国人服饰身份认同。而且，经由这些曲折的过程，革命文化的象征符号中山装和民国时装现代旗袍成为了近代以来的显著记忆，也开启了以立体剪裁、修身合体等为显著特色，由西方服装思想开始主导近代中国服装文化的走向。

四、汉族服饰　未见定论

从新中国成立到21世纪初，中国人的服装经历了复杂的变化，总的趋势是以西方服饰为主的全球时装、时尚化。而中山装、包括国际APEC会议流行开来的"新唐装""新中装"等，无一例外都是以西式服装的款式为基础，同时也结合一些传统服饰文化及中国审美的元素所建构而统称为"新中式服装"，应该承认，它们在一个时期确实成为新时代中国人的时尚，甚至也成为文化认同的身份象征。但是，在这些过程中对于传统服饰的汲取尚嫌不足[1]，无论是中山装、旗袍，还是新唐装，它们都不属于汉族传统服饰体系的范畴。

与此同时，随着中国国际地位的提高，却更加凸显了汉民族服装，乃至中华民族服装缺位的尴尬。一方面，在56个民族合影中，汉民族服装频繁缺位的尴尬始终没有得到解决，不论是源自满洲袍服的现代旗袍，还是现代西式礼服的中式立体剪裁礼服，都不能成为汉民族服装的代表，而对于汉民族服装到底应该是什么，也引起了众多汉族民众的困惑。在多个民族文化并存的场景频繁出现："56个民族，55个民族有着鲜明的民族符号，唯独汉民族服装成了传统断裂的象征。"这种感觉往往给人一种强烈的自我缺失感，因为服装是民族文化的典型，"以服饰形式的主观归类与主观认同，也会成为标识内外，分辨族群的边界[2]"。

另一方面，对于这一系列"新中式服装"的剪裁和结构，实际上都是以西式服装理论基础为主导，摒弃了中国传统的平面剪裁传统制衣理念，采用西式立体裁剪造型技术及制作工艺，如破肩线、挖袖窿、绱袖、腰省突出人体曲线等技巧而设计制作的，再通过加入中国传统的服装文化元素，比如立领、盘扣、镶边、刺绣等传统工艺，棉麻、真丝、织锦等传统面料，团花、吉祥如意纹等传统纹

❶ 周星，杨娜，张梦玥. 从"汉服"到"华服"：当代中国人对"民族服装"的建构与诉求. 贵州民族大学学报：艺术版，2019(5).

❷ 庄孔韶. 人类学概论. 北京：中国人民大学出版社，2006：312.

样，使之形成表面上具有中国传统服饰文化元素和西式服装基础结构相结合的产物，但内涵上与汉文明为主体的中华文明主导思想相差甚远。

这些不断被建构的"新中式服装"，可以理解为是在现代西式服装的基础之上建构或演绎而出的，同时又有着中国传统文化的某些特色，以及中国审美、或中国象征寓意的风格。这就如同西方绘画的工具载体和制作方式不改变的话，无论如何改良也变不成中国画一样❶。而以汉文化思想主导的传统汉族服饰体系，则依旧处于缺席的状态，对于汉民族的传统服装究竟是什么，这个问题始终没有得到解决。

❶ 刘瑞璞，陈静洁. 中华民族服饰结构图考. 北京: 中国纺织出版社; 2013(8).

第三章

古代汉服再发现

汉民族服装可以理解为一个一脉相承而又因时而变的服饰体系。在清朝之前的历代王朝中，不管如何"易服色"，也只是在服饰上颜色、花纹、配饰等元素的变化，进行新的等级设计，但从未有推翻汉服体系而另辟新服，始终落脚在汉服体系之框架之内。今天，也是要在古代汉服体系再发现的基础上，以汉文明演变的纵向视角，重新审视自成一体的汉民族服饰体系。

第一节　汉服体系基础特征

汉族服饰体系是一个完整的、延续数千年的服饰体系，绝非是支离破碎的服饰款式，而且有着一个自我演变逻辑和历程。尽管历代服饰不尽相同，但大都是以汉文明指导的服饰形态为主线，纵然期间也受到来自其他民族服饰的影响，但也没能彻底改变其服饰形制，它总能同化或者吸取其优势，将某些方面加以改变，使其适合于自己的传统文化[1]。这个结构独立的服饰体系，与西方服装体系的典型差别，体现在平面剪裁、二次成型与内倾文化三个方面。

一、平面剪裁

平面剪裁是指将三维的人体服装形态以二维平面的方式剪裁制作，整件服装可以基本平整地铺在台面上。沿中缝缝合左右衣身及续衽，从袖口底端起沿衣身侧线至下摆底端缝合前后，没有跟随人体起伏的线条，并且用料远远大于覆盖人体的需要，因而具有平面、宽大的特性。而立体裁剪是直接在人体或人台等参照物上进行设计造型，再转化为纸样、裁片加工而成，具有立体、直观的特点，侧重表现人体的线条、起伏和层次感。西方解剖式的立体裁剪，是把衣服裁成许多片（图3-1），通过拼接组成立体盔甲一样的包裹，尽量与人体贴合，与汉服的平面剪裁截然不同[2]。

---

[1] 龙一南. 从传统服饰的基本形制看中西服饰文化差异. 艺海, 2013(4): 168-170.
[2] 微信公众号"现代汉服"《历代汉服共性特征八字诀》。

图3-1　圆领袍服与竖领斜襟长袄平铺图

注：广州日月华堂服饰设计有限公司提供，授权使用。

　　但是，汉服平面剪裁所做出来的衣服并不是单纯的平面构造，而某些部位具有立体构造。比如肩部，可以在剪裁过程中运用斜裁工艺进行处理，使服装成品的肩袖向下微微倾斜，使汉服的肩线呈"介字"形，与湖北江陵马山楚墓的素纱绵袍外形相近。或者用肩褶调节肩袖水平和塑型的手法，来实现肩胸部的立体构造。又比如在腋下腰间衣身和袖子及下裳相接处加插矩形裁片的方式，以此解决衣襟续衽极限问题，实现大幅度的绕襟效果。对于古代汉服而言，不论如何变化，其平面剪裁的制衣理念从未变过，而且伴随着汉文明在中国几千年的历史中贯穿始终。平面剪裁（图3-2），也成为判定一件衣裳是否属于汉服体系的首要标准❶。

---

❶ 汉服的平面剪裁，与现在服装行业所称的制版方法是不同的概念，两者不可混为一谈。

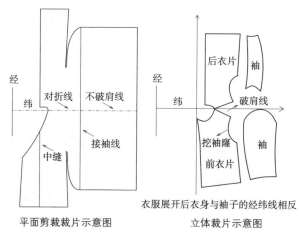

经　纬　对折线　不破肩线

中缝　接袖线

平面剪裁裁片示意图

经　纬　后衣片　袖　破肩线

挖袖窿　前衣片　袖

衣服展开后衣身与袖子的经纬线相反

立体裁片示意图

图3-2　平面剪裁与立体剪裁裁片示意图

注：汉流莲手绘。

二、二次成型

　　所谓二次成型，即汉服不是一个简单的所见即所得的衣服，穿着在身上体现出来的效果不一定要靠剪裁来实现，可以结合人体的自然角度和不同的穿着方式获得一个新的效果。这一点跟西式服装不一样，如一件西式服装，穿在苗条的人身上会极其合身，但是穿在身材较胖的人身上，就会立刻显露出胖人的身材缺陷，整个服装的造型设计就被撑变形，破坏了衣服本身的造型。

　　但汉服则不是，同一套汉服可以适应不同体形的人，苗条的人可以穿，肥胖的人也可以穿，而且穿上后各有各的味道，各有各的美感，人体与衣服达到和谐（图3-3）。比如直领的衣服平铺时两条领缘相对，但是"瘦人"穿上之后可以交叠转变为交领，"直穿交"即是二次成型的一种形态，而"胖人"则可以穿成开衫、披风。相似的还有深衣中的"续衽钩边"，不仅有剪裁出来的款式，还有因人瘦而导致衣裾交叠而产生的燕尾形状，或绕身匝数较多而形成的"多圈"现象。齐胸长裙亦是如此，苗条身材者穿上后，下摆会呈现自然扩散状，而肥胖身材者穿上则会呈现纺锤状的整体效果，最终体现出不同廓形。如果回到古代的农业社会，衣服做大了，穿时就拉紧一点；衣服做小了，就放松一些。这也体现了包容性强、适应性广的深衣制出现并流行的原因之一。到了现代社会，同样制作方式和工艺的衣裙，因为不同的身材，穿出了不同的造型和韵味，这也就是汉服文化中"二次成型"的魅力。

图3-3　仿唐衫裙二次成型对比图

注：京渝堂提供，授权使用。化妆师：长安，摄影师：云游。左图模特：敖珞珈。右图模特：囝子。

三、内倾文化

汉服与西式服饰的一个差别在于几乎所有部件和结构都有一个"内涵"，即在自然之中寻找真理，进而赋予文化的解释，表现为突出人性。这种内倾文化，主要表现为从理想上创造人、完成人，要使人生符合于理想，有意义，有价值，比较偏重于道德、人格等精神层面❶。而西方文化则以物本为主体，以自然为本位，比较"倾向于求外在表现，这种表现主要在物质形象上，这可以说是文化精神之物质形象化"，故西方文化重创物、重物理，比较偏重在物质功利方面，不脱自然性。❷

在衣服上，典型的表征如"中缝"和"袖缝"，最初是由于古代布幅不够造成的。而后，衣身的中缝被赋予了"刚正、公平、正直"之意，并作为一种传统保留下来。袖缝，考虑到节俭布料的原则和袖缝位置不固定的特征，即使现代的

---

❶ 钱穆. 中国历史精神. 台湾：东大图书股份有限公司，2000(8): 136.

❷ 同❶150.

布幅宽，也被保留与传承。除此之外还有"右衽""圆形袖口""下摆平直"等结构特征，不论最初是因自然原因或工艺原因所致，但最终一定会赋予文化的解释。

设计和制衣理念的差异，突出表现为审美的不同趣味。从表面上看汉服是平面直线的，但是穿在人的身上，配合以立体构造、二次成型等手段，就会随着人体的结构，呈现出不同的曲线，成为灵动的艺术品，呈现出庄重、典雅、灵动、大方的艺术特征，其行云流水般的外形，给人以随风而动、潇洒飘逸的感觉。这一点与崇尚开放、性感、强调人体器官服饰审美的西方服饰是截然不同的两个方式，欧洲国家往往是通过短、露、透、紧身的裁剪手法，呈现出外形的纤细、优美、流畅的S形，体现其追求人体美的永恒不灭定律。

第二节　服饰体系一脉传承

历史上的汉民族传统服饰体系，应该隶属民族服饰的概念，是一个覆盖全民族，贯通民族过去、现在和未来的有机体系，也就是形制共时性和体系历时性两个维度。形制共时性是指各单品款式有着相对固定的形制、风格、含义，各应用场合有相对稳定的礼服、常服、戎装、庶民服等使用层级，在文化意义上有着相同的源流，可以通过搭配、互补形成一套完整的、独立的、系统的服饰文化系统，是一个可以单独存在的服饰系统。体系历时性是指在历史发展中，汉服虽然在历史进程中有自我创新变型及借鉴吸收外来元素等一系列的复杂演变过程，但是服饰体系一直是相对完整地存在于汉族民众生活中，这种共生关系除了历史文化内涵的传承延续外，各种款式之间也有着密切联系与历史演化，包括官服、礼服和百姓的日常着装，而且每个朝代之间的服饰之间仍存在关联性和一体性。因此，这一体系可以归纳为五个词：结构独立、层次分明、演变自然、传承有序、大象无形。

一、结构独立

汉族服饰在长期的历史传承与发展过程中，总是隶属于汉民族文化的，也与世界上其他任何民族的传统服饰有着质的区别，并且独树一帜。这种独立结构是从"黄帝垂衣裳而天下治"开始，在中国几千年的历史中贯穿始终，一直延续到明末清初，都没有发生过根本改变。因为衣冠是"文明正统"的重要组成部分，历代王朝建立之初，都会有《舆服志》对本朝的服饰制度进行详尽规定，采取"改正朔、易服色"举措，制定新的服饰制度，指出恢复汉族衣冠与礼仪的重要性，明确坚持上衣下裳的服饰制度。"衣裳"这一典型款式在最高礼仪层面的应用，也是汉族服饰体系一脉相承的重要标志。在清之前的其他民族时期，辽、金、元为了显示自己"正统"，也采用冕服做礼服。衮冕形制都是上衣下裳，与传统的冕服大同小异。即使经过清朝的断裂，在民国袁世凯恢复帝制前的祭天典礼、现代汉服运动中的祭礼、婚礼等重要场合中，也依旧把衣裳作为基础装束来应用。

而且历代王朝中《舆服志》的文本都呈现出一个明显特征，就是许多朝代在继承前代制度的同时，也对其中部分元素进行根本性的扬弃。典型的是宋明两代，宋代在服饰制度上，非常重视传统，宋太祖的《三礼图》对传统服饰做了详细考证，并提出"恢尧舜之典、总夏商之礼""仿虞周汉唐之旧"的要求，也成为后代力图恢复旧制的蓝本。《宋史·舆服志》与历代舆服志相比，篇幅最长，规定最严谨，文化气息最浓。明朝之时，建国伊始，朱元璋诏令"复衣冠如唐制"，重新制定了衣冠制度。也就是尽管汉服与少数民族服饰有着融合与交流，但是在发展过程中的民族传统性却越来越鲜明，这不同于服饰体系的细节深化，而应视为对传统的修正。

这一结构独立的背后，是中国文化深层次的超稳定结构，即维持结构之独立、平稳与不变。如中国人的"良知系统"在个人身上造成的意向是"安身"与"安心"，整个社会文化结构中则导向"天下太平""安定团结"，政治之意则是"镇止民心，使少知寡欲而不乱"❶。

因此，尽管在"表层结构"中出现变动，但是任何"变动"则导致了"深层结构"中的变动越来越少。这一表现在汉服体系中同样如此，尽管衣、裳、裙等各部件的裁片、拼接、颜色、位置会发生变化，但是始终属于表层的变化，对于汉服的典型结构与文化内涵，自始至终都从未改变。

二、层次分明

汉服体系，在历史上是包含了民俗服饰地域多样性、历史悠久性的特征，是

---

❶ 孙隆基. 中国文化的深层次结构. 北京: 中信出版集团，2015(11): 10.

一系列服装款式和装束的集合，并且有着较为固定的搭配，即各种款式、形态按照一定的规律组成，直观上可以被人一眼辨认出来，特定场合中担负起民族服饰的符号。比如某个人在某个季节的某个场合下穿着的某一个款式，可以是服饰体系的组成部分，但是不能成为民族服饰的全部。而民族服饰的全部，则是由礼服、正装、日常便服、居家服等类别，以及春夏秋冬不同面料、男性或女性不同款式组成，依据不同的场景、季节、活动，传递出凝聚认同的民族服装效力。

就像日本的民族服装和服，并非只有一件服饰，礼服、便服的样式都不一样，男式和服色彩较单调，多深色，腰带细，穿戴方便；女性和服款式多，色彩艳丽，腰带宽，不同腰带的结法也不同，还配有不同的发型。而且根据场合不同，袖子的大小和长短，衣服的图样和颜色也都有差异❶。依据不同层次的搭配，应对不同的规格、场景和人群，起到凝聚民族认同的作用，也传递出恒久不变的美丽。

汉服体系同样如此，它不是只有一件衣服，更不是只有一类款式，而是有着多种的组合，衣裳制、衣裤制、深衣制、通裁制共同组成了汉服体系。从这个角度，也可以说明为什么现代旗袍、新唐装、新中山装不属于汉民族服饰体系，因为他们都是具体单一的款式名称，没有与之搭配的配饰与对应服装，比如现代旗袍没有对应的男装，新唐装没有对应的裤或裙。由于款式单薄不具备承担完整的民族服装社交功能，最主要的是这些服装的设计制作与汉族传统制衣理念相去甚远，也不能形成民族服装体系中的形象特征。

三、演变自然

民族服装的变迁过程也是连续的，每一种服装都处于人类服饰史的变迁过程中。汉服体系的一体性不仅是汉文明历史文化内涵的传承延续，更是各种款式之间密切联系与历史演化。如广为流传的"襦裙"是"衣裳"的延伸，"直裾深衣"与"曲裾深衣"关联性强，"襕衫"可以认为是对"深衣"的追忆，"马面裙"则源自"旋裙"等，数不胜数（图3-4）。

这种系统的逻辑也与汉字体系颇为相似，尽管从古到今也发生了巨大的变化，包含了原生文字、甲骨文、篆书、隶书、楷书、行书等一系列形态，直到今

---

❶ 竺小恩，葛晓弘.中国与东北亚服饰文化交流研究.浙江:浙江大学出版社，2015(12):208.

天仍然分为正体字和简体字两种字库，而且每个汉字都有自己的演变历程，但仍然被世人看作是一个完整的、独立的、原生文字系统，整个体系始终完整独立，在历史中又不断创新与融合，从而形成了一个庞大的文字体系，博大精深，源远流长。今天的人们会用"楷书""宋体"等不同字体样式来形容汉字，也可以在不同场合选择"楷书"或者"行书"。而不是说"秦朝的字体""宋朝的字体"来形容字体，更不会只认定"楷书"属于现代汉字，而"隶书"则属于古代文字。这体现了汉字系统，虽然经

图3-4　商家制作的交领上衣百褶裙加直领窄袖外衣
注：重回汉唐提供，授权使用。

历了几千年朝代更替的风风雨雨，其样式纷杂、演变显著，但却是世代相承。

　　这种演变，体现了汉服在历史上并非封闭的、固定的、保守的，而是在不断吸收外来文化，吸纳异族服饰文化和元素变化和扩张的。演变也是在保存汉服体系的基础上，内部分化为"大传统"和"小传统"❶，二者的关系也是可以相互转换，即流行款式有可能逐步上升为大传统，大传统也会持续规范和影响小传统，进而引领时尚，演变自然。如女着男装、服妖、时世妆等现象，属于在礼制范畴之外美化和装饰自己的服饰，这些装束算作是"小传统"，与国家礼治和《舆服志》规定下的"大传统"通常是并存关系，绝非被取代关系。唐宋期间的流行的圆领袍，始终与交领右衽上衣并行存在。而后，外穿圆领袍与内穿交领衣也是常见的搭配，最后上升为天子着装，成为唐宋明《舆服志》的组成部分。这种自然演变史，也铸就了汉服体系传承的坚韧性，成为体系演化前进的内在动因（图3-5）。

────────

❶"大传统"和"小传统"的概念由雷菲尔德在《乡民社会与文化》一书中提到，大传统指社会里上层的士绅、知识分子所代表的文化，这多半是经由思想家、宗教家反省和深思产生的精英文化。小传统则指一般社会大众，特别是乡民和俗民代表的生活文化。这组概念的"大"与"小"，是以"精英文化"为评判标准，将文化分出了高下。——周星.民俗学的历史、理论与方法.北京：商务印书馆，2006(3)：64.

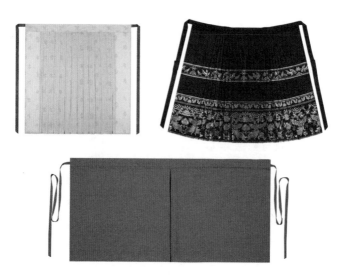

图3-5　褶裙、马面裙、帷裙式抹胸

注：重回汉唐提供，授权使用。

四、传承有序

　　纵观历朝历代的服饰变化，自黄帝到明朝末年，汉服体系自始至终存在。只是在跌宕起伏的发展过程中，有着扩大和缩小的差别，在社会相对平和稳定的时候，发展得比较迅速和繁荣，影响力扩大；在社会动荡不安的时候，发展就迟缓和凋敝，影响力就缩小。影响力扩大通常是在文明鼎盛时期，如魏孝文帝改革，大力推行了一系列汉化政策，包括"说汉语；改汉姓；穿汉服；采用汉族的官制、律令等。"也成了汉族服饰影响力扩大的重要时期。又如金国时期，还采用了一系列的服饰汉化政策，建立一套中原与北方民族互通互融的政令。又如唐、宋、明时期，服饰文化深刻影响到了古代东亚等国家，如日本、朝鲜、安南（越南古称）等，他们的服饰更是在中国的服饰文化浸润之下逐渐发展、繁荣起来的，明朝的"赐服"制度更是成了东亚文化认同的重要标识。

　　影响力缩小的表现主要为使用的人群、地域、规模和范围缩小，创新和流行的趋势放缓，比如"衣冠南渡"时期，还有辽、金、元的其他民族政权时期的汉人衣冠变化。"衣冠南渡"原意指西晋末年，因"八王之乱"其他民族趁机崛起，晋元帝渡江避难，文人士大夫以及庶民百姓跟随晋元帝大规模南迁，这便是第一次"衣冠南渡"，此后用这个词形容汉族政权、经济、文化的转移，反映了古代汉服体系影响力所及地域的转移和缩小。又如辽和元皆采用了"二元制",即对待本族和汉族采用不同制度,辽国分为"国制"和"汉制",元朝则分为"国俗"和"汉法"。

但以上这些变革,始终都是在汉服体系之内的变化,主流服装平面剪裁、保留后中缝、交领右衽等基本特征从未改变。与此相对的其他民族的服装,尽管外形与汉服相似,但却不是同一个民族服饰体系,如元朝期间蒙古人的质孙服为后中不破缝、前门襟交领拼贴,而且是前身为上下分裁连制,后身则为通裁制,这一理念与汉文明的后中破缝、上下分裁或是通裁的服装结构形成鲜明对比。

五、大象无形

服饰体系本质是对各种款式和款式文化的归纳与提炼。因为,汉族服饰的历史与发展脉络是整个社会与民族文化发展的一种表象,它同样有着循序渐进的过程,并在不同区域与历史发展进程中,形成了独特的艺术风貌和内涵❶。这种抽象的结果,并不是通过服饰史、款式罗列的描述可以直接感觉到,而是在立足民族服饰发展史的基础上,通过梳理、提炼共性而得出。

但体系会显得"杂乱无章",除了断裂的因素以外,还有一个原因是过于博大精深,以至于难以直观、粗浅地感受和把握。汉服体系的繁杂,也正是因为历史上的汉民族人口众多、存在地域广泛、延续时间长久,整个文明具有复杂多样性的特征,导致形成了类似语言、文字、建筑、音乐、绘画、饮食等一系列文化类别一样的繁复,更是难以一言以蔽之。这也类似于汉族饮食,由于体系太过庞大一般都称为"中餐",只有与其他民族饮食文化对比时也会称为"汉餐",尽管品种繁杂,但是自《黄帝内经・素问》记载:"五谷为养、五果为助、五畜为益、五菜为充。"汉民族已形成了与畜牧民族和西方民族完全不同的以植物性食物为主、动物性食物为辅的食物结构体系❷。后面又逐步形成八大菜系,还把饮食、技术和艺术相结合,成为汉文化中的一个重要组成。但即使在现代化社会中,有着大量西餐、日餐,但是人们依旧能够直观地分辨出中餐和西餐本土化的差别,这也正是体系的作用所在,也是文化原生态系统的重要意义。

---

❶ 邢乐. 系统阐释汉族服饰文化,实证构建民间服饰体系——梁惠娥、崔荣荣《汉族民间服饰文化》评述. 江南大学纺织服装学院,2019(3).
❷ 徐杰舜. 汉民族发展史. 湖北:武汉大学出版社,2012(4):432.

值得一提的是，纵观整个服饰发展史，体系是动态的结果，而非静态的描述。尽管体系是全局、连续性的整体，但呈现出来时往往是局部的特征，总是在某一个时间节点上表现出一个微观特征。而人们熟悉的考古文物、服饰史，表现出来的形象就是这个节点上的实时动态，但汉民族服饰体系实际上需要的是一个连续不断、积淀愈来愈深厚的服饰文化体系，各款式特征、各朝代典型风格，都是属于同一个体系的不同表现形式而已。

正是因为民族服饰有形制历时性和体系共时性的特征，所以在每一个时间节点，都有"当时之服"与"古人之服"的区别，而且"古人之服"不应当被今人所穿着。历史文献中的记载数不胜数，如宋代邵伯温《邵氏闻见录》："康节曰：'某为今人，当服今时之衣。'"、宋元时代马端临《文献通考》："虽康节大贤，亦有今人不敢服古衣之说。"宋朝蔡肇《故宋礼部员外郎米海岳先生墓志铭》："冠服用唐人规制，所至人聚观之。"唐朝的"当代"就是宋朝的"古代"，而宋朝的"当代"则是明朝的"古代"，这种古今之别，也体现了汉服体系的年轮印痕。

正所谓"大象无形"，体系定位是在更高的范畴，是对服饰整体的概括，用来反映民族服饰的共性。而对于某一种款式的形制、源流和演化，是在局部、次级、细节的地位来审视，绝不能形成取代或等于整体的印象。这也正如一棵大树，它不仅可以在空间上分为根、茎、枝、叶、花、果不同部分，在时间上也有着种子、幼芽、树苗、树木、参天大树的生命历程。这一历程虽然不能在某一时刻直接被看见，但是不能否认一棵参天大树的形成必须有着这些时代的印痕，更不能用种子、幼芽、树苗来取代参天大树的概念。汉服体系的作用在于维系服饰体系的整体性，在保持同一性的前提下，不断推陈出新，形成标志性的民族文化认同符号。也正是因为有了服饰体系，所以能够在外来文化的碰撞中，可以自觉的应对、吸收和消化外来服饰文化，维系自己整体风格不变，避免整体结构被取代。

如果从更高的角度上看，汉服体系不仅是衣服和配饰本身，还有着一整套对应的礼仪规范，包括服饰的搭配规则、应用场景等，并且与汉文明的内涵高度一致。而服饰与礼仪体系的上一层，涉及的是汉文化体系和汉民族哲学思想体系，在思想体系的指导下，不断地创新发展。只有明确服饰、礼仪、文明、思想体系的整体一致性后，才可以真正地实现现代汉民族服饰文化体系的综合化、立体式重构。

第三节　古代汉服存在依据

从概念上看，把历史上的汉民族传统服饰体系简称为汉服，并不难理解。这是基于民族服饰的概念，即在服饰现代化和全球化之前，汉服几乎是汉民族的唯一服装形式。它是一个整体的存在，即覆盖全民族所有人，适应春夏秋冬不同季节，适应士农工商各个阶层，适应工作、出行、节日、居家所有场景的民族服饰。这一体系除了款式、种类和元素之间本身存在着同源，可以形成搭配和互补，在文化层面也同样具有一体性的意义，即服饰背后所涉及的剪裁、结构、文化和影响力等诸多部分，从古至今都与汉文明的兴衰荣辱紧密联系，更是其中的一个重要组成部分。尽管存在着诸多争议，但实际上都是源自语义的变化，其核心争议表现在"汉""服""民族""传统""文化"五个要点。

一、语义演变　汉的扩大

正本清源，"汉服"这一概念之所以模糊不清，一个重要原因是"汉服"的"汉"这一名词，与"汉族""汉人""汉语"中的"汉"概念相似，语义上经历了从狭义变广义，从地域、朝代上升到民族的演变过程，即从"汉水流域""汉朝"到"民族"的历史更迭，这也与"汉族"名称的历史发展脉络高度一致。

汉族的族称确定，同样经历了一个曲折的交叉发展过程。"汉"这一称谓是在汉王朝，特别是汉武帝时"海内为一"的"大一统"种种措施中，完成了华夏民族向汉民族的发展和转化。而华夏民族的起源，则追溯到炎黄时期。西周以后，春秋战国时期，通过民族大融合形成统一的华夏民族❶。自汉王朝中央集权国家更集中、更强大，"大一统"成为中国历史发展的主流后，汉民族以世界上最大、最古老民族的英姿，高耸于世界民族之林❷，而其拥有着共同的政治、经济、文化以及心理素质的稳定性更是在汉王朝时所奠定。所以"汉"作为"汉族""汉人"的称谓，不论是从族称的角度和层次，还是汉民族的稳定性和确定性，都经得起历史的千锤百炼。

把汉人的服饰称作是"汉服"，与汉族、汉人和汉文明的概念如出一辙，"汉服"这个词汇在历史文献中频繁出现。可以查到最早的文物记载是马王堆出土的

---

❶ 徐杰舜. 汉民族发展史. 湖北: 武汉大学出版社, 2012(4): 12.

❷ 同❶201.

西汉简牍："美人四人，其二人楚服，二人汉服。"最早的正史记载则是《汉书》里的"后数来朝贺，乐汉衣服制度。"其次是东汉蔡邕《独断》中的"通天冠：天子常服，汉服受之秦，《礼》无文。"这里的概念有汉地之服、汉朝之服，还是狭义的概念。到了唐代，《新唐书》："汉裳蛮，本汉人部种，在铁桥。惟以朝霞缠头，馀尚同汉服。"北宋晁说之《阴山女歌》："阴山女汉服，初裁泪如雨。"《文献通考》："过惠州，城二重，至低小，外城无人居，内城有瓦舍仓廪，人多汉服。"《东京梦华录》记载："诸国使人，大辽大使顶金冠，后檐尖长，如大莲叶，服紫窄袍，金蹀躞；副使展裹金带，如汉服。"这些文献都是用"汉服"来标识外族人眼中的汉族服饰。

从这个角度看，"汉服的概念应该理解为汉民族的服饰，那么汉服和胡服所指的概念应该是处在同一个层次"[1]，这一层次要高于以朝代分类的"汉朝之服"，也要高于以款式分类的"曲裾""旗袍"。就如同西方国家把华夏之学称为汉学，但绝不是指代"汉朝之学"。又像今天人们说的文字"汉字"不能认为是"汉朝的字"，地名"汉水"不能认为是"汉朝的水"，民族"汉族"不能认为是"汉朝的民族"一样，绝不能把"汉服"狭义地等同于汉朝的服饰，或者依据"汉族虚无论"而产生"不存在汉民族服装"的说法。

二、自称衣冠　他称汉服

在现代汉语的语境中，"服饰"由"服"与"饰"组成，"服"通常指覆盖人体躯干和四肢的各种衣物，即用织物等软性材料制成的穿戴于身的生活用品，"饰"指用来装饰人体的物品，包括头饰、首饰、配饰及携带品等。而从"华夏衣冠"和"汉衣冠"到"汉族服饰"这同一物品的定位，有着从"自称"到"他称"的变化。文献中无论是"衣冠"的记载，还是"汉服"的用法，实际上是同一事物对应不同概念的发展现象。汉族服装也有了从自称"青衿""衣冠""右衽"到他称"汉衣裳""汉衣冠""华服"的名词演变历程。这一点属于名词流变的常见现象，但是却因为汉服本身的断裂属性，成为现代人误解汉服的主要缘由。

《管子》载："言辞信，动作庄，衣冠正，则臣下肃。"形容一个君主如果言而有信，行为动作就会庄重得体；如果衣冠端庄合礼，臣下百姓就会整肃一心，

---

❶ 许海玉. 给"汉服"一个复兴的理由——对话北京服装学院教授袁仄. 中国制衣, 2007(11).

由此强调衣冠的重要性。《宋史》载："秦桧，大国之相也，反驱衣冠之俗，而为左衽之乡。"是用衣冠装束表示对于政权、文明的放弃和顺从。又如《唐律名例疏议释义》载："中华者，中国也。亲被王教，自属中国，衣冠威仪，习俗孝悌，居身礼义，故谓之中华。"也是通过"衣冠"二字，表示对于政权的认同和中华盛世文明的憧憬。

汉服这一概念的出现，通常是在外族记载的族际环境下被强调，是一种被"他称"所承认的民族服装，特指汉族人的服饰体系，不仅包含了汉人的日常民俗服饰，也包括了历代封建王朝统治中以"汉族服装和礼仪"为主体的衣冠制度。在当代《辞海》的"魏孝文帝改革"词条中，也出现了汉服一词："孝文帝亲政后……改胡服为汉服，仿南朝典则定官制朝仪。"解释中把汉语、汉姓、汉服相提并论，强调族裔文化的差别和不同。又如清末徐珂《清稗类钞·服饰》中讲到乾隆有一次身穿汉服试探大家对汉族服饰看法时，所载："高宗在宫，常履衣汉服欲竟易之。一日，冕旒袍服，召所亲近曰：'朕似汉人否'？一老臣独对曰：'皇上于汉诚似矣，而于满则非也。'乃止。"这些都是用"汉服"指代以"汉族服装"为主体的服饰制度，并且也凸显了汉服典型风貌与其他少数民族服饰的样式差异。

如上所说，在历史文献中确实出现过"汉服"的称谓。它通常是在族际环境下被强调，是用"汉服"指代以"汉族服装"为主体的服饰制度。对于从"汉衣冠"到"汉服"的演变，即加入"汉"这一本土身份标注，通常是因为面对外来文化时，为强调异于其他群体的文化共同体特征，形成与他者的文化属性区别，而引入的地域名词介绍。

这一点又如今天的"中国"这个概念，古代曾自称为"华夏""中华""诸夏""神州""九州""中原""中土"等，也有着从部落、地理、民族、文化、政权的概念流变。与此同时，3100年前也早已出现"中国"这一词，但是指国家中心，也就是今天的"中央"和"中央之城"，或者是"首都""都城""京师"和"国中"等意，如《史记·五帝本纪》记载，舜"夫而后之中国，践天子位焉"，与民族、文化、国家政权无关。至明末清初，来华的西方传教士已开始称这里为"中国"或"中华帝国"，与这些传教士交往的一些士大夫，也已用"中国"来称呼自己的国家，这时的"中国"已是指称与外国相对的有自己主权与疆域的国家，即"他称"。此时西方人是从国家的层面上来理解"中国"含义的，而清政府却仍是从中央、中心、天下等字面上来理解"中国"的含义，且不是正式的国名。"中国"正式作为国名，开始于辛亥革命以后❶，1912年起"中华民国"成立简称"中国"，自此以后，"中国"的含义发生了转移，也与中华民族的疆土、文明、政权内涵合而为一。

今天人们对于汉服这一概念的误解，实际上是源自"汉服"这一事物本身存在着异化和断裂，现代汉语中的"汉"经历了地域、朝代和民族的演变，"服"更是源自"衣冠"的说法，因而包含了汉民族的民族、地理、文化、国土等服饰体系的属性，二者原因叠加，导致汉服备受争议。但其实这些，又恰如"中国""中医""中文"等一系列常见的名词概念流变。"同一概念可以对应不同语词，同一语词也可以表达不同概念"这一点在汉服的语义演变上，也体现得淋漓尽致。

三、民族认同　群体标志

从民族服装的定义上看，民族服装既需要有本民族"民俗服装"的依据和根源，又需要有族际情境或环境、条件的筛选和来自"他者"的认知❷。也就是说，它除了是在本民族特定社会生活中形成，承载着本民族生活习惯和审美意识外，还有着明显区分于他族的服饰风格。但长期以来，现代人所了解的汉服，往往是通过古代文献以及学术语境对于汉族服饰的描绘，也是基于中国"自称"的立场去记录和阐释，所以更多着力于风格的嬗变，流行的风向和时代的个性。

但作为民族服饰，更应该考虑的是在中西文明交流、东亚文明认同、南北民族融合过程中，外族者眼中所看到的民族服饰正体，在"他者"的语境中的汉民族传统服饰体系。因为民族传统服饰不仅有狭义的民族性，还有广义的普遍性❸。一个民族的富有特色的民族服饰，对于本民族，它是互相认同的旗帜，结成整体的纽带，但对于别的民族是一种区别的标志。这也类似于中国的其他民族，服饰的民族族徽作用十分典型，如蒙古族的织金锦辫线袄，体现的是马背上游牧民族的审美，以及适应北方严寒气候的面料；又如苗族的银饰，体现的是社会地位、家庭财富、图腾崇拜等标识，这些都可以反映出该民族在特定的历史发展中的某

---

❶ 牛汝辰."中国""中华""华夏"的由来及其文化内涵. 测绘科学, 2019, 6(6).
❷ 周星. 新唐装、汉服与汉服运动——二十一世纪初叶中国有关"民族服装"的新动态. 开放时代, 2008(3).
❸ 艾山江·阿不力孜. 维吾尔族传统服饰文化源流. 新疆社会科学, 2004(6).

种文化和思潮，很容易"以衣辨人"。

在外国人眼中，古代汉服的整体形象，早已是汉民族的文化象征。如利玛窦在中国为了拜访显得正式，特意做了一件中国人的服装，他的服装："用的是丝绸，袖子非常宽敞；在衣服的下摆有一道宽约半掌的浅蓝色镶边，袖口和至腰的领口也有同样的镶边。腰带与衣服料子一样，腰带两端垂地，如同西方的寡妇。鞋子也是丝绸的，上有绣花❶。"根据他的描绘，他所指代的服饰应该是襕衫，而且"中国人穿着这样的服装前往拜访，而被拜访者也总是身穿类似的服装或相应的官服出迎；这套服装给予我很高的威望。"

从这里也可以看出，民族传统服饰一个不可忽视的社会功能，就是人际交往过程中具有外观上凝聚群体认同的效应。比起"定尊卑别上下"的阶级功能，民族文化性在后期愈加鲜明，更频繁地应用于族际交往，也是"他称"的自我反馈，会有越来越多的人用民族服饰来指代和表达自己的感情。

四、传统缩影　源远流长

从民族服饰的层面看，民族服饰与一般服饰不同，民族服饰是一个民族在历史发展过程中创造、发展并传承的民族文化，服饰文化也是民族文化的缩影。历史上有过许多文化现象属于过眼云烟，无论昔日如何繁盛，最终只是成为史书中的一笔消散在岁月之中。可一旦一种现象成为一种社会、文化或者价值上的形态，人们即便失去它之后仍然深受它的影响，形成一种内在的文化认同，这就是传统❷。

作为民族传统服饰，意味着不仅有微观的个体性，还有宏观的历史性。因为服饰文化是一种包含了某一民族历史、社会、文化、习俗及宗教信仰等诸多内涵的集体无意识的文化模式，它具有一定的文化符号意义，也有着深厚的传统文化内涵，是这个民族在历史发展过程中创造、发展并传承的传统缩影，更不等同于一般性时装，会因为款式新颖、时代性强、个性突出而不断地标新立异，呈现出新颖的时代感气息。

在传统的社会中，人们只能根据自己的身份和穿着的场合选择与自身相对应的服饰搭配。作为"衣冠之治"的重要组成部分，古代汉服还有着"知礼仪、别

❶ 宋黎明. 利玛窦易服地点和时间考——与计翔翔教授商榷 [J]. 北京行政学院学报, 2017(6): 111.
❷ 翟学伟. 全球化与民族认同. 南京: 南京大学出版社, 2009.

尊卑、正名分"等特殊意义，从服饰上可以看出年龄、性别、职业、贫富、社会地位、文明信仰等差别，这些明显的区别中，都包含了文化意识。而且从服饰的搭配上还可以看出节庆、仪式、丧葬等习俗。如古代官员的服装根据场合而分为不同类型，以宋代为例，官服分为祭服、朝服、公服（常服）、时服四种，以对应不同的活动；各种礼仪场合上也都有着特定的搭配，在婚礼上，典型的宋明婚礼所用的凤冠霞帔，其样式、材质和工艺，也都与男人的社会地位和财富状况紧密联系；在丧葬礼仪上，也会根据远近亲疏，按服丧期限及丧服粗细的不同，分为"五服"。通过服饰的样式，人们不仅能够分辨出不同的人的地位和等级，也能够辨认出同一人的不同场景中的所处位置和伦理，这也是民族服饰的独特之处。

在人类社会中，每一种独特的民族服饰文化都有自己赖以滋生的地理环境和成长、发展的社会环境，更是与本民族的文明息息相关。前者决定了民族服饰文化的基本形态，后者则将各自民族服饰推向了不同的发展方向。"礼之大者莫要于冠服"❶。无论什么时期，传统服饰本身蕴含着丰富的文化、政治、历史等人文因素，都会是一个民族的生活风俗、审美情趣、道德观念的积淀，也代表着一个国家文化发展的精神风貌。中国传统的服饰正是"有着象征内涵的事物"，通过隐喻、暗示、联想对比等手法，传达出民族特有的文化、价值观和行为方式，因而民族服饰是明显的"艺术符号"❷。

因此，可以说不存在没有传统的民族服饰，这里的"传统"意味着立足现代时态，对过去时态的事物进行审视，从中提取、演绎出一条具有主体性、稳定性和本质性的线索、主题、结构或规律。对于汉服亦是如此，因为有了民族性，才有现实中存在的必要性和合理性；又因为有了传统性，才有了追根溯源一脉相承的可能，二者缺一不可。

五、文化符号　文明认同

历史上服饰文明与文化也息息相关，又如郭沫若所言"服饰可以考见民族文化发展轨迹和各兄弟民族间的相互影响，历代生产方式、阶级关系"❸。一袭衣冠不仅有着民族群体内部社会等级身份的象征，也是民族差异性的外在体现，更是

---

❶ [清]王先谦.东华录·孔文之奏请蓄发被革职.

❷ 夏晓春,李洪琴,雷礼锡,等.民族民间服饰艺术的文化符号象征.武汉纺织大学学报, 2008, 21(3): 32–34.

❸ 徐万邦,祁庆富.中国少数民族文化通论.北京:中央民族大学出版社, 1996: 81.

文明与野蛮的区分。对于整个东亚文明圈而言，服饰文化也长期影响了朝鲜、日本等东亚国家。不仅民族服饰的形制是在中国服饰文化影响下逐渐发展、繁荣起来的，穿戴汉家"衣冠"也是认同中华文明的重要标识。

在中国古代，衣冠服饰在国家内部是上下君臣等级礼制不可逾越的外在表现形式，而对周边的邻邦国家，则是区分华夷的标志，也是礼制的重要内容。对于当时中国周边藩属国来说，穿戴"衣冠"不仅涉及民族（华夷），而且涉及国家（王朝），甚至呈现文明与野蛮❶。作为文化宗主国对藩国采取"赐服"制度，以此表示安抚、恩宠和激励，使藩国更忠心地为华夏文明宗主国服务❷，这一外交政策由来已久。在此政策下，唐、宋、明代汉服体系得到较大的发展，体系中的一些典型款式对周边有较大的影响。

如朝鲜的服饰体系很早就受到华夏服饰的影响，商末周初箕子入朝，中国和朝鲜古代典籍中均有箕氏朝鲜❸的记载，据《东国通鉴》记载"衣冠制度，悉通乎中国，故曰诗书礼乐之邦，仁义之国也。"寥寥数语，道出了箕子朝鲜在政治、思想、文化、服饰上与中国的一脉相承。

其后，有燕人卫满代箕氏统治朝鲜。以后，又有汉代在朝鲜设立汉四郡，朝鲜或为中国管辖范围，或为藩属。即使相对独立时期，诸如三国、高丽时期，也仍与中国有着千丝万缕的联系：高句丽、百济、新罗三国相继与中国南朝、隋唐通好，尤其是新罗与唐联系密切，深受唐文化影响❹。

明朝对朝鲜半岛赐服始于高丽时期，"李氏朝鲜建立后，李成桂确立'袭大明衣冠，禁胡服'政策，为朝鲜服饰变革指明了方向❺。"自此，汉服体系深深影响了朝鲜半岛的冕服体系，使得李氏朝鲜的服饰礼仪几近大明，朝鲜的冕服、官服、妇女礼服圆衫、领口佩戴的方心曲领等，都是模仿明朝服饰而来。但整体相似中也有不同，比如李氏朝鲜的道袍在延续明朝道袍的基础上，又增加了自己的特点，比如内摆无褶，袖子为方袖，外襟为一对宽系带，位置在身前偏右处，腰线提高等。经过千百年来的交流融合，朝鲜半岛的服饰文化已经本土化。但是正如朝鲜人崔溥所说："盖我朝鲜地虽海外，衣冠文物悉同中国……"朝鲜文人徐

❶ 葛兆光. 想象异域——读李朝朝鲜汉文燕行文献札记. 北京: 中华书局, 2014(1): 230.
❷ 竺小恩. "衣冠文物悉同中国"——略论明代赐服对李氏朝鲜服饰文化的影响. 服饰导刊, 2015(1).
❸ 竺小恩, 葛晓弘. 中国与东北亚服饰文化交流研究. 浙江: 浙江大学出版社, 2015(12): 5.
❹ 共青团中央: "汉服源于韩服"? 笑话! 微信公众号"共青团中央". 2020(11).
❺ 同❷.

居正亦曾作诗云："明皇若问三韩事，衣冠文物上国同。"总而言之，朝鲜半岛的服饰文化在历史上深受中国汉服体系的影响。

还有东部邻居日本，在7世纪初到12世纪末，日本经历了飞鸟、奈良、平安3个时代，此时期日本以华为师，全方位学习，并模仿隋唐服饰制定了冠服制度，在全国范围内推广隋唐服装。奈良时期更被称为"唐风时代"，从服装形制可以看出，在奈良时期的服饰同唐朝前期几乎完全相同，男子幞头靴袍，女子大袖襦裙加披帛。到了明代永乐年间赐日本国王冠服、锦绮、纱罗及龟纽金印，后来又赐日本国王九章冕服。万历年间，赐给丰臣秀吉弁服和麒麟圆领袍等冠服。

除此之外，汉服体系自宋代起对越南（古称安南）也产生了深远的影响。"越南李太宗天成三年（公元1030年），仿照北宋制定了公侯文武官服。"而且宋代依据通裁制创新的直领长衣等款式，也对越南产生影响。15世纪初明朝在越南设置郡县，明朝的官服被纳入当地的服制体系，此后，无论是黎朝还是阮朝，都把宋明衣冠当华夏正统，即使清人入关后，也禁止越南人仿效清人服饰❶。从史料看，不仅仅是王侯将相的礼服，普通民众的服饰也深受古代汉服的影响，很多是在汉服的基础上结合本民族的实际进行的本土化改造。

经历了清朝的"薙发易服"，汉衣冠已经远离了汉族本土文明，却被看作东亚其他民族的民族服装，成为新的集体认同而被重构与塑造，也是新的集体记忆而流传。今日还有很多中国人看到复原的明朝服饰喊作"朝鲜人"，看到交领右衽就说"日本人"，再看到道袍就说是"越南人"，也说明古代汉服文化在明朝时期得到较为广泛的传播，深深地影响了周边民族和国家。

但总而言之，从五千年的发展史可以看出，汉服是一种历史的客观存在，是一种动态变化的服饰体系，是一个层级远远高于款式的服饰文化门类，更是一个影响了整个东亚文化圈的文明认同。也是借此澄清"汉服在历史上不存在""一个朝代一种衣服，风格不固定""不如恢复树叶兽皮""汉服是新近发明的商业概念"四类片面认知。史实证明——汉服在历史上真实存在，文献中有着大量自称与他称的记载；汉服是与汉民族文明息息相关的，有着自然演化的传统属性；汉服是有文明性的，绝非树叶兽皮所能比拟；汉服自古就是东亚文明认同之一，"万国衣冠拜冕旒"的古诗句含义应不难理解。

---

❶ 孙衍峰. 中国古代衣冠文化对越南的影响. 解放军外语学院学报, 1992(6).

第四节　破除对汉服的误读

关于汉服概念的理解并不复杂，但是对于汉服的理论建设却并不容易。这里面最大的争议在于汉服本身，仅就历史上的汉服而言，主要误读有三个方面，一是把汉民族服饰史与中国古代服饰史画上了等号；二是用中国传统服饰史的学术理论，解释汉民族服饰概念并指导汉服运动；三是用考古中的文物训诂法，倒推判断其他服饰是否属于汉服，由此形成关于"汉服不存在""汉服形制不确定"的诸多误区和纷争。今天，在现代汉服体系建立前，首先要做到把汉民族服饰从中国古代服饰史的屏蔽效应中提炼，如拨云见日般淡化"古装"的印象，取而代之民族传统服饰这一定位。

一、辨别族与国的差别

很多人把汉民族服饰史与中国古代服饰史画上了等号，认为汉人的服饰源自古代，因此属于汉朝、唐朝、宋朝的古装。诚然，朝代和民族都是历史进程中产生的，都属于历史的范畴，他们之间有着一定的联系。但是不能因为国家的兴亡与朝代的更迭，《舆服志》的改写与礼治的重新规范，而导致民族服饰一次次从头再来，形成历朝历代大不相同的刻板印象，否认汉民族服饰一脉相承的属性。而且这种做法，更是混淆了作为社会实体的民族与作为政治实体的朝代之间的区别和界限，让人误把汉族服饰当作古人装束。造成这一现象的原因有两点：

一方面是因为传统汉族的儒家思想在中国历代政治统治中占据主导地位，"汉族即中国，中国即汉族"在很多人的印象中几乎是根深蒂固，所以把中国通史与汉族发展史之间画上等号，这种认知在现代社会也有着一定的市场，但实际上非常的不合适与不妥当。虽然民族和国家都是在历程进程中产生的，都属于历史的范畴，但两者之间有着本质的区别和明显的界限。民族是在特定的社会历史条件下形成的一个具有共同语言、地域、服饰、礼仪、文化、习俗、生活和心理素质的共同体；而国家是经济上占统治地位的阶级为了维护本阶级的利益，而对被统治阶级实行专政的工具或机器❶。

显而易见，不能简单地用现代民族国家理论来混淆历史上的政治实体与民族

---

❶ 徐杰舜. 汉民族发展史. 湖北: 武汉大学出版社, 2012(4): 2.

实体的关系。而中国服饰通史的研究对象通常是以这个国家的统治阶级为主导下的服饰制度和变迁史，而汉民族服饰史的研究对象则应该是汉民族整体（包括帝王将相和黎民百姓）为对象的服饰形成和发展史，更不能混淆编年史记事体下的服饰制度与历史长河之中的民族服饰体系的形成和发展。

另一方面因为新中国成立以来，为了做好少数民族的工作，加强民族团结，增加了对少数民族的宣传和研究，削弱乃至忽视了汉民族的研究❶。甚至把民族与少数民族画上了等号，一提起民族就是专指少数民族。所以今天人们提起民族服装，首先想到的可能是少数民族服装，甚至说在多民族的中国社会里，少数民族彼此之间以及他们和汉民族间相互区别的最为重要和醒目的标识之一，就是"民族服装"❷。

这也正如徐杰舜在《汉民族发展史》中写到的："在我国学术界就出现了一个怪现象，即每一个少数民族都有专人研究，偏偏没有专人研究汉民族。"这也正如民族服饰研究的书籍中，对于少数民族服饰的研究层出不穷，却留下了一部亟待开拓的汉民族服饰史研究"真空地带"。

二、走出朝代论的误区

在现代社会中，曾经自成一体、辉煌灿烂的汉民族服饰文化很难被直观地发现或回忆。究其根源，一个重要因素是在学术研究中，把中国古代服饰史和汉族服饰史之间画了等号，将时代特征和风格置于最重要最突出的地位。所以一提起汉族传统服饰，人们往往脑海里浮现的便是汉之古朴、唐之华丽、宋之淡雅、明之端庄等等刻板印象，似乎研究中国历朝历代服饰的特色风格、时代特点就是研究汉族服饰史，更是将汉服的款式局限在考古学、文物学、历史学的研究范畴。然而，风格是不能用来做民族服饰的本质属性，更不能用表象来代替本质，只有透过表象才能看到本质。比如唐代也有帷帽的若隐若现，宋代也有抹胸的性感妖娆，这些关于民族服饰的种种认识，必须要打破附加在朝代上的固有刻板印象。

从史学角度或传统服饰学角度，通过朝代编年体（俗称"朝代论"）记录，把服饰文化作为中国历史文化的一部分来介绍也是无可厚非之事。如沈从文的

❶ 徐杰舜. 汉民族发展史. 湖北: 武汉大学出版社, 2012(4): 3.
❷ 周星. 新唐装、汉服与汉服运动——二十一世纪初叶中国有关"民族服装"的新动态. 开放时代, 2008(3).

《中国古代服饰研究》、华梅的《中国服装史》、周锡保的《中国古代服饰史》、孙晨阳和张珂的《中国古代服饰辞典》等，以朝代作为划分，把古人"穿过的衣服"或是出土文物中的"款式和元素"作为表述对象，讲述了中国上下五千年、纵横几万里极其复杂与丰富的服饰文化现象。这里通常采用的分类方法是：汉、唐、宋、元、明、清……论述的核心往往是：由于政权更迭，新的朝代带来新的气象与习俗，历代的服饰风格各不相同，重点介绍每个时期最流行最具特色的款式和形象，展示出中国历史上服饰的博大精深、丰富多彩。

对于每个朝代的特色，通常是撷取多个典型款式或特征，归类成为一个时期的整体风格和典型特点，如提炼出周代的上衣下裳、汉代的深衣、唐代的高腰裙等，形成"一个朝代一个风格"的印象，更是描绘了一部波澜壮阔、绚烂多姿的历朝历代服饰史。但是，这样的方式导致了各朝代之间没有一个贯穿始终的主线，服饰体系也不存在连续性、整体性、系统性，因而淡化了现代人对于汉民族服装的认知，取而代之的是一套历史悠久、款式多样的古装服饰史。

如今，在中国现代社会本身缺少民族服装认知和应用的现状中，又以大量的、占据主导地位的这种分类方法来审视汉民族服饰，却是夸大了国家政权政令之下的服饰个性，湮灭了民族服饰体系内的共性。让现代的人们形成了错觉："中国古代服饰种类繁多，随着国家的兴亡与朝代的更迭，民族服饰也发生了根本改变，形成了款式多变、形貌不同、风格迥异、地域广泛的特征"，甚至出现"汉服这一概念是伪命题，历史上并不存在汉民族服装，语义和款式均存在局限性"的成见。换句话说，在讨论和研究"古代汉服"时，区分不同朝代的流行风格的确有学术价值。但如果要建构"现代汉服"文化体系，则必须要破除线性的朝代化思路，特别是采用"周制""唐制""明制"等称呼，也是对汉服定位模糊和理论缺失的表现之一。

三、脱离名物训诂倒推

在中国古代服饰史的描绘中，名物训诂也是一种重要方式，代表作品即是沈从文的《中国古代服饰研究》。它不仅为中国服饰的历史研究提出了以实论史的新方法，也是中国服饰史、训诂学中的重要一笔。《中国古代服饰研究》的主要特征是选取典型文物，通过读图赏图，就事论事的以实物为展示主体，以文献为背景资料，深入浅出地揭开传统服饰文化发展的面纱❶，弥补了传统服饰史中对于器物研究的缺失，给人以服饰有着千姿百态的感觉。

而这种研究思路，偏向于考古之中的器物学，也即对历史上的服饰款式进行分型分式的研究，并找出器物形态的基本特征，直观做法是"就元素谈元素，就衣服谈衣服"，主要表现是围绕衣服的款式、结构、织物、花纹、装饰、工艺来谈论和描述，解释和研究逻辑基本上是衣服、结构、元素表象层面的名物训诂和文物鉴赏。而这个思路，判定服饰演变关系的依据主要则是服装形制，立足点往往是某一时期中出现的某一款式的特点，或者是同一时期的某一款式的另一特点，抑或是另一时期的某一款式的另一特点。从服饰史的考据角度看，名物训诂对于古代文物考据，服饰演变分析有着重要的作用。核心在于解决服饰实物与文献研究中的问题，也是传统文献中的说法与考古实物比证时的关键节点，通过探索各类款式出现的背景、渊源，考察其形制、结构和演变，以达到解释、分析服饰应用的目的，呈现出了一部器物史、文物介绍和生活风俗史。

但是，名物训诂法绝不能倒推使用，即依据出土文物的时间、地理判定出另一件相似款式的服饰，是否属于汉族政权统治期间，进而判断出它是否属于汉人服装。如马王堆出土的绵袍，它反映了西汉长沙地区辛追夫人在老年时期寒冷季节的生活剪影，但不能因此而否定其他可能性存在，不仅不能说明长沙地区之外的情况，也无法说明长沙地区年轻女子夏天暑热的穿着打扮情况。如果以名物训诂来讨论汉民族服饰，特别是用作界定汉民族服饰的依据，则会因为同一器物在不同时期、不同地域所表现出的不同形态，得出"唯汉族统治时期和范畴出土文物才算是汉服"的结论。而且，又因为各款式在历史上存在着演变和变种，就有了"古代汉人不区分左衽和右衽""圆领缺胯衫源自其他民族，所以汉族服装并不纯粹"的片面观点。绝不能只用历史考据办法来裁决是否属于"汉服"。

第五节　确立汉服研究范式

所谓"有破有立""不破不立"，在明晰古代汉民族传统服饰发展脉络之后，

❶ 王亚蓉. 一部文献与文物多元结合的学术名著——沈从文的《中国古代服饰研究》. 北京: 商务印书馆, 2011(12): 773.

则是要树立"汉服研究"为一个全新的理论范式，不仅把古代汉服体系从中国古代服饰史中剥离，打破朝代论服饰史的思路，改变名物训诂办法，借鉴其他民族服饰体系的理论研究思路，还要为古代汉服与现代汉服进行接续，整理和抽象出现代汉服的典型款式，梳理现代汉服与古代汉服的同一性脉络。所谓重构不是反向指代与定义，而是在文化自觉的基础上，提炼出符合现代人理念和需求的汉民族传统服饰理论学说，这就是现代汉服理论的主要内容。

一、理论重构　挖掘共性

首先明确，古代汉服发展史是立足民族服饰学视角的全新研究方向，绝不是中国古代服饰史框架内的新选题。古代汉服体系研究应隶属于民族服饰学的话题范畴，虽然它和服饰史在研究对象上有着部分重叠，也有着部分交叉关系，但是从研究理论、研究思路、描述方式、实践意义、应用领域等，都有着巨大的差异和分歧。二者绝不是同一个话题，更不能画上等号相提并论。如果只是把汉服当作是古代传统服饰的荟萃，那么依然囿于服饰史"器型学"的窠臼，在面对汉族传统服饰的整体形态、发展规律和理论解释时则会显得孱弱无力，呈现出"汉族服装虚无论"的观点，出现了源流错位、本末倒置的情况。

这也类似于《现代日本和服装束》与《日本和服史》《现代苗族服饰研究》和《中华传统服饰之苗族篇》《中国古代通史》和《汉民族发展史》之间的差别。汉服研究除了关注以形制为核心的服饰演变，杂乱无章的款式变化外，还要明确一个完整的、延续数千年的体系。这个服饰体系并非是现代人可以发明的，而是伴随着汉文明的绵绵不断发展所特有和存在的，是立足于汉民族服饰的民族性和传统性而产生的，是在历史中"发现"的。二者具体差异表现见表3-1。

表3-1　服饰史研究与汉服体系研究对照表

类别	服饰史研究	汉服体系研究
研究对象	中国古代所有服饰	中国古代汉服
划分标准	中国国家的古代服饰	汉民族的民族服饰
研究方法	器物上的演变和差异	体系上的演变和共性
研究理论	史学、名物训诂、文物鉴赏等	民族学、民俗学、人类学等
分类方式	朝代编年体的时间走向	典型的款式、搭配、应用特征
研究意义	启发服装设计思路	指导现代汉服发展

古代汉民族服饰体系的研究与现有学术观点和认知理念的差异，最核心也是最艰难的一点是挖掘历朝历代汉民族服饰的共性，进而取代各朝各代款式之间的差异描述。整体的逻辑线是改变古代服饰史的叙事方式，特别是去除古代服饰史中名物训诂的描述方式，综合运用民族学、民族史、民俗学、人类学、服饰结构学等现代学科理论，从汉民族传统服饰的起源、发展和消失历程出发，囊括服饰形制、款式流变、文化寓意、特殊款式的内容，建立起古代服饰体系的概念，进而形成现代汉服体系的搭建基础，最终落脚到可以成为指导现代民间的汉服发展实践理论体系。

总而言之，对于汉服的研究，首先要做的是把汉服的概念从历朝历代的古装概念中分离，使汉服研究从中国古代服饰史的研究中独立，突出民族共性、淡化朝代个性，从起源、特征、款式、应用、文化几方面特征出发，重建人们对于汉民族传统服饰概念的认知。这里面的方法论，除了考古学、文物历史学以外，更重要的是运用现代社会科学的方法，从哲学、人类学、民族学、民俗学、社会学、心理学等角度出发，进行交叉研究与分析。

二、斯文在兹　理论自觉

从民族服饰的层面上看，汉服的研究应该立足于民族服装范畴，由于自身理论的空白，截至目前，无论是古代汉服还是现代汉服的很多认知，仍是来自中国古代服饰史，导致的后果是把汉服的定义，局限在古代服饰史的笼子里。主要表现特征为以考古文物、历史文献作为判定一件衣服是否属于汉服唯一的、至高无上的标准，乃至完美终极的母本。凡是与古代范本有差别的，会被斥为"臆造""错误"，这一论调还被俗称为"唯考据论"，其逻辑出发点和落脚点在于："既然是谈民族的、传统的服饰，那么必然要求有根有据、有足够的历史真实度，而非现代人的臆想和再设计。"

乍看之下，似乎有道理，只有正本清源了，才能更好地传承与发扬。但实际上，所有的服饰文化都不会一成不变，即使是古代也有着"当时之服"与"古人之服"的差别，如果按照"唯考据论"的逻辑走下去，结果就是一次次高度还原了"古装"，甚至是高度还原了历史上特定的几类"古装"。而对于汉服的实践行动，实际上也成了一次次的作品复原与展现，现代汉服复兴运动的成果，反倒成了古代服饰史中的案例。

这里需要对汉服理论拥有"自知之明",其含义包括对自身理论和他人理论的反思,就是费孝通在文化自觉中提到的:"既不是要'复旧',也不主张'全盘西化'或'全盘他化'❶。"主要是指在全盘熟悉古代汉服发展脉络的前提下,再进一步自觉学习、借鉴现代民族服饰学的精华和适用之处,使汉服的研究能够真正成为现代民族服饰学中不可缺少的一支,培养和提高同社会各界平等对话的能力和实力。

三、正面建构 继承传统

在现代汉服复兴运动中,经常提到了"继承传统",但对于这里的传统究竟指代什么,却始终没有明确的界定。而社会各界对于汉服的一个争论缘由,也是因为汉服实践者和研究者对于"传统"的模糊不清或者存在反向指代的答案。就像汉服这一概念的提法缘由,是针对2001年上海APEC会议后的"新唐装"属于典型的满洲马褂服装样式,因此指出了明末清初消失时中国民间社会的汉族"古装"。这个提法的实际意义是让汉服言说,多少是具有一些反"唐装"和反"旗袍"的倾向,因而汉服的理论定义在"本质主义"范畴。

在此基础上,网友们所理解的"汉服",也多是以汉族服饰和清装的时间分割线为依据的古代汉民族传统服装。从这个角度看,当代的汉服复兴运动,由于理论体系的不完善,在某种意义上可以理解为是一场基于复活汉族人"古装"的文化民族主义实践活动,更是把服装定格在古装的本质主义区间之中。而后,为了进一步明晰汉服存在的缘由,汉服的传统又被指向到更多的"靶子",如"非立体剪裁的平面剪裁服饰"或是"非具体款式堆积的民族服饰体系",但是这样的结果却从未正面回答"汉族传统服饰到底是什么"。

今天关于汉服体系的建设,重要的是正面回答,即明晰传统的内涵和文化基因,不断地返本溯源,重建传承之统绪。就像古代皇权之下对冕服制度的不断重构、文人阶层对深衣的不断传承、隋唐女装对"垂髾飞襳"的形态模拟……还有襕袍、绶带、方心曲领等刻意复古,无不体现了体系带有文化自觉的一脉相承,这也正是古代汉服体系发展过程中一个比较突出的现象。

以服饰表达民族的传统智慧,不仅汉服有,其他民族亦有。"所谓传统文化是指保持在每一个民族中的由历史上流传下来的文化,是每个民族的'固有文

---

❶ 郑杭生. 中国社会学的"理论自觉". 光明日报, 2009–10–21.

化'。"❶民族传统服饰应该是基于民族"过去"发展，即使经历了现代化洗礼，也会在历史文献和特殊时空中，保留和展现出该民族最具有代表性的、一脉相承的核心文化理念。

在汉服已经断裂的属性下，更需要的是文化自觉意识，文化自觉指生活在一定文化中的人对其文化有"自知之明"，明白它的来历，形成过程，所具的特色和它发展的趋向。自知之明是为了加强对文化转型的自主能力，取得决定适应新环境、新时代时文化选择的自主地位。这也是一个艰巨的过程，只有在认识自己的文化，理解所接触到的多种文化的基础上，才有条件在这个正在形成中的多元文化的世界确立自己的位置❷。

一百多年来，中国社会对于"民族服装"持续不断地追寻，在某种意义上，也堪称是"文化自觉"的一种表现❸。对于汉服更是如此，这种文化自觉首先是要理解什么是古代汉服体系，然后才能站在现代人的视角中，重新厘清汉民族服饰的概念，它绝非现代人穿古装的现象，将传统的概念定义在古装的范畴，从而阻拦了传统服饰文化现代化的可能，忽略了"民族传统服饰"这一重要的服饰门类。这里的传统接续，是根据现代汉服的实践现象，结合"款式先行"的建构主义实践应用，逐步建构完成与"建构主义实践"相匹配的汉服理论。

❶ 徐万邦，祁庆富.中国少数民族文化通论.北京：中央民族大学出版社，1996：29.

❷ 费孝通："反思·对话·文化自觉"，费宗惠，张荣华，编.费孝通论文化自觉.内蒙古人民出版社，2009(3)：22.

❸ 周星，杨娜，张梦玥.从"汉服"到"华服"：当代中国人对"民族服装"的建构与诉求.贵州民族大学学报艺术版，2019(5).

第四章

关于汉服的定义

"汉服"这一概念，是新千年以来人们对历史事物和历史名词的发现，而非发明。所谓"名不正则言不顺，言不顺则事不成"，现代汉服的定义依据是源自数千年一脉相承的古代汉服，以及延续数千年的汉文明。在明确了以汉服研究为指导思想的古代汉民族传统服饰发展史的基础上，这一次的汉服言说可以认为是伴随着新时代大国崛起背景下的文化自觉与文化自信，在21世纪的中国以及海外华人中建构，乃至流行的现代服装产物。这里面除了大量身体力行的践行者，通过持续不断地"穿"，将汉服带入现代社会公共空间，重建民俗服饰的建构主义实践外，还需要对于汉民族服饰理论体系的再建构。这种理论重构并不是无根之木、无源之水，而是与历史上的古代汉服体系紧密相关。

第一节　定义的内涵与外延

现代人们所提到的"汉服"和历史文献上的"汉服"并不尽相同。今天，汉服一词出自互联网上的网友讨论，而且随着现代汉服运动的成就而不断修订。最初是以明末清初"薙发易服"的时间线作为分割依据，后来不断加入起始时间、风格描述、款式分类等特征。由于研究尚处于初期阶段，各方对其定义和范畴仍是说法不一，没有定论。本书将结合以往的汉服概念，在立足现代汉服传承的时间节点、典型特征、文化内涵三个部分的基础上，进一步修正和完善汉服的概念，简要明晰汉服的内涵、外延和别称，实现重构现代汉民族传统服饰体系的可能。

一、概念的演变与修订

汉服的定义最初来自汉族"古装"的时间线延展。2003年时，汉网论坛（汉服运动的网络发源地）骨干分子们的讨论结果，指出汉服的概念——"汉服是指明代以前，在自然的文化发展和民族交融过程中形成的汉族服饰。"显而易见，网友们所界定的"汉服"概念，基本是以清政府的"薙发易服"时间点为分割线，以此为依据来判定汉族人身上所穿装束是否属于汉族传统服饰体系。从这个定位中可以看出，这场以复活"汉服"为载体的"汉服运动"，可以被理解为在当时中国社会中试图复活一件消失了的汉族"古装"的文化实践行动，因而理论上一直被称为"追求文化纯粹性之本质主义❶"。

此后，汉服运动的实践者们也撰写学术文章并对"汉服"概念的实践节点进行不断修订，如增加"上溯炎黄，下至宋明""从黄帝即位至明末（公元17世纪中叶）四千多年"等时间节点的表述，进一步明确古代汉服的时间范畴。在现代学术文章中被引用量最高的汉服概念源自张梦玥2005年发表的《汉服略考》中的汉服定义，文中指出："汉服是汉民族传统服饰，指约公元前21世纪至公元17世纪中叶（明末清初）这近四千年中，在华夏民族（汉后又称汉民族）的主要居住区，以'华夏－汉'文化为背景和主导思想，通过自然演化而形成的具有独特汉民族风貌性格，明显区别于其他民族的传统服装和装饰体系❷。"

显而易见，在以时间点为主要界定依据的前提下，人们对于"汉服"的认知更像是特指明末清初前汉族人的"古装"，并且"在汉服或其款式、形制之中内含着根本性甚或至上的民族精神，认为汉服反映了优秀、优越的文化品格。"但这种借助时间线为定义的方式，实际上也是在改变公众对于"古装"的固有认知——把对宽袍大袖类服装的记忆，从"古装"更名为"汉服"，这一方式迅速扩大了汉服这一概念的接受群体。但是这其中的悖论一直没有得到解决，即"汉服运动的相关理论，具有追求文化纯粹性之本质主义的特点，但参与者们在社会公共空间的户外汉服活动却又具有明显的建构主义特点❸。"换句话说，汉服运动群体把实践中的款式定义在了"古代"的范畴，但是实践中制作的汉服，却是现代工艺、审美、设计的产物。这也体现了汉服运动初期的理论盲点，他们虽然坚信汉服是指现代的汉族服饰，并非古代服饰，但是对汉服的定义和范畴，却指向了古代的服装。

随着汉服运动的发展，汉服运动骨干们也意识到这个问题，认为应该从现代的民俗服饰定位来描述汉服的概念，即以款式与特征来界定，而不是以时间与

❶ 周星. 本质主义的汉服言说和建构主义的文化实践——汉服运动的诉求、收获及瓶颈. 民俗研究,2014(3).
❷ 张梦玥. 汉服略考. 语文建设通讯,2005(8).
❸ 同❶.

朝代命名。2006年张梦玥在本科毕业论文《浅谈汉民族传统服饰的概念》中首次提出"现代汉服"的概念："要总体上把握汉民族服饰体系，就必须根据她自身特点和发展演变轨迹，打破朝代、地域、年龄、性别、阶层、职业……各种界限，把三千多年的发展史看作一条绵延浩荡的长河，以占主流和起主要作用形制来划分种类，加以研究。标准只有一个，那就是：体现汉族文化与精神。不论朝代、阶层，只要符合汉服定义，都纳入本体系，以后的研究方向也从这里延伸，最终落脚点在现代汉服上。"也就是有了把汉服从中国古代服饰史中分离，一步步脱离古代中的纯粹属性。

2010年百度贴吧网友"一盏风"编写的《现代汉服体系1.0版》《现代汉服体系2.0版》，首次对"现代汉服"进行了较为详细的定义和分类。2011年，他在《现代汉服体系2.1版》中再次修正了"现代汉服"的含义与特征："现代汉服是指现代正统汉服的简称，指的是现在这个时代的汉族传统服饰。现代汉服按款式可以分为：内衣、中衣、外衣、罩衫、配饰、首服、足服七大类；按照功用可以分为：礼服、常服、弓武服饰、僧道服饰、表演服饰、衍生服饰六个部分。"❶但是由于这个概念并不完善，而且缺少了对于款式的定义和描述，分类更侧重于层次与场景，因而备受争议。但是这个思路却起到了"抛砖引玉"的作用，告诉更多人们，汉服应该打破立足时间点的模式，重点应放在服饰形制描述的思路上。

2011年3月刘荷花编写了《汉服基本形制与裁剪制作》讲义，将现代汉服归纳为衣裳制、衣裤制和深衣制三个基本形制。2014年初再次组织资深网友拟订《浅谈当代汉服体系》讲义和PPT文档，正式提出重构现代汉服体系，打破朝代论，将以朝代特色命名的典型款式梳理提炼成基础款式，按服式特征将基础款式分为衣类、裳（裙）类、裤类、深衣类和附件类五个大类组成形制体系；由款式单品组成装束的穿着搭配体系；建议搭建祭服序列、日常序列、戎服序列相适应的应用场景，即现代汉服的应用体系❷。到2016年7月第二次修订补充为2.0版，这一版也成了搭建现代汉服体系的核心框架。

2016年11月琥璟明发表《当代汉服体系构建》的文章，将汉服定义为：汉服是当代汉族人根据具体的穿衣需求，通过对历代汉族服饰原生态审美的综合提

❶ 网名"一盏风". 现代汉服体系2.1版. 百度汉服贴吧, 2011-07-23.
❷ 杨娜. 汉服归来. 北京：中国人民大学出版社, 2016(8)：74.

取，组合构建的民族服饰。把当代汉服分为便装、正装、盛装、礼服四个类别❶。2017年10月重新增补和修正定义：汉服即汉民族的民族服饰，汉服的款式、材质、工艺、装饰手法、穿着方式都能体现汉族的审美旨趣、精神气质及风俗习惯。汉服是维系汉族民族认同的重要纽带。头衣、体衣、足服、配饰是汉服的款式构成。便装、正装、盛装、仪装（礼服）是汉服使用场合的四大分类。汉服本身具有线条美、工艺美、人文美，还能与服用者相互形成仪态美。是为《当代汉服定义及体系框架2.0版》❷。

至此，基于形制描述的思路也让汉服的内涵更加明晰，即汉服不是"一件衣裳"或"一类衣裳"，而是有着内在的演化和传承逻辑的服饰体系。即历史上出现过的玄端、深衣、襦裙、褙子、翟衣、圆领袍……所有种类的服饰共同组成了汉服，这样一个不可分割的整体，这些都是汉服体系的组成部分，但都不能单独成为汉服体系。就像现代人们判定一件衣服是否属于"汉服"，实际上的思路是——这件衣服是否按照某一基本形制剪裁缝制而成为具有汉民族文化风格的表述，而非这件衣服是否能代表汉服体系本身。

在2019年，张梦玥本人，以及周星和杨娜在文章《从"汉服"到"华服"：当代中国人对"民族服装"的建构与诉求》中共同修订了汉服的概念，即："对于清朝初期以前的'传统汉服'和现代社会中人们依据'古装'重新建构的'现代汉服'，需要分别给予定义。"而现代汉服可以被定义为："自辛亥革命以来，在继承'传统汉服'的基础上，体现华夏（汉）民族传统服装风格、表现华夏（汉）民族文化特征、寄托华夏（汉）民族情感、凝聚民族认同，并明显与其他民族服饰相区别的、由人民群众自主演化的、为现代人服务的民族服饰文化体系❸。"这一概念更加清晰的区分了古代汉服与现代汉服。

而本书中参考以上的理念，但同时考虑到上述定义更多考虑的是在汉服与汉文化的风格，缺少了定义本身的要素，即对事物的真实特征进行具体说明。而随着汉服商业化，以及大量款式不断被实践，对于汉服体系的框架也应当被明晰。因此本书又进一步修正了汉服的全称说明，即汉服：全称汉民族传统服饰体系，分为古代和现代两个历史阶段。古代汉服源自黄帝创制衣裳，至清初"薙发易

❶ 琥璟明. 当代汉服体系构建. 新浪微博头条文章, 2016-11-08.
❷ 琥璟明. 当代汉服定义及体系框架2.0版. 新浪微博头条文章, 2017-12-24.
❸ 周星, 杨娜, 张梦玥. 从"汉服"到"华服"：当代中国人对"民族服装"的建构与诉求. 贵州民族大学学报：艺术版, 2019(5).

服"政策消亡，是自成一体的服饰文化体系；现代汉服为现代继承古代汉服基本内容而建构的民族传统服饰体系。

二、概念的内涵与解释

汉服的全称是汉民族传统服饰体系，也就是具有民族、传统、体系三个要素。根据时间线分为"古代汉服"和"现代汉服"两个部分，是考虑到民族服装从古至今，有着功能性的演变，即从本民族的唯一服装，变更为现代化语境下特殊场景下的民族服装，因而有了两个时间节点。

汉服的核心特征则是以古代汉服体系的基本特征，即平面剪裁、二次成型、内倾文化为基础来叙述的。这里对汉服体系的理解，绝不是款式的松散集合，而是基于对传统文化认同的理念，是在现代背景下保留了传统民族服装框架的再创造、再发明与再重构，它更多的是对传统服饰文化认同的一种表现。这里重构完成的汉民族传统服饰，绝不是仅从古代服饰史里"拿出"一些漂亮的款式穿在身上就可以完成，而是要在基于历史研究、文物考证的基础之上，引入符合现代化文明的"服饰体系建构"，通过大量广泛的实践操作和扎实的理论研究，实现传统服饰的现代化重构[1]。换言之，当下提出的"汉服"，其实是基于历史的再发现与历史接续[2]。

随着汉服体系的完善以及汉服运动的扩大，汉服的概念也是需要不断修订的，这里面从最初的时间线与风格的描述，再到款式和体系的意识，又到现阶段的分类与典型特征描述，也体现了汉服在走向重构汉民族服饰的每一步理论成就。

三、汉服文化概念外延

汉服是汉文化中的重要组成部分，概念的外延也与汉民族的文化息息相关。现代汉服是体现汉民族优秀传统文化以及现代精神，表现民族特征与性格，寄托民族情感，凝聚民族认同，明显区别于其他民族服饰，由人民自主选择与推动，为现代人服务的民族传统服饰体系。

❶ 周星，杨娜，张梦玥. 从"汉服"到"华服"：当代中国人对"民族服装"的建构与诉求. 贵州民族大学学报：艺术版, 2019(5).
❷ 王军. 网络空间下"汉服运动"族裔认同及其限度. 国际社会科学杂志(中文版), 2010(1).

为什么是这一类服饰被认作是汉族服装，而不是其他款式或符号？这是因为文化和思想的匹配。文化，是有各民族的传统个性在内的整体❶。纵览中国传统文化的诸多部分：礼仪、节日、音乐、舞蹈、诗词、建筑、绘画等，也都与汉服有着诸多的联系。比如提及嵇康，人们脑海里会浮现出他脱俗的仙人之象，会把他与古琴和《广陵散》相联系，这种道骨仙风无法用"西装"与"马褂"实现；又比如提到曹植的诗词《洛神赋》，描述甄宓之貌的绝代风华："髣髴兮若轻云之蔽月，飘飖兮若流风之回雪。"翩若惊鸿、宛如游龙的佳人，又怎么能少了飘逸雅正的服饰相对应。从古至今，在传统文化的诸多部分组成中，如礼仪、节日、音乐、舞蹈、诗词、建筑、绘画等，服饰也不是孤立的存在，是与其他文化符号紧密相关的重要子项目。历史上，从鸿蒙之初的神话巫术，到《周易》《礼记》和《论语》的文明制度，到孔荀老庄孟韩的思想巨著，到汉唐盛世的历史古籍和文物文献，到丝绸之路上的壁画图鉴，以及《楚辞》《兰亭集序》文学书法作品，与《三国演义》《红楼梦》等古典小说，无处不见对中华民族服装千古源流的记载、描述与应用，服饰文明贯穿古今。

因此，汉服文化不是孤立的存在，是与其他中华文化、思想、精髓紧密相关的重要子项目。今天的复兴浪潮中，传统节日成了法定节假日，日渐式微的古琴重新受到追捧，被"破除"过的国学读本重回了学校课堂……在色彩斑斓的中华传统文化中，若是独独缺少了服饰这一重要子项目，那将是多么大的遗憾。

总而言之，汉服文化是基于汉族的传统承载而存在，而汉族这个族群未曾断层，三百多年来，虽然汉服消亡了，但是种种关于汉服的文化记忆，仍然以潜文化的形式而留存。而这个民族的神奇之处在于，重生的意念几乎镌刻在骨子里。也许人们曾经以为明代是华夏衣冠的绝代，然而这种服饰在消弭了三百六十年之久后，竟然在它被迫消失的土地上，重新绽放出新鲜嫩芽，它也正是民族性格的最佳象征。而后，一些人在历史深处找到了尘封已久的汉服，并且把它作为民族服装的绝佳选择，这里面大多数都是平凡的普通人，也是"草根"，但恰恰又是这一群人，把汉服不断地引入深处。《易经》所谓"观乎人文，以化成天下"，人文化成就是中国人的文化观。这里的文化是需要依赖人的承载而存在，没有人的使用，文化就是故纸堆和博物馆的灰尘。

---

❶ 钱穆. 文化之"化"与文明之"明". 搜狐读书.

现代汉服体系的建立也是一个长期的过程，需要在实践中不断地总结、提炼、修正和重构。这里不仅是服装款式，还要包括穿着搭配、生活气息、礼仪场景、文化意义等一系列指导和规范。除了一批批身体力行的先行者，通过他们坚持不懈的努力与行动，让它呈现在公众面前，更重要的是背后那一整套服饰理论体系的再造与重构，包括艺术、生活乃至审美的诸多部分❶。这样风格描述的意义在于，汉服不仅是中华传统文化中的一个门类，更是与其他文化门类有着相互独立又有联系的门类，也是中华优秀文化现代化传承中不可或缺的重要组成部分。

四、汉服的指代与别称

现代汉服中的别称主要有三类：华夏衣冠、汉衣冠和华服。历史上汉服的别称有很多，如上文所述，历史上被称为"华夏衣冠""衣冠""衣裳""青衿""右衽""汉装"等。清朝时由于薙发易服政令，在外国使节眼中汉族曾经的装束被称作"古衣冠"，辛亥革命时再被称作"汉衣冠"，现代社会中常出现的代名词则是"华服"。这些都与"汉服"属于同物异名，共同指代昔日灿烂与辉煌的汉民族服饰文化。现代社会中对于汉服的发展与传承，也是在旧有名称指代的"衣冠"上进行继承。

而且，在汉服这个名词概念形成之后，华夏衣冠这个旧称也没有消失，两者是一直并存使用的，分别用作"他称"与"自称"的汉民族传统服饰体系，因此"华夏衣冠"也常常被认作是汉服的指代。在清朝乾隆年间，有朝鲜使者来访，在大街上因为他们的穿戴保留了汉族传统服饰的样式而被市民们讥笑，认为是场戏中人，因为"演戏之人皆着古衣冠"❷，衣冠二字前面加上一个"古"字，说明这种服饰连同它所携带的历史已经遥远。

辛亥革命之初，尤其是洪宪帝制复辟发生之前，包括汉服在内的古代汉族本土文化曾被作为一种"国粹"得到革命话语的赞颂❸，这一次的复兴浪潮中，象征着古代汉族衣冠的服饰，被称作是"汉衣冠"，取自戏服、和服、道装、《深衣考》文献等一系列关于旧有族群衣冠服饰记录的款式，被义军队伍、革命志士、知识

❶ 杨娜. 汉服归来. 北京：中国人民大学出版社，2016(8)：312.
❷ 葛兆光. 大明衣冠今何在. 史学月刊，2005(10).
❸ 李竞恒. 衣冠之殇：晚清民初政治思潮与实践中的"汉衣冠". 天府新论，2014(5).

精英和大街小巷的市民们所实践。这里的"汉衣冠"作为一种承载了历史悲情与现代转型诉求于一体的符号，在清末到民初的政治思潮与实践中扮演了重要的角色。然而，随着帝制复辟后这一符号含义的转变，以及整个社会救亡图存的严峻形势，汉衣冠复兴的实践也逐渐被尘封于往事之中❶。历史如同一面并不明晰的铜镜，恍惚照映出衣冠的背影。21世纪的人们在查阅文献时发现，百年前的那一次汉服复兴运动并不是寂静无声、悄然落幕，而是轰轰烈烈、波澜壮阔。虽然历程大约只有1911—1913年3年的时光，但是它背后所交织的历史记忆与现代民族国家的向往，却被严重低估和忽视了。如今，要把"汉衣冠"这一次实践纳入现代汉服历程中，实际上不仅是为了保护先辈们的成果，更是吸取那一次失败的经验与教训，在方兴未艾的汉服复兴运动中，真正建立起现代化汉服体系，保护当代汉服复兴的成果。

　　在当下中华文化的概念中，是以汉文明为主体的中华民族传统文化，在这一框架下，"汉服"也经常被称作"华服"，特别是在对外强调中国人这一身份属性时，以及海外华人表明族属身份时，往往也用"华服"来指代人们身上所穿的"汉服"。"华"在这里有两方面的含义，从狭义讲，"华"可以理解为华夏民族，亦即汉民族，因而"华夏服饰"基本上可以等同于"汉族服饰"。但广义上讲，"华"则可理解为中华民族的民族服饰，亦即包含了56个民族的中华民族的服饰文化，以及包括全国各地的民俗服饰在内。换言之，广义的"华服"，大体上可以和涵盖宽泛的"中式服装"基本相等同❷。在多数情况下，"华"字更倾向于广义的解释。

　　"华服"，全称应该是中华民族的民族服饰体系，是指中国各民族共同认同的服饰文化体系，也就是说，它应该是由56个民族的传统服饰经历了现代化后，共同融合而成的服饰文化体系。与汉民族服饰体系的定位相似，中华民族的民族服装当然也绝不应是单纯的一种款式或一种元素，而必须是内涵多样但又具有整体性的服饰文化体系，并且它还应该是一种既拥有中华民族文化主线，又能体现数千年悠久历史、还能体现56个民族的传统文化、同时还能体现出时代的风貌，得到中国各族广大人民广泛认同，与西方服饰能够有所区别的服饰文化体系。它们都不仅只是一件衣裳，也无法只是经由文物复原、时尚设计或简单拼贴多民族

❶ 李竞恒. 衣冠之殇：晚清民初政治思潮与实践中的"汉衣冠". 天府新论, 2014(5).
❷ 周星. 实践、包容与开放的"中式服装". 服装学报, 2018(1–3).

的服装文化元素所能够完成，需要的是社会各界在不断的实践和探索中，推进各民族服饰文化相互之间的深度交流与融汇，实现包括汉民族服饰在内的所有各民族传统服饰的现代化重构进程。在这个意义上，眼下它远尚未成型，属于是一种未来理念型或理想型❶。所以在一些特殊的场合中，如"华服日"（图4-1）、中华民族对外社交场合，直接用现代汉服的风貌等同于现代华服的理念，也是应当可以被接受的。

因此，今天对于汉服的别称，概念中纳入了古代"华夏衣冠"、辛亥革命时期的"汉衣冠"，以及未来可能的"华服"，实际上是为了明确汉服的过去（古代汉服与辛亥革命时期的尝试）、今天（现代汉服）和未来（中华民族服饰）文化认同的一体性。在确认这三个部分是一脉相承的前提下，不断挖掘、传承和创新各类款式，实现现代汉民族服饰体系的重构。

图4-1　第一届中国华服日

注：第一届中国华服日演出图，共青团中央提供，耘耘众生拍摄，授权使用。

---

❶ 周星，杨娜，张梦玥. 从"汉服"到"华服"：当代中国人对"民族服装"的建构与诉求. 贵州民族大学学报：艺术版，2019(5).

第二节　汉服形制规范准则

汉服作为东方服装文化体系的代表，其平面剪裁、二次成型、内倾文化所带来的汉服形制，与西方立体裁剪、一次成型、外倾文化的衣身结构也有着本质差别，体现出明显与其他民族服饰相区别的现代民族传统服饰文化体系。综合历代汉服普遍共性提炼出："平中交右、宽裕合缨"八个字❶，它不仅是对外观的描述，更蕴含了与中华文化息息相关的内涵，充分体现中华服饰崇尚含蓄内敛、端庄稳重的气质与美感。八个字的全称及其华夏文化意义如下：

一、平裁对折，不破肩线

即按照人体正中线为界分成左右结构对称的两半，用整幅布对折来剪裁衣服，平面展开后，呈现出前后相连、左右对称的样式。其核心在于将三维的人体服装形态拆分为二维平面的组成样式，不破肩线、不挖袖窿、不绱袖的处理方式，也使衣身不会出现肩缝的分割，始终保持着衣身与袖相连。由于古代布幅有限，通常在袖身或衣身会出现拼缝，即俗称的接袖位置，而接袖位置和数量有着非常大的灵活性，包括肩下、腋下、大臂处、小臂处都是可以灵活变化，并没有绝对的位置概念❷。

平裁对折的剪裁方式，利用面料的幅宽拼接，简化工艺的同时，最大限度地提高面料利用率，并且保持花纹的完整。可以使衣身及两袖经纬线与布帛原有走向保持一致，整件衣服铺展时可以呈现出二维平面风格。衣服穿上身后经线保持与地面垂直走向从而形成竖褶，营造了一个气韵生动、浑然一体的多维空间，达到自然和谐与中轴对称的完美统一，与西式服装裁剪是在精确人体三维数据后形成的明晰、稳定身体秩序之美形成鲜明对比。体现中西之别，保持平裁对折的服装结构，则是汉服的最根本原则之一。不论服饰的款式如何变化，都应坚守"平裁对折"这一制衣理念。

二、中缝对称，左右均分

立足平裁对折、左右对称的特征，汉服的衣身前后均有中缝，体现了左右均

---

❶ 杨娜.《现代汉服的文化密码》2020年10月2日《光明日报》16版"雅趣".
❷ 网友南楚小将琥璟明.深度解密汉服的"接袖".百度汉服贴吧,2011-09-30.

分、守正执中的民族身姿和文明形态。保持中缝对称的剪裁习惯，与其他民族服饰形成结构性差异。中缝的形成最早是由于布幅不够，所以在汉服的后片衣身上会形成中缝，也称为后中缝。而由于平面对折、中缝拼接的剪裁特征，致使衣身形成左右对称的效果。无论形制如何变化，古代汉服中"后中破缝"的制衣理念，也成为现代汉服的基本准则。

这一特征与北方游牧民族"后中无破缝"和"前门襟拼贴"的服饰习惯有着典型差别❶，虽然外观上看起来都是交领，但是从设计和结构上是不同的。在现代汉服的常服中，虽然斜裁交领上衣，或者对襟长袖与半袖，为了节约布料和节省制作工艺，偶尔无后中缝，但无搭配"前门襟拼贴"的习俗。

三、规矩方圆，上下交叠

汉服穿着时通过"相交"完成闭合，如交领是左右襟交叠，裙腰是左右围合，裤腰是两片重叠等。衣裳叠穿、衣身前后闭合，也被赋予天地交泰、阴阳相合的含义。《易经》泰卦曰："小往大来，吉亨。""天地交泰"蕴含朴素的辩证唯物主义思想，"交领"或者"交衽"的形态，则是"交泰"思想的器物化反映。

两襟相交是汉服的典型特征，无论是剪裁制作形成的交领，还是二次形成的交领，包括做成宽大的不重合对襟拉合形成的交领。能穿成"y"字交领外观的各类领型，包括直领穿交（直领），续衽穿交（交领），续襟叠交（圆领），对襟折交（方领），内圆外交（曲领），圆领直拼（袒领）等。

四、交领右衽，相交尚右

因为交领是汉服中最为基础的样式，"交领右衽"（图4-2）则成为汉服的一个典型特征，即衣襟从左向右掩盖（左衣襟压右衣襟，将右襟掩覆于内，由系带固定在衣身右侧腋下），在外观上表现为"y"字形，形成左衣襟向右覆盖、领缘及续衽向右倾斜的效果，以此区别于尚"左衽"习制而便于骑射活动的其他民族。相交尚右指衣襟闭合时，因为需要内外襟交叠，即左右相交双侧固定，而汉族的服饰从古至今都保持了内外襟交叠后左外襟在右侧固定的习俗，这一原则包括了交领、圆领、曲领、竖领以及直穿交形式，扩展到裙子和裤子的则是前

---

❶ 刘瑞璞, 陈静洁. 中华民族服饰结构图考. 北京: 中国纺织出版社, 2013: 4.

图4-2　交领大袖齐腰衫裙和大袖披风

注：左图张梦玥提供；右图汉尚华莲提供，授权使用。

后（或左右）相交叠，环绕腰间后右侧固定。右衽作为中国服饰的本质特征，蕴含了中国传统文明的自然观、哲学观和造物观❶，体现着阴阳生死的说法，衣襟向右掩视为阳，表示在世的人；反之，衣襟向左视为阴，表示死去的人，……在汉文明历史上，"右衽"不仅是民族服装的形制问题，而是"华夷之辨"（又称"夷夏之辨"）的分水岭❷，如孔子所言："微管仲，吾其被发左衽矣。"意思是，若夷狄入侵，必定改束发右衽为被发左衽，不仅国将不国，文化也毁于旦夕之间，中华文化的传承，国之存亡，文化之存亡。可谓文明有序的集中体现。尽管我们观察到文物有反映"左衽"的穿着现象，但是总览历史文献，无论儒道僧佛、三教九流、文人武将、中外人士……均统一在思想观念上将"右衽"视作文明、盛世的象征，将"左衽"视作野蛮、战乱的代名词。我们不是扮演古人，不是争奇斗艳，而是要继承数千年来的文明价值、文化内涵与思想观念，因此汉服必须坚持

---

❶ 张燕玲. 论右衽的造型与精神意义——清代汉族服饰为例. 西部皮革, 2016, 38(8): 186-186.

❷ 王子怡. 左衽, 右衽? 这不是一个形式问题. 中国服饰, 2013(5).

"右衽",不能窜入"左衽"。

五、宽袼松摆,缝齐倍要

汉服的用料远大于覆盖人体的需要,形成"宽袼松摆"的特征,袖根宽松使腋下能自由运肘,裳或裙摆是腰围的两倍,形成文质彬彬、君子之服的形象,蕴含天人合一的哲学气韵。

袼是指袖根部分,宽袼松摆是指汉服的袖根和下摆都比较宽松,特别是礼服类式式,袖根的宽度通常是在肩线至腰间,达到胳膊在里面自由运转的效果。袖根宽松,袖身自然也就广博,因此上衣整体呈宽松状态,下摆也相应地宽阔,形成"宽衣大袖"的效果。宽博的衣衫,这也充分反映了华夏民族自古以来崇尚的"道法自然"思想,体现了天人合一、自然和谐的理念。穿着时,又随着人体的行止动静,带来宽大飘逸、流畅拔俗、行云流水般的感觉,成为中国传统审美和文化的重要表现。

六、礼衣必褖,续衽钩边

褖读作tuàn,字意为衣服缘边,是一种包边工艺。缘边即在边缘处缝合一道装饰边,也是处理衣缘的典型手法,常见的缘边部位为领缘、袖缘、衩缘或裾缘,是使衣身加固、更加稳定贴体的重要工艺,也是礼仪性服式的重要表现形式。在古代,衣领处若不加饰缘边则为粗陋之服,称之为"褴",如果又加以缝补,则称"褛",也有了成语"衣衫褴褛"一词来形容人们衣服破烂、生活困苦。汉语中有个词语叫"领袖",原意是指在服饰里,最显眼、最能体现装饰水准的,莫过于领子和袖子。

现代汉服中保留了领口缘边的特征,或宽或窄、或单层或双层、或同色或异色,但都是衣身必不可少的部分(图4-3)。袖口、衣裾缘边虽然不是现代汉服上衣的必要组成部分,但却是汉服礼服的重要组成部分,与日常服式形成差别。现代汉服礼服传承《周礼》之制,保持"续衽钩边"的结构,有传承礼义之邦的含义。

七、腹手合袖,礼服回肘

"腹手合袖",约束袖长和仪态。特别是礼服,根据《玉藻》和《深衣》篇的

图4-3　深衣

注：图片由厦门缘汉·汉礼策划提供，廊桥授权使用。

记载，"袂之长短反诎之及肘"，指袖长遮住手外能反折至肘部，双手合拢时袖子褶皱堆积，袖口左右相合，阴阳互补，蕴含"和合共生"的含义。

　　也是现代汉服礼服的典型特征，通常是指袖子的长度应超过大致是双手自然合抱平放于腹部时不会露出手来。对于深衣而言，无论是古代还是现代都保持了这一特征。

八、隐扣系带，佩绶结缨

　　泛指用于固定的带状部件或穗状饰物，也是衣襟的固定方式，不同于西式服装的单纽式或拉链固定式，而是采用传统的衣带或佩绶等部件收束和装饰，若用纽扣则隐藏于不起眼处，形成隐扣系带，佩绶结缨的衣冠风貌。

　　系带，又称结带，是指由两根形状、大小都相同带状物，一左一右相互连接的一种闭合方式[1]。系带式闭合方式在汉服运动兴起初期，曾作为现代汉服的典型

---

[1] 蔡小雪，吴志明，董智佳.明代中后期汉族女袄的领襟结构及流变.服装学报，2018(3).

标志而被广泛宣传，常用在中衣、大襟上衣、对襟外衣之中，作为传统闭合结构的表达方式而传承。

套连式对扣分为两种（图4-4），一种是"暗扣"，又称"隐扣""一字扣"，是指用布制作的纽扣，其样式一侧为圆头，另一侧为一字样式，在汉服中通常隐藏在衣服内侧，不被露出来，仅仅是起到闭合衣襟的作用。另一种是子母扣，是用子母套结式结构扣合而成，在胸前起到闭合和装饰双重作用。是女子汉服的特殊时尚装饰。在现代汉服的结构中，系带与子母扣可混合使用，也可单独使用。

图4-4　系带与子母扣细节图

注：广州日月华堂服饰设计有限公司提供，授权使用。

不使用西式纽扣的闭合方式，保留传统系带、隐扣或子母扣的方式，也成为现代汉服中重要的传统传承标志。

总而言之，透过汉服平裁对折、不破肩线、中缝对称的三个典型特征，以及隐扣系带的工艺，看到的不仅仅是汉民族服饰的历史传承性，结构的同一性，还有华夏民族的认同情感。而相交尚右的背后，蕴含的则是汉民族服饰与周边其他民族的"华夷之辨"，是"诸夏"与"四夷"的唯一一个评判标准。宽袼松摆，缝齐倍要；礼衣必祿，续衽勾边；腹手合袖，礼服回肘则是汉服与东亚其他"同源"民族服饰的典型差别，而且背后也蕴含这一系列的礼仪文明，在历史长河之中，由于民族性格和审美差异所造成的不同发展方向。

第三节　款式的重构与延续

现代汉服复兴运动的参与者们对于汉服的讨论和实践，并不是单纯的"坐而论道"，而是参照历史文献资料、考古文物、边缘记忆、民俗服饰中传世实物的样子，制作了现代的汉服，使历史回忆转换为新的文化载体而继续流传。毕竟，不论汉服被赋予多么宏伟与悲情的想象，对于文化的现实意义和实现路径也是必不可少的。虽然缺少了民俗服装的基础，但并不意味着汉服复兴是无根之木、无源之水，这里除了定义的重构与解释之外，重要的还有对古代汉服的款式传承与延续。

一、文献史料

从中国服饰史角度看，关于传统服饰的研究成果是浩如烟海，虽然定位不在汉民族服饰，但是汉服理论与其在研究对象方面有所重叠，因此这一类的资料率先成为现代汉服重构的重要依据。其中主要分为五种类型：

第一，中国历朝历代由统治者官方编修的《舆服制》。这是属于正史类，以政令的形式确立本朝的服饰制度，并详细记载了本朝服饰的特点，要求官员和庶民严格执行，是研究中国古代汉服的重要史料❶。中国曾经是礼仪之邦，《舆服志》更是研究汉服文化中不可忽视的一部分依据，具有非常珍贵的史料价值。而其中对于服饰的形制及部件名称、配饰、配色、搭配、穿着，以及文化解释，都成为现代汉服重构中的重要基石。

第二，古代以服饰、礼仪、礼俗为核心的史料、文献。像《周礼》记载了与宫廷服饰生产和管理有关的官员职责，以及当时的服饰冠制、社会风俗和礼法制度。《仪礼》和《礼记》中详细记载了传统冠礼（成年礼）、昏礼（婚礼）、丧礼、朝礼、祭礼等传统礼仪的程式和服饰制度，也包含了服饰的样式、质地、颜色、章纹、图案，以及搭配的冠帽、玉佩、腰带等配饰样式，为研究传统礼制中的服饰样式提供了基本史料依据。

第三，博物馆中保存的史料资料，特别是故宫博物院，各地方博物馆、民间博物馆对于传统服饰的记载和研究资料。如赵丰著的《中国丝绸艺术史》是国内

---

❶ 李晰. 汉服论[D]. 西安美术学院, 2013.

第一部全面、系统阐述中国古代丝绸艺术史、技术史的专著，对于服饰的面料选择有着重要参考。此外，还有撷芳主人参考《大明会典》编写的《大明衣冠图志》，将不同服饰按照穿着者的身份分为冠服、巾服等四大类，并参考明代服饰实物、绘画以及典籍文献将人物绘制为漫画形象和图示，并配以文字形式加以详细说明。这一套《大明衣冠图志》不仅成为汉服商家对于汉服样式的重要参考，也是很多传统服饰爱好者了解明代衣冠服饰样式的核心读物。

第四，清朝及民国时期的传统服饰研究文献，以及民国时期的"汉衣冠"实践资料。如明朝末年黄宗羲的《深衣考》，介绍了深衣的形制、制作和布幅用料；民国杨萌深编著《衣冠服饰》，也是一本较早的系统研究服饰的专题论述，并按袍、裘、衫、巾、料、脂粉等二十门类，分别从历史起源、古文献记载、演进情况及有关典故一一论述，介绍中国历朝历代的服饰大略，该分类方式对当代的汉服体系有一定的参考价值。此外，北洋政府1914年颁布传统服饰和礼制七种，包括《祀天通礼》《祭祀冠服制》《祭祀冠服图》《祀孔典礼》《关岳合祭礼》《忠烈祠祭礼》《相见礼》，其中《祭祀冠服制》和《祭祀冠服图》规定了民国的祭祀服制和礼制。这一套祭祀服饰的样式、结构，以及祭祀礼仪对现代民间的汉服实践和复原有着很重要的启发意义。

第五，现代中国传统服饰研究书籍。70年代后，中国服饰研究进入了一个高速发展的阶段，通史类论著与实态性研究也都取得了突飞猛进的进展，而这一部分著作也成为汉服生产和创作的理论依据。如1981年沈从文编著的《中国古代服饰研究》，是新中国第一部中国古代服饰研究专著，堪称中国古代服饰研究的奠基之作与里程碑❶，而其中对服饰形制渊源和结构的考证观点，更为当代的汉服复原和制作提供了丰富的、有理论的依据，也是汉服重构的坚实基础。此外，还有华梅著的《中国服装史》和《服饰民俗学》、孙机著的《中国古舆服论丛》《华夏衣冠——中国古代服饰文化》、周锡保著的《中国古代服饰史》、徐海荣著的《中国服饰大典》、高春明著的《中国服饰名物考》等，分别就中国传统服饰文化方面进行了独特的研究分析，其中包括对于衣裳类、深衣类、袍服类等服饰的形制、色彩、章纹做了详细记载与解析，也具有很高的学术价值。

如上所述，尽管这些史料和研究专著并没有正面提出汉服概念，而是立足于

---

❶ 李晰. 汉服论[D]. 西安美术学院, 2013.

服饰史角度分析历朝历代服装的演变特征，但却给汉服的制作、复原提供了大量史料帮助，也为后续的汉服文化研究提供了历史参考文本。

二、考古文物

由于文献中对于古代汉服的记载，往往是"只闻其名，不明其形"，借助于出土文物和艺术作品中的比较完整、形象的服饰资料，可以掌握许多古代汉服的形制及其发展演变的情况。因此，汉服形制研习者们在对汉服的考据实践中，参考了大量的文物、图像、壁画、墓俑，了解古代服饰的样式、色彩、章纹和搭配，也成为现代汉服传承的重要依据。其中影响较大的有：

一是古墓中的出土文物。主要借鉴的是博物馆中的珍藏品、书籍中的引用图片和新闻报道中的最新出土文物款式，如平山战国中山王墓中的灯俑、马王堆汉墓出土的"遣策"、江陵马山楚墓出土的先秦服饰等，往往也是"传统服饰"研习者的关注对象。但值得注意的是，文物仅能反映当时当地的情况，并不能武断地下结论，认为一件文物可以代表整个朝代或者所有同一名称款式的情形。文物的样式往往也是代表了某一形制的个案，或者是可能样式，绝不能以此判断另外一件同名之物的正确与错误。而且鉴于条件所限，很多研习者对于出土文物的研究，实际上是停留在博物馆的学习、文献的挖掘阶段，并不一定会参与到考古现场，看到文物实物，很多文物的形制也只是猜测与分析。但从各方在训诂中的争议，也足以见得人们对于现代汉服建构和出土文物考证的关注与参与度之高。

二是石窟、壁画、塑像、古画中的服饰。像敦煌石窟（包括莫高窟、榆林窟、西千佛洞）是举世闻名的东方文化艺术宝库，其中保存了数以万计的人物形象，这些造型反映了历史上不同时代、不同身份、不同场景的衣冠服饰，而且敦煌壁画上的服饰颜色搭配，古人的传统色彩审美，不仅是重要的服饰资料，也是现代汉服重构的服饰文化博物馆。另外，包括《韩熙载夜宴图》《唐宫仕女图》《徐显卿宦迹图》等经典艺术作品中的人物服饰配色、裙子上的团花纹饰，丝带、宫绦披帛的位置，也都是汉服实践中的重要参考，其审美和搭配更是影响了现代汉服的创作。而这些历史资料中形形色色的人物形象所展示的古代衣冠服饰资料，也成为现代汉服的重要源泉。

三是民间、孔府和东亚邻邦的旧藏传世实物。尽管古代汉服在生活中几乎已经难觅踪迹了，但是还有一部分在民间珍藏保存的明朝服饰实物，由于数量稀少，尤为珍贵。最为典型的是孔府旧藏明代服饰，以"圣人孔子"之名保存下的明代公服、朝服、礼服、常服、便服等传世实物，其形制、配色、纹样、织绣工艺都是现代汉服剪裁和制作的重要参考。此外，云南、贵州等其他民族地区的传世实物，包括衣裳的尺寸和结构，领、襟、袖、摆边缘的宽度和面料，也都成为重要依据。

三、边缘记忆

虽然汉民族服饰被迫远离了人们的世俗生活，但是汉人对于衣冠的记忆其实埋藏得很深，并随着时代变迁而观念逐渐扭曲。汉服的记忆只残存在特殊人群之中，昔日的典型形象，被隐蔽在寺庙道观、戏台盛装之中。这种异化了的民族服饰虽然已经模糊了本来意义，但是以戏服、舞服、影视道具等曲折的形式，存活在中国民间，成为现代人追忆和反思汉服问题的重要起点。

一是基于舞台上的戏服认知。清朝戏曲兴盛，戏服多采用汉服的款式，比如"褶子"就是道袍的痕迹。舞台上曲尽歌罢、幕落茶凉，终究还是尘世里的过客，不等同于现实生活，回忆更不可能变成记忆。而这种来自戏台的三百余年反复固化，导致了汉服被"戏服"一词所代替，作为新的认知留在人们心中。而且，将原本承载历史的民族文化娱乐化，体系的形式与内容均分崩离析，要么荡然无存，要么被遮蔽异化，以至于今天的复兴遇到较大的阻力。

二是参考古装剧的初步尝试。目前，古装影视剧成了唤醒人们对于汉服记忆的重要载体，《红楼梦》《新白娘子传奇》《大汉天子》《大明宫词》《大明王朝》等，成为很多年轻人对于古人服饰的启蒙之源，既有"为何古人的衣服现在不穿了？"的疑问，又有过儿时在家披上床单扮古人的经历，而对于这些广袖飘飘、长裙旖旎的形象，再次以"古装"之名而被人熟悉，更成了当代"复见汉衣裳"的平台渠道。

三是借鉴东亚邻邦现代化后的传统礼服。穿汉家衣冠，自古以来就是中国周边藩属国的传统与习惯，而且他们的民族服饰和服、韩服、越服自古也是深受汉服影响，款式和结构相似度较高，并且流传至今。如今这部分已经实现了民族服饰体系现代化的服装，还有它们的主体结构、组成、穿戴方式乃至应用场景规范，都成了现代汉服中可以参考的案例。

四是"活化石"的象征"婴儿服"。现代生活中也有汉服的残留物，那就是

"婴儿服"，俗称"和尚衫""宝宝袍"。它是交领右衽、无扣系带、平面剪裁、宽松舒适……完全就是缩小版的汉服。历史上"宝宝袍"的留存是遵照"成童以上皆时服，幼孩古服亦无禁"的说法，在小孩子身上保留了下来。就像中国的南方农村地区，还保留着一种民俗，宝宝出生后穿的第一套衣服，不能丢、不能送人，要保留下来一辈子在衣柜中珍藏。对于汉族百姓日常而言，尽管这"宝宝衫"的真实缘由已被岁月所冲淡，但是，祖先们却一直在努力地传承。即使没有"汉服"这个称呼，也期盼后人不要忘记祖宗衣，依旧要在生活中给它留下位置——"人之初、穿汉服"。哪怕屠刀再锋利，也要给它留一个不起眼，却又最重要的位置——迎接新生儿的，从来都是汉家衣裳。

五是人死之时"寿衣"的记忆。在中国汉族的农村地区，特别是南方一带，依旧保留着寿衣殡葬的风俗。在清代，汉族士人可以在死后穿着汉族衣冠入葬，表示"不忘本"，以面见天上的祖先。但是做工只能保持简单样式，而且保留了"左衽"特征，以区分"生"与"死"。然而，由于汉服与"寿衣"其风格之像，"寿衣"在相当长的时间里就是汉服的代名词，似乎很多人也都不记得数百年前汉服变"寿衣"之殇了。但是，这也印证了一句俗语："迎来送往皆汉服也。"

六是出家之人的服饰。自清朝起，僧袍、道袍成为汉族服饰的延续，交领广袖则是僧侣、道士特有服饰的标志。但这时汉服的穿着群体已从"凡夫俗子"落入"红尘之外"，出家人成了承载汉族服饰记忆的特殊人群。今天人们常常说到的"道袍"，其本意是明代士人的便装款式。这一部分边缘记忆在实际制作中，对与汉服实践的更多影响是在结构的细节处及其制作工艺处理上，如道袍的两侧下摆、上衣领缘和裙头缝合、褶子制作、系带收边工艺。

总而言之，这些看似边缘的记忆，实际上掩盖着它们与汉民族服饰的同源属性，这一点也成为当代汉服屡次被群众当作是"演员""日本人""出家人"的重要缘由。"少小离家老大回，乡音无改鬓毛衰。儿童相见不相识，笑问客从何处来。"用这一句诗形容现代汉服非常适合，造成这个现象的原因，又恰恰在于边缘记忆。

四、民俗服饰

中国各地留存的汉人服饰也富有多样性，屯堡人服饰、惠安女服饰、客家蓝衫、陕西秧歌服等，也都被很多人认为是"汉族服饰"的代表。但是，实际上这些都属于民俗服饰，是清装体系崩溃后的遗存，而不是汉族的民族传统服饰。由于汉民族服饰体系断裂三百年的属性，这一部分民俗服装对汉服重构的作用，不是直接被囊入或升华，而是借鉴其中的衣缘拼贴方式、细节处理、图案配色、制作技艺等，毕竟这些工艺仍然在民间裁缝师手中传承。

历史上中国人对于"轻剪裁、重工艺"的理念，导致传统服饰的剪裁结构大多数是靠口传心授，以致于汉服并没有像古建筑、古家具一样，有着丰富、详细的结构文献、剪裁图录流传于世，又如民间裁缝的俗语"裁三缝七"所言，这一遗留问题增添了今天的考据与研究的难度。因此，依托民间裁缝手艺人对于民俗服装的剪裁传授，研究与探索汉服的结构与元素组成，是有参考价值的方式。

第一类是南方地区流传的传世实物，如大襟衫、交头裤、围裹裙，由于在古代汉服体系中属于"从属地位"，其基本剪裁和制作工艺得以部分保留。比如汉服中典型的合裆裤，制作方式在广东客家地区仍有流传，裤头宽大，穿着时不分前后，裤腰拉直在身前相交，反折后披紧即可。客家地区的乡村裁缝，在口口相传中仍然保留了这类裤子的制作技巧，也成为现代汉服中对于裤子的打板设计参考。

第二类是配件附属类的设计制作，如传统的首服、足服、附件和配饰类。首服主要是民间的女子饰品，如发簪、昭君套；足服主要是绣花鞋，鞋底的"千层底"，鞋帮上采用的刺绣、贴边、滚边工艺，鞋头上的图案、花纹，也都成为搭配现代汉服鞋子的常见工艺；附件类是指不能单独穿着的民间实物，可以参考其主要工艺搭配现代汉服穿着，如肚兜、荷包、香囊、挎包等。

但需要注意的是，由于汉民族服饰这条主干线索断了三百余年，现存的民俗服饰与之关系已经粗疏淡漠甚至无关，所以这些民俗服饰，更多是在细节、元素上的补充，并且证明汉民族服饰体系合理化存在的缘由，并不能直接拿来做汉民族服装。因为民俗服饰通常是一个时期、一个地域的特色服饰，具有当地浓郁的乡土气息和适应性，一般都是有地域和时代局限性的，反映出汉人生活或服饰民俗的地域多样性特征。但是没有族际场景、情境和条件，它们也只能理解为"民俗服装❶"。

如果汉服体系一直延续下来，那么应该是存在着一套规范的民族服饰文化体

❶ 周星.新唐装、汉服与汉服运动——二十一世纪初叶中国有关"民族服装"的新动态.开放时代,2008(3).

系，以及广为分布各类形式和风格的民俗服饰，两者之间相互影响和促进：民族服饰从民俗服饰中吸取营养，发展变化；民俗服饰从民族服饰中获得文化规范和思想指导。而民族服装和民俗服装的关系，就像标准语和方言一样。不同地区虽有着不同的方言，都属于地域特色，但相互之间有着平等、并列、历史渊源的关系。标准语则是整体的一部分，超越了时代和地域的集体记忆。但是当标准语发生断裂后，再多的方言任意相加、混合、杂糅也不能构成标准语。

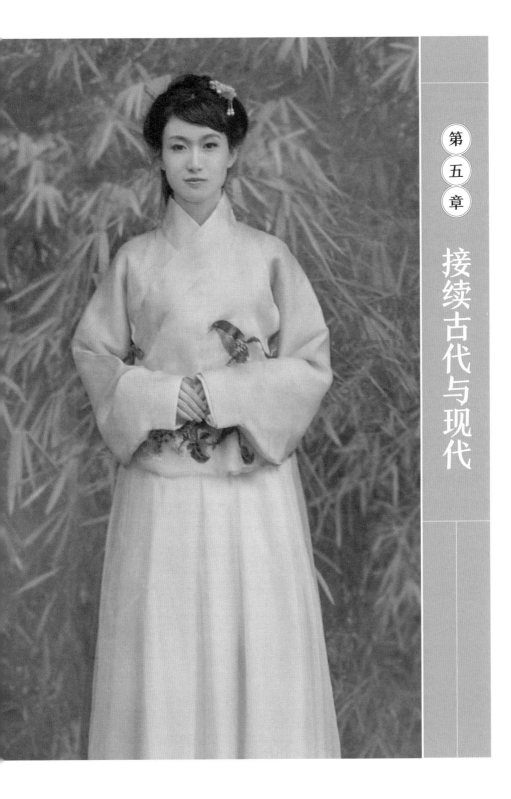

接续古代与现代

对于现代汉民族传统服饰的重构，绝不是仅从传统服饰史里"拿出"一些漂亮的款式穿在身上就可以完成，而是要在基于历史研究、文物考证的基础之上，引入符合现代化文明的服饰体系建构理论，通过大量广泛的实践、挖掘典型的风貌特征，结合扎实的理论研究通过综合提炼，实现传统服饰体系的现代化重构。这里还有现代化的接续问题，鉴于汉服断裂的客观事实，汉服的现代化绝非是依据简单的口号，而必须是在实践中形成的对传统文化合理的创新，这也意味着要将古代汉民族服饰体系所具有的内涵丰富、博大精深等精髓，继承接续到现代社会中的民族服饰体系，这才能完成真正意义上的重构。

第一节　明晰古代现代差异

汉服的概念是"古代汉服"和"现代汉服"的总称，因为"薙发易服"的政令，导致汉服存在时空的断裂属性，这一客观事实使汉服分为"古代汉民族传统服饰体系"和"现代汉民族传统服饰体系"两个历史阶段。这里古代与现代之分，有着双重属性，一方面是标志着现代汉服与古代汉服之间，具有继承与接续民族服饰属性的同一性，并借助汉服复兴运动这一方式实现了民族服饰的现代化转型；另一方面是等同于一般民族服饰，因为工业文明而导致的"古典"与"现代"差异。

一、传统到现代的接续

汉服体系的重建，面临着两个问题：第一个是从中国古代服饰史中提炼出古代汉民族体系的框架；第二个则是在继承古代汉服核心的基础上，建立起现代汉服体系。这一体系与其他民族服装体系有着一个特殊差别，即汉服的断裂属性。民族服饰，从理论上看应该是在族际环境下由民俗服装延伸而来❶，在族际交往的

---

❶ 周星. 中山装·旗袍·新唐装——近一个世纪来中国人有关"民族服装"的社会文化实践. 乡土生活的逻辑. 北京大学出版社, 2011(4): 267.

场合中，能够被作为民族识别、认同或归属的标识、符号的服装。换句话说，民族服饰必须要在世俗社会中延续和演变才有价值。汉服体系本应属于汉民族文化的特有产物，更是民族生活的必要组成部分。那么，民族服饰如果失去了现实生活中的社交功能，也就意味着在现实生活中消亡。如果只是存在于舞台、戏剧或是特定人群之间，那么则是"道具"或特殊功能的职业服，这也正是当代汉服复兴运动备受争议的重要原因之一。

如果把古代汉服与现代汉服都放到汉文明传承的框架下则不难理解，因为汉服自始至终都是与汉文明息息相关，而文明不论是传统还是现代，都始终保持着一脉相承。这一部分虽然并没有浮现在现代社会的制度与世俗之中，但却作为碎片存在于日常生活，镶嵌在人们心理之中。这种心理共振，即所谓的民族文化"情结"。从社会心理学角度看，这种情结不同于个人的情绪，是属于民族的集体无意识的产物，这是新文化运动所倡导的理性和科学思想所无法删除的❶。这种古典情结可以理解为一种"潜文化"，即"习惯盘踞在人们意识里的一种无意义的思想信仰，不去发掘则不会暴露。但当其发挥作用时，常常以曲折和隐蔽的方式有力暴发❷。"这种"隐蔽"的意识，在全球化西方意识形态的冲击之中，会转换为显性的社会需求，激起人们对于传统文化的回忆与找寻，而这一部分则可以理解为现代社会中的中华文化。

中华文化，之所以源自中华传统文化，但又被称作是中华文化，是因为尽管遭受了新文化运动以来一系列种种险境和磋磨，但是与原来的传统文化依旧是同一种文化。这里的传统文化，通常是指代前工业时代民族"过去"发展主线索，前工业社会形态向工业社会形态转型过程中遗留或凸显的部分，也可以理解为新的时代漫过旧时代后，"海平面"上显露出来的"零星岛屿"。"文化如果脱离了基础，脱离历史的传统，也就发展不起来。历史和传统就是中国文化延续下去的根和种子❸。"

服饰，中华五千年文明中的一个细小分支，也是中华文化体系中的一个重要组成部分，得以延续的是其中的历史与传统。这部分经过现代化洗礼的"民族传统服饰"应该是保留和展现出该民族中最具有代表性的、一脉相承的核心文化理

❶ 康春华，程瑶，张怡莹. 当代中国流行文化中的"古典情结". 蒋原伦，张柠，主编. 媒介批评(6). 广西：广西师范大学出版社，2016：60.
❷ 费孝通. 重读《江村经济·序言》. 北京大学学报：哲学社会科学版，1996(4).
❸ 费孝通. 文化的传统与创造. 论文化与文化自觉. 群言出版社，2005：308.

念。作为世界上人口最多的民族，汉民族服饰体系也具有内涵丰富、博大精深等一系列通用服饰体系所应该具有的内容❶，但核心始终深深的扎根在中国本土文化，即根在中国，基因在华夏。

随着民族意识的觉醒和文化自信的增强，汉服复兴和重构也应当，从简单的、笨拙的模仿古代服饰的枝枝丫丫、花花叶叶，到最后真正地把握和继承了精髓，建立起完整、规范的体系，恰当地应用到现代生活场景中去。与此对应的是，如果没有相应的一套既符合民族传统，又符合时代精神的相对稳定的服饰规范，也就无法充分发挥民族服饰的标识作用、认同作用和凝聚作用。汉服复兴不是复古，这里要做的是对原有文化做出高度提炼和升华，继承和激活文化基因，成为现代人生活的一部分，在特定场合中也可以成为中国人表达身份认同的一种着装方式。

二、古典到现代的转变

从民族服饰角度看，民族服饰可以分为"古代民族服饰"和"现代民族服饰"。古代汉服是属于古代民族服饰范畴，也就是前工业文明❷社会形态背景的文化，覆盖了当时社会的各个阶层和各个方面。也就是说，对于农耕社会的汉人来说，服装类型通常划分为：赐服、祭服、朝服、官服、礼服、便服、燕居服等，此外，还有一些特殊功能属性的服饰，如职业装、戏服、僧袍道装等，可以实现区分尊卑贵贱、男女老少、士农工商的身份标识功能。古代汉服体系也是遵循历朝历代的服饰制度而存在，即是政治秩序、社会等级和身份制度的重要组成部分，朝廷也通过服制规范官员与人民的行为，任何人不得僭越❸。换句话说，对于古代汉民族服饰应该理解为，是在本民族服饰消亡前，包含了男女老少、高低贵贱、春夏秋冬一系列必要生活款式，并且可以有着适应居家、工作、出行、骑射一系列不同场景，也能够应对社交、礼仪一系列仪式场合的服装款式集合。

进入工业时代之后，"民族"概念从西方传至全球，民族也多了"民族服饰"这一特定的文化概念，也是将古代的主流服饰经过整理、抽象、升华和规范之后，定型为现代人的礼服之一。由于现代的社会层面和功能复杂，服装不再是过

---

❶ 周星,杨娜,张梦玥. 从"汉服"到"华服"：当代中国人对"民族服装"的建构与诉求. 贵州民族大学学报艺术版, 2019(5).

❷ 这里主要是指以定居农耕、工商业为主的社会生活，也有渔猎、放牧等经济形态.

❸ 周星. 民族服装的文化意义. 新湘评论, 2012(22).

去的单一的一种，大体可以划分为：礼服、正装（职业装）、日常服饰（时装）、家居服、特殊功能服饰等。一般来说，民族服饰是前工业时代遗留下来的文化遗产，多用于与民族文化相关的礼仪场合。如果汉服是自然演化的情形，那么今天的汉服应该是表现汉族乃至中国时的文化符号，也是现代人在社会生活中的一项重要的礼服和正装选项。

现代社会中民族服装与日常服装（通常是西式的服装）通常是并行不悖的共存关系，并不存在排斥和取代关系，是共同为现代人服务的现代服饰。每个人也可以根据自己的爱好，在礼仪场合，选择本民族服装或者非本民族服装作为礼服而穿着。现代汉服体系与古代汉服体系的根本差别在于去除了对内的服饰制度，保留了对外的族徽象征意义和文化认同价值。复兴汉服也是指恢复汉服在现代社会应有的民族服饰地位，而不是指取代现在的日常服饰，更不具备阶级、地位、社会分工的象征。因为在全球化的工业社会中，民族服饰只是服饰需求中的一个很小但是又很重要的部分。

总而言之，现代汉服也是现代的民族服饰体系一部分，即处于机器化、批量化、信息化的社会大分工、大生产的社会现实和历史阶段下的汉民族传统服饰体系。建立现代汉服文化体系，必须放在"现代"背景之下，也就是放在当下社会现实和历史阶段下进行。也就是说：汉服是现代人的汉服，是为现代人服务的服饰体系。汉服复兴除了要跨越前工业时代前被迫中断三百余年的时间鸿沟外，还需要跨越前工业社会向工业社会转变的差距。

三、古代到现代的跨越

汉服的断裂属性，则导致汉服缺少了民俗服饰的基础，现代汉服运动更是走出了一条异于其他民族服饰现代化之路，即跨越了汉族民俗服饰的前提。这里的方式是依托汉服复兴运动，借助各类汉服款式的反复、不断出现，衣袂飘飘、峨冠博带地行走在了现代社会的钢筋水泥之间。这里的大量款式的制作与实践，并不是空穴来风，而是与古代汉服一脉相承，因而也被寄予承担现代汉民族服饰的文化认同属性。其中对于古代汉服与现代汉服的接续，主要特点可以概括为以下五点：

第一，同一性。汉服的同一性表现在汉文明的一脉相承上，它的本质相对固定，且时空连续。外在结构表现在对于典型特征的传承上，即平面剪裁、二次成型、内倾文化的延续；内在含义则体现在了文化认同的延续上，虽然汉服本身发生了断裂，但种种关于服饰的文化记忆，一直在汉文化体系中以隐性的、变形的、边缘化的方式传递。对于现代汉服的理解，定位在传统文化认同的理念，也是在现代社会背景下保留了对古代汉族服装框架的再创造、再发明与再重构，它更多的是对传统文化认同的一种表现。

第二，传承性。表现在现代汉服和古代汉服有民族性和传统性的传承属性，即民族族徽与文化符号的延续。"每一个民族都有着自己独特的'传统'。'传统'历史性地规定了民族身份、文化认同和价值取向❶。"这一部分，也是现代汉服与古代汉服的接续点。现代汉服是以古代汉族人日常穿着的服装式样为基础，继承了典型的制作工艺、样式、审美等文化内涵而建构的现代服饰体系（图5-1）。

第三，完整性。现代汉服体系之所以被认为是一套完整的服饰体系，最突出的是它的完整性，即汉服不是一件衣服，也不是一类衣服，而是一个可以单独存在的服饰体系，涵盖了很多不同的款式。对于每个人来说，有着多种选择，不但包括一个人从出生到死亡的人生各个阶段相适应的服饰，还可以覆盖不同的季节、场合、社会角色的选择，并且有礼服、常服之分。这一点也可以理解为，当下中国人所提倡的现代汉服，其实是对历史上古代汉服样式的再发现与选择性接续。

第四，多样性。任何民族的服饰都因时代、地域、阶层等因素而具有诸多差异，也都是极其复杂的。不论是历史还是现代，因为汉族民众服饰生活的多样性，汉服也与其他民族服装有着不断交流、变化和互动的事实。作为一个拥有千年历史的物品，汉服体系涵盖了时间久、样式多、地域广三个特征，甚至每一个款式都有着多种变化和风貌。如褙子，宋代是清秀，而明代则是端庄，可以配裤子做常服，也可配马面裙做礼服，在现代社会中更是伴随着汉服运动而呈现出潮流时尚的风格。虽然名字相同，但随着时间的演变，丰富多彩的样式和搭配也体现了民族服饰的多样性。

第五，自觉性。自觉性即非外力强征下，文化自觉自愿的情况下，服饰的样式会发生自然的演化和发展。任何民族的发展过程中，都不可避免地与异族文化交流，纵观中国服装历史可以看到，中国的服饰文化并非一直是封闭、保守的，

---

❶ [美]罗斯，主编.高翔，译.传统与启蒙：中西比较的视野.北京：中国社会科学出版社，2015.

图5-1　用于摄影的现代汉服

注：花妖汉衣堂提供，授权使用。

实则不断地吸收外来文化，并用他族服饰丰富和完善汉文化服饰❶。而现代汉服的发展，更是在立足古代汉服体系基础上，吸收西方现代纺织工艺、计算机制版技术以及剪裁缝纫技术等现代化经营推广模式，不断发展演变。而且，自觉性还包含了汉服文化与汉民族文化的相互促进发展。古代汉服在很大程度上被视为正宗华夏传统文化的象征，处处体现着华夏文明和传统文化，并且随时而变。现代汉服同样如此，在体系存在的前提下，应不断与其他服饰文化交流、发展、壮大。

　　总而言之，汉服是一种具有同一性、传承性、完整性、多样性和自觉性的民族服饰体系，其中的同一性更是现代汉服理论建设的基石之一。在符合现代化审美风貌和传统中国审美相结合的前提下，彰显出汉民族深厚的文化气息，体现整个民族的智慧和文化精髓，与传统文化的现代化进程相得益彰。

❶ 袁仄.中国服装史.北京:中国纺织出版社,2005(10):4.

第二节 再论汉服复兴运动

随着"汉服"这一概念的重提，网友们还提出了"汉服运动"，全称是"汉服文化复兴运动"，最早起源于辛亥革命时期，再现于21世纪初"新唐装"的大流行之际。从某种意义上讲，现代的汉服运动与美国的反正统文化运动相似，都难以被称为一场社会运动。因为它既没有章程条例和运动纲领，更没有正式组织以及指挥机构，更不会举行理事会会议，乃至会员全体大会。而且与"汉服"一词的诸多争议相比，"汉服运动"的定义、目标仍无定论，特别是汉服运动的最终指向，迄今仍是众说纷纭。根据十余年来汉服运动的发展迹象，以及汉服复兴发展的成绩看，汉服运动的诉求和发展脉络应是以下六点：

一、立足时尚流行服饰

对于汉服而言，作为一个逝去的物品，它能够在今天的现代化社会中"重生"的理由，必须是能够为现实所用。无论汉服复兴的立意多么冠冕堂皇、汉服形制的文明多么影响深远、民族服饰的存在多么不可或缺，但归根究底，它首先是一件衣服，是被世人所接受的"正常"衣服。只有变成任何一位公民可以通过"信手拈来"便可以穿在身上，借此表达自己审美、喜好、身份的认同情节的最佳服饰选择，才是未来汉服可以普及，被更多人所接受的关键所在❶。汉服运动的第一步核心是要让汉服回归现代人的多元服饰选择，成为现代民俗服装的一个组成部分。

民俗，民之俗也。民俗服装看似平淡如水，平庸刻板，但是平庸当中可能有奇迹闪现。因为民俗生活是人的社会生活视野之外，最接近人的本真存在的对象化形式。汉服的定位在民族服装，但其组成的核心要义是民俗服装，通常又与民俗生活联系在一起。民俗文化意味着被民俗学家发现并表述出来的那部分日常生活，因为它们符合特定体裁或文化形式❷。服饰作为"衣食住行"的基本需求首位，必须要立足于生活世界的需要和接受。只有在生活中合情合理的存在，才能真正地消除汉服运动中存在"特定群体""特定时间""特定空间"中的文化属性，把汉服的理念引入到中华文化领域❸。汉服的复兴目标不应该是"必须穿"，

---

❶ 杨娜. 当代"汉服"的定义与"汉民族服饰"的定位差异. 服装学报, 2019(2).

❷ 高丙中. 民间文化与公民社会：中国现代历程的文化研究. 北京：北京大学出版社, 2008：39.

❸ 杨娜. 走向重构民俗服饰的汉服文化. 创意世界, 2017(9).

而是"可以穿",无论选择"宽袍大袖"还是"短衣窄袖",也都是借由个人的选择和爱好,在现代社会空间中,体现出或强或弱的传统文化价值。

这也正是汉服运动的核心行动——"穿"!依托的是广大汉服爱好者们,鼓起勇气、坚持不懈、反反复复地穿❶(图5-2)。这里依托的是无数"小人物"的自觉选择,以及无数"小事件"的积聚而成。直到公众看到习惯、"麻木"为止,那便是汉服"落地生根"之时。只有让社会公众适应了生活中随处可见的"广袖飘飘""衣裾渺渺",让世人把穿汉服的人群从"演员""出家人""死人"等特殊群体,甚至是"怪异青年"的认同景观,逐步拓展成为现代正常公民的历程,才是促使传统服饰成为正常民俗服饰的历程。

图5-2 汉服时尚流行

注:十三余小豆蔻儿提供,授权使用。

在符合现代化审美风貌和时尚流行的前提下,才能真正地"活"下去。这一阶段还需要大量资本的进入,推动汉服产业经济的扩大与上升。一方面是通过批量生产、现代化设计、改进创新设计模式,把汉服的消费和风格引向时尚消费新时代,以服饰自身的实用性、流行性、大众性的属性,推动产业链的不断扩大。

---

❶ 杨娜. 汉服归来. 北京: 中国人民大学出版社, 2016(8): 197.

另一方面应不断引入高端设计、面料定制、工艺精细等高端品牌产业，推动品牌效应的不断提升。在市场经济的主导下，让更多人有合适的汉服可以选择与穿着，推动汉服复兴运动更上一层楼。

复兴汉服，不仅是民族服饰的回归，从某种意义上讲，也是在恢复、重启中国正常的民俗服饰生态系统。民俗服饰看似平庸世俗，但却是一个民族文化最真实的表达。汉服运动的第一阶段，可以说是"以春蚕一口一口吃桑叶或蚂蚁啃骨头的劲头，慢慢获得了生存空间"，逐步辐射到了全国各地的一线、二线城市，借此也获得了可能重新换回"汉民族服装"的可能性与先决条件。

二、归位汉族民族服装

民俗服装和民族服装，在其作为社会生活的文化意义上，并没有本质差别。但是民俗服装一般并不具有族际识别功能，而民族服装则不仅需要有民俗服装的依据和根源，更需要有他称的承认❶。对于汉服而言，在已"断裂"的历史背景下，如果想要取回汉民族之民族服装的名分，不仅需要有现代民俗服饰的基础，还要有他称的承认。这里除了大量的款式不断被制作和穿着外，还需要站立在"他者"的视角，明晰这类服饰的身份认同。

这里需要的是正向肯定，而不是"靶向"攻击。换句话说，现代的"汉服"言说，自始至终都与"汉"紧密相关，但是对于"汉"的来源和范畴却模糊不清，反而呈现了"唐装非汉服""旗袍非汉服""中山装非汉服"的定义逻辑。因此，对于汉服作为民族服饰的群体定位，重要的是正面明晰"汉民族服装"的群体身份认同。身份认同就是人对自我身份的确认，回答有关"我"的一切，如"我"是谁，"我"的过去和未来、"我"的身份和地位、"我"的归属与群体等问题❷，也就是完成群体"同一性"的界定。

也就是说，只有正面解释了现代汉服与古代汉服、汉文化、汉文明、汉民族的关系，接续古代汉服与现代汉服的同一属性，重新让汉服回归汉民族服饰的名分，让这件服饰与世界上人口最为广泛群体的身份认同相挂钩、相匹配、相整合，才能让汉服不只是时尚服饰潮流中的一支，更不是类似于洛丽塔、COS-

---

❶ 周星. 中山装·旗袍·新唐装——近一个世纪来中国人有关"民族服装"的社会文化实践. 乡土生活的逻辑. 北京大学出版社, 2011(4): 267.

❷ 赵静蓉. 文化记忆与身份认同. 北京: 三联书店, 2015: 18.

PLAY服装的个性化服饰，也不仅是诸多中式服装中阶段性的流行一支。而是现代化中华文明的组成部分、传统文化的复兴典范、民族形象的外在符号，才能真正"活得漂亮""活得久远"（图5-3）。

图5-3 《美哉 诗经》朗诵场景

注：琴瑟汉婚&汉文化提供，授权使用。

三、作为传统文化符号

"汉服不只是一件衣服，也是民族文化的符号"这是很多汉服复兴者们所说的话。这样的理念来自2006年天汉网的管理层提出的"华夏复兴、衣冠先行""始自衣冠，达于博远"的理念，意即汉服复兴只是华夏传统文化复兴的一个局部，并把服饰当作是宣扬和复兴本土文化的重要手段，使其成为一个有着纯洁性、民族性、典型性的传统文化符号，并且把传统文化的复兴引向渐进式的纵深发展（图5-4）。

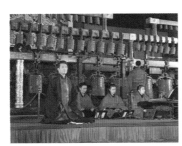

图5-4 汉服雅乐队演出服

注：雅乐传习所提供，授权使用。

"衣冠先行，正是为了引领华夏复兴。以汉服为起点，再造整个华夏❶。"溪山琴况写下的这一段话，得到了众多汉服运动参与者的认同和采纳，并且把"穿汉服"作为与其他传统文化部分有机结合的重要载体，把汉服、礼仪、乐舞、国学等部分结合在一起，寄希望以汉服的复兴为切入点，促进汉文化的复兴，从而带动整个中华文化的复兴。正是因为有了象征，也使汉服的复兴变得情深意远，韵重味浓，更是赋予了"寻根式"文化认同的寓意。

在 21 世纪传统文化整体复兴的浪潮中，把汉服作为华夏文明中一个重要组成部分，一个较明显的文化标识，一个在礼仪、艺术、审美、内涵等方面也都有着强烈象征性的载体，被重新建构和包装，进而成为传统文化现代化进程中的想象符号。而汉服的复兴，更是成为诸多传统文化现代化的一个组成部分，与此同时，更是有大量的国风爱好者、雅乐爱好者、书法爱好者、国画爱好者……愿意通过穿汉服，表达他们对于传统文化的喜爱。衣和文化的结合，突破了衣着原有的单纯的基本功能而取得了复杂的象征作用，成为现代社会中节日、仪式、家祭等等社会活动的构成部分，显示出民族精神活动的创造力。

为什么一定是汉服作为符号？因为服饰历来被认为是人类的第二皮肤，不同的服饰穿着反映不同的价值观念和生活方式，是一种传递着一系列复杂信息的"符号语言"，常常给人以即刻印象的基础❷。而且，汉服作为民族服装，其服装的款式、结构、服色、装饰，与该民族所处的地理环境、生活方式、宗教信仰、文化习俗更是息息相关，往往凝聚着大量的该民族文化的象征符码❸。虽然汉服不是唯一的符号，但从全球化冲击的角度而言，服饰可以以其典雅华美的形象和汉文化的深刻内涵，成为应对"现代化病"和外部文化侵蚀的一种对抗策略，也是最能与其他传统文化脉络相匹配的"皮肤"，更是从自我革新"中国人形象"的重要尝试。

四、指向华服核心组成

"华服"，即中华民族的民族服饰体系，字面上可以理解为华丽的服装，但更多是指具有中华民族传统服饰的历史根源，又与"西式服装"体系为主体的现代

---

❶ "溪山琴况"（网名）.华夏复兴、衣冠先行——我心中的"汉服运动".百度汉服贴吧，2006-06-07.
❷ [美]玛丽琳·霍恩.服饰：人的第二皮肤.乐竞泓，等译.上海：上海人民出版社，1991：1.
❸ 张翼.关于现代汉服的符号分析.四川理工学院学报：社会科学版，2013(6).

服饰体系和其他民族传统服饰体系比较中得以自认,或者被他者认为是具有中华民族传统文化属性及特点的服饰体系❶。由于历史上的特殊原因,中华民族的典型服装样式和风貌在近现代社会中处于缺位状态。近20年以来,伴随着中国的大国地位提升和国际合作交流场景的增加,华服的概念再次被频繁提及,并先后指向了现代建构的五类服装款式,也反映了国人对于用服装体现文化自信心的需要(图5-5)。

图5-5 第一届中国华服日

注:第一届中国华服文化研讨会,共青团中央授权,本人提供。

中华民族服饰背后的传统文化,指向的应该是中华民族这一社会实体的特征。在中华民族的多元一体格局中,"汉族的形成是中华民族形成中的一个重要阶段,在多元一体格局中产生了一个凝聚的核心❷。"这里必要提的则是汉族。从历史角度看,"中华文化是基于汉民族大一统、华夷之辨的理念、采用宗藩朝贡体系构建而成的,从内到外、从高到低,呈现为汉族文化—各族汉化文化—汉文化圈的同心圆结构"。从现代视角看,中华文化作为从汉文化中精粹出来的概念,进一步强化了国家认同、国族认同。从这一认识出发,现代社会需要建构的华服体系,就要从强化各民族文化认同、国家认同、国族认同的高度来建构❸。

从字面上理解,中华民族的服饰应该是融合了56个民族的服饰文化,应该包括汉族服饰,以及满族、藏族、朝鲜族、苗族等其他民族服饰等在内的

---

❶ 杨娜.华服的文化记忆、文化自觉与身份认同的想象.

❷ 费孝通.中华民族的多元一体格局.北京大学学报:哲学社会科学版,1989(4).

❸ 百里奚.一体多样,华夏引领——浅论构建华服体系的理论界定与实践原则.第一届中国华服文化研讨会,2018-04-17.

所有"新中式服装"和各地民俗服饰的总和，涵盖了襦、袄、衫、袍、深衣、裳、裙、袴、帔等服饰及部件子系统的集合，统合了所有传统服饰与现代民族服饰的形式与内容，是一种既能体现数千年悠久历史、又能体现56个民族的传统文化、同时还能体现出时代的风貌，与西方服饰能够有所区别的服饰文化体系。

与民族这一同心圆结构相匹配的服饰是：汉服—国内各族汉化服饰—周边各国汉文化圈类似服饰的服饰体系，亦可理解为古代的华服体系。谈及"华服"体系的形成过程，事实上，也就应该把"汉服"及其主要的特征，视为其重要的组成部分和基础来做深入的探讨。由于汉文明作为中华民族文化中不可分割、不可忽视的核心组成，汉族的服饰文化也就毋庸置疑地成为中华民族服饰体系的重要基础，"汉族是中国人的主体，要建构中国人的'民族服装'，无论如何也躲不开汉族的'民族服装'问题❶"。

对于现代华服的形成，这里绝不是简单地拼贴、汇聚和杂糅，更不是把56个民族的古代民族服饰款式直接放到一起的"大拼盘"就可以充当华服。重要的是以汉服体系为主体，融合其他55个民族，经历了古典华服到现代华服的现代化进程改造，有着典型特征、自成一体风貌的现代民族服饰体系。对于汉服和华服的关系，并非直接地取代或相互地抵触，重要的是现代汉服体系应该并可以成为华服体系的主体性内容。但仅此还不够，除了"现代汉服"外，还应该加上其他民族的传统服饰文化的资源，由此建构华服的服饰文化体系才算完整。在这个意义上，眼下它远尚未成型，属于是一种未来理念型或理想型❷。

汉服运动的不断实践，有利于重新"发现"中国文明中服装文化传统的悠久历史，从而为"华服"体系的建构开掘直接而又丰富的服装史的资源。换句话说，借鉴汉服体系从古至今之"变"与"不变"的实践性经验，对于下一步探寻华服体系建构的方向，呈现其在现代社会中存在的可能性与发展指向，或许正是汉服运动的未来目标，也是能够为"华服"体系提供建设性意义的关键。

五、成为身份认同标识

服饰，是人们日常生活中那层最通俗、最显著的文化符号。从服饰的社会流

❶ 周星. 新唐装、汉服与汉服运动———二十一世纪初叶中国有关"民族服装"的新动态. 开边时代, 2008(3).
❷ 周星, 杨娜, 张梦玥. 从"汉服"到"华服"———探析当代中国人对于民族服装的建构与诉求.

行角度看，当人们选择购买或者穿着某类衣服的时候，其实就是在有意或无意地为自己选择或建构一种身份❶。身份认同，亦即在一个不确定的时代中，以一种同样不确定的方式来诠释自我，力图在建立个体与他人之间的交际关系时，也被集体归属感与社会认同感所影响❷。而汉服复兴这一现象之所以复杂，也是因为背后承载了四类不同的认同情结：民族认同、文化认同、消费认同和国家认同：

第一，民族认同。汉服复兴背后的民族认同应该是两个方面，一方面是在中国国内的多民族场景中，有着汉民族和其他55个少数民族之间的族裔认同；另一方面是在国际外交场合中，有着类似于汉语、书法、武术的功能，即担负中华民族的族群认同。在国内场景中，汉族的服饰文化离不开活生生的汉人社会，离不开所处的族群认同情结和文化自觉力量所营造的氛围。在国际场景中，特别是海外移民、华人和留学生身上，因为处在文化有差异、处于流变过程以及断裂的地方，所以更容易出现身份认同的意识自觉。就像千禧年初，较早以"汉服"来对应一些极端民族主义网络言论的恰是几位海外华裔青年，他们难以接受因新唐装问世而有某些网友贬低或嘲笑汉族没有民族服装的网络匿名言论❸。这里显示出的是海外华人对于"华人"身份认同的建构诉求，又会更强一些。正如在欧洲西装革履的本地人之间，随处可见穿着沙丽的印度人，服装是他们民族身份最好的表征和体现。

第二，文化认同。现代化不等于西方化，全球化也不等于西方化。全球化虽然影响了本土文明的存在，但也促使传统形成了新的文化认同与自我表现。伴随着"中国崛起"和全球化的不断深入，也是文化复兴的基本源动力。因为国力强大后会导致民族自尊心增强，进而对自身历史与文化认同的追寻❹。凭借着大量如火如荼的自愿参与者，不断地把汉服穿到现代城市之间，让它公之于众，尽力唤醒人们对传统文化的认同，这就是当代汉服运动的现实意义。

第三，消费认同。选择汉服，也就是选择了一种审美和爱好的消费。现代社会是一个符号消费社会，人们购买某一件服饰，消费的是该服饰的符号文化价值❺。在这里消费者不是对具体的物的功用或个别的使用价值有所需求，而是对商

❶ 史亚娟. 服装文化中的文化记忆、文化想象与身份建构. 艺术探索, 2015(8).
❷ 赵静蓉. 文化记忆与身份认同. 北京: 新知三联书店, 2013: 183.
❸ 周星. 本质主义的汉服言说和建构主义的文化实践——汉服运动的诉求、收获及瓶颈. 民俗研究, 2014(3).
❹ 王达三. 国服复兴: 乐观前景及其复杂问题. 华人世界, 2007(9).
❺ 邵小华. 试论中国服饰文化的符号化. 中华文化论坛, 2015(7).

品所赋予的意义（及意义的差异）有所需求，即符号的消费，象征的消费❶，这里消费的不止有商品，还有物品背后的审美、身份、地位等。也就是说，人们穿上汉服，往往是以汉服为服饰符号去表达对某一类服饰品牌或服饰风格的认同，也是一种对于文化选择的具体表现。而且，现代汉服形制古典、花纹传统、配色独特，作为一种款式丰富、功能齐全、涵盖面广的服饰系统比日常衣着显得更有特点，这也在某种程度上暗示了穿着者注重形象、讲究细节、品味古典等特征。由于汉服与传统文化紧密相关，身着汉服的人，往往让人更容易联想到其对于传统文化了解与热爱的可能性，也暗示着穿着者或许有着相关的兴趣爱好、审美品位。汉服往往会成为更加正统的古典情结、传统文化的象征，其建构出的正统性、历史性、合理性更具代表意义。

第四，国家认同。中国人之所以表现出对"民族服装"的强烈渴望，也与中国国家命运和中华文化的全球化浪潮之下的危机感密切相关❷。在传统文化复兴的诸多组成部分中，汉服运动看似是其中最表面、最肤浅、最容易的一个部分，只要"信手拈来"便可穿着在身，但社会公众对于汉服的接纳程度与认可程度，对于传统复兴整体而言，却是"牵一发而动全身"。因为穿上一件自身民族特色的传统服装，可以被理解为标志自身认同属性，区分"我们"和"他们"的差别，回答"我是谁"和"我不是谁"的最简单途径之一。穿上汉服，也成为找寻民族身份的精神寄托，以及映射国人寻求文化传统本源的一种姿态（图5-6）。

六、作为文化中国符号

回顾百年来，无论中央政府对于传统文化的态度如何，国人对于能代表中国人形象的"国服"的讨论却从未有过中断，如全国政协委员、中国孔子研究院院长杨朝明在2019年全国"两会"期间提交了关于"举办国服评选，推出中华正装"的提案。从"中体西用"到"洋为中用"，包括中山装、现代旗袍、新唐装、新中装等在内的一系列服装的设计与推广，无一不是指向了中国的对外符号。就像2001年APEC会议上的新唐装，背后映射的是全球化背景下，中国人对于民族服饰作为国家形象的渴望。

虽然"新唐装"很快昙花一现，不仅引发了中国网民对于"国服"和"汉民

❶ 向勇. 文化产业导论. 北京：北京大学出版社，2015(2)：8.
❷ 周星. 乡土生活的逻辑：人类学视野中的民俗研究. 北京：北京大学出版社，2011：286.

图5-6　汉服与和服合影

注：日本汉服会提供，授权使用。

族服装"的讨论，更促进了中国民间的汉服复兴运动。汉服作为在民族文化的传统中断裂最深刻、消失最久、集体记忆最为淡漠的符号标识，反倒在21世纪初传统文化的复兴浪潮之中，以草根阶级的社会运动形式重现于当代中国社会，其典型和示范性的意义不言而喻❶。如果在若干年后，汉服可以与汉字、武术、长城、熊猫一样，比肩成为现代中国人的民族、文化和国家的形象符号，提到中国时自然会浮现出包含汉服在内的样式，那么才可以说汉服真正的"活"了下来，这一点应该是汉服复兴的终极目标所在。

　　总而言之，汉服运动是指兴起于21世纪，以中华民族青少年为参与主体，借由复兴汉民族服饰推动传统文化复兴的文化运动。汉服运动不是一场单纯的服饰复古潮流，而是直面呼唤汉民族文化复兴、直面映射"文化中国"身份认同、直面响应现代中国传统文化复兴的启蒙运动。

---

❶ 周星，杨娜，张梦玥. 从"汉服"到"华服"——探析当代中国人对于民族服装的建构与诉求.

第三节　汉服复兴中的误会

如今的汉服运动看似风生水起，但实际上举步维艰。虽然汉服之美正在被世人所接受（图5-7），但是关于汉服的误解却是层出不穷，或是对于现代化中的

图5-7　喜欢汉服和中国传统文化的波兰人
注：波兰人Marta Rezmer提供，授权使用。

传统再接续与再建构的认识不清，认为汉服兴起的用意是在现代社会中重新"复活"的古装，甚至是用古代汉服末年的明朝汉服取代现代人的日常生活服饰，因而又有了"汉服不适合现代社会，穿汉服不能搭配眼镜、皮鞋、手机一系列现代物品"的结论；又或是用民族主义来表述汉服运动，使汉服复兴成为汉民族主义的代表性产物和标识，但是由于汉民族主义（简称"汉本位"）尚无明确的、公认的定义和阐释，甚至还会与民族国家与民族宗教绑定，进一步导致汉服复兴运动被抨击和误读。

一、复兴非复古与复活

对于现代汉服的重构，常见的提法是汉服复兴运动，之所以称为"复兴"，而不是"复活"或"复古"，这也是因为三者之间有着极其巨大的差别。复兴意味着"古人用得我也用得"，消亡已久的古代文化在现代重新应用，屡见不鲜，并非汉服独独在尝试。它山之石可以攻玉，最典型的例子即是希伯来语的复兴。

古老的希伯来口语从犹太人的日常生活中消逝了近两千年，在18世纪的欧洲犹太启蒙运动时期开始恢复生机，一度成为犹太启蒙思想家试图保持民族传统并走向现代化进程所采取的重要手段❶。19世纪下半叶以来，希伯来口语又在犹太民族主义和犹太复国主义的语境中被重提，经过了词汇现代化的过程后，逐步

---

❶ 钟志清. 希伯来语复兴与犹太民族国家建立. 历史研究, 2010(2).

成了犹太人口头交流的语言、文学创作语言、教书育人的语言，后成为犹太民族国家以色列的国语。在此过程中，让一种接近"死亡"了千年的语言复活，并为流散于世界各地的一千多万犹太民族所接受，其艰难程度可想而知。撇开政治的、社会的、心理的因素不谈，仅就"技术上"来说，也要解决统一发音、统一拼写、统一语法和统一词汇四大难题，其中尤以词汇问题最大❶。词汇的现代化，是指自身语言的词汇系统的现代化，而不是以吸收外来成分多少来衡量其现代化的程度❷。

这一现代化的理念与汉族服饰体系现代化也颇为相似，这里要解决的是整个服饰体系的现代化，而不是某一款式吸收了多少外来元素成分，或者在西方服饰体系下有了多少创新的现代化款式，诸如现代的国民服装代表——旗袍、新唐装、新中装，实际上都是中西合璧的实践品，使用这种拆分成元素进行比重调配和设计的理念在服饰领域的现代化实践中表现得比较充分，也直观地反映了百年来中国人在追求现代化道路上采取过的思想和方法。现代汉服的复兴不同于这类中西合璧的实践（图5-8），这里的核心与本质是古代的汉服体系，二者是同一属性。就像细究起来，现代希伯来语跟古代的希伯来语还是有一定区别，无论是词汇，还是发音、语调，但是世界上语言学界公认现代希伯来语言就是古代希伯来语的继承和发扬，两者是同一语言，这就是复兴。

而复古与复活则意味着照搬或复制古人的所有。典型的"复活"类似于《侏罗纪公园》中的设想，将琥珀中保留的恐龙基因克隆出来，在现代复活6500万年前的恐龙。而"复

图5-8　现代汉服情侣装
注：流烟昔泠提供，授权使用。

---

❶ 张荣建.论希伯来语复兴过程中的词汇现代化.重庆师范大学学报：哲学社会科学版，2008(6).
❷ 苏金智.词汇现代化与语言规划.江汉大学学报，2005(2).

古"则类似于把古人的文物从地里挖掘出来后，在现代按照1∶1的规模重新复制后放到某个地方，如大明宫遗址。换句话说，就是"复活"与"复古"仅只能存在于学术界、研究室，目前尚未发现基于现实运用或独立生存之可能；而"复兴"则是重新焕发生机，回到现实社会中，百姓日用而不知，亦即成为现代社会中民俗生活中的重要组成（图5-9）。

图5-9　清明节传统祭祀礼仪祭奠黄花岗烈士
注：广州市汉民族传统文化交流协会提供，授权使用。

二、复兴非取代与替代

这里需要澄清一个误解，复兴汉服是指恢复汉服在现代社会应有的民族服饰地位，而不是指取代现在的日常服饰。汉服自始至终都是定位在民族服饰这个概念，或许与日常服饰可能存在潮流时装的交叠，部分元素也可以成为时装的重要组成部分，但是现代汉服体系从未曾谋求过取代日常服饰，更是不可能全面取代某一现代服饰。

但为什么今天会有很多误会？认为"汉服不实用、不方便、复杂麻烦，无法解决生活或生产时的问题"，实际上是来源于两个方面。一个方面是现代对于汉服的很多认知都是礼服类款式，古代人也要劳动，也要下地种田，也要日常生活，实际上中国古代有专门的适合劳动和生活的汉服，通常是窄袖与裤装，就像西式服装中的T恤与西服相似，平时生活穿T恤，而聚会或正式会议则穿礼服或西服，古人的着装也是如此。另一方面是现代汉服复兴针对的是民族礼服范畴，并不是要再来一次全面易服。由于很多人心中早已没了"民族服饰"的概念，在以往几十年中，对于很多中国人来说，能够吃饱穿暖，在仪式中换上西装革履为正装已经实属不易了，所以更没有"礼仪服饰""民族服饰"的认知，对于除了西装以外的民族服饰也可以成为正装的理念，更是阳春白雪和"不接地气"。甚至有观念认为，汉服是封建社会的产物，依托的是皇权与服制社会的背景，而现代是社会主义，也是时装社会，汉服没有生存的空间，更没有必要的复兴意义。

这里需要强调的是，对于汉服复兴，并不是要在礼服中取代西装，更不是要在日常生活中代替T恤，而是在多元现代性的社会中，为传统文化的再重构开拓了新的空间。这种多元现代性，是由于不同的文明传统对社会现代化建设有着不同的影响，也使得现代性具有了文化个性化的多元特征。就像今天的人们，除了汉语以外，也可以使用英语、法语、日语，还可以学习计算机C++语言、JAVA语言，这些语言之间并不是"你死我活"的排斥关系，而是并行不悖的为现代人服务的共存关系。同样道理，汉服与西式常服、西式礼服也绝不是"不共戴天"，而是相辅相成的共生、共存、共进步的关系（图5-10）。

图5-10　现代汉服搭配

注：本人提供，北京华裳摄影拍摄。

三、复兴非复制与复原

在现代的汉服复兴中，对于传承何种汉服有两派观点。一类是"唯考据论"，即以出土文物、壁画图册、历史文献来判定一件现代衣服是否属于汉服。但这样对于古代形制的执着追求，结合"线下"活动中的探索发明，使汉服复兴运动呈现出"本质主义的言说与建构主义的实践❶"特征。汉服运动需要考证，可以有"中国装束复原小组"致力于汉、唐、宋、明等历代汉人装束和妆容的"复原"，也可以有"楚和听香"品牌对"绝色敦煌""梦回大唐"的款式和色彩的复原。考证结果必须是要服务于汉服复兴，而不是反过来，用古代的形制判定现代的汉服是否合规，甚至被别有用心的人绑架汉服运动甚至为私人服务。

无论是在考古界还是学术界，中国古代传统服饰结构的研究始终是边缘化的，以口传心授为载体的服饰结构文献（剪裁图录）没有被发现和流传于世。而有关古代服饰的研究大多是从纺织技术、服装史、图案纹样、装饰艺术的角度来研究，并没有针对传统服饰的剪裁和结构做专门研究，学者们也一直疏于对汉服结构和形制的研究。虽然汉服的研习爱好者们，查阅了很多资料，编写了很多文章，也填补了部分空白，但是绝对不能以此用"是"与"不是"古代服饰的要求，打压现代汉服的设计创作。

还有一类观点非常鲜明，即"哪里跌倒从哪里爬起"，重点以中国古典服装最后发展的明代服饰为传统而传承，因此有了"唯明论"和"尊周承明论"，二者的差异在于："唯明论"认为只有明代流行过的形制款式属于汉服，其他朝代流行过的款式属于"古装"，不应纳入现代汉服体系；而"尊周承明论"则认为应该以明代尤其是晚明服饰作为突破口，详细研究汉服体系，在此基础上发展并最终演化出现代汉民族服饰，挽救奄奄一息的民族服饰文化❷。但是如果坚持以明代服饰为基础，在此蓝本上发展，最终结果就是复古的"明粉"小众文化。

又像现代社会中，对于"重回汉唐盛世""再现宋明之光"的说法，并不是为了皇权统治的神圣，更不是要用拥立"李家""朱家"皇帝，或是传承某一姓氏为正统，而是指对于中华文明的认同、对于国家盛世的想象、对于民族崛起的追寻，希望能够从中吸取营养、传承文明、增强凝聚力，让国家和民族重新站回

---

❶ 周星. 本质主义的汉服言说和建构主义的文化实践——汉服运动的诉求、收获及瓶颈. 民俗研究, 2014(3).
❷ 泉亭山人. 尊周承明理论下的汉服复兴若干问. 微信公众号: 国学六艺乃文乃武, 2019-05-13.

到世界前列。既然如此，无论是神秘古朴，还是铁血骁勇；又或是雍容大度，抑或是精致素雅，对于现代人来说，追求的核心是其中的民族思想、精神、情感和审美的体现。既然是同一个内核的不同外化表现，又怎能只选择其中一种表象作为继承和发扬的蓝本？

今天重要的是接续汉服体系，不是搬出古墓的作品放到身上就是复兴。如果需要复兴传统，除了那些实实在在、确确实实的形制、搭配出现在现代社会中，重要的还有"移花接木"，即继承一以贯之、万变不离其宗的核心文化与思想，在追求形似的过程中保持神似。历史是螺旋式上升的，即便回到原来方位，也不是原点位置，必须对原有文化做出高度提炼和升华，继承和激活文化基因，对其表现形式做出改造，为新的现实服务，帮助其适应新的时空与现实。

四、复兴非政治与政令

基于前工业时代的文化，本身具有区分阶级的功能，这是今天现代化社会所要祛魅的对象。完成了现代化进程的民族服饰，往往是消解了阶级性，只保留民族性和传统性。因此现代汉服体系的建构与过去无数次王朝的舆服制度有着本质不同，简单地说，现代汉服体系与使用者的身份无关，无阶级性和等级性，它是民族文化、传统文化的积淀和应用，无关政治，无须政治权力的硬性推广。有句古话："风成于上，俗化于下"，亦即"上风、下俗"。言外之意，国风是由上流社会引领，而民俗是在百姓当中扩散开来，起到移风易俗的作用。也就是说，包括汉服在内的传统文化复兴，必须以"移风易俗"理念为核心，也是立足于大量普通民众"自发"参与的文化实践，才可能完成文化的现代化进程。

在此过程中也绝不能依托政治与政治人物，更不能依托国家制度的自上至下的推广。一方面汲取辛亥革命袁世凯的"死亡之吻"，在国家政权内忧外患、社会经济积贫积弱、思想理论不成熟、民众接受度不高、换装不是必须物等一系列的社会背景情况下，与政治和统治者走得过近，可谓是"成也萧何败也萧何"。政治的失利直接导致汉衣冠被弃如敝履，现代化改造的进程被打断。另一方面是参考中山装的推广历程，中山装由孙中山设计并经国民政府推广，一直带有强烈的革命政治寓意与规训功能，政治服装的蕴意也自始至终相伴[1]。虽然在特定场合

---

❶ 陈蕴茜. 身体政治：国家权力与民国中山装的流行. 学术月刊, 2007(9).

可以作为国家礼服，但却是与民俗服装的定位相差甚远。

　　而对于现代民俗服装的建构路径，一定也不是自上而下的政令推广，还有"新唐装"，与中山装类似，也是从国家领导人的礼服着装逐步转为大众流行性服装，在普及过程中出现了大众化和平民化的趋向❶。但是，由于他们并不具备足够的中国社会民间基础与流行服装要素，可以说是昙花一现，随着政治变迁或是时尚风潮变化而淡出社会交往场合。

　　总而言之，汉服复兴运动的核心在于"移风易俗"，但口号喊起来轻松，做起来又谈何容易。这里需要大量的实践者，通过不断地"穿"来改变整个社会的风尚。而最初的参与者，往往会被公众看作是"特殊人群"，只有伴随着运动的持续扩大、"自觉""自愿"人数的不断增加，"特殊人群"在社会公众眼中才能逐步转换为正常人群。也就是印证了"中国文化的现代化历程，就是普通人从被贬低为特殊的'民''民间'，再转变为正常成员的历程❷"的观念。这个群体的转换历程完成之日，也意味着实现了汉服从边缘人群的文化符号，重归中国汉民族民俗文化符号之时。

第四节　重构现代汉服体系

　　对于现代汉服复兴运动，除了大量民众如火如荼的实践外，另一个重要部分是建构汉民族服饰体系，在浩如烟海的历史文献中解构古代服饰史，重新确立现代汉民族传统服饰体系的理念，将古代汉族的服饰文化体系化，将汉服体系整体现代化，进而实现现代汉民族传统服饰与古代汉民族服饰的接续发展。

一、明晰民族服饰概念

　　近现代社会以来，作为中华民族中人口最多、历史最悠久、文化最悠久的汉族，以汉文明为主体的民族服饰则一直处于缺位的状态。甚至很多人都知道："过年穿新衣""结婚穿红色，丧礼穿白色""成人礼穿制服""仪式庆典穿正装"等习俗，也有着"外交场景、人生礼仪、传统节日等，要有着对应的'正式、隆

---

❶ 周星. 新唐装、汉服与汉服运动——21世纪初叶中国有关"民族服装"的新动态. 开放时代, 2008(3).
❷ 高丙中. 民间文化与公民社会：中国现代历程的文化研究. 北京：北京大学出版社, 2008：4.

重、庄重'服装仪式。"这样的观念，却始终缺少了"民族服饰"的概念。

回顾现代化社会以来，全球民众的社会生活方式包括着装等，都是以"西装化"为导向的发展趋势。但是在全面、彻底西装化就要顺利实现的情况下，中国却先后出现了很多次涉及民族服装的创造、发明乃至重构的尝试。特别是在改革开放和市场经济改善了中国广大民众的服饰生活之后，中国人民的服装选择日益多样化和自由化，大约从19世纪80年代中期起，中国进入了"时装社会"。在时装社会里，中国人的形象也发生了巨变❶。就在时装社会中，却又相继出现的中山装、现代旗袍、新唐装、汉服到华服一系列关于中式服装的实践过程，均足以说明中国人有关"民族服装"的困扰至今仍存，而且在多元化服饰的尝试中，汉民族和中华民族服装的建构尚未完成其最终的目标，甚至可以说很多人心有所往，但又有着误解与混淆。

大多数中国人对于日常场景、功能场景和礼仪场景之间的差别是有认知的，但是相对于有着清晰定位的日常服饰，对正装和礼仪服装的意识则比较单薄。也许有人质疑说，中国人不需要繁文缛节的礼服，应该提倡节俭、朴素的生活作风。但背后客观存在的问题是：礼服承载着礼仪，礼服可以节俭朴素，各类礼仪场景这种人生的刚需却无法俭省掉。是否需要礼仪服饰，不是个人爱好问题，而是身处现代社会的必然需求。

对于礼服的重要性、礼服与日常服饰差别的理解，现代社会中最常见的情景是婚礼。"执子之手，与子偕老"的婚礼，是一个人和一个家庭最重要的日子（图5-11）。

图5-11　衔泥小筑北京时装周婚礼服

注：衔泥小筑提供图片，授权使用。

❶ 周星. 实践、包容与开放的"中式服装"：中[J]. 服装学报, 2018, 3(2): 139-146.

对于每个人来说，即使是昂贵的婚纱礼服，也没有人会说新娘子的婚纱"太麻烦""太拖沓"，更不会有人苛责地说"穿婚纱上厕所不方便"或者是"一辈子只穿几个小时的婚纱居然要十几万"。而类似的婚礼服，汉民族服饰体系中也有，不论是玄衣纁裳还是凤冠霞帔，都承载着与婚纱一样的功能，是结婚用的专属礼服，自然不方便，也不便宜，更不能跟日常服饰相提并论。

在汉民族服饰的概念不明确时，人们往往通过穿着西装、西式礼服的方式，代替本应该是民族服装出现的场景。就像每年的"两会"，经常看到穿着西装的汉族代表和穿着民族服装的少数民族代表，共同步入人民大会堂。这里需要的是建立"民族服饰"的概念，民族服饰不应是少数民族的特有服饰和标识，而是每个客观存在的民族实体都应具有的物品。汉服的定位，本应当是现代常见服饰分类中的礼仪服饰部分，主要范畴是礼服与正装，通常出现在历史文化、传统文化、民族文化相关的场景中。虽然部分款式也可以作为日常服饰、功能服饰穿着，但那些是个人的选择，而不是汉服的主要定位。

二、重构现代汉服意义

从汉服运动十余年的发展历程看，理论争议一直在形制考据和现代改良之间徘徊❶，但实践上却都扎根在"解构与重构"的方式上，即典型被广泛实践和穿着的"现代汉服"形象，既与历史文物形象存在差别，又明显区别于现代的流行服饰。有反对意见称："这意味着汉服属于现代人'臆造'的服饰"，但实际上这恰恰是古代汉服走向现代汉服的"综合创新"表现和成果，是在保持古代汉服原型不改变的前提下，打破古代汉服的朝代特征、尊卑贵贱、去除官阶等级和阶级属性等，根据抽象出的母版（即基础形制），并依据基础形制的规范对汉服款式的裁片、结构部件进行解构和重组，以同一性、稳定性、传承性做参照对款式之间的搭配组合和应用的组合，建构出现代汉民族服饰体系。

在解构过程中，存在着"破"和"不破"之分。"不破"的是原型，分为本质属性和哲学思想两个部分。本质属性是指服饰的基础结构，平面对折、中缝对称、不破肩缝、相交尚右，这是汉服的基本原则不能变；哲学思想是指汉服中包含的理念和精神，如天人合一、道法自然、中庸之道、和谐包容等。如果改变了

---

❶ 所有关于"改良"的争论，其实关键问题在于"哪里能改、哪里不能改"。

图5-12　现代汉服深衣射礼

注：春耕园书院提供，戊戌孟春祭祀至圣先师孔子射礼，授权使用。

传统的哲学理念，仅仅是应用了汉服的外形元素，那么本质上应该属于汉服衍生的服饰范畴，与真正的汉服相差甚远。就像中国的传统射礼（图5-12）与西方的现代箭术，虽然外形相似，都有着弓、箭与靶子，但是二者本质有着泾渭分明的分疏，一种推崇荣辱不惊、心如止水，"发而不中，反求诸己"，在扣弦方式上是拇指扣弦而其他手指扣拇指；而另一种讲究量化成绩、挑战自我，形成了一套鉴定能力努力和付出的竞技体育精神，在扣弦方式上则是中指食指无名指扣弦。因此，二者虽然都属于人类文明中的产物，但是属于不同的体育项目。

"破"的则是古代汉服中的朝代特征、尊卑贵贱、官阶等级、阶级属性、个性风格和特殊因素。今天重要的是从五千年的古代服饰史中抽象出基础骨架、款式搭配的原型和共性，以现代人能接受的民族服装层次，对汉服的元素、款式进行重新命名，并根据常见的搭配和应用场景，给予现代汉服作为民族服饰的穿着建议，成为真正的现代汉民族服饰体系，这就是现代汉服的理论重构。

三、汉服体系重构原则

在抽象出古代汉服原型的过程中，最为关键的是对款式名称的定义与重新组合。因为古代汉服史上，服装名称复杂多变，文献名称与考古实物相互印证的很少，如果依旧是按照古代器型学的思路，或者是服饰史研究中历史名词的考据和训诂模式，那么依旧是在古代服饰的笼子里跳舞，汉服研究的成果也只能沦为考古学的佐证。又恰恰是因为迄今尚未有人针对汉服做出名词概念的系统整理和深入研究，更没有一套与现代建构主义实践活动相匹配的建构理论，导致汉服复兴一直在"本质主义的言说与建构主义的实践"之间徘徊，充满争议。

本书对具体的汉服款式不做命名，这里首先要做的是重新梳理综合归类，并对提炼出来的基础款式进行结构性白描。对于汉服，不管是华丽的风格，还是朴素的风格，核心都应该是独立款式的定义。比如交领右衽上衣，不管是大袖、窄袖还是琵琶袖，不管是领高或领低、领缘有边或没边，当人们脑海中出现"交领右衽上衣"的概念时，就是一个被抽象的原型概念。也许人们会把这个概念描绘成"中衣""短打"，但是并不妨碍人们判断一件具体的衣服是不是"交领右衽上衣"的样式，而今天要做的则是对"中衣""短打"统一其"交领右衽上衣"的白描称谓。

此外就是重新组合，即根据上述的原型和原型之间的关系建立新的体系，就是"固定搭配"，形成新的汉服体系搭配规则。比如窄袖单层上衣搭配长款裙，成为"齐胸裙"的装束；比如上袄搭配马面裙，成为"袄裙"的装束。也就是说，单个部件并不能独立存在，单件汉服也许只具备拍照的道具之功能，但是将一系列的款式规范化、礼仪化，应用在礼仪场景、正式场景和非正式场景，便是凝聚认同，便是移风易俗。

总而言之，古代汉服的命名和组合是基于历史的研究结果，是另一种角度的服饰史，是以汉族的服饰演变为标准和视角的服饰史，本质上还是文物史、器物史、古代史。现代汉服是在古代汉服的基础上，高度抽象、提炼出来的，根据现代人需求建构出来的一套服饰文化体系，两者是继承和升华的关系。古代汉服主要是揭示传承的正统性和规范性；而现代汉服主要是完成继承和发扬优秀传统文化的历史命题。今天的汉服研究，是在全球化浪潮中的多元现代性，特别是文化多元化的背景下，探索出一套合适的重构理论，也是汉服复兴的重要意义所在（图5-13）。

衣冠之殇的灰烬中，孕育着浴火重生的希望。

图5-13　现代汉服实践活动：首届汉服模特大赛总决赛图

注：京渝堂敖珞珈提供，授权使用。

第二篇

汉族服章

中国有礼仪之大，故称夏；有服章之美，谓之华。

——《春秋左传正义·定公十年》疏云

引言

汉服的定位与世界其他民族的传统服装一样，属于民族文化中不可或缺的一部分。历史之中，汉民族传统服饰历经五千多年的演变和发展，已经形成了一套相对完整的服装体系，在保留着鲜明的特点的前提下，伴随着中国文明史也在不断演化，凝聚着先人的智慧和创造力，呈现了辉煌绚烂的服饰之美。有着"天人合一"理念的上衣下裳制，成为中国服饰设计之滥觞；形制多样的上衣下裤，承担着家居、劳作、保暖、装饰和从戎等多重功能，充分体现了衣裤制在汉服体系中所占比重；上下分裁的深衣制服式，更是礼仪之邦的重要体现；上下相连的通裁制袍服，大幅拓展了体系的丰富性；还有绚烂多彩的帔类和佩饰，是羽衣霓裳上不可或缺的点缀。衣裳制、衣裤制、深衣制和通裁制加上各类帔饰共同构成了汉服体系的实用性、功能性、礼仪性、装饰性、立体性和完整性等一系列内在和外化特质。

遗憾的是时至今日，日常所穿的衣装、裤装、裙装全部都源自西方的传统服装演变，上衣下裳、上衣下裤和衣裳相连的一系列传统服饰类别，几乎仅存于历史的尘封之中，而这些类别所包含的基础款式，于现代社会更显得特别陌生。再与东亚邻国对于和服、韩服的保护相比，汉服的风貌、搭配、服式与意义，距离大众日常生活显得十分遥远。

但是，作为民族服装，汉服不应该因为政权更迭中的人为割裂而成为历史遗产文物，其定位应该是符合民族文化传统，并且可以适应现代社会的民族服装。现代社会通行惯例有着礼服与常服之分，汉服也完全可以用礼服装束替代晚礼服、西服作为重要仪式、庆典、节日、聚会等正式场合着装；用日常装束替代西式日常服装穿着；又或者是选择民族服装单品与西式日常服装单品混搭方式，作为非正式场合穿着。总而言之，民族服装与现代西式服装完全可以并行不悖，发挥各自的日用功能和文化功能，达到和谐共生。

需要注意的是，现代汉服复兴之中古代汉服不完全等于现代汉服，除了明确汉服研究为一全新思路外，还要考虑到古代的戎服、盔甲、蓑衣等特殊功用的服饰，以及在异族统治时期汉人身上的一些时装，如交领左衽、厂字襟立领、盘扣等等，尽管有出土文物或文字支持曾经为汉族人穿着，但个体不能代表全部，且背后的文化、精神和思想与传统华夏文明有着一定差异，因而不能属于汉服中的主流款式，故不作为现代汉服的引证。换句话说，尽管现代汉服大量参考了古代汉服，但二者其实是互相联系但又有所区别的服饰体系。

这一篇，可谓是汉服运动十七年来，第一次对汉服体系基础性、系统性的梳理解构和建构工作❶，可以说是一次全新的尝试，也是试图通过对现代汉服体系进行全部解构，重要的是依托古代汉族服饰体系发展的主流脉络，结合现代汉服运动的实践类型，选取基础性经典性款式，以中国传统审美结合现代时尚美学为核心指导，去除朝代色彩、名物训诂模式，打破古代服饰体系中的尊卑贵贱、阶级属性，明确最具代表性的汉服款式为基本样式和可能的组合方式，进而提炼出能够适应现代社会人生礼仪、正式场景和非正式场景的民族服饰选择。

在明晰"汉""服饰""民族""传统""文化"五个要素后，汉服是一套完整的服饰体系，是一个文化门类。从构成上看，汉服有着从上至下、由内而外、功能完备的服装和佩饰装配，包括首服、体服、足服、佩饰四个部分。首服，即头饰和冠帽；体服，即常说的汉服中的衣服部分，款式上有形制结构之分，穿着上有装束组合之分，应用上有服式选择之分；足服，即鞋袜；佩饰，是汉服中不可缺少的配件与装饰品。这四个部分共同构成了现代汉族服饰体系，表达出汉服的文化含义。所谓服饰体系，应该涵盖了四个方面：一是汉服的基本裁片与部件组成，即部件体系；二是由裁片与部件构成的基础款式，即形制体系；三是不同款式组合的固定搭配，即穿搭体系；四是根据不同场景延伸出的穿着方案，即应用体系。具体而言：

部件体系，是组成每件汉服单品的基础，即汉服的最小组成，包含裁片、结构、纹理、图案、颜色、花纹等属性。拆分依据是古代汉服体系中最为基础、主流款式的形制，将每件单品拆解成最基础的单元——裁片、结构和部件。希望用这种方式，让现代人对汉服款式中的平面剪裁和基础结构有比较全面的了解，也为现代汉服运动参与者和实践者，对基础款式的传承与再创作提供借鉴和思路。

形制体系，是现代汉服制作的规范，也是核心要素和基础环节，不同种类的汉服款式均有其对应的形制规范，依据这种规范结合不同制作工艺，缝合制作成为单品，即单件汉服制成品或称为汉服款式。形制体系是现代汉服体系的组成部

---

❶ 值得说明的是，限于篇幅和研究程度，还有大量的汉服款式没有被提及，本书仅初步搭建框架，并非汉服体系的完整描述。

分，也是汉服体系中被关注最多的一个部分，在体系的描述中，为了避免历史上"名词流变"的现象，将抛开曾经纷繁复杂的名词称谓，用直白易懂的现代语言进行描述。形制的基本组成是汉服基础款式，即以现代汉服体系基础理论为指导，去除朝代色彩、政治属性、尊卑贵贱、官阶等级，保留基本形制及服式的功能属性，并按服式本身的形制属性进行分类描述，表达对于文化传统、精神和内涵的传承。基础款式分为五大类，分别是衣类、裳（裙）类、裤类、深衣类、附件类，这五个大类基本涵盖了短衣、长衣、袍服、幅裙、褶裙、通用裤、深衣等类别的基础款式，这些款式可以适应不同场合的穿着和搭配。

穿搭体系，即汉服的穿着搭配，是汉服体系中的一个重要环节，由单品之间的组合搭配，共同构成的覆盖全身的最小单元。让平面剪裁基础上制成的汉服单品，通过穿着搭配完成二次塑型，运用分体穿法或连体穿法的组合方式，使单品之间相互结合形成整体，构成一整套服饰，结合古代汉服体系中的衣裳制、衣裤制、深衣制和通裁制，明确"袄裙""襦裙""深衣"这类名称所指代的装束典型组合及其独立的风格和意义，表达出清晰的文化含义。并借助大家的不断穿着与实践，形成现代社会中汉服装束的新俗语、新名词和新风尚，从而取代"唐制""宋制""明制"这一类形容现代汉民族服饰的朝代词语。

应用体系，即汉服在现代社会中的对应位置。现代汉服的穿着搭配需要符合相应的场景，可以分为仪式序列、正式序列和非正式序列三大应用场景。建构应用体系的主要目的是根据历史上相对固定的搭配与传统习惯，结合汉服运动以来的实践成果以及现代人的搭配习惯，将穿着搭配装束与应用场景结合起来，形成一个可以操作的、可供参考的、又较为实际的、传统与现代相结合的穿搭应用选择。这里关注的是每一种穿搭或装束在当代社会中承载的作用与意义，这也是真正把历史传统与现代生活紧密接续在一起的重要角度。同时，也是回应现代人在重要礼仪场景、正式场景和非正式场景如何选择礼服、常服的困扰，特别是对于郑重、隆重、正式场景的穿搭建议，避免因"穿错衣服"而被人嘲笑或质疑。

总而言之，这一篇的核心实际上是完成了汉服是什么、如何穿、怎么穿的三个问题。提出整齐划一的现代汉服体系目的，一方面是使人们更清晰简洁地了解什么是现代汉服，明确与古代服饰史和汉民族服饰体系的差别；另一方面是更好地指导实践与穿着方式，明晰现代礼仪、日常场景下对于民族服饰的选择方案。最终让那消失了三百余年的汉民族服饰在中华神州大地上重生，也让那些美丽的现代汉服重新回归汉民族服饰之位。

第
六
章

裁片与部件体系

汉服的平裁对折制作方式，与西式服装截然不同。在重新梳理现代汉服体系的基础款式之前，首先需要对汉服基本组成和各部件要素进行说明，也就是解构古代汉服体系中的基础款式，使其以部件与裁片的方式呈现在现代人面前，这样才能更好地理解汉服的结构，进而了解现代汉服体系。裁片和部件是构成现代汉服单品的基础，也是设计与制作和判断的关键点，只有保持了它们的基本规范和典型特征，才是坚持汉服传统性的最根本守望。如果打破了传统的裁片和部件要素裁制的服装，只能纳入汉式时装或者现代汉元素服装类别。

第一节　基本制衣理念概述

制衣理念是服装工艺的体现，也是服装思想的载体。因为历史的缘故，汉服的样式、剪裁、结构于现代人的社会格外陌生，汉民族的制衣理念更是被很多人所淡忘。现实中存在大量对汉服的误读，实际上是混淆了不同层次的概念与术语。关于现代汉服体系的建构，这里首先要明确各层次之间的关系，并从小到大，即裁片、部件、形制、穿搭与应用四个维度，解构古代汉服体系的形制组成，进而明确现代汉服体系建构理念。

一、概念层次

裁片：是组成汉服的最小单元，是指以形制图为依据剪裁好的布片，也是服装结构分解的平面形状。

部件：是由裁片组成的汉服单元。分为两类：第一类是非独立部件，是在制作过程中形成，如前裳身、后裳身。第二类是独立部件，是制作完成的独立单元，但不能穿在身上，脱离主体不具有实在意义，比如说，深衣的条形大带。

款式：指汉服制成品外观式样或格式，通常指形状与造型。分为两种：一种是基础款式，是指原生款式，如端衣、帷裳；另一种是衍生款式，是指原生款式基础上的创新款式，如忠静服、马面裙。

形制：是指服装的具体构造和外观形状，主要体现在裁片部件的结构上，可以简单理解为，一件服装去掉种种附着元素之后的骨架，即是基础形制。设计师可以在基础形制这一骨架内运用图案、纹样、颜色等元素，选用不同类型的面料及质地的变化进行再创作，结合制作工艺，在相同形制的基础上创作出不同风格的汉服款式。

单品：即单一制成品，是汉服成品的最小计量单位，可以独立承担覆盖身体的相应部位。对应任何款式在单独提及的时候都可以称作单品，如单件上衣、单件下裙，或者是单个配饰等。

服制：是古代汉服体系中一类服装的样式和服饰制度，是中国古代文明中特有的政治文化传统，用来规范各级官员与人民的行为，维持和体现政治秩序、社会等级和身份地位的典章制度，任何人不得僭越，是古代封建制度的重要组成部分。如《舆服制》所制定的形制、面料、章纹、图案、纹样、制作工艺、对应等级等一系列服饰规范。

服式：是指一类服装的样式，强调的不是单件衣服的款式，而是这一类衣服的样式，如男士婚礼服式、庆典服式等。类似的还有裙式，指代的是这一类裙子，而不是单件裙子，如褶裙是裙式，但其中的间色褶裙只是款式，不能称为裙式。款式与服式的区别：款式是单个样式，服式则包含了多个款式。

装束：是指较为经典的固定搭配模式❶，一套完整的装束由多件汉服单品、头饰、鞋袜、配饰和妆容等组成，通常以形制名称做定语修饰，如襦裙装束、袄裙装束。每件单品都有形制规范可以参考，能够各自覆盖身体基本部位，起到遮身蔽体的作用。

场景：即汉服的应用场景，指一整套汉服被穿着的时候，"最可能"的场景。场景包含礼仪、庆典、聚会、节日、生活、家居等多种可能。

二、服式类别

根据汉服款式裁片的结构不同，可以进一步分为：衣、裳、裤、深衣四大主体类别。

衣：有广义和狭义之分。广义可以理解为现代人对服装的通称；狭义的即上

---

❶ 值得说明的是，历史上的经典搭配的装束是汉服体系在不同时代发展的具象化表现，我们今天要学习经典搭配的装束，但是并不等于经典搭配的装束是判断和指导今天装束的唯一标准。

衣，特指服装的上装部分，又称为"上衣"，是服饰中最为主要的部分。衣字最早见于甲骨文，《说文解字》中描述为"衣，依也，以自障蔽，以庇寒暑。上曰衣，下曰裳。"意思是人们所依赖遮羞蔽体的东西，上身的叫"衣"，下身的叫"裳"。

裳：有广义和狭义之分。广义的裳泛指一切下体之服，包括裤、裙及胫衣。汉刘熙《释名. 释衣服》："凡服上曰衣，衣，依也，人所依以庇寒暑也。下曰裳，裳，障也，所以自障蔽也。❶"，意思是一切下身所服用的服式均称为"裳"，狭义的裳，特指由前三幅、后四幅拼接而成的覆盖遮蔽下体之服，多用于人生礼仪等重要场合，也被称为礼裙。现代汉服体系中的裳，通常指代狭义的裳。汉服的各类形制也是以"上衣下裳"为基础不断变化而逐渐丰富的。

裙：指束系于腰间或胸上部，由裙身和裙腰及裙带等部件组成，用于覆盖遮蔽下体的服式，形制多样不做严格限制。

裤：指穿着在腰部以下覆盖遮蔽下体，由裤腿、裤裆、裤腰和裤腰带等部件组成的服式，分开裆和合裆两类。古时的裤，最初写为袴，即裤的雏形❷。除此之外，还有一类犊鼻裈作为源远流长的贴身内裤在现代汉服体系中予以保留。

深衣：指上衣下裳分开剪裁，然后再缝合连接在一起，上下区域有明显分界线的，可以遮蔽覆盖身躯颈以下和四肢的衣裳连属类服式。

三、部件名称

（一）衣

领：与现代服饰中衣领概念相似，多用衣身本体织物或质地厚实的织物制成，通常依据领口的样式将布帛裁剪成条状或弧状与领窝衣襟缝合相连。

衽：指上衣前衣片领口近中缝斜线向前伸延部分，用于开合衣服的功能性部件总称。与襟的含义基本相同，区别是左右相交闭合的斜线部位衽襟同指，而胸前闭合的专指襟。

襟：指上衣前衣片胸口部位，用于开合衣服的功能性部件总称。古代与衽的含义相同。现代汉服体系中有细微区别，即左右相交闭合的斜线伸延部分衽襟同指，胸前闭合的专指襟。

裾：指代衣服下摆的最底端，根据《说文》描述："裾，衣袍也。从衣，居

---

❶ 高春明. 中国服饰名物考. 上海文化出征社, 2001, 9(1): 598.

❷ 李晰. 汉服论 [D]. 西安美术学院, 2010.

声。"现代俗称"下摆底端"。

袖：指接袖位至袖口末端覆盖手臂至指尖的裁片，是覆盖上肢的部件总称。《释名》记载："袖，由也，手所由出入也。亦言受也。以受手也。"也就是上衣包裹胳膊的部位。古时"袖"由"袂"和"祛"两部分组成，"袂"指袖身，是覆盖上肢的部件总称；"祛"指袖口，随着时代发展，逐渐变为有"袂"而无"祛"的形态[1]。

襕：本意指接襕类短衣和袍衫类长衣在腰间、膝下拼接的一幅横布裁片。因其衣身中间有一道横线，被认为是对深衣古制的恪守而刻意加上的，也称为"横襕"，根据位置不同，分为腰襕、底襕、膝襕。后遂为这类服饰的称谓，夹层称为"襕袍"，单层称为"襕衫"。

衩：指在衣身两侧开口不缝合，其功能主要是增加活动量。

掩衩：指通裁式袍服类衣身两侧开衩位置加接的裁片部件（旧称裸），其功能主要是增加活动量和遮蔽作用。

带：是指用于固定衣服的条状部件，有宽窄、长短之分。

（二）裳和裙

裳腰：俗称裳头，连接裳幅的条状部件。

裳身：指按形制规范的裁片数量缝合而成的矩形部件。

裙腰：连接裙幅的条状部件，俗称裙头。

裙身：指由若干裁片按形制拼缝连接成裙幅，覆盖遮蔽下体的主体部件总称。

四、裁片名称

左衣片：于人体正中线为界覆盖身躯左半边部位及手臂的衣身主裁片。

右衣片：于人体正中线为界覆盖身躯右半边部位及手臂的衣身主裁片。

前衣片：指衣身主裁片前面的部分。

后衣片：指衣身主裁片后面的部分。

续衽：指与领口中缝接续前衣片使其向前伸延的裁片，共二片均为正幅斜裁，是为续衽左裁片和续衽右裁片。

左衽：指左前衣片在内，右前衣片在外，相交闭合后呈领缘及衽向左伸延的

---

❶ 李晰. 汉服论[D]. 西安美术学院, 2010.

形状。

右衽：指右前衣片在内，左前衣片在外，相交闭合后呈领缘及衽向右伸延的形状。

边饰：指用于装饰或固定衣裳（裙）的条状裁片，适用于领、袖口、衣襟、衣裾、衣身侧线、裳裾、裙裾，有单面与对折双面之分。

内掩衽：旧称内摆，指用于连接前衣身下幅开衩部位的矩形裁片，有两幅与三幅不同结构。

外掩衽：旧称外摆，指用于连接前后衣身下幅开衩部位的条形裁片。

裳幅：指组成裳身的主体裁片，为整幅正裁的矩形。

裳腰：指连接裳幅的条形裁片。

裙幅：指组成裙身的主体裁片，形状有矩形、扇形、直角梯形等。

裙腰：指连接裙幅的条形裁片，形状有条形、山形片状等。

五、尺寸线

衣长：指肩线位至下摆末端的长度，是为衣长的止口位置。

横开领：在领子后颈位置，即从左颈侧到右颈侧之间横向距离。

通袖长：指上衣平铺后两袖之间的长度。

前胸宽：前衣身左右出袖口之间的距离。

后背宽：后衣身左右出袖口之间的距离。

袖根宽：也称出袖位。指衣身裁片中包含袖的腋下位置，是衣身与接袖位的连结点。

袖口宽：指袖口上下两端的距离。

下摆宽：指下摆止口左右两端的距离。

腰线：有四重含义，一是下体服式长度的起始和围合固定的位置；二是下体服式上端与裳、裙、裤头缝合连接的部位；三是量度腰围的点位；四是长款服式下幅的分界线。

六、坐标点

中缝：指衣身左右两幅裁片的中心止口线，是左右衣身拼缝接合处，于人体正中线重合。

肩线位：是"对折"所在的一个坐标点，即前后衣片分界的中心线，并非裁片部件。

接袖位：是指袖与衣身拼接处。

下幅：指腰线以下至下摆止口。

胸围：是指经过前胸最丰满处水平绕一周。

胸上围：是指腋下胸上位置水平绕一周。

胸下围：是指胸凸下端位置水平绕一周。

腰围：是指在腰部最细处，水平绕一周。

下摆：指衣裙最下端接近边线5厘米位置，相当于折脚线区域。

裙腰位：专指裙头束系的位置，通常有三个坐标点：一是中腰款裙头束系在腰部最细处；二是高腰款裙头束系在胸下；三是长裙款（俗称齐胸款）裙头束系在胸上。

开衩位：指衣身两侧开衩的起点。

衣身侧线：指腋下两侧出袖位至下摆底端止口区域。既是前后衣身相连的缝合处，也是衣身装饰性最多的区域。

袖底线：指腋下两侧出袖位至袖口止口区域，是袖形剪裁的切割线，也是缝合袖子的部位。

直裆：指左右两条裤腿的相交连接处，是缝合部位，并非裁片。

裙摆：指裙下摆两端之间的宽度。

摆围：指裙摆展开一圈的周长。

第二节　剪裁与结构的特征

平裁对折在剪裁、结构和打板方式与西式的立体剪裁有着显著差别，这里首先要明确汉服中的常见概念、基本结构与常用术语。另外，由于剪裁制作、打板制图、测量绘制属于汉服的设计与制图工艺范畴，涉及技术层面的内容和知识点较多，本书不做重点阐释。这里主要是介绍汉服形制中涉及的裁制要领。

一、裁剪术语

通裁：指上衣的形制，即衣服从肩线对折直通至下摆底端止，腰部中间没有被裁断再拼接的一种服式，与分裁相对应。

分裁：指一类衣服的形制，即衣服从肩线对折至腰线止，是为上衣部分；再从腰线至下摆底端止，是下裳或横襕部分，即衣服腰部中间裁断再拼接缝合的一种服式，与通裁相对应。

偷襟：指右续衽裁片（即内襟）小于左续衽裁片（即外襟），形成外大内小不对称结构。

接襕：即是将分裁的衣服上下两部分缝合连接起来。

领襟一体：指由一幅条状裁片缝合拼接形成的领缘和襟缘，领襟部位融为一体没有明显的分割界线。主要运用在交领和直领服式上。

领襟分离：指由两幅条状裁片缝合拼接形成的领缘和襟缘，领襟部位有明显的分割界线。主要运用在直领、圆领、竖领、方领等服式上。

二、裁剪工艺

裁剪是制衣过程中的一个至关重要的环节，而对于选择哪种方式裁剪，不仅会造成面料使用成本不同，也会直接影响到汉服成型后的穿着效果。现代工艺中，常见的有三种裁剪工艺：

正裁：即直裁，又称竖裁，俗称直布裁，指裁片与织物的原有经纬线走向一致，即按照面料总长度方向垂直进行排料剪裁的方式。裁片制作成衣裳后，衣物的经纬线保持与原有织物的经纬线走向。正裁的手法分为不削幅和削幅，不削幅的裁片为矩形裁片，运用直线分割即可达成。削幅的裁片种类较多，如运用斜线分割的扇形、直角梯形、三角形及菱形等，运用弧线、弧形分割（或称弧线、弧形剪切）的部位，有领口、袖根、袖口及裙身等处。

横裁：俗称横布裁，指裁片与织物的原有经纬线走向相反，即按照面料的幅宽方向垂直进行排料剪裁的方式。直白一点即是把面料的纬向当裁片的经向，横裁的矩形裁片也是运用直线分割即可达成。这种手法通常只应用在横向定位织物制作的女性裙装上，或者在领缘、袖缘、衣缘、裙腰及裤腰等矩形小裁片上。

斜裁：俗称斜布裁或纵布裁，指裁片的中心线与整幅织物的经纱呈25度至

45度角的一种裁剪方式，是一种完全改变了织物原有经纬走向进行排料的剪裁方式。通常运用在领缘、袖缘、衣缘等小裁片上，也可以运用在裳的裁片上，典型如马王堆汉墓出土的329—10号曲裾袍，其织物的斜度为25度角。另外，运用宽幅织物折叠并拉低肩线改变织物经纬走向方式剪裁的短上衣也属于斜裁的一种手法。

另外还有一种裁剪工艺交窬裁，俗称交裁或颠倒裁，指按照织物的原有经纬走向，裁片的大小两头上下交错进行排料的剪裁手法。交窬裁手法并未改变织物的经纬走向，因此本质上仍属于正裁，只是其排料方式与正裁略有差异，这种排料方式的特点就是最大限度地节省布料，同时还可以通过调整裁片的上下宽窄度和拼接顺序，以达到裙身的不同外观效果。这种上下交错排料的手法主要适用于裙装、裤装和续衽裁片。

三、幅的含义

幅，指面料的宽度。依据古代木结构织机的布幅宽度是二尺二寸至二尺五寸，按1周尺约等于0.227至0.231米换算，约合0.49至0.57米，为方便计算取平均值50厘米，整幅织物的设定幅宽为50厘米，凡提及整幅时即默认为50厘米幅宽。所以在汉服制作中幅同时也是宽度单位，整幅等于50厘米，半幅等于25厘米。关于幅，最常见的术语有拼幅与接幅。

拼幅：无论古今织物幅宽都是有限的，因此在制作衣服时必须采用拼幅工艺，指将若干幅矩形或其他形状的裁片，纵向缝合连接成一个整体。以裙身为例，四幅拼幅成整体，也可以用四幅拼缝来表述，而拼缝好的整体裙身又可以用一幅裙身来表述，这种裙式通常也称为幅裙。

接幅：指将上下两幅半成品横向缝合连接成一个整体。以深衣为例，将上衣与下裳两幅部件，横向缝合成一件成品深衣。

四、褶裥工艺

褶，是指为适合人体造型需要，将部分衣料缩缝而形成的自然褶皱[1]。打褶作为服装造型和装饰的重要工艺，已经流传千年。汉族传统的褶裥工艺以简约式为

---

[1] 张渭源，王传铭. 服饰词典. 北京：中国纺织出版社，2011：640.

主，主要有活褶和死褶两类，同时还会运用到活褶与死褶相结合的复合工艺。汉服体系中秉持传统，褶裥工艺主要运用在下装，上衣的情况比较少。

工字褶：又称几褶或合抱褶。指将织物向两侧折叠双向收窄，中间呈平面的对称褶裥，因此也称为对折。工字褶属于双面式活动褶类型，褶裥的正面和反面呈现不同的状态，即一个是收缩后的光面，一个是收缩后的开衩面。可以根据实际情况选择褶裥的光面或开衩面作为裙装的正面，褶裥分量的大小及熨烫的角度没有硬性规定，灵活运用即可。

顺褶：指织物向一侧折叠单向收窄，并按顺序排列的褶裥。褶裥的朝向左右均可，但无论左右整幅裙的褶裥朝向应保持一致，特殊造型除外。顺褶属活动褶类型，褶裥分量的大小及熨烫的角度没有硬性规定，可以灵活运用。

死褶：指将织物折叠收窄的部分缝死，织物表面可见缝合痕迹。汉服体系中较少运用这种工艺，只在少数裙装及裤装中有用到死褶工艺。

复合型褶裥：是在一个工字褶的基础上，将褶裥的一部分缝成死褶，余下部分为活褶，这种复合工艺运用在裙装和裤装上，使得死褶织物表明平整，裙身或裤身贴合身体；而活褶部分又因为褶裥的活动性，它会呈现出不同的形态来，如褶裥闭合时的工整之美和褶裥打开时的开衩之美。

双向合抱褶裥：其本质是工字褶，只是运用双向左右合抱打褶的手法，使若干褶裥向中间靠拢，既有工字褶的大光面和小光面，又有左右倒伏聚拢的顺褶，整个褶裥呈大褶套小褶多层套叠双向合抱的形态。

五、缘边工艺

在传统习惯上缘边既是一个外观形状名称，也是一种缝纫工艺。为了加以区别本书所指缘边特指工艺，而将裁片部件统一称作边饰。缘边指用条状裁片或特制的织带加缝在衣领、袖口、衣襟、衣裾、衣身侧边、开衩部位，裳裾、裳身两侧边及裙裾，使这些部位增加牢固度或起装饰作用的一种缝纫工艺。

汉服的边饰名称依照服装的部位进行定义：围绕领子部分的边饰为领缘；衣襟部分的边饰为襟缘；袖子接缝处及袖口的边饰为袖缘；两侧开裾部位的边饰为衩缘❶；下摆底端衣裾处的边饰为裾缘。具体方式有单面贴缝、对折双重平面接缝

---

❶ 魏娜 . 中国传统服装襟边缘饰研究 [D]. 苏州大学，2014.

和对折双重百褶边缝。

缘边工艺主要运用在礼服类的边缘装饰，包括衣裳制和深衣制的礼服，以及一些通裁制袍服。使礼仪性服式具备庄严、隆重的特质。衣襟缘边、衣裾缘边是汉服礼仪服式的一个典型特征，日常服饰多不缘边，但有些基础的裙式或者半袖襦也会运用百褶边装饰裙裾和袖口，使衣裙更加富有层次感。

六、立体构造

现代汉服接续平面剪裁传统，所以在实际塑型时仍保留了传统服饰中的立体构造。立体构造这种制衣方法堪称中国古代制衣史上的一大创举和伟大探索❶，即在腋下腰间衣身和袖子及下裳相接处加插矩形裁片的明立体构造，调整局部裁片角度，运用肩（胸）褶调节肩袖水平塑形的立体构造手法，以及运用三角续衽边的暗立体构造手法。其中，明立体构造分为四个部分，分别是：

一是小腰：指在腋下与腰间衣身、衣袖、下裳三者相接处加插矩形裁片。

二是下倾角：指将左右衣身裁片前端与下裳裁片相接处原来呈彼此平行状，调整为向下倾斜相交状，使上下裁片未缝合时形成重叠区域，缝合后重叠区域呈褶皱堆积。调整裁片角度使领襟延长，再与小腰配合有效解决绕襟问题。此类服式在整件衣服缝合之后，在平铺状态下衣面局部不平整，在衣服的腋下及前胸、领口处会出现大量的褶皱，为明立体构造。

三是上倾角：指下裳首尾两端裁片腰线角度向上倾斜呈抬升状，上衣下裳裁片缝合后呈整体倾斜，穿着时因首尾两片倾斜导致下裳呈喇叭状散开，在身前呈"入"字形开口。

四是肩（胸）褶：指在前后衣身近领位置沿肩线向下摆底端打褶，以半弧形为主兼有其他形状，褶裥朝向衣身内侧，胸背部以上为活褶，胸部以下为死褶或全部死褶。缝合后整件衣服在褶裥闭合时可以平铺，肩线基本呈水平状；褶裥打开时肩线微翘呈倾斜状，此时衣服无法平铺。运用肩（胸）褶调节上衣肩袖水平，增加肩部及腋下的运动空间，收缩腰部，达到塑型的目的。此类服式也属于立体构造手法，仅在少量女性的短上衣款式中运用。

暗立体构造是三角续衽边：指没有小腰结构的三角续衽边类袍服，在平铺状

---

❶ 琥璟明. 先秦两汉时期的服装立体构造手法. 汉晋衣裳. 辽宁民族出版社, 2014, 12(1): 93.

态下衣面平整，但下裳左右不对称呈多余三角形区域。该区域实际是为因提升衣襟造成一侧下裳内收预留的空间，是此类袍服成型的一个关键，为暗立体构造手法，其目的是让前胸的衣襟向外拱起，配合里外衣服絮棉的衣领，将着装者上半身塑造得更加丰伟❶。

七、分类规则

在历史长河之中，同名异物的现象十分常见，且一个称谓对应的服饰有着多种款式和演变现象。考虑到现代人对于汉服的认可度与了解程度，现代汉服体系中暂时不做款式的命名设计与规范标准，只是针对相应的服式基本形制和特点，进行技术性、结构性、功能性的"白描"说明，即针对具体款式的形制逐一进行整体性论述，用特点"白描"的方式替代传统的款式名词，也是从各个独立的款式中，解释汉服体系中单品的含义。

从大的组成上，将汉服按服式类别即所覆盖的部位和功能划分，可以分为覆盖身体上半部分的衣类，覆盖身体下半部分的裳（裙）类、裤类，既覆盖全身又有明显上下界线的衣裳连属类，以及附件类。衣类（含通裁制袍服类）、裳类（含裙类）、裤类、深衣类（含接襕衣类）、附件类五个部分。

由于二次成型的特征，对于每一个服式，分类标准是以形制为依据，而不是最后穿着上身的效果。如"高腰裙"，是指在裁制过程中做成的高腰裙式，而不是穿着时人为提高至胸下的中腰裙式。对于衣类和深衣类的分类准则，第一点考虑的是衣身类别，即襦、衫、袄、袍，可以视作代替"衣"字，作为上衣的名称而用；第二点考虑的是衣身长度，即长款、中款、短款；第三点考虑的是领型，常见的有交领、直领、圆领、竖领等；第四点考虑的是袖子的长度与宽度，通常情况对窄袖不加专门修饰，但对大袖会特别强调；第五点考虑的是衣身是否有边饰，缘边部位主要是指袖缘与裾缘，也是用来划分礼服与常服的重要依据；第六点考虑的是衣身下摆处的特殊样式，特别是衩、襕的部位上，是否会有开衩、加掩衩、接襕等工艺，也会在衣身名称处加以说明。对于裳类和裤类的分类准则，第一点考虑的是裳腰的特征，分为共腰与不共腰两种；第二点考虑的是裳身、裙身和裤身的结构，根据布幅组成、褶裥工艺、打板特征分为多种类别。

---

❶ 琥璟明. 先秦两汉时期的服装立体构造手法. 汉晋衣裳. 辽宁民族出版社, 2014, 12(1): 93.

此外，分类命名还要综合考虑的是搭配特征，即内外层次，并根据该款式所属层次进行命名，如上衣从里到外是内衣、中衣、外衣和罩衣；下装是内裤、中裤和外裤；下裙是内裤、中裙（也称衬裙）和外裙；下裳是内裤、中裙（也称衬裙）和帷裳；深衣类是内衣、内裤、中单、深衣、罩衣，形成叠穿层次感。除此之外，针对个别款式有着应用属性，如男性专属或女性专属，婴儿专用或逝者专用，也可以纳入款式的命名之中。需要说明的是，中衣是指穿在内衣之外、外衣之内的短款上衣，而中单是指穿在内衣之外、外衣之内的长款衣。

总而言之，现代汉服体系将根据这几点特征，对不同服式进行白描式的分类与介绍。考虑到汉服体系中，有部分部件、款式、应用有男女之分，这些特殊结构，在段落描述后会注明是否是仅限男性或女性，而对于男女通用款式则不加赘述与强调。

第三节　衣身类裁片与结构

汉服平裁对折所带来的衣身结构，与立体裁剪下的衣身结构也有着本质差别。虽然是二维平面剪裁风格，但是通过局部的立体构造，穿在身上时营造了一个行云流水般的多维空间。在现代汉服体系中，不论衣身的设计如何变化，保留后中缝和不破肩线都应作为一种传统被保留下来，这也是汉族传统的制衣理念中必须坚持的基本准则。汉服的衣身根据类别、裁片、长度、闭合、固定、开衩和下摆的差别，分为七个部分进行介绍。

一、衣身类别

汉服上衣的一大亮点是根据衣身长短、材质及制作工艺的差别，可以在相同形制的基础上，制作出不同的服式以适应四季的变化。其中，通裁式单层无夹里的短上衣称为衫、衫子或单衫，双层有夹里的称夹衣或袄，分裁式的短上衣称为襦、袄、袍，在夹里上再絮棉花则称棉袄棉袍。这几种短上衣其衣身结构略有差异，具体为：

襦：前后衣身左右结构对称，衣身前后有中缝，续衽较窄，腰下接襕衣长不过膝或齐膝，在衣身两侧接襕处有褶裥。

袄：后衣身左右结构对称，衣身前后有中缝，左前衣片续衽较宽，右前衣片续衽较窄或无续衽，衣长不过膝或齐膝，衣身两侧近胯位置有开衩。

衫：衣长没有特别限制，可齐腰、过胯不过膝，也可齐膝。前后有中缝或只有后中缝两种形式，衣裾有相连不开衩的，也有两侧开衩的。

袍：专指通裁式长衣，衣长过膝不及地，衣身前后有中缝、有续衽，衣身两侧有开衩。

二、衣身裁片

汉服衣身和袖身根据裁片的拼接不同，通常分为两幅式、四幅式和六幅式三种类型。

两幅式衣身结构：即由左右衣身裁片组成的无续衽半袖上衣。两种不同的闭合方式，其裁片结构及制作方式略有差异。一种是直领对襟，由正裁两幅裁片及领缘系带等小裁片组成，覆盖身躯颈以下至腰间部位及手臂的服式；另一种是交领右衽，由正裁削幅两幅裁片及领缘系带等小裁片组成，覆盖身躯颈以下至腰间部位及手臂的服式（图6-1）。两幅式结构多运用在无袖、半袖及童装上衣。

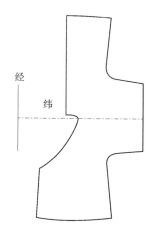

图6-1 交领半袖无续衽两幅裁片示意图

注：汉流莲手绘。

四幅式衣身结构：即由左右衣身裁片及衣袖组成的长袖上衣。衣身要采用拼幅，剪裁方式为正裁四幅或正裁削幅两幅加正裁两幅裁片及缘边系带等小裁片组成，覆盖身躯颈以下部位及手的服式。两种不同闭合方式，裁片结构及制作方式略有差异。一种是直领对襟，由正裁四幅裁片组成，即左右衣身两幅、左右衣袖两幅（图6-2）；另一种是交领右衽，由两幅正裁削幅左右衣身和两幅左右衣袖裁片组成。四幅式结构多运用在对襟直领外衣和无续衽的交领上衣，以及圆领、曲领贯头内衣。这

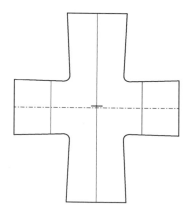

图6-2 直领褙子裁片示意图

注：汉流莲手绘。

类结构是汉服上衣中较为常见形式，既保留了后背中缝和接袖的拼接方式，也简化了前衣身续衽的工艺。在现代的纺织工艺中，由于布料的幅宽已经足够宽，理论上可以省略接袖，但是作为汉服传统制衣理念的重要组成，多数情况象征性地保留了接袖的拼接模式。在坚持"不破肩线"的原则下，接袖位置和数量有着非常大的灵活性，包括肩下、腋下、大臂处、小臂处都是可以灵活变化，并没有绝对的位置概念❶。接袖更多是作为汉服的传承意义，象征性地在袖筒上保留两道接缝。

　　六幅式衣身结构：即由左右衣片及续衽和衣袖组成的，覆盖身躯颈以下部位及手的服式。衣身的拼幅由正裁四幅裁片、续衽两幅裁片及缘边系带等小裁片组成。其中正裁四幅，作为左右衣身两幅裁片、左右衣袖两幅裁片；而续衽两幅裁片，作为前后内襟的拼片使用。闭合方式均为左右相交的右衽，且领型的变化并不影响其基本结构（图6-3）。六幅式结构多运用在续衽交领、续衽圆领的上衣、衣裳连属制的上衣和通裁式袍服。六幅式结构有明显的前后背中缝及接袖缝，是最符合平面对折，中缝对称这一核心要素的典型服式。

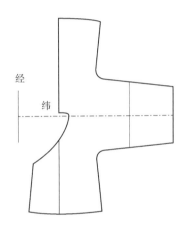

图6-3　交领续衽长袖六幅裁片示意图
注：汉流莲手绘。

三、衣身长度

　　汉服的衣长可以分为短款衣、中款衣和长款衣。

　　短款衣：指衣身长度过腰、齐腰或略短于腰线的上衣类别，略短于腰线的上衣属于最短的衣类，仅适用于女性。

　　中款衣：指衣长过臀部并未及膝或齐膝的上衣类别，常见的服式有内衣、中衣也有外衣。

　　长款衣：指衣长过膝的长衣类别，常见的服式有通裁式袍服、通裁式长袄、通裁式中单、罩衣等。

---

❶ 网友南楚小将琥璟明. 深度解密汉服的"接袖". 百度汉服贴吧, 2011–09–30.

四、闭合方式

衣身的闭合方式常见的有两种：一种是贯头式，另一种是开襟式，两种的外形有着明显差异。

（一）贯头式

贯头式，又称套头式、贯口式。指衣身前后中缝均缝合，无须借助系带或纽扣固定，穿着时直接将领口套在头上贯头而下。这种衣式也称贯头衣或套头衣，是上衣最古老的衣式遗存，在中国汉族民俗服饰中仍有保留，多运用于内衣（图6-4）。

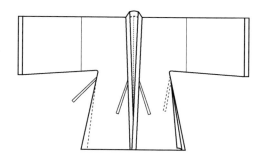

图6-4　曲领中衣形制示意图

注：汉流莲手绘。

（二）开襟式

在上衣的裁制中，襟（衽）不仅是分类标志，更重要的是一种功能性部件，具有闭合衣身和装饰衣身的作用，其对应的汉服上衣款式繁多（图6-5）。其中主要有三种类型的开合方式：

相交右衽式：可以分为大襟式、偏襟式和斜襟式三种。其中，大襟即常见的相交右衽式，即上衣

图6-5　男士大袖褙子对穿交领示意图前幅下摆比后幅大12厘米

注：汉流莲手绘。

相交在右侧腋下闭合，适用于领襟一体的交领等领型；偏襟式即上衣相交在中缝二分之一处闭合，适用于领襟分离的圆领、圆形无领等领型；斜襟式即上衣相交在右侧腋下闭合，适用于领襟分离的竖领等领型。

平行对襟式：适用于直领、圆领、圆形无领、袒领、竖领、方领等领型，有些服式通常在右衣片门襟内侧加装掩襟以防走光。

斜线对襟式：此类襟型的特点，是左右两襟从领口位置斜线而下至下摆底端，两襟呈V形，适用于领襟一体的直领，也可以穿成左右相交的交领，即是俗称的对穿交形式。

五、固定方式

汉服衣身常见的固定方式主要有两种：一种是系带，另一种是纽扣。系带，指用于结系衣裳起闭合固定作用的条状部件。在上衣左侧腋下和右侧腋下的闭合点一左一右缝纫两条系带，使用时将两条系带相交结缨固定衣襟，即是左右腋下系带双侧固定的形式。系带的适用范围比较广，凡是左右相交的右衽服式，如曲领相交的两种类型的闭合方式均使用系带固定；对襟服式和帷裳帷裙均可使用。

纽扣，包括隐扣和子母扣两种形式。隐扣，指用布条或其他材质制作的套连式米粒纽扣，缝制在不易看到的隐秘处，起闭合衣襟作用。由纽结和纽袢两个部件组成，分别缝在领口闭合点，上为纽结下为纽袢，将纽结套入纽袢中使之扣合连结。子母扣，指以金属玉石珠宝为材质制作的套连式纽扣。由形状相近的左右两个部件组成，一半是扣，另一半是带套环的纽，将扣套入纽环中使之扣合连结。子母扣多运用在对襟型的竖领、方领服式上。

现代汉服体系基本保留传统的系结方式，交领右衽的服式运用系带，其余领型则系带与纽扣混合使用，个别领型的对襟则只使用米粒纽扣或金属子母扣。

六、开衩工艺

现代汉服体系中，开衩工艺通常运用于衫、袄和通裁袍服等衣类中。衫、袄的开衩较短，在腰下近胯位置至下摆底端止。袍服的开衩较长，分为腋下、腰下和胯下开衩三类，也称为高开衩和低开衩，有些服式还会加大前幅衣身的宽度，使前幅与后幅衣身产生错位形成不对等的形态，也有些服式开衩之后又通过加掩衩的方式，既增加腿部的活动量，又起遮蔽作用，使下摆的样式更加美观丰富。

除此之外，衣身两侧开衩也是大袖衫、褶子的一个特点，并且缘以边饰，采用织锦带或较宽花纹边饰，突出装饰的特点。需要注意的是，汉服中开衩处仅是有节制的缘边，不做镶边和滚边的装饰处理，除骑射类服式外不能采用三开衩或四开衩方式，必须保留古代汉服的基本要素特征。

七、掩衩结构

汉服衣身腰线以下至下摆止口属于下幅的范围，重点在下摆和衣身侧线两个区域。

汉服掩衩，是指通裁式袍服类衣身两侧开衩位置加接的裁片部件，其功能主要是增加活动量和遮蔽作用，也可以成为装饰的重点。掩衩样式主要有两种类型，内掩衩（暗摆）和外掩衩（插摆）。

内掩衩：旧称内（暗）摆，形制有两种，其一是流传下来的肩挂式无褶内掩衩，即源自"缝腋之衣"，即衣身内侧加接三幅裁片，背部其中一幅上端缝挂于后背过肩线部位，下端再接两幅与前衣身左右缝合，两幅重叠相交以后中缝为基准，重叠幅度约5~8厘米，不打褶；其二是腰挂式有褶内掩衩，又可细分为内掩衩裁片独立和非独立两类结构。独立裁片即是加裁两幅后衣身裁片为内掩衩，长度以开衩位至下摆，宽度加褶裥的放量。缝合时在前衣身左右各接一幅裁片，采用顺褶工艺打褶，在后衣身内侧两幅重叠相交缝合，重叠方式与肩挂式同，顶端缝挂于腰间。非独立的处理方式是直接在前左右衣身侧线剪裁出内掩衩，因其布幅的分量相对少所以两幅内掩衩不会在后幅形成相交重叠，打褶后收纳缝挂于腰间两侧。开衩加掩衩部分的顺褶呈折扇状，使腰线以下两侧微微蓬起，适用于各种袖形的道袍。内掩衩的作用一是遮蔽两侧开衩部位，使得内着衣、裤不会因走动时暴露，保持着装的整洁、严肃。二是扩展活动空间增加活动量，不会因为下摆宽度不足而使活动受限。

外掩衩：旧称外（插）摆，是衣身两侧加接在外的条状部件。共四幅裁片，缝合时前后衣身各接一幅，上端收口两侧与衣身缝合，呈翼状（或耳状）。通常运用于直身、圆领袍等式。

第四节　领型的结构与分类

汉服的领型，可以分为交领、圆领、曲领、直领、衵领、方领、竖领、圆形无领八种类型。其中交领右衽为现代汉服体系中的核心部分，具有鲜明的风格。除了上述几种直接由剪裁形成的领型外，还有穿着时二次成型的领型变化，典型的有交领穿成直领、直领穿成交领、圆领穿成翻领、相交闭合圆领穿成对襟闭合的衵领这四类形态，因此，也成为汉服的又一个亮点。

一、交领

交领，指领襟一体衣衽左右相交闭合，固定后领型呈"又"字。按领口交叠方式可分为右衽和左衽两大类，汉服的典型样式为"交领右衽"，即y字形。右衽，指右前襟在内，左前襟在外，相交闭合后呈领缘及衽向右伸延的形状。交领的领缘与衣襟是为一整体，分为全交领、浅交领、直交领三种不同结构。

全交领：全称是左右衽对称的全交领，剪裁方式有两类。一类是用整幅正裁方式加左右续衽裁片结构，在前后片上均留有中缝；另一类是用正裁削幅形成的左右衽裁片结构的，这种只有后背中缝。

浅交领：全称是左右衽对称的浅交领，是用整幅正裁方式加左右续衽裁片结构，但续衽裁片只有胸围的八分之一，约10~12厘米，左右衣襟相交很浅，相对于全交领而言称为浅交领，浅交领领缘窄小前后背均有中缝。

直交领：续衽不对称的直交领，即运用偷襟手法剪裁形成大小襟结构的形态。是用整幅正裁方式加左右续衽裁片结构，但续衽裁片左右结构不对称。右前衣片领口呈直线而下，右续衽裁片只有左续衽裁片的一半，或者干脆不加续衽，形成空缺状态，俗称偷襟剪裁，亦称为小襟，左右衣襟相交闭合时领口呈左斜右直状。需要注意的是，这种不对称结构的剪裁方式看似节省面料，实则容易弄错左右裁片的正反而导致部分裁片废弃。

二、直领

直领指领型垂直平行向下，衣襟左右不相交，在前襟中间闭合，呈类Y字形或V字形。出现不同形状是因为直领与领襟有着多种组合形式，具体可以分为四类。

领襟一体：即领缘与襟缘不分直通到下摆底端，不用系带或在胸前用系带系结固定。

领襟斜线到底：即左右两襟从胸口位置斜线而下至下摆底端，两襟呈V形，适用于领襟一体的直领，腋下两条垂带胸前两条，用系带在胸前闭合固定，也可以左右相交在右侧固定。

加缝领不系带：即剪裁时保留前中缝止口的布料将其反折并加贴内襟缝合成襟缘，再另加一条状裁片补充加缝在后横领至锁骨位置作为领缘，此种领缘也称为加缝领或后缝领，无系带。

领襟分离：即领缘到胸前，襟直通到下摆底端，用系带或子母扣在胸前闭合固定。

另外，直领虽是领子的形状，但也可以描述领型为直领的衣服款式。

三、圆领

圆领，指领型正圆形或椭圆形，衣襟左右相交呈圆形，也是汉服的基本形态之一。其中领缘又有多种形状，分别有窄缘微立形、宽缘微立形、窄缘扁平形、宽缘扁平形，扁平形领缘通常贴合在衣身裁片之上呈盘状，因此也将此类圆领称为盘领。

闭合方式通常是在前襟右侧闭合，运用隐扣的形式，在衣身右侧肩线位置及左右内外襟三处进行固定。除了左右相交闭合类型外，还有对襟闭合的圆领类型。

四、曲领

曲领，胸前部分领缘有堆积弯曲状或曲折状，颈部形似圆领的领型。根据《释名·释衣服》描述："曲领在内，所以禁中衣领上横壅，其状曲也。"可以看出，曲领实为内着服式（图6-6）。在宋代，宋人根据自己的理解，将朝服设计为"方心曲领"，形制为上圆下方，形似璎珞锁片的白罗做成半环形"项圈❶"。这种方心曲领被纳入礼服系统传承下来，一直沿用到嘉靖朝时废止❷。明亡后李氏朝鲜将其传承固定下来延续至今，但其样式与宋代已出现了偏差。现代中的曲领主要有三种类型：

相交型曲领：可以再细分为衣襟不对称相交型曲领和衣襟对称相交型曲领两

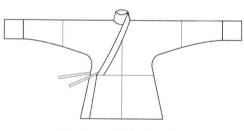

图6-6 曲领中衣形制示意图

注：汉流莲手绘。

款，可应用在深衣类袍服的中衣上。左右衣襟不对称的相交型曲领，在右衣襟将领口挖成圆形，左衣襟为直角相交型，领缘较高贴合颈部在左侧肩线后用系带固定，衣襟左右相交在右侧闭合，闭合后领型呈上圆下交曲折状，

❶ 高颖，余玉霞. 谈方心曲领中的天圆地方之说. 现代装饰(理论)，2012(10)：83-84.

❷ 醉心于炼丹修道的嘉靖皇帝特别重视复古考据。他认为真正的方心曲领已经失传了，从隋朝沿袭下来的都是讹传，应该废止。《大明世宗肃皇帝宝训·定服制》载：上曰："方心曲领古制不传况始自隋岂可袭用宜革之余如图注通行中外职官遵行毋得违越仍会议各王府官一体更正！"自此，沿袭自隋唐的方心曲领被废除了。

通常应用在接襕式中衣；左右衣襟对称的相交曲领型，将领口挖成宽松式圆形，领缘较高宽松柔软在胸前堆积不贴颈部，衣襟左右相交在右侧闭合，闭合后的领缘呈圆形曲折状，通常应用在通裁式中衣。

椭圆形曲领：指领口挖成椭圆形，衣身前后有中缝的贯头式中衣，因其领缘宽松柔软堆积在胸前呈弯曲状，运用于男性中衣，为内着服式，通常衬在直领大袖衣内与缘百褶边饰的下裳搭配，作为婚礼服配套穿着。

上圆下方曲领：采用白色紧密结实的织物剪裁而成，缝纫制作的独立饰件，使用时悬挂于胸前的交领上并在颈后用隐扣扣合固定，呈上圆下方护领状颈圈，为男性服式饰件，通常与玄端服搭配，运用于祭祀场合。

五、袒领

袒领即一种领口很低的椭圆领型，特点是敞露脖颈和胸上部，呈椭圆形或桃心形，为女性专用型。闭合方式有两种：一是贯头式，二是对襟式。贯头式袒领的衣身前后中缝均缝合，穿着时直接将领口套在头上贯头而下，无须固定。对襟式袒领于胸前闭合，采用小珠扣与布纽祥组合固定。这里的袒领是剪裁制作而成，而不是二次形成的。

六、方领

方领指领口挖成方形，用条状领缘裁片缝合领口，在前襟左右领角将条状领缘折角缝合，使领口呈对称的方形。于胸前闭合，用金属子母扣、珠扣、米粒扣等固定，也是衫、袄、半袖或比甲等类上衣常见领型。方领多作为外穿款式，内里通常搭配竖领或交领衣。常见应用的款式中，比甲为男女通用，而长袖和半袖为女性专用。

七、竖领

竖领又称高领，衣领直立，贴合颈部。此领型由交领演变而来，即提升领窝线、缩短领缘最后将领襟分离形成斜襟、偏襟或对襟，以交领领缘断面收边形成闭合，成品领型呈圆柱状，通常使用1~2粒金属子母扣固定领口，闭合后领口贴合颈部不相交、无弧度，两领角可外翻，形成小翻领的效果。竖领可运用在衣襟相交闭合、对襟闭合的款式上，穿着时衣襟相交于右侧系带固定，对襟闭合的用珠扣固定，或胸前系带固定。

需要强调的是，汉服中的竖领，衣服平铺时领口相交于右侧呈交领状，与清立领的形状及襟型差别明显、穿着效果也不相同。

八、圆形无领

圆形无领，指领口挖成圆形，用宽度在0.5~1厘米极细的条状领缘裁片，将剪裁后的领窝毛边包边缝合呈圆形，于胸前闭合，此领型适用于对襟闭合内穿打底衫子，或续衽裁片较小相交浅的右衽闭合衫子，后一种衫子的隐扣位置在锁骨下。

第五节　袖型的结构与分类

袖型即衣袖的外在形状，是汉服体系中变化最多的一个部位，也有着多种不同的分类与称谓，相同形制的袖型也会因制作工艺的不同而产生差异。常见的分类有宽窄度、长短度、袖子外观装饰。另外，汉服的袖型，除了指代袖子的宽度和长度外，也可以特别指代袖型为这个样式的上衣，常用的是大袖、无袖、半袖和长袖，即为大袖衣、无袖衣、半袖衣和长袖衣。

一、宽窄分类

按袖筒的宽窄度，可以分为窄袖、宽袖和大袖三类。

窄袖：因其袖管宽度相对窄小，多运用在短款上衣和中款上衣等短小轻便的服式上，是日常汉服的常见袖型。

宽袖：袖筒的宽度介于窄袖和大袖之间，多运用在正式场景的服式上。

大袖：又称广袖，袖根宽在40~50厘米，袖管宽在50~100厘米。因袖根与袖管之间宽窄幅度大，通常在出袖位起圆弧后斜线直下，即与衣身侧线平行而下至袖底端约18~20厘米位置形成一个近90度的弧形角，然后直线再沿袖管底边伸延至袖口末端与袖口缘边缝合。因其袖管宽广而多运用在礼仪性质的服式上，适合在人生礼仪等正式场景中穿着。所谓"宽袍广袖""褒衣大袖"，就是说宽大的衣袍要宽广的袖子相匹配。大袖的类型较多，且袖口的处理方式多样，进而引申出不同款式。

二、长短分类

按照袖子的长短，可以分为无袖、半袖和长袖。

无袖：即没有袖子。也通常被指代没有袖子的罩衣。

半袖：又称为短袖、半臂，袖长至肘或过肘。由直袖演变而来，从结构上看两种类型略有差异：其一是通裁式，基本上是左右衣身裁片加上左右续衽直接缝合，就是半袖；其二是分裁式，以腰线为界上为衣下为襕，左右衣身裁片、上左右续衽加腰襕缝合，称为半臂。两类袖型平直，袖口敞开。袖长为半袖的上衣，可以直接称为半袖。

长袖：袖长可以覆盖手臂至手掌。细分为四类：一是袖长齐手腕，一般为窄袖；二是袖长齐指尖；三是袖长齐指尖加10厘米，达到"回肘"的效果，一般为宽袖；四是通袖长达到220~240厘米，基本是"回肘"的效果，即左右手掌相交自然平放于胸腹之间时，既不会暴露双手，又显得从容自如，通常用在特定的礼服中。

三、袖型分类

通常是针对长袖，按照袖下线形状，又分为小袖、直袖、垂胡袖、琵琶袖和喇叭袖五类。

小袖：指袖根宽度大于袖口的袖型，袖根宽度在20~35厘米，袖口宽度在12~14厘米，是家居休闲和日常汉服的常见袖型。

直袖：指袖根宽度与袖口宽度基本相等或袖口略大的袖型，是家居休闲和日常汉服的常见袖型。

垂胡袖：因其袖型如黄牛喉下垂着的肉皱，学名称为"胡❶"，故名垂胡袖。袖根和袖管宽大而袖口小，袖宽在45~60厘米，在袖长三分一处急上收窄与袖口缘边缝合，不打褶。通袖长在200~240厘米，穿着时袖子堆积在手臂上形成自然的褶皱，呈垂胡状，多用于礼服。

琵琶袖：由垂胡袖演变而来，袖型的特点是窄袖根大袖管小袖口。从出袖位

---

❶ 谢念雅，刘咏梅. 基于汉服特征的服装结构研究. 大众文艺, 2011(17): 296–298.

起斜线沿袖管逐渐放大至近袖口位置，然后以弧线收窄呈琵琶状袖口。整个袖子的形状如琵琶，故名琵琶袖。琵琶袖与垂胡袖的区别在于，琵琶袖的袖型是剪裁形成圆弧状，而垂胡袖是自然堆积形成胡状。

喇叭袖：袖根较窄从出袖位起平缓过度至近肘位，急斜线下扩大袖管伸延至袖口末端位置收圆弧，袖口缝纫收边，袖型呈袖根窄袖口大的喇叭状。

四、袖口分类

根据袖口形状，可以分为敞口式和收口式两类。

敞口式：指袖口完全敞开不缝合呈上下贯通状。形成大袖飘飘、两袖清风的样子。

收口式：指袖口只有一掌宽敞开，其余部分缝合，使出手位至袖口底端收口后呈布袋状。在影视剧里看到的"袖子里放东西"的说辞，即是收口式袖口。

第六节　裳（裙）裁片与结构

现代汉服中的裳与裙，是指覆盖遮蔽人体下肢的服饰。"裳"是汉族历史上使用最久远的服饰之一，一直沿用到明朝末年，始终作为男士高等级礼服而穿着。裙则在历史演变中成为通用服饰，其款式多样、色彩丰富、造型百变的特点，也成为现代汉族服饰中的一道亮丽风景线。裳与裙的主体结构略有差别。根据裳与裙的特征，可以从裳的结构、裳腰、腰线、固定方式划分为不同样式：

一、裳的结构

通常采用比较密实材质来制作裳腰，裳腰高在10~12厘米，裁片尺寸20~24厘米，对折成双面，长度以腰围为依据计算。

帷裳，由七幅裳身主体裁片，两幅条状裳腰、两幅条状缘边小裁片及系带等部件组成。主体裁片通常采用整幅正裁而成，分别拼接成前三幅裳身和后四幅裳身两个独立部件，裳身打工字褶若干、裳两侧及裳摆底边有缘边，束系于腰间覆盖遮蔽下体，分为不共腰和共腰两种结构。

不共腰帷裳有两种：一种是用七幅整布组成，裳幅上下宽度一致，运用工字褶工艺收缩与一条裳腰连接，使裳幅的褶裥工整严谨垂直而下，褶裥数量不限，三幅与独立的裳腰拼缝、裳腰两端拼接系带为前裳，四幅与独立的裳腰拼缝、裳腰两端拼接系带为后裳，穿着时三幅的裳遮蔽腹部、四幅的裳遮蔽臀部，分别束在腰间系结固定，通常与端衣搭配穿着，体现出端庄稳重的整体效果；另一种是将前后裳摆剪裁成圆弧状，底端缘饰百褶边，其余部分与上述正裁的形制相同，此式仅仅作为曲领中衣和直领礼服的配套服式，不能与交领端衣搭配。

共腰帷裳，正裁七幅裁片，拼缝成一条共裳腰的帷裳类型，裳身打工字褶。裳身结构大致可分为三种：第一种是前三幅后四幅两个独立部件与一条裳腰缝合成共腰的帷裳；第二种是将七幅裁片拼接缝合成裳身，上端一条裳腰连接成共腰帷裳；第三种是七幅拼缝裳身中间区域打工字褶的样式。

由六幅布交裁成十二幅拼缝裳身，在裳身平均分布打工字褶，下裳底端可以不加缘饰，也可以缘以百褶边饰，颜色和织物选择范围大可以各随其愿，此类男士日常下装可裙裳并称。

从布幅默认的宽度50厘米来计算，由七整幅织物制作的裳，裳摆周长在350厘米左右。再加上由两条独立结构不共裳腰的处理方式，穿着后腰、腿两侧形成一道缝隙，从而极大地增强了腿部的活动量。

二、裙腰裁片

根据裙腰裁片的结构不同，可以分为条状裙腰和片状裙腰两大类。

条状裙腰：即裙腰为一幅长条形部件，可细分为两种类型。一种是裙腰高在3~16厘米，裁片双面对折或由两片缝合均可，裙腰长度以中腰围、高腰围及胸上围为计算依据，至少放量二分之一即腰围的1.5倍，如60厘米的腰围再加30厘米。放量的部分在左右裙身相交时呈半身重叠状，可以有效地遮挡缝隙形成封闭效应。如果裙腰放量不足够，则裙身无法重叠同时出现开衩不能形成上述效应，裙身不能完全遮蔽身体，不但容易走光还影响运动量，所以仅合围的裙式通常需要搭配裤装或者同时搭配短裙穿着。另一种是裙腰高在14厘米左右，裙腰长度与中腰围相等，即是成品裙腰仅可围合的类型，此裙式不能单独穿着，必须与单独的衬裙或中裤搭配穿着。

片状裙腰：由两幅山型裁片缝合而成，即胸前部分比较宽大，背后部分相对窄小，呈中间高两边低的山形状。裙腰上可运用绘画、刺绣等工艺加于装饰。裙腰长度与条状裙腰计算方法基本相同，此类裙腰多适用在长款裙式，款式多样。

三、裙腰结构

裙身，指裙腰以下由若干裙幅裁片按形制拼缝连接而成，覆盖遮蔽下体的主体部件，展开时呈长形、扇形或纺锤形。裙幅裁片通常运用削幅或打褶工艺收缩裙身上端，即腰线位置，使其尺寸与裙腰吻合。

汉服的裙腰与裙身是两个独立部件，采用不同的组合方式，则呈现出不同的裙式和固定方式：一幅式裙腰、分离式裙腰以及作为参照系的桶式裙腰。

一幅式裙腰：是流传时间比较久远的汉族传统裙腰，即一条裙腰连接裙身所有裙幅，裙身展开时呈扇形状，即将组成裙身的裙幅裁片全部缝合成一个整体，再与裙腰拼接缝合，裙腰左右两侧分别缝纫裙带，左右裙身侧线缝边收口，但不缝合，整条裙子可以展开。穿着时直接束在腰间或胸上部围合相交，裙带在身前或身后系结固定。这种固定方式称为围合式裙式，因此，一幅式裙也可以称为帷裙、围合式裙。传统的帷裙由于其裙幅大，相交重叠的幅度多，能够化解因体形变化而带来的尴尬，所以对穿着者较为友善且兼容性好，局限性相对较小，而适用性较强。

分离式裙腰：即是指裙腰分离裙摆相连式，此类裙式曾流行于唐代，也可以称之为两幅式裙腰，但本质上其固定方式仍然是围合式的。由若干裙幅裁片、两条裙腰及四条裙带组成，后幅裙身较大，前幅裙身较窄，类似前三幅后四幅不共腰裳的结构。在两侧腰线位置余下约10~30厘米不等的开口作穿着时的放量空间，两幅裙身腰线部位分别与裙腰拼缝。缝合后两条裙腰左右各接出一条系带，其中后幅裙腰的两条稍短稍窄为系带，前幅裙腰的两条稍长稍宽为裙带，裙身两侧从开衩位以下至裙摆底端缝合呈裙头分离裙摆相连状。分离式裙腰多运用在长款裙式上，特别是晕色裙式，现代汉服中也有运用在中腰款裙上。

桶式裙腰：指两侧裙身及裙腰均缝合，裙身不能展开呈桶状的裙式。此式非汉族传统裙式，这里主要是给围合式和分离式作参照系。

四、裙长分类

裙长，顾名思义指裙子的长度。现代汉服的常服和礼服中，传承古代汉服的特征，需要将下身部分围合完整。由于裙子的长度涉及围合固定的位置，所以在描述裙长时把裙腰线设定为起始点，如腰部最小处为中腰裙的基准位置，也是正常腰围位置；而高腰裙、长裙款的腰线位置则有变化。针对裙长时所描绘的腰线，主要是指下裙的起点处，具体可以分为中腰款、高腰款、长裙款三类裙式。

中腰款：俗称齐腰裙，裙长从腰线处起至脚踝止，不及地；正常腰线位置即在胯骨上端最细处，是最平常的标准裙式。此类裙式多样，有适合于日常穿着的，也有适合于人生礼仪场景和正式场景穿着的。正裁、正裁削幅、交窬裁、横裁，这几种剪裁方式均可运用。可采用所有类型的褶裥工艺，对裙幅进行调整和修饰。

高腰款：俗称高腰裙，裙长将裙腰线上移至胸下起至脚踝止，是一种下体服式往上体伸延的衍生裙式，是将裙腰线往上伸延使裙身的覆盖面扩展。此类裙式多样，其适合范围、剪裁方式、褶裥工艺与标准式基本相同。

长裙款：俗称齐胸裙，裙长是将裙腰线上移至胸上（腋下）部位起至脚踝止，是一种下体服式再往上体伸延的衍生裙式，将裙腰线往上伸延使裙身的覆盖面扩大到胸上部。此类裙式多样，其适合范围、剪裁方式、褶裥工艺与标准式基本相同。

高腰款和长裙款，在设计上都有着"越界"的思路，是把一般裙头的位置往上提升至胸下线或胸上线，使裙身也覆盖了上身部位，因此拉伸了人体的身材比例，有着不显露身体曲线，服饰搭配简洁的修身效果，深受现代女性的喜欢。

需要注意的是，上述三个类型的裙式均为标准式长度，也可以根据现代人着装习惯调整裙装的长度作为日常装束，建议日常的裙装裙长离地10~30厘米为宜，是为轻便式日常下装。可作为一种融入现代生活方式的轻便服式供大众选择，其剪裁方式、褶裥工艺与标准式一致，适用于除礼仪、庆典外的所有生活、学习与工作场景，日常长裙的装束也可称为汉服式时装。

第七节　裙的结构与分类

汉服的下裙大致有两种基本类型，一种为幅裙，另一种为褶裙❶，两种裙式的

---

❶ 鱼丽. 最美的服饰. 合肥工业大学出版社, 2012(12): 107.

结构及剪裁缝纫工艺相互交叉重叠，裙式的变化也多姿多彩，在时尚流行中此消彼长，各领风骚。

一、幅裙裁片

幅裙，即单裙。由若干裙幅裁片拼接缝合而成的无褶、无夹里、无缘边的裙子。常见的裙式有二幅裁片、三幅裁片、四幅裁片、六幅裁片、八幅裁片、十二幅裁片、二十二幅裁片、三十六幅裁片等。在裁片尺寸相同的基础上，裁片的数量增加，裙摆与摆围周长也相应增大。

裙装的裁片以适度为宜，不建议无限制地扩大裁片数量和裙摆，幅裙的剪裁方式主要有交窬裁和正裁削幅两种。两种剪裁方式的剪裁排料、铺织物方式相同，即在一幅织物上对角交解剪裁出上小下大、上大下小的两块裁片。六幅布的排列方式依次为：上小下大上大下小、上大下小上小下大，以两幅布为一个单元循环。这种排料方式既可运用在幅裙制作上，也可运用于深衣制作中。

第一种正裁削幅，是按裙式形制剪裁出扇形裁片若干，然后按窄上宽下的顺序拼接缝合所有裙幅，再将窄的一端即腰线与裙腰缝合成一幅式的幅裙。扇形裁片既可运用在外裙制作上，也可以运用于内裙和衬裙的制作。

第二种交窬裁，是按裙式形制交解剪裁出直角梯形裁片若干，然后按设定的拼接方式缝合所有裙幅，基本方式是直对直拼斜对斜拼，再将上端腰线与裙腰缝合成一幅式的幅裙；也可以根据裙腰及裙摆的实际情况，任意调整裁片拼接的顺序，以得到裙腰与裙摆相符的结果（图6-7）。

裙幅裁片的数量可以自由选择，灵活运用，无硬性限制，但不能过度夸张，以适度为宜。需要注意的是扇形裁片和直角梯形裁片对织物的质地密度要求较高，质地疏松和有弹性的织物容易导致裁片变形，从而影响成品质量。在剪裁前，一定要谨慎选择合适的织物，规避风险。

幅裙的特点是无活动褶裥，运用交窬裁、削幅工艺或交窬裁与死褶结合的工艺使裙幅裁片上端收窄下端扩大，穿着后裙身平整熨贴，裙腰部位没有

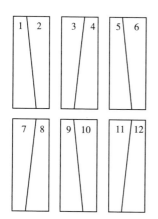

图6-7 深衣交窬裁片排料示意图
注：汉流莲手绘。

因褶裥而导致的皱褶堆积，形成一种上窄下宽腿部修长飘逸灵动的视觉效应，而运用交窬裁的方式制作的裙装塑型空间更大，可自行设定拼接出不同形态效果，贴近现代女性的着装习惯，故而颇受年轻女性的喜爱。

二、幅裙分类

幅裙的裙式种类繁多，最常见的有三类：两幅裙、四幅裙和多幅裙。

两幅裙：即由两幅裁片拼接缝合成裙身，再将裙身两侧及裙摆底端缝纫收边，最后将腰线一端与裙腰缝合连接，同时在裙头两侧缝纫裙带，形成仅合围的裙式。

四幅裙：即由四幅裁片拼接缝合而成，具体又分为三类。第一类是四幅裁片拼接缝合裙身，再将裙身两侧及裙摆底端缝纫收边，最后将腰线一端与裙腰缝合连接，同时在裙头两侧缝纫裙带，形成前短后长的裙式；第二类是由四幅裁片直接拼缝合裙身，再将裙身两侧及裙摆底端缝纫收边，最后将腰线一端与裙腰缝合连接，同时在裙头两侧缝纫裙带，形成简洁裙式；第三类是由四幅裁片及裙腰等组成，两幅两幅拼接缝合成两个单独裙身，再将裙身两侧及裙摆底端缝纫收边，将单独的裙身相交叠三分之一与裙腰连接，同时在裙头两侧缝纫裙带，形成裙腰相连裙摆分离的裙式。

多幅裙：若干多幅裁片按预先设定的颜色交替拼接缝合成裙身，再将裙身两侧及裙摆底端缝纫收边，最后将腰线一端与裙腰缝合连接，同时在裙头两侧缝纫裙带，形成间色裙式等。

三、褶裙分类

褶裙，是指运用不同的褶裥工艺将裙幅裁片收缩，在裙腰间形成皱褶堆积的裙式。主要有两种类型：一是将裙腰收窄裙摆自然扩散。二是将裙腰收窄裙摆垂直扩散。

（一）自然扩散式褶裥裙

自然扩散式褶裥裙的两种不同方式：一类是自然扩散单色褶裙式，通常是在直角梯形或扇形裁片基础上再运用褶裥工艺，在缝合连接成一幅的裙身上打顺褶，再将腰线一端与裙腰缝合连接，裙身两侧及裙摆底端缝纫收边或者在裙摆底端加饰百褶边，最后在裙腰两侧上缝纫裙带。这种扇形裁片与褶裥工艺相结合的处理手法，使得裙式既保留无褶裙的修身，又有皱褶重叠的波纹效应，增强外观上的层次感，裙式变化而不再单调。通常褶裥只在裙腰与裙身缝合处以下约15~20厘米即臀部的位置加于熨烫褶痕，其余部分不加熨烫褶痕呈自然散开状。裁片数量的多少、褶裥的大小和密度没有固定，可以根据个人的喜好选择，灵活运用，把握适度为宜。

另一类是自然扩散间色褶裙式，由若干不同颜色的直角梯形或扇形裙幅裁片组合相间缝合连成裙身，然后运用褶裥工艺，在缝合连接成一幅的裙身上打顺褶，再将腰线一端与裙腰缝合连接，裙身两侧及裙摆底端缝纫收边或者在裙摆底端加饰百褶边，最后在裙腰两侧上缝纫裙带。这种间色扇形裁片与褶裥工艺相结合的处理手法，使得裙式不但富有层次感，且立体效果更加鲜明。褶裥的处理方式及运用与上述单色褶裥裙式相同。

（二）垂直扩散的褶裥裙

垂直扩散的褶裥裙，其裙幅裁片有正裁、横裁和交窬裁三种方式，前面两种方式的共同点都是不削幅，即裁片上下一致的是矩形，不同点在于正裁的裁片是长条形。由若干裁片拼缝连成裙身，再运用左右对折的褶裥工艺，而横裁则按照形制直接在整幅织物上横向运用褶裥制作而成，裙身是整幅织物不用拼接缝合。主要有五种不同类型的垂直扩散褶裥裙式：

平均分布工字褶裙式：是由若干矩形裙幅裁片拼缝连接组成裙身，然后运用工字褶工艺，在裙身上平均分布褶裥，密度可宽可窄，褶裥方式将每个裙幅裁片左右折叠收缩，并保证褶裥上下工整一致，再将裙身腰线一端与裙腰缝合连接，裙身两侧及裙摆底端缝纫收边，在裙腰两侧上缝纫裙带。此裙式在裙摆收笼时呈上下一致的长形样式，裙摆展开时则呈扇形。

间色分布工字褶裙式：是由若干不同颜色的矩形裙幅裁片组合、相间缝合连成裙身，然后运用工字褶工艺，将每个裙幅裁片左右折叠收缩，并保证褶裥上下工整一致，再将裙身腰线一端与裙腰缝合连接，裙身两侧及裙摆底端缝纫收边，在裙腰两侧上缝纫裙带。此裙式在裙摆收笼时呈上下一致的长形样式，裙摆展开时呈上小下大的梯形样式。此方式除了双间色外，也可以多间色或者不间色，形式多样灵活机动。适合于比较轻薄柔软质地的面料，此类间色通常运用在长款裙式上。

整幅顺褶裙式：是采用横布裁方式，运用手工加热熨烫方式压出褶裥或采用蒸汽褶裥机一次形成褶裥的方法均可，再将裙身腰线一端与裙腰缝合连接，裙身两侧及裙摆底端缝纫收边，在裙腰两侧上缝纫裙带。这种褶裥的裙子成品外观形状与第一种基本相同，不同处在于第一种的褶裥是对称的，褶裥中间呈光面，而顺褶是单向不对称的。横布褶适合于可塑性高的面料，不宜使用轻薄柔软有弹性的织物。通常运用在标准腰线裙式和高腰线裙式上，如果运用在长款裙式上则应该选择轻薄的柔软织物。

两侧对合打褶裙式：是由两幅裙身左右重叠共裙腰而裙摆分离，两侧对合打褶中间前后四个裙门的裙式。现代汉服中通常采用整幅横布裁方式，于布幅两端预先留足裙门的份量，然后分别从两侧裙门开始，一左一右向中间折叠收缩即双向合抱褶裥方式，左右褶裥于正中位置汇合，在裙身的内侧形成一个工字褶光面，至此一幅裙身完成。用相同的方式再制作另一幅裙身。最后将两幅裙身预留的光面左右重叠与上端腰线固定，再将裙身上端腰线与裙腰缝合呈裙腰一体裙摆分离状，在裙腰两侧缝纫裙带。如果裙子有夹里，制作褶裥时连同夹里要一起操作，所以只需将裙身与裙腰缝合，而裙摆底端无须收边。如果是无夹里的单层裙，则按常规将裙身侧边及底边缝合收边。此裙式成品的收拢和展开形状与第一种基本相同，不同处在于第一种的褶裥是分布在全身，而对合型的褶裥则集中在大腿两侧，而前后中间形成两两重叠的四个大光面，是为裙门。这个大光面俗称为马面，因此这种样式的褶裥裙称为马面裙。由于此裙式的特殊性，通常采用横向定位织金襕的妆花缎、妆花罗或妆花纱织物制作裙身，裙腰与裙带的用料也各不相同。采用非定位织襕织物的也可以用正裁拼接裙幅方式，制作方式基本相同。穿着时需将裙门置于前身中间再向后围合，使后面两幅裙门置于后部中间相交再重合，然后将裙带绕回前面系结固定，穿着后身前后四幅裙门呈两两重叠状，两腿外侧的褶裥则分别倒向中间叠合的效果。这种褶裥的裙子成品外观形状与第一种基本相同，不同处在于第一种的褶裥的对称光面呈全身平铺状，而对合型褶裥裙式的褶裥呈中间向两侧次第展开状。裙门马面的大小，没有硬性限制，可以根据个人喜好灵活运用。

定位分布褶裥裙式：指在直角梯形裁片拼接缝合的裙身中间运用褶裥工艺，裙门或裙身围合处不打褶的裙式。这种定位分布的褶裥方式又包含有不同的手法，有中间几个裁片平均分布密集的褶裥裙式；也有在裙幅裁片定位分布褶裥，在一个褶裥中同时运用活褶和死褶相结合的工艺等手法制作的简约褶裥裙式。此类型裙装的成品外观简约而修长，既传统又时尚。

除了上述几种主要褶裥分布方式外，还有多种不同方式的褶裥裙式。在具体实践中褶裥密度、大小及角度没有硬性规定，可以灵活把握与运用。

四、裙身装饰

素色织物：指纯色、素色或者本色提花的织物，素色并非无颜色，通常单一颜色称为素色，所以素色的织物同样可以制作各种裙式，也适用于衬裙。现代汉服中可以通过颜色的明艳、暗淡变化来制作裙身，体现不同的气质。

晕色织物：指一种采用扎染或撷染手法染就的织物，晕染方式分为两种：一种是手工扎染，另一种是机器轧染，其效果基本相同。织物颜色排列均为由深至浅，横纹、竖纹"渐变色"等，纹理可以按需要预先设定，最后呈现出具有晕渲效果的纹理。运用晕染织物可以设计出不同立体视觉效果的裙式，利用视觉偏差修饰体形，使裙子富有自然气息。

花纹织物：指印染有传统纹样或绞缬的织物，运用现代及传统工艺将传统吉祥纹样图案作装饰也是裙身中常见的。历史上服饰上的团花图案，往往是和其他要素（如色彩、质地、式样等）一起组合，从而构成了阶级和官僚等级之"舆服"制度的重要一环❶。现代汉服，去除官阶等级、尊卑贵贱等色彩纹章，仅保留其装饰审美功能。裙式也同样丰富多彩，常见的有折枝纹、缠枝纹、团窠纹、宝相花纹等图案，以及简单几何纹、回纹等做装饰，还可以在裙子上印花、绣花，使花纹与裙式相呼应，形成富于立体感的图案。

第八节　裤类的部件与分类

裤子是汉民族自古就有的原创服饰之一，一直是开裆与合裆配合穿着，平时遮掩在裳裙或深衣之内，作战或劳动时则外穿。尽管这种改变只在尺寸之间，但从服式功用性影响结构性的改变和穿着方式的变化，是一个渐进式的自然演化过程。由于不同种类的裤子其内在结构存在差异，外表上会呈现出丰富多样的形状。

---

❶ 周星. 作为民俗艺术遗产的中国传统吉祥图案. 民族艺术, 2005(1).

一、裁片部件

汉服裤装的裁片结构与西式裤子在剪裁上有着本质区别，由裤腿、裤裆、裤腰和裤腰带四个部分组成。其中，裤腿、裤裆和裤腰属于裁片，根据结构和缝纫方式不同，可以分为开裆裤和合裆裤两大类。裤腰带属于独立部件，即由条状裁片单独缝合而成的部件类别。

裤腿：也称裤管，指遮蔽双腿的长方形裁片，是裤子的主体裁片，裤腿裁片以两幅对折为主，四幅裁片为辅。上端腰线与裤腰连接，下端缝合收边为裤脚，两条裤腿相交处与裤裆缝合形成裤身；四幅裤腿裁片的则在左右脚内侧与裤裆缝合连接，外侧不缝合仅打褶，褶裥直通到裤脚，仅在裤腰线位置与裤头缝合，形成裤腰相连裤脚外侧有开衩和褶裥，且前后裤脚分离的样式，这种裤式通常称为两外侧开中缝合裆裤或两外侧开衩裤。

裤裆：指连接裤腿的三角形、长条形、菱形或其他形状裁片。

裤腰：俗称裤头，是一幅长条形裁片，对折连接裤腿上端腰线的条状部件。

裤腰带：是用一幅长方形裁片对折缝合而成，用于系结固定裤子的条状独立部件。裤腰和裤腰带裁片，可根据面料的实际情况剪裁成两幅裁片。

开裆：指左右两个裤腿拼接裤裆后直裆部位不缝合，而是采用左右交叠再连接在一条裤腰上，呈半围合状。

合裆：指左右两条裤腿裁片先与裤裆裁片拼接缝合后再将直裆缝合，呈桶状。

二、基本裤型

现代汉服体系中以长裤为主，大致可以分为三类：

阔腿型：顾名思义是拥有宽阔的裤脚，裤腿的宽度从大腿处至裤脚处保持一致，不贴身，是现代汉服中最常见的类型。尽管外形上与西式体系的中式阔腿裤十分相似，但是汉服体系中的阔腿裤保持了平面对折剪裁的属性，多运用加裆、开衩、打褶等剪裁制作工艺，穿着起来更为宽松，因裤裆深而使裤腿开角会显得更大一些，可单层，也可有夹里，适合丝、麻、棉、纱、夹棉等材质的不同织物，适用于各个季节穿着。

直筒型：裤脚口与直裆处宽窄一致，裤管笔直，臀围和裤裆部分会比阔腿裤更为贴身。男女通用，通常作为裳、裙、袍的中裤穿着，作为外裤穿着时，通常与短衣或中长衣搭配，组成裋褐装束，适合日常工作生活。

灯笼型：是指裤身宽大，裤裆宽松，裤脚口收紧，呈两端紧窄中间宽松的灯笼状，是现代汉服中较为常见的外裤样式。此类裤式的形制与直筒裤基本相同，只是在穿着方式上运用布带将膝下的裤腿扎绑起来，也可以在裤脚底端运用褶裥工艺收缩，使外观发生变化。现代汉服中，由于裤裆肥大、裤腿不贴身，多采用柔软的面料制作，轻松舒适，适宜日常运动、生活穿着适用范围大。

三、层数分类

现代汉服的裤，根据层数不同可以分为单层、夹里双层两类。单层裤为常见类型，属男女通用型，内穿外穿皆可，裤型多样。双层裤有三种类型：第一种是单纯夹里的裤式，第二种是絮棉的裤式，第三种是外裤与衬裤拼接缝合在一条裤腰上的裤式，衬裤的长度略短于外裤。

四、结构分类

现代汉服中的裤是在借鉴了汉族民间遗存长裤式样的特点，保留了古代汉服平面剪裁的基础上，并结合出土文物中裤的结构特征，在裤长、裤裆、裤脚结构上进行设计，形成适合现代穿着的裤子，其中典型的裁片结构有三大类：内裤、开裆裤和合裆裤。

（一）内裤

贴身内裤"犊鼻裈"，即是一种有裆的短裤，裤型上宽下窄，两边开口，恰与牛鼻子相似，因此而得名。这也是男人穿衣服的极限，古时曾作为男子的贴身内衣穿着，现代则至少在20世纪70年代末至80年代中后期广东仍然有人穿着❶，不过穿着范围比较狭窄，仅限于男性运动员或者爱好运动的青年男性。穿着时先穿犊鼻裈再穿球裤，作用主要是紧身，即包裹住生殖器从而降低运动阻力。现代遗存的裁片结构与工艺中，男式裤和女士内裤的裁片、结构和工艺都有所差异。

第一种男式内裤。裁片是由一幅布剪裁成上宽下窄的两幅类三角形、两幅裤腰和四幅约35厘米长条状裤带组成。结构：前后两幅裁片组成裤身，前幅略小

---

❶ 注：刘荷花和家人及同学同事都穿着过此种内裤，最迟在70~80年代后期尚存，说明它的确存活了几千年。

后幅略大。裤腰与裤身裁片为一个整体，也可以单独加接裤腰，裤腰两侧各有两条裤腰带。裤身前幅的裤裆中间有一个工字褶，褶裥的光面在外开衩在内。裤裆宽度以包裹住腹股沟为度，腰线位置在胯骨下即脐下约6厘米，裤腰宽度小于胯宽约20%~40%，裤裆深度与裤腰相等，属窄小紧身型的内裤，主要靠系带调节胯围来提高穿着牢固度。裁制工艺，裤身前幅的裤裆中间打工字褶，打好褶裥后将前后裤裆缝合，然后将裤身左右两侧缝合收边，最后分别缝合前后裤腰，在裤腰两端各缝合裤腰带，成品呈裤裆相连裤腰分离状。穿着时直接从前面两股间套入，然后分别将左右系带系紧。

　　第二种女式内裤。裁片是由一幅布剪裁成上宽下窄的两幅类三角形、一幅条状细带组成。结构：前后两幅裁片组成裤身，前幅略小后幅略大。裤腰与裤身裁片为一个整体，一条细裤腰带串入裤腰内，于右侧两头各露出一条系带头，为活动式裤带。裤裆无褶裥，裤身相对宽松，腰线位置与胯骨齐，裤腰宽度等于胯宽，裤裆深度与裤腰相等。对于裁制工艺，先将前后裤裆缝合，然后将裤身左右两侧缝合收边，缝合左侧前后裤身，折叠裤腰并在折叠处缝一道线，最后将裤腰带从右前侧串入裤腰内在右后侧串出，成品呈左侧闭合右侧开口状。

　　内裤穿着时将右侧两条裤带拉紧，在右侧系结固定。女式内裤仅限于内穿不示人。这种古老的贴身内裤在二十世纪七八十年代爱好运动的男性青少年中很流行，主要是系带式的犊鼻裈方便穿脱，特别是在野外大江河里游泳时，更加显现其灵活穿脱的功能。虽然此内裤的方言名称不叫犊鼻裈，而且广东三大方言区的叫法都有所不相同，但适用人群及使用范围是一致的。20世纪90年代以后随着游泳裤、紧身运动裤和针织内裤的大量进入日常生活，这种传统的贴身内裤便逐渐退出仅存的领域，而成了一个象征意义的保留物。

　　（二）开裆裤

　　开裆裤是指直裆部位不缝合，合裆裤的直裆部位则全部缝合。从裁片和结构上看，开裆裤是有裤裆的，把开裆裤称为无裆袴是一种误解。通常着开裆裤于内，裙或裳着于外面，再搭配外衣。

　　现代汉服保留传统开裆裤的形制，由裤腿、裤裆、裤腰及系带等小部件组成，直裆相交重叠不缝合的服式。开裆裤的裁片构成：两幅对折的长方形裤腿、两幅三角形裤裆、一幅对折的裤腰和两幅对折裤腰带。拼接顺序：先将两幅三角形裤裆裁片分别与左右两幅裤腿拼接再缝合裤腿内侧，在裤腿上端与裤腰拼接部位按形制打褶，将左右裤腿上端直裆部位重叠约15~20厘米形成裤身，此时裤身呈半围合状，将裤身上端与裤腰拼接缝合，此时裤身与裤腰亦呈半围合状，最后在裤腰两侧缝纫裤腰带，将裤脚底端缝纫收边。

现代汉服体系，男女开裆裤的形制基本相同，制作差别在于褶裥工艺上，男式裤运用活褶进行收缩裤腰，女式则运用死褶，即"省"的工艺。左右裤腿重叠手法的相交穿着方式，则起到了前后遮蔽开口作用。

（三）合裆裤

传统汉族的合裆长裤在中国民间依然有保留，采用平面剪裁的结构，通常裤腿、裤裆和裤腰都比较肥大，俗称为"大裆裤"或"宽裆裤"。合裆裤由裤腿、裤裆、裤腰及系带等小部件组成，并将直裆缝合的服式。合裆裤的式样比较多，有男女通用型，也有女性专属型。合裆裤的特点为款式宽松，腰头肥大，裆部较深，合体性较低，以直线剪裁为主，属于平面剪裁体系❶。

合裆裤的裁片构成：由两幅长方形裤腿裁片、两幅裤裆裁片、一幅裤腰裁片和两幅裤腰带。拼接顺序：以三角形裤裆为例，先将两幅三角形裤裆裁片对折分别与左右两条裤腿对折拼接缝合，然后将前后直裆缝合形成裤身，此时裤身呈桶状，将裤身上端腰线与裤腰拼接缝合裤腰线开口也呈桶状，最后将裤脚底端缝纫收边。裤腰带的形式主要有三种：直接在裤腰上缝合的、独立裤腰带和无裤腰带。

第九节　深衣裁片与结构

深衣类实际上是衣裳连属类服饰的"代名词"，即指上下分裁再缝合的连属类服式。深衣的种类较多，在遵循传统的基础上，运用不同的剪裁技巧在裁片上略做调整，使衣襟、领缘、下摆等位置发生变化，极大地丰富了服式类型，从而让深衣制式样更加丰富。

---

❶ 吴婧溪，邵新艳. 近代典型传统大裆裤结构研究. 时尚设计与工程，2016(1).

一、古制起源

孙机先生的观点认为深衣源自春秋战国之交，是一种新式的、将上衣和下裳分裁后再缝合的连属服制❶，男女皆可穿着。但根据现有的文献记载和出土实物看，深衣至迟在商代已经形成❷。

最早对深衣的记载见《礼记·玉藻》和《礼记·深衣》，其中《礼记·深衣》最为详细，关键点是"规矩绳权衡"这五字，为制衣"五法"。"以应规矩绳权衡"，则是上升到礼制范畴，所以《礼记·深衣》兼有本质与礼制两层意义，也就是结构与制作准则、道德与规范两个方面的内容。一方面在结构与制作准则上要求：深衣采用与玄端服相同的十五升布，即1200缕经纱排列织就经过灰炼的熟布。用布量十二幅，上衣下裳各六幅，上衣衣袖和衣身同幅左右各三幅，整幅对折正裁，裳六幅交解裁为十二幅。袖口宽是袖身宽的三分之一，衣袖三分之一处至近袖口底端收成圆形呈垂胡状，袖口敞开。领口左右直角相交呈方形，是为交领。上衣背缝与下裳后缝要上下连贯，呈一通到底垂直如绳状，即为中缝。下裳末端齐整平直有缘边，衣裳分裁相连，袖根宽度可以运肘，衣裳长不拖地、短不露肤，袖长回肘，系带在腰间腹部无骨位置。另一方面是在道德与规范上，要求穿着深衣时，仪容方正、安志平心，并遵守无私守中，公正平直的道德准则。

深衣在历史上影响广泛，君王、诸侯、文臣、武将、大夫均可穿着，也是庶民百姓的礼服，其上衣下裳分开剪裁、又合二为一的样式，一直是儒家学者的身份象征。古人还从文化、伦理的角度赋予了它公平（下摆齐平如秤锤和秤杆，象征公平）、正直（衣背中缝线垂直，象征正直）、礼让（衣袖作圆形以与圆规相应，象征举手行揖）、无私（衣领如同矩形与正方相应，象征公正无私），甚至是天地乾坤、日月轮回（12片以应一年十二月）的诸多象征也纳入其中。背后的"中缝"因穿着时与地面垂直，也被赋予"刚正、公平、正直"的含义，成为汉服的传统而被保留下来，象征为人的刚正不阿，无偏无私。

二、裁片结构

为继承尊崇古制，现代深衣在制作时仍须采用上下分裁的原则，缝合形成衣

---

❶ 孙机. 华夏衣冠——中国古代服饰文化. 上海：上海世纪出版股份有限公司，2016, 8(1)：21.
❷ 袁建平. 中国古代服饰中的深衣研究. 求索；2000(2).

裳相连被体深邃的样式，并与上下通裁式袍类长衣在整体外观上形成区别。深衣与通裁类长衣的主要差别在于剪裁方式，深衣是上下分裁连制的，而袍类长衣是上下通裁的。从裁片上看，深衣分成上下两个部分组成一个整体，而通裁类长衣则是无分上下的一个整体。

除了上下分裁的特点外，深衣的另一个特点是，不同类型深衣其上衣、下裳的裁片构成都有差别，包括衣身、衣袖、下裳三者的交汇处嵌入了矩形裁片——小腰即明立体构造的小裁片，运用暗立体构造的三角续衽边手法❶。根据出土的文物，先秦两汉时期深衣的立体构造大致可以分为两种，第一种是以江陵马山一号楚墓出土一类袍服为代表的明立体；第二种是马王堆一号汉墓出土一类袍服为代表的暗立体。运用明立体和暗立体构造手法裁制深衣类袍服，会更符合人体特征和运动规律❷。

制作工艺也形式多样，深衣的一个特点是大多有衣缘，其色与衣色相异，通常采用锦制织物，镶嵌在领、袖、衽、裾外，即所谓的"衣作绣，锦为缘"。

三、深衣分类

深衣类是现代汉服中的一个重要组成部分。按下裳的不同处理方式，其中典型样式分为深衣与接襕衣两大类。

第一类是深衣类，广义的深衣涵盖了直裾袍、曲裾袍、交领深衣、圆领深衣、禅衣、襕衫袍等一系列样式。现代汉服体系中狭义上的深衣，是指基于《礼记·深衣》中形制定义，主要参考朱熹的《深衣》描述为依据设计的深衣。即上衣正裁四幅、续衽两幅、下裳交窬裁成十二幅及大带等小裁片组成，袖口收袂敞口、领、袖口、衣身侧线、下摆底端均有缘边的服式（图6-8）。

第二类是接襕衣类，是由深衣衍生出的接襕袍、接襕上衣与接襕半袖。特点在于衣身处有一道横襕，将衣身分为上下两部分，表达深衣上下分裁的寓意，也是对上衣结构的再设计。接襕部分有规整的形状，也有三角形衣片的"垂髾飞纤"。

❶ 琥璟明. 先秦两汉时期的服装立体构造手法. 汉晋衣裳. 辽宁民族出版社, 2014, 12(1): 97.
❷ 同❶93.

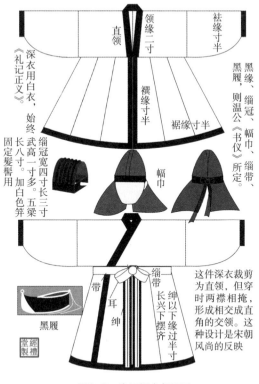

图6-8　朱子深衣复原图

注：吴飞 ufe 绘制，授权使用。

第十节　面料、色彩与纹样

除了各式各样的裁片与部件外，秀丽的真丝、古朴的棉麻、飘逸的雪纺，再搭配上月白、花青、胭脂等传统颜色，以及各式吉祥图案，共同构成了现代汉服之美，展示出了独具中国特色的传统服饰文化。

一、现代面料

对于汉服而言，面料的选择是非常重要的。按现代市场上的织物大致可分为纯毛呢类、桑蚕丝类、棉麻类、新型纤维类、混纺类、化纤类等，这些不同类型的织物价格、舒适度、保养难度也大不相同。采用何种面料制作现代汉服，可以根据个人的实际情况，选择适合自己的织物。

毛呢类：用各类羊毛、羊绒织成的织物或人造毛等纺织成的衣料。种类很多，一般手感柔软暖和，保暖性好，常用来做冬天的外套，不易皱，耐糙，质量好的一般不会起球。

桑蚕丝类：属于天然丝质面料，是纺织品中的高档品种，价格比较贵，常见的是桑蚕丝。一般真丝是纯色、无花纹，手感薄轻、柔软，吸汗吸湿，需要护理，不宜用洗衣机清洗。"绫罗绸缎"，自古就是富贵奢华的代表，"遍身罗绮者，不是养蚕人。"指代的就是这种罗织物，它织法独特、疏密有致、轻薄透气，是纺织物中最为名贵的品种。

棉麻类：是指棉料、麻料，以及棉料和麻按照一定的比例，混合纺纱织成的纺织产品。纯棉类布料非常柔软亲肤，适合做贴身衣服，夏天吸汗不闷热，透气性好，价格便宜，缺点是易皱，不好打理。麻料比棉料更硬挺，有骨架，手感比棉料稍微粗糙，价格也相对便宜，面料纹理清晰，夏天穿非常清凉，缺点是容易抽丝，容易有褶皱，越穿越贴身。另外，还有竹节棉麻布料，上身感觉柔软亲肤，吸湿排汗的效果也较好，自然朴实的编织纹路，经过染色之后会发生深浅不一的变化，别具一番风味。

新型纤维类：主要是纤维的形状、性能或者其他方面区别于原来的纤维，最常见的是聚酯纤维，由于其价格便宜，容易打理，往往是日常汉服的常见选择。除此之外，还有新型天然纤维、水溶性纤维、功能性纤维、高性能性纤维等可供选择。

混纺类：是指将天然纤维与化学纤维按照一定的比例，混合纺织而成的织物，可用来制作各种服装。它的长处，是既吸收了棉、麻、丝、毛和化纤各自的优点，又尽可能地避免了它们各自的缺点，而且在价值上相对较为低廉，所以大受欢迎。典型的如重磅提花桑蚕丝面料，是桑蚕丝和棉的混纺，手感光滑舒适，也容易打理。

化纤类：化纤类最常见的是化纤雪纺，也是雪纺中最常见的一种，可以分为印花雪纺、纯色雪纺、渐变雪纺、绣花雪纺等不同类型，因为价位较低、花样丰富，可以设计出的成衣样式风格百变、轻盈飘逸，看起来"仙气飘飘"。而且很好打理、容易清洗，是"入门"的好选择。

归根究底，汉服既是服饰体系，也是一个新兴的文化门类。为了更好地丰富实践活动，在基础裁片和部件为蓝本的前提下，可以选用不同材质的面料，运用不同的工艺制作出不同档次的汉服，以满足不同层次的消费需求。也可以通过运用不同的面料，制作出适合于不同季节的汉服，应对四季轮回。

从汉服作为衣服的本质属性来看，选择面料也像平日选择西式服装一样，在价格允许的基础上，还要考虑面料的样式、舒适度及颜色纹样、保养的难易度、穿着场合、季节和价位这几样因素。通常价格、舒适与看起来高级感是成正比的，好的、贵的料子往往会带来舒适、高档的效果。换句话说，一件衣服高级，通常是因为它的面料高级。这也正是汉服与拍照专用"影楼装"或者"古装"的重要差异，不能单纯地为了便宜、好看而牺牲掉穿着的质感与高级感，最后沦为拍照的道具。在经济允许的情况下，除了形制外，也要尽可能地考虑到汉服的档次与高级感。

二、传统色彩

中国色彩文化传承几千年，在历史长河之中，古人们在日出日落时和四季流转中发现了最纯粹的色彩。随着时间更迭，经历了浑然一色、二色初分（阴阳、黑白、纯杂）、三色观（黑、白、赤）、四色观（黑、白、赤、黄）和五色观（黑、白、赤、黄、青），中国传统五色系统理念最终形成❶，并融合了自然、宇宙、伦理、哲学等观念。

而论及汉服的色彩，传统的"五正色–间色"系统便不得不提，它不仅覆盖了中国古代的政治和社会生活，也是现代汉服复兴中所重新建构的传统之美。五正色为黑、白、赤、黄、青，伴随着阴阳"五行"（金、木、水、火、土）、"五方"（东、南、西、北、中）而生。间色即五正色各色调配合成的颜色，五间色为绿、红、碧（缥）、紫、骝黄。《礼记·玉藻十三》记载："衣正色，裳间色，非列采不入公门。"列采指有彩色而不贰之正服。由此可知，古时以正色为尊贵，以间色为卑贱。

古人对色彩的应用也是美轮美奂，可谓色色大观。在汉民族的尚色文化中，赤色曾经是最早的流行色，也常常作为女性服饰的颜色，如胭脂、石榴红、桃红、十祥锦、绯色，而且也可作为男子礼服的颜色，如朱砂色曾经是唐朝五品以

---

❶ 红糖美学. 国之色: 中国传统色彩搭配图鉴. 北京: 中国水利水电出版社, 2019(5): 1.

上官员服色。黄色在中国古代由于曾被帝王"垄断",也一直是被看作尊严崇高的颜色,是中华民族的代表色,现代汉服中在色调上常见的有鹅黄、明黄、琥珀、缃色等颜色。黑色是中国古代史上单色崇拜最长的色系,在《易经》中被认为是天的颜色,"天地玄黄"之说即来源于天空中的黑色,根据色彩的明暗度又分为漆黑、玄色、苍黑、墨灰等。青色在古代的染色技术中并不十分高贵,曾经是地位较低的官员和学子的服饰颜色,如襕衫、深衣,根据色彩不同又可分为石青、景泰蓝、靛蓝、黛蓝等。所谓"布衣"是指未经染色的衣服,也是寿衣的颜色,白色根据色彩的略微不同,又分为月白、牙白、茶白、霜色等,与布料本色不同。从色彩学上白色为百搭色彩,现代汉服中可做衣身、裙身,搭配其他颜色。值得一提的是紫色,由于染织技术复杂,中国色彩中认为紫是红的极色,是极其"富贵"的颜色,也是达官显贵的标志❶,常见的有葡萄紫、丁香色、藕荷色、绛紫、紫砂、紫檀等。

历史上,汉族的裙子也是多姿多彩。特别是唐代,颜色可谓是尽人所好,多为深红、杏黄、绛紫、月青、草绿等❷,其中以红裙的流行时间最长。由于古时染色均用天然染料,红裙通常以石榴花中提取的染料染制,故有"石榴裙"的美称。绿色也是古代女性最爱的裙装色彩,故绿裙又有"碧裙""翠裙""翡翠裙"和"荷叶裙"的叫法❸。现代汉服的色彩也是各从其愿,并且没有任何阶层属性。考虑到价格成本,部分高端定制使用到天然染料,而多数裙子采用化工染料,颜色上尽可能靠拢中国传统色彩和搭配,通常选用中间色系,避免高纯度色彩,如桃红、水红、天青、豆绿、茶黄、藕荷等传统色系。

而且,色彩的搭配与调和,也更加完美地诠释了汉服之美。最常见的两类搭配方式,一类为类似型:即用同一色相内相邻色彩或者相邻色相的相近色彩搭配,如宝蓝与浅蓝,丁香与紫色,产生稳重、平静的感觉;另一类则是对决型:即色环180度的相对组合为对角型,典型的是赭赤配石青、檀色配若草色,给人以鲜明的、活泼强烈的感觉。

❶ 张思远. 服饰色彩的研究[D]. 河北大学, 2005.

❷ 华梅. 中国服装史(2018). 北京: 中国纺织出版社, 2018(6): 60.

❸ 梁惠娥, 崔荣荣, 贾蕾蕾. 汉族民间服饰文化. 中国纺织出版社, 2018(10): 95.

三、图案纹样

汉服美轮美奂，图案元素也起到了重要的作用。服饰图案大多来源于汉族的传统吉祥图案，乍一看样式繁多，色彩斑斓。但定神凝视，却是尺寸间容天下万物，品世间百态。细细思量图案含义，它虽然源自自然规律和生活世界，但又有一种超越自然的意向组成复杂的体系存在。这不仅是简单的图案世界，更是中国典型意念化艺术世界，集中了文化的智慧与规则，反映出民众对美好生活的向往与追求，是汉服中的一大亮点。

图案的纹案题材广泛，取材涉及多个方面，主要分为植物、动物、字符、几何、自然和团窠六大类，各种题材可以兼而有之，或繁或简，可有多种图案组合应用在不同部位，并且通过"织、绣、绘、缬、贴"传统工艺，将纹样图案印制在织物、衣裳、佩饰上，形成外形美观、立体有序、寓意吉祥的图案。根据题材划分，常见的有：

第一类是植物类。自然界的花草、树木种类繁多，为植物图案提供丰富多彩、千变万化的创意空间，人们赋予其相对应的吉祥寓意，如松竹长寿、佛手多福、石榴百子、月季长春、牡丹富贵、莲花清廉等。超自然的图案，如"宝相花""缠枝花""折枝花"等。以荷花、牡丹、菊花等自然形态的花卉为基础，将其予以变形、综合和艺术加工而形成，象征吉祥富贵。"缠枝纹"则是以藤蔓、卷草为基础提炼而成的传统吉祥纹样，缠绕蔓生的枝条呈连绵不断状，赋予其生生不息、万世绵长、青春永驻的意义。"折枝纹"选取花草的一部分，组成与周围纹样无连接关系的独立花纹样式，构成装饰图案。

第二类是动物类。动物题材的种类也是多种多样，可以细分为神话动物、野生动物、家禽家畜三大类，从抽象到具体，从神话传说到民间养殖，涵盖天上地下、飞禽走兽几十个物种。一是祥禽瑞兽造型，是超自然艺术形象，寄托着人们对美好生活的愿望，以龙、凤、麒麟、四神（青龙、白虎、朱雀、玄武）为主题的图案，如"百鸟朝凤""龙凤吉祥"等。二是野生动物造型，如福（蝙蝠）、禄（鹿）、寿（鹤）、禧（喜鹊）寓意的动物等。三是家禽畜类动物，并被赋予"拟人化"的性格，如狗喻为忠，羊代表吉祥，鱼代表有余，鸳鸯代表夫妻恩爱等。

第三类是字符类。由字符或文字演变的抽象图案，并被赋予不同的吉祥寓意。典型的有"卍"字符；文字图案："囍"字、"寿"字、"福"字，赋予着相应的含义；由"法螺、法轮、宝伞、华盖、莲花、宝瓶、金鱼、盘长"组成的

"八宝"纹，寓意吉祥福运；可以选用十二章纹中的单独章纹作为装饰。

第四类是几何类。几何纹样是以点、线、面组合的方格、三角、八角、菱形、圆形、多边形等规律的图文，包括以这些图纹为基础单位，经过反复、重叠、交错处理形成的各种形体，也是汉服边饰或底纹的重要组成部分。其中一个典型代表就是回纹，因其形状像汉字中的"回"字而得名，是由几何形同等大小的单位组成的二方或四方连续，其组成形式可分为两类：一类是几何纹样单位之间头尾相连，可连续不断地画下去；另一类是用散点式构成的几何形按二方或四方连续的方法排列起来❶，寓意连绵不绝、长长久久。

第五类是自然类。自然图案也是传统的汉族纹样，表示人们对于自然的崇尚和对神仙的崇拜，常作为暗纹而出现在汉服衣身。常见的是云气纹，是用流畅的圆涡形线条组成的图案，象征着蒸蒸日上、祥和如意。另外还有火形纹、水形纹、曲水纹等，古人们视其为伟大的自然力量加以崇拜，通常与吉祥物组成纹样。

第六类是团窠类。"团窠"，也叫"团花"，是指以各种植物、动物或吉祥文字等组合而成的圆形图案，它常见于袍服和上衣的胸背和肩袖等部位。纹样组合有植物、动物、字符、自然等几大类型题材，同类或不同类，两种或多种随机组合在一起，采用谐音、会意、象征等传统形式，产生更加完整、全面、多样的民俗蕴意❷，如"团花云纹""二龙戏珠""云中飞鹤""莲生贵子""蝶恋花""凤戏牡丹""富贵平安"等。团花纹饰一方面为服饰带来了富丽堂皇的印象，另一方面又表现出独特的富足生活气息。

四、纺织技艺

"织、绣、绘、缬、贴"等传统纺织工艺，这些工艺在现代汉服制作、设计中也扮演了举足轻重的地位。织是织锦、绣是刺绣、绘是彩绘、缬为印染、贴即"堆绫、贴绢"法，涵盖了服装的面料、装饰、点缀等表达方法。中国传统纺织工艺在世界上享有盛誉，绫罗绸缎、纺染织绣、丝帛锦绢，无一不是纺织文化的灿烂星辉，而这一部分技艺仍在民间服饰中保存，像苏绣、湘绣、蜀绣、宋锦织造技艺、缂丝织造技艺、蜀锦织造技艺等更是被收录进国家级非物质文化遗产名录。这些技艺以静态的形式存在，作为汉服的元素而被借鉴。

---

❶ 何园园. 中国传统图案的传承与创新. 苏州教育学报, 2006(2).
❷ 周星. 作为民俗艺术遗产的中国传统吉祥图案. 民族艺术, 2005(1).

在保持了基本制衣理念的前提下，即平面对折剪裁、不破肩线不缩袖、衣身后背有中缝、领口相交必向右的核心理念下，汉服的衣、领、襟、袖、下摆底端等结构上可以出现多种组合和选项，并非刻板的唯一一种或几种。基础款式的选取是参照古代汉服体系中较为主流，并且相对稳定，能够代表汉民族历史和文化的服饰部件和元素，对历史上典型款式的综合提取。考虑到现代汉服体系是为现代人服务这一基本定位，以及现代汉服体系的基础理论原则，现代汉服基础款式中将去除古代汉服体系中包含的朝代色彩、阶级属性、等级观念及尊卑色彩，仅保留传统的服式名称，建构现代汉服形制体系，具体分为衣类（含袍服类）、裳类（含裙类）、裤类、深衣类（含接襕衣）、附件类五个类别❶。

第一节　衣类

现代汉服体系中的衣类，是汉服中变化最多样、形态最丰富的组成部分，根据长度可以分为三类：短款衣，中款衣，长款衣，这也是衣身分类的最基本点。短款衣，简称是短衣，顾名思义就是短上衣，袖长最长回肘，衣长最长至臀部，是上衣最基本的款式；中款衣，即衣身长度不及膝或齐膝，开衩或不开衩，缘边或不缘边的中款衣。长款衣，包含三类服式：衣长过膝的长衣、过膝不及地的袍服和罩衣。以上做外衣时，必须搭配可以穿着在外的下装。通裁式长衣是上衣的加长版，本质上仍然是衣，因其可覆盖全身而通常被称为袍服，可直接搭配中衣、中裤或中裙穿着。罩衣不能单独穿着，通常与其他服式搭配而穿在最外一层。

一、短款衣类

短款衣通常用棉麻布制作，是普通民众家居或劳作时的标准上装，也可作为

---

❶ 现代汉服体系与古代有一定区别，因为古代的体系需要结合时代文化背景，因此按"衣裳制""深衣制"等分类；现代的体系抽象出来，更聚焦在服饰本身，因此按照"衣类""裤类""深衣类"等分类。

礼服的中衣。根据领型不同，常见的有四大类：交领短衣、直领短衣、竖领短衣和方领短衣。

（一）交领短衣

交领短衣，全称是交领右衽短衣，是现代汉服中最常见、最基础的款式之一，领、袖、襟、下摆的样式变化多样，搭配裙和裤穿着，是男女不同季节的通用服式。交领领型细分为全交领、浅交领、直交领不同式样。袖和下摆无缘边，袖型有窄袖、直袖、琵琶袖（袖口可用异色缘边）等。内襟用一对系带系结固定，外襟用两对系带在腋下固定，两侧近胯位置可开衩也可不开衩。现代汉服体系中短衣采用棉、麻、丝、加绒针织等材质制作，可做中衣穿着。短衣通常无须束腰带，衣身加长到过胯至膝上时，也就是中长衣，可以束系腰带。

交领短衣还可以根据微小的细节分为交领襦、交领袄、交领衫。襦指上下分裁的交领上衣，衣长过腰不及膝，前后衣身结构对称且都有中缝，但有些款式可以只保留后衣中缝。袄指通裁式、有夹里、有絮棉或用厚质地毛皮面料制作的上衣。衫指通裁式、单层、轻薄的上衣。襦、袄、衫这三类上衣虽然同属于短衣，衣长过腰不及膝，前后衣身结构对称且都有中缝，有些款式可以只保留后衣中缝，搭配裙、裤。

（二）直领短衣

直领短衣全称是直领对襟衣，也称"对襟短衣"，常见为对襟衫子和对襟夹衣，衣长不过腰或及腰（图7-1）。领口可以缘边，直通到底，除领缘外均无缘边。袖型有窄袖、宽袖、大袖，窄袖为日常穿着，大袖可作为礼服穿着。胸前的系带有无均可不作限制，闭合后胸前呈"Y"字形（"V"形）。直领短衣是典型的女装类型，可以搭配不同款式裙装穿着，如长款裙、高腰裙、中腰裙，但搭配中腰裙时必须与抹胸一起。

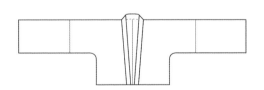

图7-1 直领短衣形制示意图

注：汉流莲手绘。

（三）竖领短衣

竖领短衣，衣长至胯，是现代汉服日常生活中常见的款式之一。特征是领子高企直立贴合颈部，领口无圆弧不相交，用1~2粒子母扣闭合呈圆桶状。襟型主要有两种：一是竖领斜襟，为领襟分离右衽式，领襟皆无缘边装饰，造型简洁流畅，分大小襟，左右相交后外襟在右侧系带固定；另一种是竖领对襟，正中两襟对开，右侧加掩襟，直通上下，胸前系带或5对子母扣自上到下闭合，对襟两侧有简单缘边，穿脱方便❶。竖领短衣为女子专用服式。

尽管竖领对襟短衣的外形与马褂和2001年APEC会后的"新唐装"有些相像，但剪裁和制作与马褂有着本质差别。其为平面对折剪裁制作，领型是由交领裁断而成的竖领，左右领口直立呈圆柱状可以完全闭合，而非领口圆弧倒角的清立领；领襟连接处为子母扣，并不是盘扣；袖子采用的是肩下接袖或不接袖的拼接方式，袖型通常为窄袖、方直袖、琵琶袖，没有箭袖和马蹄袖；袖口没有马褂上的繁杂镶边和叠加装饰。并且竖领短衣一般为女装。但因其有着典型的中式特色，且又与现代服装造型非常接近，因此也成为现代汉服常见的普适装束，可做中衣装束，在家居和生活中穿着。

（四）方领短衣

方领短衣，指领口呈方形的领型（图7-2）。衣长至胯，左右衣身前后各有一个褶子一通到下摆底端称为肩褶，也可以不用肩褶。袖型多样，有宽袖敞口式，也有呈琵琶状袖口收窄式。可单层、夹里和絮棉，右侧有掩襟，在对襟上安装5对金属子母扣扣合固定。

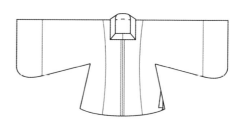

图7-2　方领对襟短袄形制示意图
注：汉流莲手绘。

二、中款衣类

中款衣是"上衣下裳"中最早出现的上衣样式，现代汉服中通常作为礼服穿着，通裁式、缘边、大袖、衣身长度过胯及膝或齐膝、不开衩，搭配下裳穿着，是典型的男性服饰。

（一）交领中款衣

第一款是交领中款衣，特征是交领右衽、敞口式大袖、缘边、过胯不及膝、通裁、衣身前后有中缝。历史上的典型款式是"端衣"，源自先秦时期"玄端、朝服、冕服"的上衣，是华夏礼服"上衣下裳"制度的体现，也是传统礼服类

❶ 蔡小雪,吴志明,董智佳.明代中后期汉族女袄的领襟结构及流变.服装学报,2018(3).

中最基础的上衣（图7-3）。领、袖口、衣襟侧边及下摆底端用衣身相同的布帛缘边，衣身两侧相连不开衩，左右近腰位置各有1对系带，相交后于右侧系结固定。因为古代时用布十五升，每片布长二尺二寸，因为古代的布幅窄，只有二尺二寸，所以每幅布都是正方形，端直方正，故称端❶。玄色是指黑中扬着赤色，象征天。又因无章彩纹饰，也暗合了正直端方的内涵，所以其中一种服制称为"玄端"。现代汉服体系中玄衣的基础尺寸：衣长为120厘米，胸围120厘米，袖根宽50厘米，通袖长220~240厘米，袖宽90~100厘米，缘边宽10厘米。

　　玄衣与纁裳搭配为玄端服作为汉民族高等级、经典的礼服，在汉服体系中有不可替代的重要作用。作为上衣中最基础的原型款式，历史上在玄衣的基础上衍生的上衣礼服款式种类繁多，现代汉服体系将保留其高等级的祭祀服式，在人生礼仪或祭祀仪式时穿着，不宜作为日常汉服来穿着，以凸显它的庄重与典雅。

　　端衣只是中款衣的一种典型表现形式，不是全部。

　　第二款是交领齐膝中款衣，特征是交领右衽、敞口式大袖，袖宽略小于玄衣衣身长度最长齐膝。衣身前后均有中缝，衣身两侧不开衩，左右腋下各有1对系带，相交后于右侧系结固定。衣身无固定用色，可视搭配的下裳而定。领、袖口、衣襟侧边及下摆底端用衣身相同的布料缘边，可束腰带，也可以不束腰带。通常用于人生礼仪和正式场景穿着。

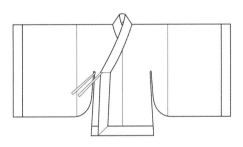

图7-3　端衣形制示意图
注：汉流莲手绘。

（二）直领中款衣

　　直领中款衣，特征是直领对襟、缘边、敞口式大袖（图7-4），衣长最长至膝，有后中缝，两侧不开衩。衣身用赤色，缘边用黑色，领口直通到下摆，胸前1对系带，领、袖口及下摆底端有缘边。典型的款

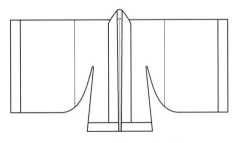

图7-4　直领中款衣形制示意图
注：汉流莲手绘。

---

❶ 秦智雨. 玄端：华夏民族的庄严礼服. 贵阳文史, 2014(4). 由于史料不足, 目前有认为"端衣"是通裁和分裁(深衣制)两种说法。本书此处根据明代的记载和建构结果, 暂定认为"端衣"是通裁制的。

式形象如流行于唐代的绛衣样式，通常内搭曲领贯头衣，可与缘荷叶边的下裳搭配，现代一般仅作为男性婚礼服穿着。

三、长款衣类

长款衣，可泛指所有衣长过膝的上衣，是汉服体系中形制变化最多的一种。这里的长款衣，主要是指衣长过膝或至脚踝不及地的，能够覆盖身躯颈以下至大腿部位及双手的，通常搭配中单、中裤及裙装穿着的外衣。

（一）交领长款衣

交领长款衣，在古代汉服体系中有两款典型代表，分属于男士专用与女士专用，均是特定官阶和场景的服制系列（图7-5）。现代汉服系列中去除补子等服制等级含义及特征，仅保留基本形制样式，且适用于不同场景：

第一款是不开衩缘边长衣，特点是交领右衽，敞口式大袖，衣身长度过膝，衣身前后有中缝，两侧相连不开衩，左右腋下各有1对系带，相交后于右侧系结固定。如历史上的"忠静服"。衣身颜色为深青，以纻丝、纱、罗制作❶，领、袖口、衣襟侧边及下摆底端用蓝青色缘边，有补子，腰间有大带，大带的颜色和衣身相同，缘边用绿色，为预制式大带。现代汉服系列中去除补子等服制等级含义及特征，仅保留基本形制样式，可适用于婚礼等场景。

第二款是大袖不开衩缘边长衣，特征是交领右衽、敞口式大袖，衣身长度过膝。衣身前后均有中缝，衣身两侧相连不开衩，左右腋下各有1对系带，相交后

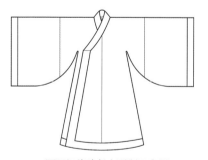
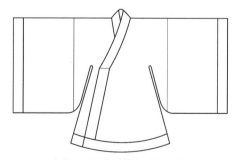

不开衩缘边长衣形制示意图　　　大袖不开衩缘边长衣形制示意图

图7-5　交领长款衣示意图

注：汉流莲手绘。

---

❶ 撷芳主人. 大明衣冠. 北京: 北京大学出版社, 2016(3): 156.

于右侧系结固定。典型的如历史上的"翟衣"，因其衣上饰有翟鸟纹而得名，是古代中国后妃命妇高等级的礼服。衣身用深青色，领、袖口、衣襟侧边及下摆底端用红色缘边，配有蔽膝，大带、玉革带、大绶、玉佩等。翟衣在历史上即"深青色，织翟纹十二等，共一百四十八对，间以小轮花。领、襈（袖口）、襈（衣襟侧边）、裾（衣襟底边）都缘以红色，织金五彩龙纹样。❶"翟衣制度自汉唐宋明一脉相承，一直沿用到明代灭亡，在古代女性服饰制度中一直处于举足轻重的地位。现代汉服体系同样去除其等级特征，仅作为女性高等级礼服与男性的玄端服相对应。其仅与凤冠搭配，限于人生婚礼或服饰展示场景使用。

（二）直领长款衣

直领长款衣，基本特征是领口向下领缘直通到底，衣长过膝，衣裾开衩或不开衩的对襟长款衣，敞口大袖，通常领缘、袖缘、下摆底端缘边。通常与礼服搭配穿着于最外一层，一般下装为裙子。

第一款是缘边不开衩长衣，特点为直领对襟，领缘直通到底，胸前用一对长带系结，敞口式大袖、两侧衣身相连不开衩，衣长过膝。历史上典型的款式如"氅衣"，又名"大氅"（图7-6）。领、袖口及下摆底端均加缝深色缘边，衣身用色及纹样无要求，但浅色较多。袖长回肘，有夹里，冬装氅衣常用毛呢、加绒等厚实保暖的面料制作，也可与披风一样内衬毛里。无论古代和现代，都是罩在衣服外，可用来遮蔽风雪。这一款多为男性服式，通常作为人生仪式和正式场景的最外一层装束穿着。

第二款是不开衩长衣，特点是直领对襟，敞口式大袖，两侧衣身相连不开衩，衣长及脚踝。领、袖口有缘边，领缘直通到底，胸前用1对长带系结，下摆底端处无缘边。有夹里，袖长回肘。历史上比如"大袖袍"，大袖袍与氅衣形制相同，差异在于下摆底端没有缘边，以及袖长较长。现代汉服中为男性服饰，罩在衣服的最外层，一般作为人生仪式和正式场景的最外一层装束穿着。

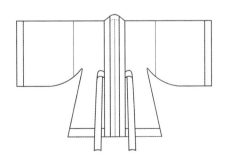

图7-6　直领缘边不开衩长衣形制示意图

注：汉流莲手绘。

❶ 撷芳主人. 大明衣冠. 北京：北京大学出版社，2011(1)：48.

四、开衩长衣类

开衩长衣是衣身长度过膝，宽大、下摆开衩，能够覆盖全身的通裁袍/衫，通常搭配中裤或中裙穿着的长款衣。开衩长款衣多数款式在古代汉服体系中有典型案例，又由于历史上"同名异物""同物异名"的现象，开衩长款衣也是最容易有困扰与争议的一部分。

（一）交领开衩长衣

交领开衩长衣是长衣中变化最多的一个部分。在古代汉服体系中有很多耳熟能详的经典款式，也是现代汉服的重要组成部分。根据基本样式可以分为五款：

第一款是交领开衩缘边长衣，特点是交领右衽、敞口式大袖、衣身两侧开衩不相连、无内外摆，缘边衣身长至脚踝不及地的长款衣（图7-7左）。衣身前后均有中缝，左右腋下各有1对系带，相交后于右侧系结固定。缘边的如历史上的"行衣" ❶，衣身颜色以青色为主，领、袖口、两侧开衩处、衣襟侧边及下摆底端用蓝色缘边，配预制式大带，大带主体多数为青色，缘边为蓝色，中间用纽扣闭合。尽管外形与深衣相似，但属上下通裁式袍服，是典型的男子服式，通常在非正式场景穿着。

第二款是交领开衩长衣，特点是交领右衽、敞口式大袖，衣身两侧开衩不相连，无内外掩衩，衣长至脚踝不及地。如古代汉服体系中为"直裰"（图7-7右），衣领缘宽边无护领，袖口、衣身两侧、下摆底端均没有缘边。衣身前后均

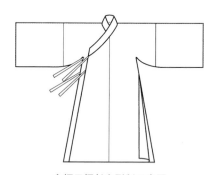

交领开衩缘边长衣形制示意图　　　　　交领无摆长衣形制示意图

图7-7　交领袍服示意图

注：汉流莲手绘。

---

❶ 撷芳主人. 大明衣冠. 北京：北京大学出版社，2016(3)：296.

有中缝，采用斜领交裾❶，内襟用1对系带左侧系结，外襟用2对系带相交后于右侧系结固定。可用腰带、丝绦约束腰间，也可以不用约束。历史中，之所以得名为直裰，或是因为长衣而背之中缝直通到下面而得名，现代汉服体系中是典型的男性服饰。

第三款是交领内掩襟长衣，特点是交领右衽、收口式大袖，衣身两侧开衩，有内掩襟，衣长至脚踝不及地。内掩襟即前襟左右各接一幅打褶缝于后襟上，形制主要有三种，其一是肩挂式无褶内掩襟，二是腰挂式有褶内掩襟，三是衣身两侧收纳式有褶内掩襟。领口缘边，通常加缝护领，亦可不加护领。除领缘外均无缘边，衣身前后均有中缝，内襟用1对系带左侧连接，外襟用2对系带相交后于右侧系结固定。袖型多样但袖口基本都是收口式样，即袖口只留下拳头大小的出手口其余缝合，因此可在袖中收纳随身物品。可用丝绦或布制腰带约束腰间，也可以不用束腰。古代汉服体系中称为"道袍"，是因服式宽松肥大而得名，绝非道士服饰，也是最具中国古代男性风范的本土服饰之一（图7-8）。现代汉服体系的道袍保留衣身宽大、衣长不及地的基本形态，可单独做常服穿着，也可外披氅衣在正式场景穿着，是典型的男性服式。

第四款是交领外掩襟长衣，特点是交领右衽、宽袖收口，衣身两侧开衩，有外掩襟，是衣长至脚踝不及地的长款衣。如古代汉服体系中称为"直身"（图7-8）。领部多缀有较窄的白色护领，衣身前后有中缝，内襟用1对系带左侧连接，外襟用2对系带相交后于右侧系结固定，衣身可缀补子❷，可视场合使用革带或其他束带做腰带使用。直身与直裰、道袍同属宽松式袍服，外形相似，但三者的差别在于掩襟的形制不同❸。直身两侧开衩在外侧加掩襟在外面，而道袍是开衩加暗掩襟，直裰则是开衩无掩襟。直身的称谓，源自明代男士的长袍。现代汉服体系去除官阶等级，保留其基本形制样式，为男性服式通常在正式和非正式场合穿着。

第五款是交领开衩无缘边长衣，袖口有宽袖、窄袖或琵琶袖，是衣长过膝或至脚踝不及地的长款衣，衣身两侧开衩，无内外掩襟（图7-8）。交领长袄的领缘较宽，可加缝白色护领，除领缘外均无缘边。有夹里，冬装可在夹里内絮棉花

❶ 周锡保. 中国古代服饰史. 中国戏剧出版社, 1984, 9(1). 2002(1): 263、264.
❷ 撷芳主人. 大明衣冠. 北京: 北京大学出版社, 2016(3): 154.
❸ 撷芳主人. 大明衣冠. 北京: 北京大学出版社, 2016(3): 302.

交领内掩衩长衣形制示意图

交领外掩衩长衣形制示意图

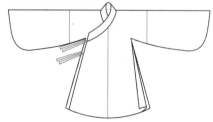

交领开衩无缘边长衣形制示意图

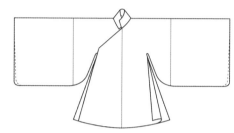

竖领斜襟长袄形制示意图

图7-8　交领开衩长衣示意图

注：汉流莲手绘。

以御寒。衣身前后均有中缝，内襟用1对系带左侧连接，外襟用2对系带相交后于右侧系结固定。不缘边的如历史上典型款式交领长袄，长袄是现代女性的常见服式，外配罩衣时作一般性人生仪服，非正式场合穿着时则可以不加罩衣。

除交领款式外，还有竖领斜襟、圆领对襟两种衍生款式，除领型外其形制基本相同。

（二）圆领开衩长衣

领型为圆形的开衩长款衣，在中国历史上影响深远，典型样式为中国传统官服"圆领袍"，时至今日，各类圆领袍也频繁出现在戏曲舞台的官员身上。在现代汉服体系中，圆领袍衫也是男女通用的流行性常服和礼服。

第一款圆领开衩长衣，主要特征是圆领无衬里，两侧从胯部开衩，内外襟相交较浅，属左右对称结构，右侧近肩位置1对隐扣纽结闭合领口，左侧内襟1对隐扣纽合，右侧外襟1对隐扣相交后在右侧纽结闭合。两侧开衩无内外掩衩，衣身前后均有中缝。典型的如"圆领缺胯袍/衫"（图7-9），"缺胯"指在两侧近胯的位置开衩，以便于行动。做成夹里后，俗称圆领袍，解开袍服领口的纽扣可成翻领。穿着时腰间系革带，圆领中衣之上再穿接襕半臂衣，足穿革靴。在古代汉服体系中圆领衫（袍）曾为男用服式，但时有女性穿着，遂成惯例。如今此款袍服同样深受女性的喜爱，也是男女通用的流行时尚服饰。在现代汉服体系中，圆领袍的样式可以在保持基本形制的基础上做出多种变化，如衣身的长度可以及膝、也可以及踝；袖子可为窄袖，也可为大袖；既可做常服，也可以在人生礼仪和正式场景穿着。

第二款圆领开衩外掩衩长衣，除领型为圆领外基本形制与"直身"相同，有夹里，袖型多为琵琶袖，两侧开衩有掩衩在外，衣长至脚踝不及地，前身左襟与右襟为一大一小的偷襟结构，即内外襟续衽不对称，前后有中缝领口右侧近肩位置用1对隐扣纽合，左侧内襟1对系带，右侧外襟2对系带相交后在右侧闭合。右襟开领形制与圆领缺胯衫不同，区别在于圆领缺胯衫内外襟结构左右对称，圆领长袍内外襟结构则是左右不对称。典型如明代的"文官常服"，就是圆领官袍，在前襟加补子，头戴幞头帽、腰间配革带、脚上配皂靴。现代汉服体系去除其官阶等级特征，保留款式的基本形制，男女通用，通常仅用于人生礼仪的婚礼场合穿着。

第三款圆领开衩外掩衩缘边长衣（图7-10）。特点是大袖，多为敞口式也有收口式，两侧开衩，有外掩衩在外。领口、袖口、衣身侧边、下摆底端及外掩衩有缘边，其中下摆底端缘边较宽。前身左襟大与右襟小为偷襟结构，领口右侧近肩位置用1对隐扣纽合，左侧内襟1对系带连接，右侧外襟2对系带，相交后在右侧闭合。如明代的"无襕袍"，领、袖、襟、裾等均缘边，缘边多为深青色或黑色。腰间束深蓝色或黑色丝绦，连接处不收紧，在腹部形成一个宽松的花结，再将绦带末端于身后打结固定❶。现代汉服中为男性服式，既可做常服，也可以在

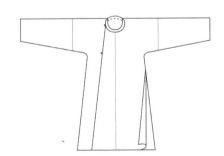

图7-9　圆领开衩长衣形制示意图

注：汉流莲手绘。

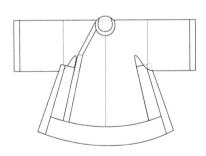

图7-10　圆领开衩外掩衩缘边长衣形制示意图

注：汉流莲手绘。

---

❶ 撷芳主人. 大明衣冠. 北京：北京大学出版社，2016(3)：256.

右侧竖排：

第二篇　汉族服章

人生礼仪和正式场景做礼服穿着。

五、直领开衩长款衣类

直领开衩长款衣，简称罩衣，基本特征是领口向下，领缘可以到胸前，也可以直通到底，衣长过膝，两侧开衩的对襟长款衣。因前襟部的处理方式不同而衍生出多种款式，仅作为搭配穿着在最外一层。

第一款是直领开衩大袖长衣，简称"大袖衫"，因两袖宽博肥大而得名❶（图7-11），基本形制是直领对襟，两襟可以不系带以闭合，也可采用系带或子母扣的方式相连接。敞口式大袖，腋下两侧开衩。衣长至脚面不及地，如遇特殊仪式，比如做婚礼服的罩衫需要曳地，不做严格限制。下摆有前后呈水平式、也有前后呈圆弧式，也可前后不等长。通常为单层无夹里，也可做成双层有夹里。领、袖口有缘边，领缘直通到底，也可以无缘边，礼服袖长回肘。大袖衫与氅衣形制基本相同，差异在于开衩、缘边。

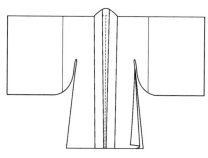

图7-11 直领开衩大袖长衣形制示意图
注：汉流莲手绘。

唐代女性大袖衫质地轻薄透明，因其两袖裁制得异常宽博，走起路往往衣袖扫地，尽显雍容富丽。在宋明时期，大袖衫成为命妇、仕宦人家的专属礼服，有了明确等级限制，并被《舆服制》所记载，而百姓则只能穿褙子。典型款式如霞帔搭配的"大袖衫"，在背部缝有三角形"兜子"，用于收纳霞帔末端❷。现代汉服中为女性服式，可搭配各式衣裙罩在衣服的最外一层。

第二款是直领缘边开衩长衣，特征是直领对襟，领缘直通到底（图7-12）。长袖且多为窄袖或方直袖，也有大袖。前襟的闭合方式有两种，分别是无系带或系带固定。一般衣长过膝，

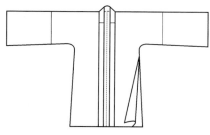

图7-12 直领缘边开衩长衣形制示意图
注：汉流莲手绘。

---

❶ 冯玲玲.宋明时期大袖衫与背子研究.装饰,2017(12).
❷ 董进.图说明代宫廷服饰(八)——皇后常服.紫禁城,2012(6).

腋下两侧开衩。缘边、花边、加缝领均为后加，单层、双层均可。典型的如"褙子"。在宋代时，上至皇后嫔妃，下至奴婢侍从、优伶越人及男子燕居都喜欢穿用[1]。古代的褙子腋下侧可缝缀有带子，垂而不结仅作装饰，意义是模仿古代中单（内衣）交带的形式，表示"好古存旧[2]"，这一理念在现代褙子的制作过程中可保留也可省略。现代褙子是典型的女性服饰，穿着方式广泛，随身合体、典雅大方，常服、礼服皆可穿着。在春夏季时，可以内搭抹胸或背心，穿时露出里面的上衣。同时，也可作为罩衫类穿在上襦、衫外，形成层次感。正式和非正式场景穿着皆可。

第三款是直领缘边大袖长衣，典型的如"大袖褙子"，特征是直领对襟，领缘直通到底，胸前用一对长带系结，衣长及脚踝。敞口式大袖，两侧腋下开衩且左右腋下各有一条垂带。领缘及袖口有缘边，下摆底端处无缘边。单层无夹里，衣身宽大前襟大于后襟约10~20厘米。一般为男子服饰，罩在衣服的最外一层，除穿成直领外还可以穿成交领，通常为正式和非正式场景穿着。

第四款是直领领襟分离式长衣，特征是直领对襟、腋下两侧开衩，衣长一般过膝（图7-13）。敞口式大袖、袖子的宽度介于窄袖褙子和大袖衫之间，袖长在手腕间，穿着时可以露出里面的上衣衣袖，多为宽松款式。典型的如"直领披风"，形制与褙子基本相同，不同处是在领子的形状及领窝剪裁，为使领口与衣襟相连时保持一致，披风的领缘只到胸前，不是上下直通到底，胸前处使用系带或子母扣或玉花将两襟扣合，于胸前呈"V"字形领口。现在戏曲中仍保留披风的形制，简称为"披"，又写为"帔"，其样式基本与披风一致，只是袖子为水袖，男帔长度到脚面，女帔长度及膝，全身施有刺绣图案纹样，比起传统披风显得十分花哨，至今仍是昆曲、京剧、黄梅戏舞台上帝王、官吏、乡绅及其眷属在通用的常服[3]。现代汉服体系中，披风无论男女，一年四季，无论室内室外

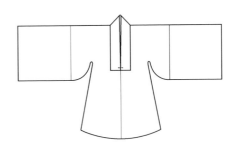

图7-13 直领领襟分离式长衣形制示意图
注：汉流莲手绘。

---

[1] 华梅. 中国服装史(2018). 北京：中国纺织出版社，2018(6)：82.
[2] 冯玲玲. 宋明时期大袖衫与背子研究. 装饰，2017(12).
[3] 陈芳. 明代女子服饰"披风"考释. 艺术设计研究，2013(2).

皆可穿着，并非今人所说的"披风"或"斗篷"，是冬天保暖的外套罩衣进屋必须脱下。此外还可以制作成竖领或方领的披风，除领型外形制基本相同，也简称为披风。总体而言各类披风形制大致相同，材料会随着季节变换有所改变，秋冬季节可以使用加绒、加棉面料制作，御寒保暖，通常适用于人生礼仪和正式场景穿着。

第二节　裳（裙）类

"裳"即"上衣下裳"中的裳，是汉族历史上使用最久远的服饰之一，也是延续了两千年之久的男子高等级礼服形制。历史上的"裙"，也是源自"裳"，而后与裳并存的千年文明中，共同形成了千姿百态的下装。"裳"为男子的礼服，而"裙"则为女子的最常见下装，二者交相呼应，方寸之间，动静有致。

一、裳类

帷裳属于裳类原创性基础形制，由此衍生出种类繁多的下裳样式。根据裳身结构，可以分为不共腰帷裳和共腰帷裳两大类。

（一）不共腰帷裳

不共腰的裳都是由前三幅裁片和后四幅裁片构成，分开缝制成独立的裳身与裳腰缝合形成帷裳，即是两条前后相互独立的不共裳腰的帷裳（图7-14）。分开穿着，三幅拼缝的覆盖前身腰腹间，四幅拼缝的覆盖后身臀部，各自围合系结固定。

第一款是缘边工字褶帷裳，裳幅为整幅长方形，每幅打工字褶若干，裳前后幅的两侧裳缘及裳摆底端加缝本色缘边。蔽膝，后绶，预制式大带及玉佩，是缥裳的必备部件。典型的如缥的颜色是黄色中兼有赤色。缥裳起源自古代玄端服的搭配，《礼记·玉藻》记载："若上士以玄为裳，中士以黄为裳，下士以杂色为裳，天子诸侯以朱为裳，

图7-14　缘边工字褶帷裳形制示意图

注：汉流莲手绘。

则皆谓之玄端，不得名为朝服也。"其中的缥裳，仅能与玄衣搭配，是传统下裳中的高等级礼服。现代汉服中也是男性服饰，与玄衣搭配为玄端服，仅作为高等级礼服穿着。

第二款是缘荷叶边帷裳，基本形制与缘边工字褶帷裳相同，穿着方式也一样，只是下摆裁成圆弧形，并在下摆底端加缝荷叶边缘饰，裳身用赤色，缘边用黑色。属男性服式，与直领大袖衣及曲领内衣搭配，或与端衣及交领中衣搭配，同时配蔽膝大带和后绶，仅作为男性婚礼服穿着。

（二）共腰帷裳

共腰帷裳的两种基本形式：

第一款是分幅共腰帷裳，裳幅为长方形，三幅裁片缝合成裳身每幅打三个褶裥为前裳，四幅裁片缝合成裳身每幅打三个褶裥为后裳，裳前后幅的两侧裳缘及裳摆底端加缝本色缘边。将打好褶裥及完成缘边后的裳身，前三幅裁片和后四幅裁片按顺序排列，拼接缝合在一条裳腰上，形成帷裳。蔽膝，后绶，预制式大带及玉佩，搭配端衣作为男士重要礼仪服饰穿着。

第二款是普及型共腰帷裳，无固定颜色限制，裳幅裁片为长方形，七幅裁片按顺序拼接缝合在一条裳腰上（图7-15）。褶裥的分布形式有多种，这里介绍两种：一是每幅打三褶，形成帷裳，裳摆底端缘边，裳两侧不缘边；二是裳腰两端预留光面不打褶，中间共打13个对褶，裳摆底端及裳两侧不缘边。男子服式，缘边的裳通常与齐膝长衣搭配，作为家祭礼服穿着；不缘边的裳适用范围宽松，仪式或正式场景均可，不作限定。

除了上述两类型款式外，还可以采用扇形或直角梯形，同时在裳身上运用工字褶工艺制作其复合式帷裳，这种梯形裁片拼接制作的帷裳其适用范围相对于正裁不削幅的帷裳要大，适用于礼仪、正式和非正式场景。

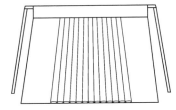

图7-15　普及型共腰帷裳形制示意图

注：汉流莲手绘。

二、裙类

裙子是汉服体系中的重要组成部分。通常情况，日常穿着的下装称为裙，礼仪场合的下装则称为裳。在历史上，名裙众多，从样式到颜色可谓尽人所好，月华裙、花间裙、凤尾裙等，裙装的名称多得让人眼花缭乱，再搭配上缋、绣、织、染、贴等工艺手法装饰裙身，使之呈现绚丽多彩、典雅端庄、造型丰富的特点。又通过腰线和裙式的变化，形成了款式多样、宽松舒适、裙裾飘逸的效果。如今，流行了数千年的裙装，又以其千姿百态的风貌重新展现世人面前，不仅可以搭配传统的汉服上衣穿着，也可以搭配现代西式服饰，成为现代生活中的一道亮丽风景线。在现代汉服体系中，裙子多为女性穿着，但男性也有少量下装称为裙。考虑到历史上裙名的演变，现代仍然按基本特征对裙装进行简单的分类归纳，选取三个具有基础性和代表性的类别进行描述：

（一）幅裙类

幅裙类，即由多幅裁片拼接、没有褶子的单裙，裙幅裁片由上窄下宽的梯形拼接而成，裁剪方式正裁削幅或交窬裁均可运用。从继承传统上来说，现代的围合式幅裙可以由两幅以上的裁片拼接而成。对于布幅拼接较少的裙式，如四幅布幅，仅能制作出的相对平板单调的裙式，可作为衬裙或内裙使用；对于多幅布幅拼接，结合运用相交叠合手法或其他形式的裙式，则可以保留外裙属性，作为现代汉服体系的重要组成。现代幅裙仍采用传统的裙幅数，通常二幅、三幅、四幅、六幅、八幅及十二幅裁片组成的裙式为正常腰线的中腰裙装，而二十四幅、三十六幅、六十六幅等多幅裁片组合的裙式多为高腰裙或做长款裙。除了纯色的幅裙外，通常也会运用多种颜色拼接成为间色裙装，并在裙摆上应用绣花、手绘等工艺装饰裙身，展现汉族传统裙式的飘逸之美。现代汉服体系中最常见的是二幅裙、四幅裙和多幅拼接裙：

二幅拼接幅裙式：简称"二幅裙"，是仅有二幅裁片直接拼接的裙式一种（图7-16）。裙子由两幅扇形裁片、裙腰及两条裙带组成，裙长及脚踝，裙腰高14厘米左右，为中腰款裙装。此裙的特点是两幅裁片梯度不大，裙身上无褶，裙身和裙腰与正常腰围相等，因此裙身仅够合围，不能单独穿着，需要搭配裤子与短裙形成套装，穿着后形成多层次的效果。现代汉服体系保留基本形制，花色纹样等细节不做硬性约束可以灵活运用，此类裙可以搭配裈子穿着，适合于正式和非正式场景。

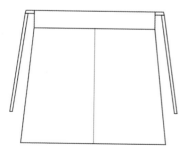

图7-16　二幅拼接幅裙式形制示意图
注：汉流莲手绘。

四幅拼接幅裙式：简称"四幅裙"，是由四幅裁片拼接而成的裙式。根据拼接工艺不同，又分为两种：第一种是四幅单纯拼接裙式，由四幅直角梯形裁片、裙腰及两条裙带组成，裙长及脚踝，为中腰款裙装。此款的特点是裙腰只有3厘米高、裁片梯度不大，裙身平整，通常搭配中衣做中裙穿着，或者作为外裙的内穿衬裙。第二种是四幅叠合分离裙式，由四幅直角梯形裁片、裙腰及两条裙带组成，裙长及脚踝，为中腰款裙装，裙腰高在12~14厘米。四幅梯形裁片分成两组拼接缝合成两幅裙身，工艺上是先将裙身两侧及裙摆缝纫收边，然后将两幅裙身约三分之一相交叠再与裙腰缝合，最后裙腰两端缝纫裙带。成品正反面仅显出三幅拼接，而中间两幅呈重叠状。此类裙式的裙两侧及裙摆可以加饰缘边也可以不加缘边，裙摆宽度也可以根据个人的喜好灵活掌握，没有硬性约束，以适度为宜，更无须强制细节是否与出土文物一致，只要明确此类裙装是"上下两幅裙身有部分相交重叠，裙腰相连裙摆分离"这一基本形制即可（图7-17）。穿着时从身前往后围合，在身后中间相交系结缠绕，再往身前系结固定，形成前后裙身两两重叠、裙腰相连裙摆分离的裙式。需要强调的是，这一穿着方法也不是标准方式，可以根据个人喜好尝试各种不同穿着方式。此裙装搭配褙子，适合于正式和非正式场景，也可挑选合适的面料，以应对四季轮回。

多幅拼接幅裙式：简称"多幅裙"，是由多幅裁片拼接的幅裙。裙长一般到脚踝处，如果与礼服搭配，裙长可以曳地，但不宜过度夸张，以适度为宜。与礼服搭配时的裙腰高度，通常掌握在10~14厘米的幅度，可分为长条形裁片、扇形裁片和直角梯形裁片。常见的有六幅拼缝、八幅拼缝、十二幅拼缝的裙式多为中腰款裙装，即穿着时裙腰在腰间围合固定；而二十四幅、三十六幅、六十六幅等多幅裁片组合的裙式多为高腰裙或长款裙装。裙摆底端也可以做缘边处理，形成装饰效果。现代汉服中，对于裙身裁片较多的幅裙，裙摆的波浪线也就越大，类似于时装裙中的大摆裙。

多幅裙中一典型款式是间色裙，即以两种以上不同颜色布料的裁片拼接，显得穿着者婀娜多姿。间色裙式通常采用两种或两种以上颜色的织物相互间隔和排列制作而成，颜色通常

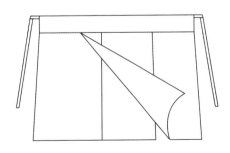

图7-17　裙腰相连裙摆分离裙式形制示意图

注：汉流莲手绘。

为撞色或靠色，又称"对照"与"和谐"。对照色通常为红绿、红蓝、黄绿等高对比度色搭配，形成强烈的视觉冲突；和谐色通常为浅绿和深绿、浅红和深红、浅蓝和深蓝等颜色的深浅、明暗搭配，整条裙身从左到右，有浅有深，形成层次分明、素雅沉静的效果。

（二）单纯性褶裙类

褶裙是现代汉服中常见的样式，褶裙又称百褶裙或百裥裙，这里的"百褶""百裥"都是泛数，形容褶皱之多的意思。相传百褶裙最早出现西汉，身轻善舞的赵飞燕某次为汉成帝跳舞时，裙子被拉出许多褶皱，宫人们认为这样的褶皱十分有仙意，比没有褶皱时更美，于是也纷纷将裙子折叠出许多皱纹折痕，并把这种裙子称为"留仙裙"。隋唐时期，渐趋宽大飘逸的褶裙多流行于舞伎乐女，五代以后逐渐成为普通妇女的常服❶。现代百褶裙分为两种样式，一种是继承了唐、五代比较肥宽的褶裙样式；另一种是新形成的瘦长且多褶的式样，裙长近地，仍为现代女性所喜爱。

单纯性褶裙褶子以顺褶为主，多运用横布裁方式直接在布幅上打褶，褶裥从裙腰直通到裙摆底边，裙摆底端通常不缘边。裙身两侧及裙底端收边，将裙身上端与裙腰缝合连接，裙腰两端缝纫裙带即可。除了颜色的变化外，裙身可以运用各种工艺进行修饰，如配上丰富的花纹、色彩或定位花纹样式，给裙子带来装饰效果。如以撷染手法制成的横纹，使裙子富有自然气息；可以在裙子上印花、绣花，使花纹与裙式相呼应。

（三）复合式褶裙

复合式褶裙，是指在扇形、梯形或矩形裙幅的基础上，再运用褶裥工艺收缩裙腰同时扩大裙摆，这种削幅与打褶相结合的工艺称为复合式，是汉服裙装的传统工艺手法。常见为四幅、六幅、八幅、十二幅裁片拼接后打褶，其裙式及褶裥的分布也略有差异。最常见的裙式有七个类型：

曳地褶裙式：俗称"前短后长褶裙"，是由三幅或四幅扇形裁片、裙腰及两条裙带组成，裙长分前后两部分，即前面裙幅及脚踝、后面裙幅曳地，裙腰高14厘米左右（图7-18）。三幅或四幅裁片拼接缝合成裙身，其中左右两幅裁片较短，中间一幅或两幅裁片较长，裙身两侧及裙摆底端缝纫收边，左右两幅预留

---

❶ 沈岩. 探微百褶裙. 寻根, 2013(2).

裙侧部分不打褶，近拼缝部位及中间部分整幅打褶，褶裥呈自然扩散式长度仅到臀部位置，在腰线位置再与裙腰缝合，最后在两端缝纫裙带。"百褶绢裙，裙身分三片，中间裙片较长，左右两片较短，腰头两头有系带。根据宋墓出土的据形制以及折褶情况分析，长片应为前片，打满细褶，称百褶；两短片叠合成后片，两侧打活褶。前长后短也是此裙的特别之处。此条裙子的款式在目前所发现的南宋丝绸服装中尚属首件❶。"根据顾苏宁分析此裙式为前长后短的样式，但按照正常穿着习惯和《历代帝后像》宋宣祖昭宁皇后像来推断，顾先生的判断值得商榷。现代汉服体系中建议将此裙式确定为前短后长的样式。穿着时从身后往身前围合在中间相交系结固定，形成前短后长的裙摆曳地状。现代汉服体系保留基本形制，可以省略掉褶裥工艺，仅作为四幅组合的单纯式幅裙供不同需求的人选择。此裙式可搭配大袖褙子、外罩大袖衫霞帔作为女性婚礼服，也可以作为一般性礼仪服饰穿着。

简约褶裥裙式：由四幅梯形或矩形裁片、裙腰及两条裙带组成，裙长及脚踝，裙腰高13厘米左右（图7-19）。四幅裁片拼接缝合成裙身，裙身两侧及裙摆底端缝纫收边，三个裁片拼接缝合处各打一个工字褶，褶裥的光面在裙身内侧开衩面在裙身正面，在腰线位起将约40%褶裥缝死，然后在腰线位置再与裙腰缝合，最后在两端缝纫裙带。褶裥也可以采用全活褶的形式，以适用不同体形人群的需要。此裙式属修长型，外观上有类似于两外侧开衩裤装的效果，而又有不露内层衣物的特点。穿着时由身前向后围合，在身后相交将裙带绕回身前系结固定，身

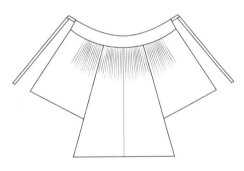

图7-18　曳地褶裙式形制示意图
注：汉流莲手绘。

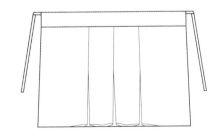

图7-19　简约褶裥裙式形制示意图
注：汉流莲手绘。

❶ 顾苏宁. 高淳花山宋墓出土丝绸服饰的初步认识[D]. 学耕文获集,南京市博物馆. 南京: 江苏人民出版社, 2008(55).

前中间及左右腿两侧各有一道褶裥呈垂直而下状的三褶裙式，走路时褶裥会随步伐而开合。

四幅褶裙式：由四幅扇形或梯形裁片、裙腰及两条裙带组成，裙长及脚踝，裙腰高11~14厘米。四幅裁片拼接缝合成裙身，裙身两侧及裙摆底端缝纫收边，两侧各留5厘米之间不打褶的光面，其余打满工字褶，然后在腰线位置与裙腰缝合，最后在两端缝纫裙带，穿着时由身后向身前围合系结固定。此类裙式属修长型，现代制作中，在保留基本形制的基础上，可以制作成全身相交围合的样式，也可以做成仅围合的裙式，预留光面裙门的多少也可以自行设定，灵活性高不做硬性限制，适合于正式和非正式场景。

六幅褶裙式：由六幅扇形或梯形裁片、裙腰及两条裙带组成，裙长及脚踝，裙腰高10~14厘米。六幅裁片拼接缝合成裙身，裙身两侧及裙摆底端缝纫收边，裙身左右两侧二幅预留20厘米左右光面不打褶，其余部分打褶，然后在腰线位置与裙腰缝合，最后在两端缝纫裙带。两侧不打褶的设计意在减少腹部褶裥的重叠堆积，调整腰围使腰身更昂修长。穿着时由身前向后围合，在身后相交将裙带绕回身前系结固定。现代制作中保留基本形制，褶裥数量和收缩的分量可以根据个人喜好灵活运用，不作硬性限制，适合于正式和非正式场景。

多幅褶裙式：由若干幅直角梯形或扇形裁片、裙腰及两条裙带组成，裙长及脚踝，裙腰高10~14厘米。制作时将设定的裁片拼接缝合成裙身，裙身两侧及裙摆底端缝纫收边，裙身预留左右两侧二幅不打褶，其余部分打褶，工字褶、顺褶均可，然后在腰线位置与裙腰缝合，最后在两端缝纫裙带。另有一种男子日常穿着的裙，样式可参照赵伯沄墓或周瑀墓的形制，建议采用七幅窄梯度或矩形裁片制作裙身，即加大腰围增加褶裥的分量，使腰部壮实与女性裙装的修长形成对比。穿着时由身前向后围合，也可以由身后向身前围合，褶裥形式可灵活运用不做硬性限制，适合于正式和非正式场景。

平均分布满褶裙式：由若干幅长条形、扇形或直角梯形裁片拼接缝合成裙身，裙长及脚踝，裙腰高10~12厘米，裙腰的长度至少在正常腰围的1.5倍（图7-20）。制作时将裙身两侧及裙摆底端缝纫收边，

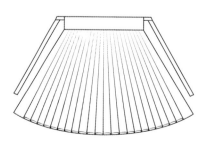

图7-20　平均分布满褶裙式形制示意图
注：汉流莲手绘。

然后裙身上平均分布打褶，褶裥的方式可以灵活选择工字褶或顺褶，褶裥收缩的分量也不做硬性限制，在腰线位置再与裙腰缝合，最后在两端缝纫裙带，成品裙子的裙身布满褶裥。穿着时由身后向身前围合，将裙带往后在中间系结缠绕两次，重新绕回身前系结缠绕两次再固定。此类褶裙可以制作成中腰裙装、高腰裙装或者是齐胸裙装，穿着方法基本相同只是束系的部位不断升高而已。另外，根据裙身长度不同，也可以搭配不同款式的上衣及衣身上的袖型，适合于正式和非正式场景。总而言之，复合式手法制作的褶裙既加大裙摆又保持裙腰相对窄小，同时还增加裙式的层次感，具有对织物的适应性强、灵活度高、裙式变化大的优点。复合式褶裙的褶裥方式可以用顺褶，也可以用工字褶，或在工字褶上再打细褶，裙边还可以缘以百褶边饰。褶裙可以搭配襦衫袄及褙子，形式多样适应性强。

马面褶裙式：马面褶裙，简称"马面裙"，实际是运用复合型褶裥工艺制作的一类裙式，而非一个款式（图7-21）。基本特点是"两侧有褶，中间光面，膝下有襕"，由此可见除了裙本身的基本形制外，同时具有襕的特性。现代汉服制作除保留传统矩形裁片拼接方式外，通常采用定位织襕面料，运用整幅横布裁方式，由两块整幅横布、裙腰及两条裙带组成，裙长及脚踝，裙腰高12~14厘米。两幅裙身，左右两侧中间为褶裥，前后共有四个裙门，两两重合，中间裙门由褶裥重叠而成的光面，俗称"马面"。裙式可双层亦可单层，如采用双层则褶裥内外应保持一致。马面裙曾经是明代女性裙装中最基本的款式，也是中国古代主要裙式之一。它吸收了宋代"旋裙"的设计灵感，将布幅连缀的方式由"一片式"改为前后各有重合的两片，每片围起来后交叠部分不打褶，其余部分则打起细密的裥褶，这样的裙子行动起来方便利落。而裙前和裙后的"光面"则适合展示精美的工艺❶。

图7-21　马面褶裙式形制示意图

注：汉流莲手绘。

襕是马面褶裙的典型特征之一，通常采用定位织襕织物或拼接加襕、刺绣等工艺，将襕这一种装饰手法运用在褶

---

❶ 纵节.风云起落一袭裙.中华遗产增刊：中国衣冠，2017(12)：122.

裙身上，增加裙身的层次感。主要有两种，单膝襕和双膝襕，单膝襕的横襕一般位于膝盖附近，裙襕宽度在10、15、20厘米。双膝襕的上襕位置接近膝盖，下襕的位置在底部，间隔15厘米，膝襕与底襕的宽度不一，可以膝襕宽于底襕，也可底襕宽于膝襕。裙襕上也可搭配云纹、龙纹、凤纹、回纹等多重装饰。无论是定位织襕还是拼接加襕都是依照预先设定好的纹样来操作，前者由机器完成后者则采用手工加机器方式完成。

马面褶裙式种类丰富，织物材质选择广泛，因而成品会有着不同的效果呈现。采用定位织襕织物制作的马面裙因裙身无截断、无拼接缝合痕迹，底襕及膝襕纹样连贯完整美观，且外形比较工整挺括，褶裥稳定性好，易于打理；采用提花纱织物制作的马面裙其性能与织襕织物基本相同，且透气性强适合于夏天穿着；采用普通织物制作的马面裙，因裙幅裁片需要拼接，大多数不做膝襕装饰，如果要加饰膝襕的话，一是要接襕或者采用绣襕方式，优点是外形柔和、线条流畅，缺点是褶裥稳定性差，不易打理。裙腰通常采用白色紧实质地的棉织物制作，用异色柔软稳定性强的织物做裙带。裙门的宽窄、褶裥的数量及收缩的分量没有硬性限制，可以根据个人的喜好而定，而褶裥的密度及角度也可以根据各自的喜好而定版型。马面裙搭配交领、竖领、方领上袄是现代汉服中最常见的款式，适合于正式和非正式场景穿着。

在礼仪及隆重的正式场合穿着的裙装，必须严格按照一条裙腰连接裙幅、裙子长度及下摆的宽度、内外裙也必须单独制作分开穿着的形制规范。日常装束及正式场景穿着的裙式则可以相对宽松，建议内外裙合并为一整体，可以简化穿着程序。日常装束裙子长度在离地15~30厘米为宜。穿着裙装外出或者上下楼梯时，最好双手提起裙身，至少也要单手提裙，这样可以有效避免外出时因裙摆过长遭遇踩踏事故的发生。

第三节　裤类

在中国古代，与裳和裙的礼服功能相比，汉族服饰中的裤一直是作为常服、军戎服或者搭配礼服的中裤而穿着，突出的是遮羞、保暖与装饰的实用功能，从未被单独列入礼服序列被规范使用，因而它的社交地位较弱，相应的民族精神文化象征功能也较弱。幸运的是尽管经历了剃发易服和民国易服，但传统的汉族裤子在中国民间仍有孑遗，且形制多样。对于现代汉服体系中常见的裤子，很多设计与结构也是源自民间遗留物。根据穿着性别不同，可以分为两大类。

一、通用类

现在汉服体系中保留的是传统的合裆裤，其中通用类是指男女都可穿着的合裆裤。具体分为三款：

（一）大裆裤

第一款是大裆裤，裤子由裤腿、裤裆及裤腰组成，其中两幅矩形裁片对折组成裤腿，两幅三角形对折裁片组成裤裆，裤裆与裤腿拼接缝合，然后裤腰与裤腿缝合呈桶状不留开口，腰带固定缝合在裤腰后，可装4个带袢，穿着时腰带绕至身前打结。如果腰带不缝合在裤腰上，裤子则无前后之分。此款的特点是裤腿、裤裆均为对折剪裁，前后幅样式一样，因此，裤裆部分比较费布料，也较为宽大。穿着时将裤带相交缠绕与腰间于右侧系结固定。

（二）交头裤

第二款是交头裤，又称衫裤，裤子由两幅裤腿和一条裤腰缝合而成，裤腰与裤身缝合后呈桶状不留开口，裤腿剪裁方式为对折，两条裤腿与裤头等宽，其中一块留出22厘米的单层面料作为裤裆，于裤长约三分之一位置即预留的裤裆量直接画出圆弧状，无须另外加接裤裆，所以一整块布料在裁剪后，基本没有废弃的布料，布料利用率非常高❶。如果幅宽150厘米的织物，则可以在整幅布上采用交窬排料的剪裁方式，通常用白色面料制作单层裤腰，高度最短15厘米，长的近30厘米，无褶、无系带，穿着时无分前后，将裤腰拉直在身前相交，反折后掖紧固定，负重时可用上衣腰带或者系带代替。此款源自民间传世款式，在中国广东客家地区仍有流传，剪裁时基本无须公式计算，裁片少，简单易学，缝纫难度低。

（三）简易裤

第三款是简易裤，又称中式裤，由裤腿、裤腰及一条裤带组成，其中两幅对折的矩形裁片组成两条裤腿，两条裤腿上端（即裤腰线起约三分之一）前后左右相交于中间缝合成直裆，在缝纫前裁掉一个三角形，以收紧裤腰的分量，裤

---

❶ 柴丽芳. 客家大裆裤的结构与工艺分析. 广西纺织科技，2009(1).

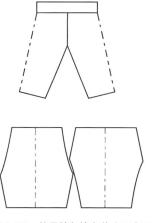

图7-22 简易裤与裤身裁片示意图

注：汉流莲手绘。

腰全缝合不开口，与开口裤的结构基本相同（图7-22）。有一条裤腰带可缝合固定在后面正中位置，共有4个带袢，分布在后面3个前面正中1个。穿着时腰带绕至身前打结。直裆深约合33厘米，横裆在直裆数据上再抛1~2寸约合4厘米，裤脚口宽可根据个人喜好而定，最窄不少于16厘米即可。裤腰高最短可以为5厘米，做成裤腰中间穿裤带的样式，并用加长裤身的长度来弥补裤腰减少的分量。或者制作成一侧开衩，并在左右两侧裤腰上装系带的样式。总而言之，这款裤是源自民间传世款式，流传于全国广大地区，20世纪90年代前在现代服饰裁剪书中称为中式裤，并可以随个人喜好制作出不同细节，灵活性高。

上述几款裤子的裤筒通常为直筒型，可做中裤穿着。也可在裤口加上"缚裤"，使裤子成为灯笼型，上身搭配圆领袍、长衣穿着，脚部搭配靴子，作为日常的外裤穿着。

二、女用类

相比通用裤，有两款是专属女性的裤装：

（一）开衩裤

第一款是开衩裤，全称是两外侧开中缝合裆裤，是汉服裤中的常见类型之一（图7-23）。裤子的裁片由四幅矩形裤腿、一幅条形裤裆、裤腰和两条裤带组成。

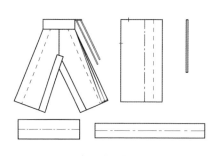

图7-23 两外侧开中缝合裆裤形制示意图

注：汉流莲手绘。

裁片都是整幅，没有拼接。裤腿两侧从裤腰开始打褶开衩，具体为前后两条裤筒各有两个双层活褶形成对折效果。两条裤腿上端（即裤腰线起约三分之一）前后左右相交于中间缝合，在缝纫前可裁掉一个三角形，亦可只缝合不裁掉，以收紧裤腰的分量，使裤子贴合身体，类似现代对裤子直裆部位的处理方式。裤腰在左侧开口，左右一条系带固定。此裤式不能单独穿着，必须搭配一条配套的衬裤同时使用，上衣搭配抹胸与褙子，是现代女性夏日的时尚款式。

为适应现代人的生活出行习惯，也可以把衬裤与开衩裤直接缝合在一条裤腰上。如果只改变工艺不改变形制规范，仍然可以归入现代汉服体系。如果只开衩不打褶同时改变制作工艺，则应视为改变形制规范只能归入汉式时装。

（二）开口裤

第二款是开口裤，全称是右侧开口裤，裤子由裤腿、裤腰及一对裤带组成，其中四幅矩形裁片组成两条裤腿，两条裤腿上端（即裤腰线起约三分之一）前后左右相交于中间缝合成直裆，在缝纫前裁掉一个三角形，以收紧裤腰的分量，再将两条裤管内侧缝合形成裤身，最后再与裤腰拼接缝合在右侧开口，开口长度与直裆深度一致，但测量位置是从裤腰起往下，并在裤腰两端缝纫裤带（图7-24）。此裤式裤腰高在22~26厘米、腰围宽松、裤脚宽大，没有单独的裤裆裁片，简单易学。裤子样式源自定陵J159黄缎女夹裤，且在中国民间仍有流传。

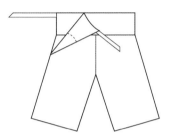

图7-24　右侧开口裤形制示意图
注：汉流莲手绘。

第四节　深衣类

尽管深衣大行其道的历史已经远去，但它的整体设计、色彩在传统社会中一直被赋予人们熟知的功能寓意和哲学理念，也能透过漫长的历史时光成为传统文明的重要载体和表现。现代汉服中的深衣制款式多样，基本特点为衣裳相连，宽衣、广袖、博带、素色、缘边，多为礼服穿着，也是最具典型特征的汉族服饰之一，不仅有儒学祭祀中常见的朱子深衣，还有张扬着中国典雅大气的直裾深衣、曲裾深衣，以及由传统深衣衍生而来的襕衫等。

一、礼制蕴意

历史上，深衣制的适用人群和职业覆盖范围非常广泛，既是士大夫阶层的日常服式，也是普通民众的礼服，既可以外穿也可以做中衣。无分上下，无分尊卑，无分文武，无分男女，婚丧皆可穿着。吉服、丧服形制相同，只在织物的精细度、颜色和制作方式上有所区别。其普适性成了两千多年来唯一打破尊卑、文武、吉凶界限的服式类别。深衣制不仅仅是礼乐制度的折射，更成了个性化形体修饰的外在展示，体现着不同时代的美。

在华夏民族整个服饰文化中，衣裳相连被体深邃的深衣之所以能够独树一帜，由一件衣服上升到一类服式，正是因为其衣裳相连，又有明确的上下界限，同时还赋予礼仪制度的文化内涵，成为仅次于朝祭服的服式。其影响至为深远，成为贯穿两千多年的理想化服式代表，历代知识分子都有考证和论述深衣，今天来看他们的考证结果尽管与文物有偏差，但是他们重建深衣的行为，却极大地丰富了深衣制款式，从而形成一个庞大的服制类别。明清易位之际，孔氏后人曾上疏摄政王多尔衮力争"以复本等衣冠"，请求保留孔氏儒家的深衣服饰，但是遭到"剃发严旨，违者无赦。……著革职永不叙用"（《东华录·清顺治二年》）的回复。在剃发易服的大背景下，清初的遗民们通过深衣寄托家国情怀，但是明末清初朱之瑜的《朱氏舜水谈绮》、黄宗羲（黄梨洲）的《深衣考》、清代江永《深衣考误》，都是根据自己对《礼记》的理解而再次阐释深衣的结构，被现代视作重要的学术资料而永远的流传。尽管现代人对于深衣的样式仍然在探索过程，但深衣对于中国士人来说，早已成了一种儒者的身份象征。今天，无论是百年前"汉衣冠"运动，还是现代汉服运动，也都是从深衣这个出发点起步的。

二、直裾深衣类

直裾深衣是深衣类的基本款式，指下摆即是下裳摆底端呈平直状的类型。根据领型不同可以分为交领右衽和圆领右衽两大类，其中交领右衽类是深衣中最为经典的样式。

（一）交领直裾深衣

第一款是衣袖一体直裾深衣，其中最为典型的款式是朱子深衣，也经常被理解为狭义的深衣，成为深衣代称（图7-25）。交领右衽，衣长至脚踝，袖型为垂胡袖，袖口敞开。特点是衣身和衣袖连成一体，即袖根深与衣身腰线齐平，袖口宽是袖身宽的三分之一，衣袖三分之一处至近袖口底端收成圆形呈垂胡状。上衣腰线至腰腹间，即约50~55厘米，通袖长220~240厘米，衣襟侧线及下摆底端

232

有缘边。衣身主体用米白色布帛，缘边用深青色布帛。上衣由四幅正裁，两幅续衽。下裳六幅交解裁成上窄下宽十二幅，十二幅按拼接顺序缝合，其中后衣身四幅左右前衣身各四幅与衣身缝合相连，上衣前后的中缝与下裳中缝一通到底，以及缘边、大带及系带等小裁片组成。左右腰线位置各一对系带，穿着时先系左襟系带，再系右襟系带，整理好

图7-25　衣袖一体直裾深衣形制示意图

注：汉流莲手绘。

前后中缝保证其垂直，最后将预制式大带用纽扣约束于腰间。

　　朱子深衣的命名是源自南宋朱熹根据《礼记》中复原的深衣样式，此时距离深衣流行的时代已经过去了近千年，因而对形制上的样式和剪裁有着争议和分歧。其中最大的争议在领型处，根据朱熹的记载，领型为直领对襟的剪裁结构，穿着时为交领，属于直穿交领的形式。考虑到这类结构穿在身上后，衣身与袖子比例超乎常规导致肩线倾斜，同时参考出土文物中深衣类袍服上衣下裳裁片结构及拼接方式，把领口剪裁成直角相交加前襟续衽形成全交领的样式，同时将下裳的十二幅裁片平均分配到上衣后幅、上衣前幅左右襟。正是这种微小的调整，较好地解决了裳幅的合理分布，也使得衣袖肩线保持水平状。

　　因此这种微调后的深衣，仍然约定俗成的被广大汉服复兴者称为朱子深衣；而把提高出袖位，敞袖口式的深衣称为直裾深衣。现代汉服中衣袖一体直裾深衣属男性专属服饰，通常用在人生礼仪与正式场景穿着。

　　现代汉服体系中有三款基础类型的直裾深衣，其形制特征基本相同即交领右衽、后背有中缝，仅部分结构略有差异，均为男女通用款式：

　　第二款是敞袖式深衣，俗称直裾，基本形制和缝合方式与垂胡式深衣大致相同，不同点主要在衣身和袖子上（图7-26）。腰线约40~50厘米，袖根宽约35~40厘米，袖宽约50~90厘米，敞口式大袖不收袂，袖

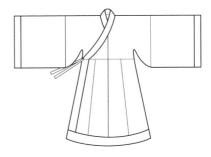

图7-26　敞袖式深衣形制示意图

注：汉流莲手绘。

子外形与玄衣类似。腰间将条状大带直接束系固定。此款深衣用色比较灵活，没有严格限制，可以视穿着场合而定，尺度掌握在传统的配色范围即可，通常用在人生礼仪和正式场景。

第三款是收袪式深衣，形制与敞袖式深衣相似，袖口收袪。典型的款式有直裾禅衣（图7-27左），是一种不加衬里的直裾深衣。衣身用素色，缘边用深色。衣长至脚踝或及地，上衣四幅裁片，两幅续衽裁片，下裳四幅裁片或六幅裁片。领、袖口、衣襟侧边、下摆底端有窄缘边，领口开得比较大，衣袖比敞袖式深衣更为宽广。前襟宽博下垂，款式较为宽松。衣身无夹里，多用轻薄质地面料制作，如薄绢、素纱，缘边用锦。适合夏天穿在最外一层。

第四款是明立体构造深衣，衣长至脚踝，上衣有中缝，垂胡式袖型，袖口敞开（图7-27右），上衣四幅，下裳五幅拼缝，腋下有小腰二幅，采用明立体构造。领、袖口、前衣襟侧边及下摆底端有缘边，缘边的颜色可以是异色，也可采用相近色，但须采用异质面料。衣身可以为双层，也可以为单层。此服式只在右衣襟缝制两条一长一短的系带。示意图是根据马山楚墓出土文物报告及其线描图，同时参考多名学者研究专著中的记载，经过1∶1还原后再按比例适当缩小的款式，领、袖口及衣身侧襟缘边较窄为8厘米，下摆底端缘边较宽为15厘米。适合正式场景穿着。❶

收袪式深衣形制示意图

明立体构造深衣形制示意图

图7-27 交领直裾深衣示意图

注：汉流莲手绘。

（二）圆领直裾深衣

除了典型的交领深衣外，圆领深衣也是深衣制中的一个衍生类服式（图7-28）。

---

❶ 宝马儿.《汉威汉服——实践版》→[分享]教你做汉服.汉网论坛,2005(6).

典型的如古代汉服体系中的鞠衣，其形制与交领直裾深衣基本相同，只是领型为圆领右衽，近右肩及左右两侧腋下各有 1 对纽扣，穿着时用纽扣纽结固定。宽袖，袖型为琵琶形，袖口、衣身侧边、下摆底端均不加缘边。上衣六幅裁片，下裳六幅交解裁成十二幅，颜色不限。腰间用大带或革带系

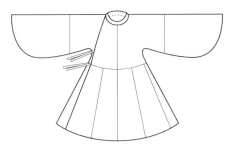

图7-28　圆领深衣形制示意图

注：汉流莲手绘。

结，大带随鞠衣用色，有带缘，通常为异色。革带通常采用单挞尾形制，缀圆桃形玉带版❶。玉带下可增加玉花彩结绶为装饰。一般情况下不单着于最外层，而是将大衫霞帔套在圆领深衣之外。

　　历史上鞠衣为王后及内外命妇的"六服"之一，明朝时常见为红色，作为皇后礼服的配套服式。现代汉服去除尊卑贵贱等级色彩，只保留其圆领深衣的基本形制，属女性服式，可以穿着在最外一层与男子襕衫相对应，仅人生礼仪和正式场景穿着。

三、曲裾深衣类

　　曲裾深衣是深衣家族中的分支，款式丰富多彩、千变万化，曾经也是非常流行的款式。春秋战国时衣裳连属的服装较多，用处也广，有些可以看作深衣的变式。如河南信阳楚墓出土有木俑，袖口宽大，下垂及膝，显得庄重，可能属于特定礼服类。另有河南洛阳金村韩墓出土有二舞女玉佩，穿曲裙衣，扬起一袖，腰身极细，垂发齐肩略上卷，大致是后来《史记》所说燕赵佳妙女子"鼓鸣瑟，跕躧，游媚贵富"的典型装束。湖南长沙仰天湖墓出土了彩绘木俑，着交领斜襟（曲裾）长衣和直襟（直裾）齐足长衣，其剪裁缝纫技巧考究，凡关系到人体活动较大的部位，多斜向开料，既便于活动，又能显得体态的美，是深衣在春秋战国末期的一种变化形式，曾是妇女的时装，对男装也有相当影响❷。

　　现代汉服中曲裾的基础款式，是在西汉时期的出土文物的基础上调整设计制作。由于历史上的文献资料中对于"曲"的解释和界定较为模糊，以及对于"续

---

❶ 撷芳主人. 大明衣冠. 北京：北京大学出版社，2016(3)：54.

❷ 沈从文，王㐨. 中国服饰史. 北京：中信出版集团，2018(7)：38.

祥钩边"所指涉及的三角绕襟部位解释不一，因而对于曲裾整体结构存在着一定争议。但总体来说，源自西汉时期男女皆可穿着的曲裾深衣，属于古代汉服和现代汉服的重要组成部分。

曲裾深衣的特点是交领右衽，上衣正裁，下裳斜裁，运用斜裁手法延长左衣襟续衽的分量，形成一个三角续衽边，穿着时衣襟相交并将左衣襟绕向右侧身后呈燕尾状，称为曲裾。曲裾款式多样，均为交领右衽，有些款式的曲裾深衣在续衽的三角区最末端缝有系带，穿着时将左襟往右侧绕向腰后，先用系带绑系固定调整好衣领和衣襟，然后再用大带束系腰间。最常见的有单绕和双绕曲裾深衣两类：

（一）单绕曲裾深衣

单绕曲裾深衣，衣长至脚踝或及地（图7-29）。交领右衽，上衣部分正裁六幅裁片，其中衣身两幅裁片、左右袖筒两大两小共四幅裁片。下裳部分正裁削幅共四幅裁片。领口挖成琵琶形，袖口稍窄于袖筒，袖筒肥大下垂呈垂胡状。领、袖口及下摆底端缘边，其中锦缘部分领缘18厘米、袖口20厘米、下摆底端为25厘米，在锦缘之上再加5厘米窄绢缘边。领缘斜裁，其他部位的缘边可以自由决定是否采用斜裁。穿着时左右相交后将左衣襟绕向右侧身后再用系带束系固定。

图2-37是根据马王堆汉墓的出土文物报告及其线描图，同时参考多名学者研究专著中的记载，经过1：1还原后再按比例适当缩小并做局部调整的款式。具体调整在四个方面：一是去掉了全身包括领缘内絮棉的工序仅保留双层夹里；二是增大了下裳的锥度；三是去掉了续衽部分一侧的三角预留区，这样的改动造成的平铺状态变化为续衽三角边不会水平向左延伸，而是呈顺时针方向曲线上升；四是前后两幅裳身和袖缘裁片改斜裁为正裁，仅保留绕襟部位的裳身斜裁，从而降低了操作难度和用布量，便于网友动手自制❶。

这种结合现代人生活习惯特点所做的

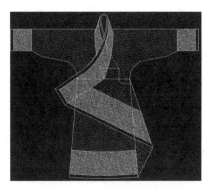

图7-29　单绕曲裾深衣形制示意图
注：宝马儿手绘，授权使用。

---

❶ 宝马儿.汉网论坛【汉威汉服～实践版】→[分享]教您做汉服.2005-6-25.

调整和改动，充分说明了服装功用如何影响结构设置，而结构的变化如何作用在外观造型上❶。单绕曲裾深衣现代社会中适合女性在正式场景穿着。

（二）双绕曲裾深衣

双绕曲裾深衣，简称"曲裾"，交领右衽，袖端较袖筒窄略，袖子为垂胡袖或宽袖收袂，属于根据出土文物和书籍记载再设计的现代汉服（图7-30）。上下分裁，前后衣身有中缝，上衣四至六幅，下裳分三个部分，一是由六幅交解裁成十二幅，分布在上衣后幅和左右前襟位置缝合相连；二是下裳的左幅续衽绕襟部分用两

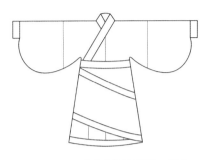

图7-30 双绕曲裾深衣形制示意图
注：汉流莲手绘。

幅交解裁成四幅形成三角与上衣左幅下裳相连；三是左幅下裳衣裾部分均剪裁成弧形以利绕襟。领、袖口、衣襟侧边均有缘边，缘边一般在8~10厘米，穿着时先束系左襟系带，然后左右相交将左襟往右侧向后绕，经过背后再绕至前襟，形成绕襟的效果。最后用大带系结固定，大带的作用有二：一是固定，二是遮住三角衽片的末梢。曾属于男女通用款式，但现代仅为女性穿着，适用于社交场合。

现代曲裾深衣在原型的基础上衍生出许多款式，其变化大多在缠绕匝数和下摆的长度上，限于篇幅本书不做详述。有专家推测，历史上曲裾的出现可能还与楚人爱细腰有关。长长的衣襟缠绕身体，再用绸带紧裹，让美好的身体曲线展露无遗，于是在隐藏身体的同时，却凸显了人体的修长挺拔❷。尽管现代汉服中曲裾有着诸多争议，但是其衣襟层层相绕，衣领重重相叠，下摆近地，一条漂亮的腰带系在腰间，显得人身材修长，走起路来袅袅婷婷、曼妙有致，既有传统的含蓄，也有现代的审美，因而受到现代女性的喜欢。

古代的曲裾深衣曾经是男女通用款式，但现代汉服中多为女性穿着，在正式场景中与男性直裾深衣对应。

四、接襕衣类

接襕类服式，指衣身下幅裁断再加接一至三幅裁片充当下裳，上下分裁然后

---

❶ 琥璟明. 先秦两汉时期的服装立体构造手法. 汉晋衣裳. 辽宁民族出版社, 2014(12): 98.
❷ 晶心. 深衣: 中国最早的连衣裙. 中华遗产增刊: 中国衣冠, 2017(12): 22.

缝合而成，因其有一道横襕，所以具备了深衣的含义，成为"仿成周之制"深衣中的一部分。接襕类服式根据领型不同，可以分为交领和圆领两大类。

（一）接襕上衣

根据领型不同，可以分为交领和曲领两种领型：

交领接襕上衣类，也称为襦，指上下分裁，腰下接襕，可以遮蔽覆盖身躯颈以下至腰膝间部位及手部位的短、中款服式（图7-31）。直袖敞口式，袖根宽约30~35厘米。上衣至腰线，四幅正裁，两幅续衽，续衽分量约10~12厘米。衣身处一幅横襕或三幅接襕均可

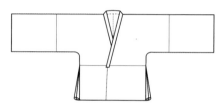

图7-31　接襕上衣形制示意图

注：汉流莲手绘。

运用，加襕后衣长过腰不及膝，左右两侧襕上各打对褶一个，然后接襕，襕的面料可以用异质异色。衣身前后有中缝，可以单层，也可以做双层，腰线左右各1对系带。此款通常与中款束腰裙式搭配穿着，穿着时左右衣襟相交，在右侧系结固定，将下襕束于裙内，在现代汉服中为女性服饰。

此款式可以做成统一衣襕面料的窄袖样式，搭配裤装作为普适性日常着装，也做成纯色作为中衣穿着。

曲领接襕上衣类，也称为曲领中衣，指上下分裁，腰下接襕，可以遮蔽覆盖身躯颈以下至腰膝间部位及手部位的中款服式。曲领的续衽分为左右两个不对称的裁片，左衣襟领口挖成直角相交型，右衣襟领口挖成圆形。其余形制与浅交领接襕上衣相同，男女通用。

除此之外，还有接襕半袖上衣，基本形制与接襕上衣类相同，不同之处在于没有接袖，并在半袖的袖口缘以百褶边修饰。

（二）圆领襕衫

圆领襕衫，指上下分裁膝以下接襕，可以遮蔽覆盖身躯颈以下和四肢的衣裳连属类服式。单层无夹里称襕衫，双层有夹里称襕袍。特点是圆领右衽，右侧近肩线及左右两侧腋下各有1对纽扣（图7-32）。敞口式大袖，袖根宽约35~40厘米，袖口宽约50~60厘米。上衣衣长至膝，加襕后衣长到脚踝，衣身两侧相连不开衩。上衣六幅裁片，其中四幅正裁，两幅续衽，下裳三幅横襕。前后有中缝，袖口、衣身右上斜襟和侧襟、下摆底端都有缘边。另有系带等小裁片和两

根丝绦共同组成。穿着时用纽扣纽结固定，两根丝绦束系腰间于身后打结固定。襕衫属男性服式。考虑到历史上多为秀才、士人等文人的儒服，又或是作为冠礼服而穿着，在现代社会中常用在男子成人礼中，适合人生礼仪和正式场景穿着，并且被中式学位服倡议者呼吁为中式毕业服的首选类别。

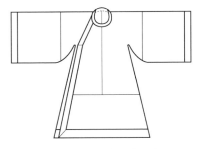

图7-32　圆领襕衫形制示意图

注：汉流莲手绘。

　　在现代汉服中，针对襕衫的制作，通常是只加横襕而不做褶裥处理。从整体外观上看，襕衫的下摆足够宽大且不会影响活动量，而且不打褶子的襕衫比较美观、整洁，所以对这一细节处理也就约定俗成了。此外，另有一款也被俗称为"襕衫袍"的圆领袍，虽名字有襕但实际无襕，也因为没有加横襕而失去了上下分裁衣裳相连的本质属性，基本形制与"直身"相似，开衩处有外掩衩，故列入通裁式袍服类别。

五、传承与继承

　　古往今来，深衣的设计、剪裁和使用早已依附于礼法，其设计理念被打上礼文化和儒家思想的烙印❶。作为尊重传统的理念，深衣不能佩戴蔽膝，蔽膝仅应用在上下分裁的衣裳中，二者属于不同类别属性的服饰和配件，不能混穿。另外，深衣与通裁式袍服虽然外观样式相像，但二者的本质截然不同，一个为上下分裁连属类、衣裾相连不开衩的服式，另一个则属于通裁类衣裾开衩不相连的服式，属于上衣范畴，典型的是"直裾"与"行衣""圆领襕衫"与"圆领襕袍"二者服式的功用性不同，所以绝不能等同，更不能代替。

　　时至今日，尽管深衣已经不再可能成为人们的常服，但是依然有它承载的意义，除了特定场合作为儒者的符号，担负起礼学符号的意义外，作为原创性基础形制，历史上由其提炼的元素衍生出汉服种类繁多，今天也应该不断产生出新的创意设计，延伸与丰富当代服饰文化，促进传统服饰的再生能力。

---

❶ 邱春林.《礼记》的深衣制度与设计. 东南文化, 2007(4).

第五节　附件类

　　除了传统的衣类、裳类、裤类、深衣类外，汉服中还有一些搭配类的服饰及部件，即用于搭配主体衣裙的短袖或无袖上衣，如不能单独穿着的近身内衣，或是披挂在上衣衫外肩背间的披帛等，起到实用和装饰的双重功能。这一类搭配服饰统称为附件类，具体可以分为半袖类、内衣类、腰带类、帔饰类四大类别。

一、半袖类（含无袖类）

　　半袖，历史上又称"半臂"，是从魏、晋上襦发展而出的一种无领、对襟的外衣。半袖类服式，通常是指穿着在上衣最外层起保暖和装饰作用，或穿着在中衣之上圆领缺胯袍衫之内起衬托作用，半袖式或无袖式服式的总称。从图像资料上看，唐代半袖的袖口有两种，一种是袖口在肘上平齐，另一种袖口加褶带边缘。后一种常加在宽博的广袖礼服上。但由于礼服袖子过于肥大，所以有时就把半臂袖口上的带褶衣缘缝在礼服袖子的中部，使之成为袖子上引人注目的装饰品❶。唐代时男子也视半袖为时尚日常装束，并起到以御寒的作用。现代汉服的半袖类服饰，其形制基本上是与长袖上衣相似，只有领形和闭合方式略有差异，其余基本都是由正裁二幅组成。长度主要是短款衣与中长款衣，领形有交领、直领、方领等，主要样式有五类：

　　（一）交领半袖衫

　　其形制与交领衣相同，通常为短款衣，也可以有中长款衣。袖长至肘，领缘为衣身本色，袖口和下摆底端无缘边。左侧内襟1对系带，右侧外襟2对系带，相交后在右侧闭合。通常无须束腰带，如果衣长及膝亦可在腰间扎上长带，显示修身的效果。作为日常服饰，可单独与裤子搭配穿着，亦可单独搭配裙子穿着。

　　（二）直领半袖衫

　　其形制与直领衣基本相同，直领对襟，衣领有缘，通常为短款衣，也有衣长过膝、及膝的中长款衣。袖口宽大平直，长度不超过肘部。用小系带在胸前系结，也可不系带。款式丰富，既有男女通用的款式，亦有只限女性的款式。作为日常服饰，可直接搭配下裙穿着。直领半袖衫外穿时有两种穿法：一是裙腰束在

---

❶ 党焕英.唐代男女服饰及女妆概述.文博,1996(2).

衣内，搭配高腰裙或长款裙，起到遮蔽裙腰的作用；二是裙腰束在衣外，露出裙头及裙头上的装饰。

（三）接襕半臂襦

其形制与接襕上衣基本相同，浅交领右衽、领缘较窄，衣长至胯，袖长至肘，袖口宽大，可以加以缘饰。衣身以腰线为分割线，上下分裁，腰下接襕，横襕可以采用与衣身不同的面料，两侧接襕各有1个对褶。袖口加缘饰的通常有夹里，不加缘饰的可以做成单层。可与中腰裙搭配，并将接襕束在裙腰内。

（四）接襕半臂衣

形制与接襕上衣基本相同，浅交领右衽、领缘较窄，衣长至胯，属男性服饰。衣身可以为单层，亦可以为夹层。袖子宽大平直、长不掩肘，上下分裁。衣身腰下接襕后相连缝合，前后、中间和两侧接襕处有1个对褶，下摆自腰而下至膝。左右衣襟处各缝制一条约2.5厘米宽的长系带，左侧接襕位置衣身侧线开一个约3厘米的口。穿着时左右衣襟相交，将右襟的系带穿过左侧开口，从后绕回右侧系结或向身前系结固定。上衣部分采用质地结实的面料，如织锦，以起到衬托作用，接襕部分通常为异色较柔软的绫、绢织物。穿着在中衣之外、圆领袍衫之内。

（五）无袖背心衣

所谓背心，实质是在半袖衫的基础上把袖子彻底去掉后呈露肩状的着物（图7-33），上述的交领半袖衫、直领半袖衫，去掉半袖也即是相应的背心衣。汉服中的无袖上衣较多，还可以运用相应的剪裁手法，在对襟上稍做修饰，增强背心类服式的装饰功能。其中有一类长款背心衣，被称为"比甲""搭护"，衣长至臀部或至膝部，甚至是接近于裙裾，腋下可有开衩，是由长袖、半袖衍生而来，所以不再特别描述。除了样式有差异外，在历史上不同时期的称谓也不相同，"裲裆""坎肩"等非主流衍生款式，不做重点描述。无袖背心衣，通常搭配素色上衣起装饰作用，或者在冬季起保暖作用。

在现代汉服体系中，除接襕半臂衣外，其他半袖类均属于男女通用服式。在日常生活中，通常还可以搭配裤子当作夏日的日常着装，比较适合于地处赤道附近的东亚邻国常年穿着。另外，面料材质的选取也

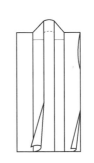

图7-33　背心形制示意图

注：汉流莲手绘。

应特别注意，需要与搭配成套或穿着的衣裙相匹配，才能起到增色作用，否则会显得不协调，也降低主体衣裙的档次。

二、内衣类

内衣也称"近身衣"，是汉服的重要组成部分。这里的内衣是专指起遮蔽、透汗、调整、修饰和衬托作用，贴身穿着或穿在中衣之内、文胸之外的"小衣"的总称。内衣的款式繁多，现代汉服体系中常见的款式有男式汗衫和女式胸衣两类。

（一）男式汗衫

男式汗衫是用素（绉）纱、夏布制作的无袖小衣，因是贴身穿着称为汗衫，适合男性贴身穿着或在夏日作为常服外穿。襟型有两种：一种是胸前系带的对襟式，也称"竹汗衫"，是用细竹梢截成小段，再用丝线串编织而成，根据安徽博物院收藏品显示，在民国时期仍有遗存；另一种是两侧系带的两裆式，也称"夏布汗衫"，是用葛布纻麻夏布制作的，直到20世纪80年代民间仍有留存。

（二）女式胸衣

现代女性基本上都有贴身穿着文胸的习惯，古代女式胸衣所充当的勒带、裹肚功能已经减弱。现代汉服中，女性直接在文胸上穿着汉服胸衣即可。考虑到历史上内衣的称谓较多，有同名异物的争议，现代汉服体系中选取几类常见的款式进行白描，主要分为五类：

肚兜：是一种佩戴在胸前的衣饰，也是婴儿保护肚脐防止寒气入侵的贴身服式，是汉族最传统的贴身衣饰，也是男、女、老、幼均可穿用的一种内衣。肚兜的款式众多：有菱形、长方形、三角形、半圆形、倒花蕾形、如意云纹形等❶。最常见的款式为菱形，通常裁去菱形的上角，制成为凹形的领窝，并在上角处缝制一根带子套在脖子上（或两根，系于颈后），菱形布的左右两角各缝制一根带子，穿着时绕至腰后，系于腰脊间。通常长至小腹，遮挡肚脐，起到防风内侵的作用。

许多学者认为，肚兜是中国最古老的服饰之一，其原始形状是蛙的肢体的自然展开❷。关于肚兜的起源有多种说法，民间传说认为"蛙"即"娲"，蛙形是女

---

❶ 王群山. 近代汉民族肚兜纹饰刍议. 饰, 2004(4).

❷ 苏洁. 析肚兜之东风西渐. 武汉科技学院学报, 2005(2).

娲氏部落的图腾，也是在天地形成之初，由女娲和伏羲所创，用以遮挡人体私密部位的贴身小衣肚。❶作为传统的近身衣，肚兜在中国民间仍有流传，尤多用于儿童和妇女。而且肚兜上的刺绣图案，具求富、求寿、求文、求武、求太平的吉祥寓意，更是记录了汉族人民的生活感悟和美好追求❷。需要注意的是，无论是在古代还是现代，作为贴身衣的肚兜不可以"内衣外穿"，即肚兜绝不能作为外衣单独在公共场合穿着，尊重其不能轻易示人的"亵衣"服式属性。

后闭式胸衣：亦称"诃子"，是无肩带由一幅布制作而成的紧身小衣。由前身用三幅布拼接而成，长度约40~50厘米，宽度与紧胸围一致，在后背左右缝合五对系带，或左右开五对孔，穿着时系结或中间用细绳索穿系固定。通常在前胸部位绣花或选用有定位花的织物，起装饰作用。选择质地挺括，略有弹性，手感厚实❸的面料，以此保证了胸上部分达到平整的效果。参照历史上"内衣外穿"的样式，在穿着特定款式的裙装时，可将后闭式胸衣直接套在上衣之外、罩衣之内配套穿着，但绝对不允许去掉罩衣，露出胸衣后部。

前闭式胸衣：又称"主腰"，源自明代妇女束于胸前的无袖、贴身内衣。由一幅主体裁片及门襟小裁片拼接而成，双层有夹里，长度约40~50厘米，宽度比例与紧胸围同，具体可依个人而定。衣身前襟有4~5对子母扣或者5对扎带连接。开襟，两襟上方肩部位置有裆，裆上可有吊带。形制可有略微调整，可以不用吊带，也可以把吊带缝在腰侧等。现代穿着时从后背向前围合至胸前扎紧❹，用子母扣或系带系结固定，系带的松紧可根据个人的习惯和运动量大小调节。

帷裙式胸衣：也称"抹胸"，样式类似无褶单裙，上可覆盖乳房，下可遮蔽肚子，特征在于"裹"在胸腰周围的"圈❺"。由一幅布帛与两条长系带（类似裙腰）缝合而成，中间位置可打一个对褶也可以无褶，长度约50~60厘米，宽度比胸围大1.5倍，即总宽度是胸宽的3倍之间，掌握在相交重叠不露为度，有无夹里均可。结构上可以分为两种，且穿着方式略有差异：一种是中间有褶的胸衣，穿着时从胸前往后相交，再将系带绕回胸前系结固定；另一种中间无褶的胸衣，从身后向前相交围合，再把系带往后绕在后面缠绕一下打个结，之后再绕回

❶ 梁惠娥，崔荣荣，贾蕾蕾. 汉族民间服饰文化. 中国纺织出版社，2018(10): 95.

❷ 同❶103.

❸ 龚慧娟，沈雷. 中国传统内衣款式的继承和发展初探. 江苏纺织，2011(6): 58–60.

❹ 李细珍. 中国传统内衣的演变及其文化特征. 设计，2018(21).

❺ 王人恩.《红楼梦》中的"抹胸"与"兜肚"琐议. 红楼梦学刊，2014(5).

胸前系结固定，此方法需要勒带和裹肚配套穿着。根据1985年湖南岳阳市华容县元墓出土的黄褐色绢抹胸，显示其形制也属于帷裙式，抹胸正中近裙腰位置有绣花痕迹，而且没有勒带和裹肚，可以推断此式是由前向后围合的样式。抹胸是现代汉服中的常见的内衣款式，夏季时上装搭配褙子，下装搭配开衩裤或裙子，穿着时将抹胸束在裤腰或裙腰下。

吊带式胸衣：简称"吊带"，又称"吊带式抹胸"，实际是帷裙式胸衣的一种，即在帷裙式胸衣上增加吊带。是由一幅布及四条系带组成，双层有夹里，内絮少量丝棉，长约55厘米，宽约40厘米。上端及腰间各缀绢带两条，以便系扎，带长34~36厘米❶。

需要注意的是，尽管每个年代对于内衣的称谓和描述略有差异，但其起的保暖和遮蔽作用是一致的。无论是在过去还是现在，内衣皆不能单独外穿。尽管文物和古诗中，都有露出诃子、抹胸的样式和记载，如欧阳修《系裙腰》里描写："系裙腰，映酥胸。"苏轼在《鹧鸪天·佳人》中描写琵琶女写道："酥胸斜抱天边月。"实际描述的是内衣的若隐若现。现代社会的日常生活虽然对礼仪的要求不拘于传统，但还是要遵循重视现代社会文明规范的基本要求，除了居家外，内衣都不可以作为外衣单独在公共场合穿着。

三、腰带类

现代汉服中部件除了"无扣结缨"的系带外，还有一种系在腰部的带子，俗称"腰带"，根据材质、样式的不同，大致可分为大带、革带和丝绦三类，除此之外还有一类属于礼服部件，具体为：

（一）大带

大带指用织物裁制成条状的礼服部件，约束在衣外起收腰和装饰作用。根据服式的形制要求采用不同材质的织物制作，大带的系束方式是由后绕前，于腰前打结，结束后将多余的部分下垂。现代汉服体系大带的形制主要有三种：第一种是"条状大带"，即用一根布带或织带在腰部打结，自然形成带结、双耳和垂带，常见用在袍服类和下裙上。第二种是"预制式大带"，是针对礼服改进的大带，即将大带分为两个部分，一端为带身，即围腰部分，长度与腰身相等，末端缀有

---

❶ 高春明. 中国服饰名物考. 上海文化出版社, 2001(9): 575.

一对纽扣或系带，用以闭合。而垂带部分分为两条，一端缝缀于带身，另一端自然垂下❶（图7-34）。有些大带的垂带直接和带身末端相连，形成两个直角，带身和带垂处都有缘边。束腰部分表里可以同色，也可以表里异色，或者再在外表两边加缘饰。第三种是"织锦大带"，是直接用带钩连接固定的，在袍服类上使用。

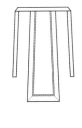

图7-34　预制式大带、蔽膝形制示意图

注：汉流莲手绘。

在现代汉服中，大带属于男女通用的部件，除了保持一定的实用性功能外，装饰性的作用则更加突出，并且通过大带本身的宽度、颜色、材质和纹样的差异及主体服式适用场合不同，体现出由装饰性到仪式性、规格性的升降变化。尽管大带已没有了阶级的属性，但需依据所属服式形制，考虑是否有此配置。

（二）革带

革带即鞶带，通常用生革制作，属条状部件。在历史上，早期革带的系佩方式，是用绦带或绦带和环系结，而后改为带钩的连接方式。从现有的出土实物和资料来看，历代贵族所着礼服通常用两种腰带："一为大带，以布帛制作；一为革带，以皮革为之……其作用分别：大带专用于束腰，革带则用于系佩❷。"而且，带钩的革带广泛使用与赵武灵王的胡服骑射并无直接联系❸。革带上通常镶嵌圆形、方形、三角形等形状，刻上小锦鲤、团花等花纹，成为时尚装饰品。在现代汉服中，革带不具有官阶的属性，更多的是在礼服中起到装饰作用。

（三）丝绦

丝绦是用丝线编织而成的带状或绳索部件，丝绦两端可以加饰绦穗，通常搭配通裁式袍服、襕衫、帷裙等式。束系时可以直接在两端套连打松花结固定，也可以用不同材质的带钩或者套环连接固定。

（四）礼服部件

礼服部件是挂在腰间的礼服组成部件，常见有两种。一种是蔽膝：原为遮挡

---

❶ 撷芳主人. 大明衣冠. 北京：北京大学出版社，2016(3)：298.

❷ 高春明. 中国服饰名物考. 上海文化出版社，2001(9)：641.

❸ 王仁湘. 古代带钩用途考实. 文物，1982(10).

腹部与隐私部位，后逐步成为礼服的组成部分，有着保持穿着者尊严的含义❶。裁片呈上窄下宽梯形状，颜色与裳同色，缘边用本色，蔽膝上端与腰拼接缝合后两端缝纫系带。与玄端服配套使用，穿着时由前往后围合在身后系结固定。另一种是后绶：后绶是选择与裳本色花样织锦而成呈长方形，可以缀编结织带，也可以省略。后绶上端可以缝纫系带，也可以缝纫纽袢或安装挂钩用于系结固定。

四、帔饰类

帔在汉代就已出现，如《释名·释衣服》记载的"帔，披也，披之肩背，不及下也。"《玉篇·巾部》："帔，在肩背也。"均表示了其着于肩背的特征❷。这种披在肩背上的衣饰，南北朝更是频见。到了唐代，帔的形制发生了变化，美如彩霞，在宋代时，披帛演化为霞帔，并且被抬升为尊贵之衣饰，明代时走向制度化和规范化。

现代汉服中的帔饰也是千姿百态，源自"帔"的披帛、领巾都是现代汉服中常见之物，除了起到保暖的实用性功能外，更是霓裳之上不可或缺的点缀之物。由于此类衣饰在历史上称谓繁杂，常常出现同名异物、同物异名的现象，现代汉服体系仍通过描述形状与用途的方式，主要介绍四大类：

（一）领巾

形态为丝质方巾，通常采用轻薄柔软的丝质面料制作而成，是覆盖于肩背，束系于胸前的方形衣饰，主要起搭配装饰作用。最早的领巾用于下层社会，形制短小，方便劳作，也是军人系于脖颈的标志性佩戴物。后来用于上层社会时，领巾往往随意搭披，且多较长，尽显雍容飘逸之态❸。现代汉服中多为女性夏天的衣饰，佩戴时将方巾对折成三角形，系结于胸前，可搭配中腰裙。

（二）围巾

围巾是长形厚质巾，为护领饰物，选用仿毛材质制作而成，常见在冬天使用，两侧可有一个系带，在胸前打结，起到保暖的作用，是男女在冬天时保暖的不可或缺之品。

---

❶ 华梅.中国服装史(2018).北京：中国纺织出版社,2018(6)：16.
❷ 沈雁.试论唐代披帛的形制与穿戴形式.艺术与设计(理论),2017(7).
❸ 叶娇.帔子·领巾·披帛——略论唐五代宋初女式披巾的称名.中国典籍与文化,2010(3).

（三）披帛

披帛也叫帔子，指用于搭配特定款式的条形巾饰，是一种长形的丝质衣饰，采用轻薄柔软的丝帛制作，长度在2~3米，宽度在40~100厘米，通常披搭在肩背间或缠绕于双臂，萦绕出不同的形态，风动时飘然若舞。历史上经隋至唐，女性穿戴披帛由少至多，初唐以后成为女性服饰必需品。到了盛唐以后，披帛的宽度愈窄，长度愈长，多见于相关时期敦煌壁画女供养像中❶。现代汉服中披帛也是常见的饰品，除了纯色以外，还可以用传统纹样印花面料制作，与长裙搭配相得益彰，展现出灵动飘逸之态。披帛属于非日常衣饰，仅限女性搭配特定款式或婚礼服饰中使用。

（四）霞帔

霞帔指用于搭配特定款式礼服的条形女性衣饰。穿着时两条并列披在颈部，搭挂于胸前及背部，呈"V"字形。背部末端收纳在大袖衫的三角兜内，前面用坠子固定两条霞帔末端使之相连。通常用深青质地、结实的锦缎制作，多为龙纹凤纹等传统纹样，两侧边缘加饰珍珠及珠纹。与飞舞飘动的披帛不同，霞帔挂在双肩，有一种厚重和庄严之感。现代汉服中去除古代霞帔的等级属性，保留霞帔装饰的功能属性，仅限女性作为婚礼服配饰在婚礼场合穿着，凸显富贵和大气。

总体而言，现代汉服的形制有如下分类（图7-35）：

如上所述，尽管现代汉服衣类的形制、结构、组合变化多样、款式丰富，但仍然保持对古代汉服基本形制的恢复与继承，始终固守着"平面对折、不破肩线、中缝对称、系带对扣、相交尚右、衣缘缘边、宽袼阔摆、回袖过肘"的传统制衣理念，在领、袖、襟、摆等部位运用不同的工艺手法，缝制出多元化的基本服式。本章也是仅对基础款式进行分类梳理，仍有很多限制在特定场合有着特定用途的服饰类别，以及相对次要的衍生的款式，限于篇幅本书未能纳入梳理，留待以后逐步完善后再做整理。

❶ 沈雁. 试论唐代披帛的形制与穿戴形式. 艺术与设计(理论), 2017(7).

汉服形制

衣类

短款衣类：交领短衣、直领短衣、竖领短衣、方领短衣；

中款衣类：交领中款衣、交领齐膝中款衣、直领中款衣；

长款衣类：交领长款衣（不开衩缘边长衣、大袖不开衩缘边长衣）、直领长款衣（直领缘边不开衩长衣、直领缘边不开衩长衣）；

开衩长款衣类：交领开衩长衣（交领开衩缘边长衣、交领开衩长衣、交领内掩衩长衣、交领外掩衩长衣、交领开衩无缘边长衣）、圆领开衩长衣（圆领开衩长衣、圆领开衩外掩衩长衣、圆领开衩外掩衩缘边长衣）；

直领开衩长款衣类：直领开衩大袖长衣、直领缘边开衩长衣、直领对襟缘边大袖长衣、直领领襟分离式长衣；

裳（裙）类

裳类：不共腰帷裳（襦裳、缘荷叶边帷裳）、共腰帷裳（分幅共腰裳、普及型帷裳）；

裙类：幅裙类（二幅裙式、四幅裙式、多幅裙式）、单纯性褶裙类、复合式褶裙类[曳地褶裙式、简约褶裙式、四幅褶裙式、六幅褶裙式、多幅褶裙式、平均分布满裙式、马面褶裙类（含膝襕马面裙）]；

裤类

通用类：大裆裤、交头裤、简易裤；

女用类：开衩裤、开口裤；

深衣类

直裾深衣类：衣袖一体直裾深衣、敞袖式深衣、收祛式深衣、明立体构造深衣、圆领直裾深衣；

曲裾深衣类：单绕曲裾深衣、双绕曲裾深衣；

接襕衣类：接襕上衣（交领接襕上衣类、曲领接襕上衣类）、圆领襕衫；

附件类

半袖类（含无袖类）：交领半袖衫、直领半袖衫、接襕半臂襦、接襕半臂衣、无袖背心衣；

内衣类：男式汗衫、女式胸衣（后闭式胸衣、前闭式胸衣、帷裙式胸衣、吊带式胸衣）；

腰带类：大带、革带、丝绦、礼服部件（蔽膝、后绶）；

帔饰类：领巾、围巾、披帛、霞帔。

图7-35　现代汉服形制分类图

第八章

首服足服与配饰

现代汉服的组成部分除了体衣为主要组成外，还有首服、足服和配饰，这类独具特色服饰是礼服体系中的重要组成部分。历史上，冠、巾、帽、发式以及玉佩、腰带的不同式样与材质，也是古代汉服体系的重要组成部分，更是区分人们的社会地位、等级尊卑的重要标志。现代汉服中去除等级尊卑及阶级属性，保留其本质属性及基本功能，对体服与首服、足服、配饰的搭配不做明确限制，可根据应用场景选择搭配汉服体服穿戴。

第一节　首服

头上戴什么，对于中国人来说尤其重要，古有"衣冠之制"，更有"衣冠上国"之称，也是把头上的冠冕，认定是和服饰同等重要的位置，"峨冠博带"亦是华夏衣冠的代称。首服，亦称"冠帽""元服"和"头衣"，即用于头部的服饰部件❶，包括男子冠帽和女子发饰，是汉族服饰文化的重要组成部分，也曾被视为"礼"的文化象征。男子的成人礼称为"冠礼"，女子的成人礼称为"笄礼"，足见首服的重要地位。

首服在早期以保暖御寒为目的，自周朝开始，建立了完整的冠服制度。男子的首服主要有冠、巾、帽三大类，在搭配汉服礼服时组成的"红颜弃轩冕，白首卧云松"更是遥相呼应，形成一道靓丽的风景线。女子的发饰更是丰富多彩，"轻理云鬓别玉簪，巧梳乌发对镜怜"，步摇、花冠、凤冠更是可以装饰有数量不等的珍珠和宝石，其材质、式样更是是礼仪、身份与荣耀的象征。

一、冠类

冠，是古代贵族或者家庭条件较好的男性普遍佩戴的一种帽子。《礼记·曲礼》记载："男子二十，冠而字"，把带冠视为成人礼的重要标志。古人也常用

---

❶ 梁惠娥, 崔荣荣, 贾蕾蕾. 汉族民间服饰文化. 中国纺织出版社, 2018(10): 28.

"冠冕堂皇"形容一个人的仪表庄严。现代汉服中的冠有许多类，一般适用于正式、庄重的礼仪场合，如冠礼、婚礼、毕业礼等，搭配相应的礼服。可以分为男子冠与女子冠两大类：

（一）男子冠

缁布冠：现代的"三加"冠礼中，初加为缁布冠，次加为皮弁，再加为爵弁。缁布冠实际上是一块黑布，相传太古时代本以白布为冠，若逢祭祀，则把它染成黑色，故称为缁布冠❶。

皮弁：弁通常用皮革制成，所以又称为"皮弁"。冠上当有饰物，一般在皮革缝隙之间缀有珠玉和宝石（图8-1）。

爵弁：爵，通"雀"，也称为"雀弁"，是冠礼中的一种，形制像冕冠，但没有前低之势，而且无旒。颜色如雀投，赤而微黑，前小后大，用极细的葛布或丝帛做成。

梁冠：曾经是汉族服饰史上的重要冠式。用铁丝、细纱制成，冠上缀梁，梁柱前低后高，具体可分为通天冠、远游冠、进贤冠等❷（图8-1右）。

忠靖冠：以铁丝、乌纱、乌绒等材质制作，冠顶略方，中间微起，三梁及边用金线缘边，其名取"进思尽忠，退思补过"，搭配忠静服穿着。

小冠：束在头顶的小冠，多为皮质，形如手状，正束在发髻上，用簪贯其髻上。一般作为小礼服装饰冠。

图8-1　仿皮弁、梁冠

注：考工记首服足服工作室出品。

❶ 骆文. 巾帽：头上的"革命". 中华遗产增刊：中国衣冠, 2017(12): 179.

❷ 伏兵. 中国古代的巾、帽弁和帻. 四川丝绸, 2000(4).

（二）女子冠

凤冠：是带有凤纹的冠，以金、珠、宝、翠为饰，其上通常装束有花树、宝钿、博鬓❶。曾经是古代女子最高级的头饰，"凤冠霞帔"更成为女子出嫁时的标准配饰，延续到明末清初。现代多在汉服婚礼中使用。

花冠：用罗帛、金玉、玳瑁等仿拟真花而成，如牡丹花、莲花、桃花、荷花等。若将四时之花同时汇聚一冠之中，则称为"一年景"。现代多用在袄裙的礼服中搭配。

二、巾类

巾，首服中的一种，特征是指用布帛包蒙覆于头部，可在颅后扎系的方式。早期曾为地位较低的侍役人员、贫寒者所戴，如《释名·释首饰》记载："二十成人，士冠，庶人巾。"汉代以后，在社会各个阶层中逐渐流行，成为士大夫阶层的常服❷。现代汉服中的巾主要为男性搭配礼服使用，其中主要有以下六类：

幅巾：即用整幅的巾，从额头往后包发，在头后部将巾系紧，余幅使其自然垂后，长度一般及肩，偶尔也有垂长至背。

儒巾：是一种方形硬裹巾，在巾上饰有一块帛，使之翻折，形如瓦状，并有两带垂于脑后，飘垂为饰，因其四方平直，巾式较高，也称四方平定巾❸。另外还有一种方巾，与儒巾系出同源，类似于一种被缝制成四方形的便帽，以黑漆纱罗或绒制成，形制简单，平顶，顶部略大于底部，整体呈长方形或倒梯形。可以折叠，两侧内收，顶部向下凹折，四角相对突出，展开时四角皆方❹，故名为"方巾"，也被称为"四角方巾"或"角巾"，通常搭配深衣或长袍穿着。

飘飘巾：又称飘巾、飘摇巾或逍遥巾❺，巾顶部前后都为斜坡，各缀一大小相等的方形片，质地较轻，迎风则可飘动。制作上可有装饰，可在上面装饰纹样或缀上玉花，有的还在巾后垂有飘带一对。

东坡巾：又名乌角巾，相传宋代苏东坡常戴此巾，因此而得名，也是隐士、

---

❶ 指代冠两旁瘦长而略带弧度的金板，通常为左右各1扇或3扇，装饰方法与宝钿相似。最初起源可能使一种发饰，后成为绑扎冠饰而垂落两侧的饰物.

❷ 伏兵. 中国古代的巾、帽弁和帻. 四川丝绸, 2000(4).

❸ 同❷.

❹ 骆文. 巾帽: 头上的"革命". 中华遗产增刊: 中国衣冠, 2017(12): 167.

❺ 撷芳主人. 大明衣冠. 北京: 北京大学出版社, 2016(3)288.

逸隐者所好。样式属于一种硬裹巾（形高似帽），巾为硬裹，以藤为里，以锦为表，用漆漆之，两侧为巾檐，前开后合，后垂有布帛为饰。

纯阳巾：属于硬裹巾，顶部为斜坡状，缀有片帛一幅在前，上高下低，斜覆于前。巾后有一对垂带，两侧缀巾环❶，使其自然垂下，后面通常有云头形装饰。相传为全真教祖师吕纯阳（即吕洞宾）所创，亦命为纯阳巾。又称乐天巾，是以唐代诗人白乐天（即白居易）而名。可搭配直身、直裰、道袍穿着。

网巾：编织如渔网状，是一种系束发、髻的网罩，多以黑色细绳、马尾、棕丝编织而成❷。可以衬在冠帽内，也可以单独使用，露在外面。现代汉服中，"加网巾"可以是男子冠礼时的一个环节，其他场合中依据主体服式的使用场合而考虑是否穿戴，不做硬性规定必备。保留网巾更多是象征意义，这是因为明末清初，流传了一段关于"网巾"和"画网巾"的故事，"网巾"之于明朝衣冠象征意义尤其鲜明，薙发易服的大背景下，网巾从束发之物转化成明代认同符号的意义更为明显，亦是汉族人保存族群记忆的迂曲方式❸。

三、幞头

幞头本是一种包头的软巾，后来在柔裹之外又出现硬裹，并结合刷漆工艺而变硬，最终脱离巾子独立成型❹。制作幞头的材料，以黑色丝织物居多，常用的材料有缯、绢、纱、罗等。因纱罗通常为青黑色，故也称"乌纱"，民间俗称为"乌纱帽"。古代时是中国、日本、朝鲜男性的独特标志，现代社会中主要用于男子礼服。主要样式为：

平式幞头：也称"平头小样"是一种软裹巾，顶上的巾子较低而平，是现代常用样式。

软脚幞头：在幞头下衬以巾子，使幞头的外形齐整固定，幞头的两脚加厚并涂漆，成为软脚，使其自然下垂，行动是飘动尔雅，可搭配通裁式袍服穿着。

圆顶幞头：以铁丝编成框架，外蒙乌纱，造型为圆顶式，左右各插一个帽翅，是"乌纱帽"的典型样式，因在明代时专门为官吏戴，又用乌纱帽代称官职。

❶ 撷芳主人. 大明衣冠. 北京：北京大学出版社，2016(3)462.
❷ 冯琳，何志攀，杨娜. 华夏有衣——走近汉服文化. 开明出版社，2018(2)：120.
❸ 葛兆光. 想象异域——读李朝朝鲜汉文燕行文献札记. 北京：中华书局，2014：196.
❹ 贾玺增. 中国古代首服研究. 东华大学，2006.

展脚幞头：又称平脚幞头、直角幞头，是两只长角横直平展的幞头，两只长角并不固定，可随时拆卸。这种幞头是宋明官员中同样的样式，现代汉服体系中常用于婚礼服中。

四、帽类

搭配汉服的帽子实用而保暖，虽不像冠和巾那样式样丰富，但是其实用和装饰性，却也是别出心裁。

男子常见的是大帽即遮阳帽，从圆斗笠发展而来，上为圆而高的帽筒，下有一圈帽檐，帽檐下有系带，打结虚悬于颔下。材质丰富，有漆纱、司罗、缠棕等。系带处还可缀有帽顶和帽珠做装饰，但比较少见。

女子的搭配中有一类是帷帽：又称席帽，是一种高圆顶宽檐的笠帽，因帽檐周围垂挂一圈"帷"状的纱网而得名，与日本的市女笠有些相似，实际上是男女通用。帷帽多用藤条或细竹编成帽形的骨架，糊裱布帛。有的为了防雨，会再刷一层桐油，然后用皂纱（黑纱）全幅缀于帽檐上，使之垂下以遮蔽面部甚至全身。帽檐上的皂纱也称"帽裙"，有时候也可把皂纱改成"垂丝❶"。考究一点的帷帽，还可以在帽裙上加饰珠翠，显得美丽华贵。

五、头饰

在现代汉服搭配中，除了服饰外，发饰修饰也格外重要，梳好的发髻要用宝钿花钗来装饰，包括了发簪、步摇、发钗、发钿等（图8-2），常见的有：

笄：是女子用来绾起头发或男子用来插住帽子用的发饰。材质广泛，形式品种繁多，有木、竹、骨、金、银、玉等，上面常刻有动物或几何纹装饰，笄从汉代之后称之为簪。

簪：由笄发展而来，是女子用来修饰发髻、美饰发髻的一种工具。簪的前端加有纹饰，雕刻成植物（花草）、动物（凤凰、孔雀）、吉祥器物（如意纹）等形状，并可用金、银、玉等不同材料制作。

钗：由两股簪子交叉组合成的一种首饰，与簪的区别在于簪是一股，而钗则是两股。在头发上安插的数量可为一支，也可左右各一支，亦可插上数支。

---

❶ 回声，月殇. 遮不住许多愁. 中华手工，2016(10).

图8-2　带流苏的簪、步摇、满冠

注：静尘轩提供，授权使用。

步摇：是在头顶部挂珠玉垂饰的簪或钗，是插在鬓发之侧以做装饰之物，同时也有固定发髻的作用。制作时，先以金、银丝编成枝，再在上面缀上珠宝花饰，并有五彩珠玉垂下，使用时插于发髻。行走时，步摇会随走路的摆动而动，栩栩如生，故名为步摇。

华胜：又名花胜，是一种花形首饰，通常制成花草的形状插于发髻上，或缀于额前。

发钿：用金、银、玉、贝等做成的花朵状装饰品，发钿背面通常有长脚，可直接插入绾好的发髻起到装饰的作用。

发带：是用布条剪裁后缝制而成的系带，发带上可有绣花、印花等装饰，尾部可缀流苏，使用时绑在头发上。行走时，发尾摆动，英气尽显。

额带：又称抹额，男女都可用，束系在额间。除了布条外，还可以用黑色丝帛悬挂在额头。冬季时还可以用绒、毛等厚实材料为之，又被称为卧兔。

六、假发

自古以来，长发高绾、高髻巧疏，一直是中国传统人物样式的典型风格。为了搭配飘曳坠地的长裙，浓密的假发髻也是汉服的常用搭配，特别是在礼服之中，拥有乌黑亮丽浓密的秀发，则成为标配。

最常见的假发髻，分为两类。一类是简单的发片或发包，配合真发做出造型；另一类是用现代毛发制品工艺，模仿古代人物发髻而制作出的发型配件，常见的有灵蛇髻、蝉髻、飞天髻、百合髻、百花髻、惊鸿髻、双垂环髻等。

还有一类是鬏髻，指包含罩在发髻外的包裹物，也叫作"假髻❶"，是相当于发网、发罩。鬏髻一般以金银丝编成圆框，上蒙黑纱，或以细丝织围而成，形似圆锥，高度是实际发髻的一半。使用时戴在头顶，上插若干簪钗首饰，称为头面，通常用在女子成人礼中。

第二节　足服

足服，即鞋袜，是穿着在足部的服饰品，不仅具有护足的实用功能，其材质、颜色也是社会生活的礼乐文化标志。从汉字的发明和使用上，也可以看出鞋履的起源历史悠久，"禽兽之皮足衣也"，可见上古时期就有了鞋，且都是用皮革制成。经历了夏、商、周三代的发展，足服类型不仅出现了"帮底分件"和"反绱"工艺皮质鞋，还出现了丝履、草鞋、纳底鞋以及木屐和六合靴等，为古代汉服足服发展奠定了坚实基础，其中皮质鞋的"反绱"工艺至今仍是中国制鞋业的主要工艺❷。魏晋南北朝后，人们对于脚上的穿着也有着不同称呼和用途之分，既有日常之履，亦有家居之屐，又有生活之鞋，还有骑射之靴，以及衬鞋之袜，品类丰富、样式多变，并且一直延续到现代社会。材质上主要有麻、棉、帛、丝、皮等，制作上通常采用胶粘、缝制、刺绣等传统工艺。

古代的足服不分左右，无论男女鞋均是左右一致，而且鞋面的装饰纹样采用左右对称的构图模式，体现中国传统平衡、成双成对的审美和文化。在不分左右

---

❶ 洪安娜, 张竞琼. 商品经济浪潮下明末"鬏髻"的嬗变. 浙江理工大学学报, 2015(12).
❷ 李晰. 汉服论[D]. 西安美术学院, 2010.

的情况下，往往鞋履会在制作之中相对大一些。考虑到现代人的日常习惯，汉服搭配的鞋子采用左右有别的方式，因而对装饰纹样的对称构图不做硬性要求。另外，传统足服主要搭配礼服使用，因此不包含历史上出现过的舄、草鞋等最高等级和非正式类足服。

一、履

履，是古代鞋子的统称。汉服的鞋履样式繁多，主要变化在头、跟、底三部分，以履头样式为例，有圆头履、平头履、方头履、翘头履、歧头履、高头履、笏头履、小头履及云头履、虎头履、凤头履，变化复杂、多样，数不胜数。而各式各样高高翘起的鞋头不仅增强了耐用性，且可防止裙摆绊脚。还有一类是重台履，采用厚鞋底，可以谓之汉服中的"高跟鞋"，鞋履的装饰手法也很丰富，有用丝线施绣的"绣履"，可绣上凤凰喜鹊、蝴蝶牡丹等花纹；也可用五彩丝绦在鞋口镶缘的"缘"，还有镶嵌各式珠宝的"珠履"等，极尽奢华、雍容，往往是汉服婚服、礼服的重要配饰。

二、鞋

现代汉服中鞋的代表是立足于传统工艺，融入传统制样、剪裁、纳底、刺绣工艺的布鞋，一般为圆口和布帮，鞋跟和鞋底部分可采用现代工艺做加固。汉服的布鞋在鞋面多装饰缘边，鞋底和鞋面边缘可采用彩色缘边工艺饰条，与服装形成搭配。鞋头的装饰造型多变，常见都有圆头鞋、翘头鞋、方头鞋、船形鞋。鞋面上的绣纹是布鞋的主要装饰手法，针法有齐针、平针、锁针、堆绣、压绣等，装饰纹样主要是传统的吉祥图案，如花纹、云纹、鹤纹等（图8-3）。

除了布鞋外，还有皮鞋，即采用皮革制作的鞋。皮鞋在古代称为鞮，未经过鞣制生革

图8-3　绣花鞋
注：十三余小豆蔻儿提供，授权使用。

257

所制成的皮鞋称之为草鞮，经过熟皮鞣制而成的鞋履称之为韦鞮❶。还有凉鞋，即脚趾或部分脚面外露的鞋，可采用布、网纱等面料。

三、靴

汉服中靴子男女皆可穿，靴子的式样，主要有中筒和高筒两种，其次也有及脚踝的低筒靴。靴子的材质有皮革、布、毡、缎等，靴底则用皮革、木料或布底上缀皮的材质，做成厚底。常见的有：

六合靴：全称为乌皮六合靴。所谓乌皮，即把皮料染黑，再制成靴子。六合，则是根据造型裁成六块大小不等的皮块，缝合而成，寓意"东、南、西、北及天、地"六合之意，取名"六合靴"。

皂靴：鞋子为黑色，鞋底用皮革、布帛等制成厚底，外面图上白粉或者白漆，因此也有"粉底皂靴"之称。

皮靴：又称"马靴"和"高筒靴"，面料为麋鹿皮、牛皮等，也可采用仿牛皮、仿猪皮现代面料，衬可为薄布边，鞋底为软底。

四、屐

木屐发源于中国，有着两千多年的历史。是一种木底的鞋子，不同于其他鞋履，屐没有鞋帮，代之以丝麻制成的鞋带，称为"系❷"。为了方便与防滑，鞋底前后各装有两个木齿，木齿可高可低。现代木屐主要做拖鞋使用。

五、袜

汉服中的袜子男女形制基本相同，分为袜底、袜筒两个部分。袜筒一般较长，上端有带，穿时用带束紧上口，袜底通常较厚，坚固扎实。但男女系带方式有所差别，男袜带子由后朝前系，女袜带子由前朝后系。根据袜筒的长度，可分为长袜、短袜，长袜的袜筒在40~60厘米，短袜的袜筒高度常为20厘米。质地常见为棉袜，也有绫、罗、锦、缎、毡、绒等材质，依不同季节又可有单袜、夹袜、棉袜、绒袜之分。

❶ 余淼.中国古代鞋履趣谈之——趣谈中国古代的"皮鞋"故事.西部皮革,2017(19).
❷ 冯琳,何志攀,杨娜.华夏有衣——走近汉服文化.开明出版社,2018(2):126.

第三节 配饰

配饰，又称佩饰，是指佩戴在人体各部位的饰物，分为配件和首饰。比起衣冠之重，点缀于身上的配饰，主要起美化装饰的作用。这里面有琳琅满目的璎珞、浑然天成的润玉、小巧玲珑的香囊、刃如秋霜的宝剑等，展示着男性的庄严和规矩，也诉说着女性的风情与爱恋。若说汉服为龙，配饰则为晴，使整个服饰体系美得更加明艳生辉。

一、耳饰

耳饰是传统配饰中的一个重要门类，主要包括：玦、耳珰、瑱（充耳）、耳环、耳坠、暖耳五个部分。作为配饰中的一个组成，耳饰位于人的头面两侧，也使得佩戴者会特别赋予耳饰设计以巧思和华贵的材质，使其具有审美价值，并且直观地展示佩戴者的身份和品味[1]（图8-4）。

图8-4 耳饰
注：风雪初晴提供，授权使用。

簪珥：簪珥是系于簪首，悬挂下至耳旁，是一种礼仪用品。曾为男子冕冠上的佩戴之物，也可为女性所用，以此提醒佩戴者谨慎自重，是一种极具华夏礼制特色的耳饰。

耳环：简称"环"，是以金属为主体材料制成的环形耳饰。耳环在中国历史上出现较晚，可能和汉族人在宋朝以前不流行穿耳有关[2]。现代的耳环多用金、银、合金等制成，因其不像耳坠版晃动，显得端庄与华贵，是女子的主要饰品。

耳坠：又名"坠子"，是在耳环基础上演变出来的一种饰物，它的上半部分多为圆形耳环，环下再悬挂若干坠饰，通常以玛瑙、白玉、绿松石或珍珠等制成，人在行动之时坠饰可来回摇荡，颇显佩戴者婀娜摇曳之姿，故名为耳坠。

丁香：又名"耳钉"，是一种小型金属耳钉，可于钉头镶嵌珠玉、宝石装饰。丁香不似耳环、耳坠般可以随风晃动，而是固定于耳垂之上，因而比较小巧轻便，适合日常佩戴。

---

[1] 李芽. 中国古代耳饰研究 [D]. 上海戏剧学院，2013.
[2] 同[1].

暖耳：又称煖耳、耳衣，与现代常见的以发卡连接两个椭圆形布套样式有所不同，而是结合了古代套于帽上的长方形"披肩"暖耳的样式，采用两个圆形或桃心形的布套，用布套在脑后连接制作而成，暖耳通常采用绒、棉等材质，也可配上刺绣、镶边等装饰。

二、颈饰

颈项装饰是用来装饰身体的重要部分，或被装点于脖颈，或借助脖颈严饰周身（图8-5）。常见的有：

璎珞：它是集项圈、项链、串珠及长命锁为一体的一种首饰❶。来自古印度，意思是"珍珠等穿成的首饰"，是一种环状饰品，可挂在颈部、垂于胸部、戴于头部、手臂和小腿等部位。主要用珍珠、宝石、玛瑙和贵金属串联制成，有时也会把植物花朵包含在内，可以细分为：珍珠璎珞、如意珠璎珞、杂宝璎珞。样式可以分为项圈式、连珠式、盘状式等，还可以搭配挂坠、串珠、组玉等装饰，呈现出复杂的多组璎珞形式，而这些样式与佛教中的璎珞已经有了很大差别。

缨络：同"璎珞"，在文献中存在交叠使用的情况，但含义略有偏向。璎珞以金属串起宝石制成，缨络则以纺织物串联宝石制成❷。

珍珠项链：无论是现代还是古代，珍珠都是常见的装饰品。汉服中常见的珍珠项链可直接做成连珠式，也可搭配流苏、缨络串联，做女士礼服的搭配品。

图8-5 颈饰

注：风雪初晴提供，授权使用。

项圈：是女子、儿童的一种饰物，但并不常用，通常采用金、银等金属材料制作，并挂上长命锁或玉石等挂饰，以求保佑的作用。

三、臂饰

衣袖掩映下，腕上的镯、臂上的钏，灿灿生光，不仅具有装饰功能和经济价值，还是社会等级和礼仪文化的象

❶ 高春明. 中国服饰名物考. 上海文化出版社, 2001(9): 465.
❷ 杨雨菲. 璎珞: 满身璎珞缀明玑. 中华遗产增刊: 中国衣冠, 2017(12): 235.

征。在明代之前，手臂和手腕上的装饰统称为跳脱、条脱❶，而后为了区分二者差别，戴在手腕处的叫手镯，佩戴在臂上的叫臂钏。

手镯：是一种套在手腕上的整块环形饰品，是女性常见的装饰品。手镯的款式众多，根据材质可以分为玉、石、陶、金、银、合金等，镯的样式也丰富多样，有圆环型镯，也有方型镯。根据款式不同，还被冠以不同称谓和内涵，如贵妃镯、平安镯、美人镯、雕花镯等。另外还有多种材质组合的镯子，如金镶玉手镯，是通过镶嵌工艺将金与玉两种材质相连，达到金玉交相辉映的美妙效果。还有镶嵌宝石的金手镯，可以由两个半环连接而成，用插销锁定，打开套在手腕上，工艺精美。

手链：是一种佩戴在手腕部位的链条，多为金属制，也有玛瑙、松石、宝石、水晶串联而成的。区别于手镯和手环，手链是链条状的，而且男女皆可佩戴。

臂环：又称为臂钏、臂镯，是佩戴于女子手臂上的饰品。汉魏时期，因丝绸之路的兴起，西域穿戴之风传入，臂环之风盛行❷。天气较热之时，女子衣衫单薄，臂钏束于手臂之上，另有一种性感之美。臂钏多用金、银、玉等制成圆环，束于手臂之上，样式大概分为三类：第一类是扁圆形的单个臂钏，两端可以伸缩，根据手臂粗细调整臂钏大小；第二类是将金银带条等盘绕成螺旋圈状的圆环，少则三圈，多则十几圈，也被称为"缠臂金"；第三类是具有一定宽度，贴合较为紧密的臂箍，类似于敦煌壁画中飞天仙女们所戴的样式。

护腕：源自古代的护具，通常为皮质，戴在手腕上起到收拢袖口保护腕关节和装饰的作用。

四、佩饰

由于腰带的特殊功能，所以在搭配礼服时往往会更加重视，在束上腰带的同时，还会搭配玉佩琼琚、金玉钩带、锦缎香囊等配饰，除去束身、装饰的功能，往往还多了一层身份象征的意味。

玉佩：指用玉石雕琢而成佩戴在身上的饰物，又称为"佩"。玉在中国的文明史上有着特殊的地位，它象征着美好的人性品格。至今人们仍将谦谦君子喻为"温润如玉"，古语有云"君子无故，玉不去身"。玉佩可以分为单体玉佩和大型

---

❶ 任强. 手镯：腕腕情深. 中华遗产增刊：中国衣冠, 2017(12)：251.
❷ 冯琳，何志攀，杨娜. 华夏有衣——走近汉服文化. 开明出版社, 2018(2)：138.

组配两大类，单体玉佩使用相对比较灵活，有着简化夸张的动物、器物、吉祥图案的造型，也有着形态别致的舞人佩、飞天佩、人型佩等，表达人们祈祷吉祥如意、辟邪护身的含义。大型组佩则需与礼服的等级相匹配，其形制可谓是繁缛华丽，基本相当于把数十个小玉佩，如玉佩、玉璧、玉珩等用丝线串联起来，成为一个"组玉佩"，又称"杂佩"，搭配礼服使用，突出佩戴者的华贵威严。现代社会的玉佩，去除等级官阶及尊卑贵贱，通常仅在人生礼仪中的婚礼服上佩戴组佩，其余场合建议不饰玉佩或仅饰简单的玉佩，主要是审美、装饰、祈福的作用。

荷包：是用来盛放零星细物的小袋。因为汉服上没有口袋，出于实际需要，会在腰带或衣带、裙带上垂挂一或多个活口小袋，在其中装盛随身小物件。荷包的造型有圆形、椭圆形、方形、长方形，也有桃形、如意形，搭配花鱼山水、草虫鸟兽、诗词文字等，装饰意味很浓。

香囊：又称香袋，是用来装香料的小袋，也可装上特殊中药材，兼有驱邪、除菌、爽神的功效。香囊分为两类，一类是金银、玉、翠等硬材制作的小盒，盒面镂空以散发香气；另一类是用纱、罗、锦、缎等织物缝制而成的软质小袋，并绣上精致的图案，随身而带。

总而言之，通过对汉服基础款式按形制分类梳理和总结，再对单品结构进行综合白描，目的是让现代人能够比较清晰明了地认识汉服体系中包含的款式特征，更好地服务于现代人的着装需要，满足日益增长的文化需求，同时客观反映在现代语境下，由广大汉服运动参与者和实践者，遵循汉服基本形制和汉族传统的制衣理念，创造出来的具有鲜明时代特色的汉民族传统服饰在技术层面解构重构的过程。而对于其他尚未理解民族服饰的现代中国人来说，更是一个简单的认识与了解汉服具体款式风貌与结构的途径。

汉服的穿着与搭配体系也是一个重要环节，是在理解并掌握形制体系的基础上，实现汉服的穿着组合。由于汉服体系的庞大与历史悠久，很多人在对现代汉服体系的理解，实际上是混淆了穿搭装束与服饰形制，比如现在常说的"齐胸裙"指代的是"短上衣"搭配"长裙款"，"袄裙"指代的是"上袄"搭配"马面裙"，"道袍"指代的是"通裁式交领袍服"搭配"中裤"，这里是多件衣服的组合方式，而绝非是单件衣服。为了与形制体系的白描名称形成区别，穿搭体系中将提取形制体系中典型款式的常用名称，组合成为"装束"称谓，让现代人更好地理解服饰搭配。

换句话说，穿搭体系实际上包含了三个层面：第一个层面是各类汉服单品通过穿着搭配，完成二次塑型，使二维平面的服式向三维立体装束的重塑和回归；第二个层次是通过分体穿法或连体穿法的基础搭配，配套不同的发型、妆面与佩饰，实现对于人体的包裹与装饰；第三个层次是内外叠加的穿着，即在基础搭配之上，通过长短搭配或叠加搭配，实现汉服上衣和下装的不同层次搭配。长短搭配是指在长袖外穿着半袖或无袖上衣，最后穿着下装，形成长短交错感。叠加搭配是指在完成基础搭配后，最后外加一件长款衣，形成叠穿层次感。礼服通常可以搭配传统的汉服鞋履与袜，日常服饰一般现代鞋履的装束即可。

现代汉服的穿着搭配，主要是针对特有的款式和场合，参考历史上的固定模式而总结出的基本搭配模式。考虑到现代人对服饰的理解，穿搭体系主要分为四类：衣裳制（含衣裙制）、衣裤制、通裁制（含袍服和长袄）、深衣制四种穿搭服制，并且前两类属于上下分体穿、后两类属于上下连体穿。如果现代人不遵照这种典型的穿着，特别是在礼服性质的装束中出现，就会让人产生不是这个装束而是另外一个装束的尴尬。

需要注意的是，穿搭体系与形制体系绝非是"套装式"——一对应，而是存在着大量交集与组合，就像"衬衫配西裤""衬衫配西服裙"都可以是女性的正装，而"衬衫配牛仔裤"则可以作为休闲装穿着，现代汉服也有着多种装束与组合。而且这种搭配并不是对应古代礼制社会的固定类型，或现代社会的礼仪场景，必须严格按照形制规范装束穿搭，而是在日常生活或者时尚表演中，出现传统与西式服装的混合搭配，甚至是不同样式的组合，要用开放包容的心态去接受，这种尝试可以作为现代汉服体系的衍生类别或者归入到西式时尚设计的范畴。

第一节　传统系带与穿法

汉服的"二次成型"特征，注定了衣服有多种穿法，也极大地丰富了汉服的形态与样式。而服饰文化中的"系带暗扣"理念，更是形成了多种衣带打结、束系方式，二者相结合，也使汉服在穿衣人身上显得更加牢固与美观。

一、基本绳结系法

中国绳结艺术花样丰富，造型也是千姿百态，不仅有着中国结的源远流长，更是与传统服饰密不可分。现代汉服中，绳结的应用类型也很丰富，有束服之结、也有装饰之结。绳结束系方法主要有五种，其中的平结系法是最基本的打结方式，其余的三种均为平结的演变。需要注意的是，以下五种方法的描述方式均为他人操作，即镜面操作方向，如果是自己穿衣服，则要对应反方向。

平结的系法：手持系带左右交叉，将系带两端缠绕后收拢。然后再次手持系带左右交叉，在交叉的上方再缠绕一次（图9-1）。必须注意这一步如果缠绕方向错误，结果会变成外行平结，请务必辨认方向，最后握住两端绳头用力抽紧即可。

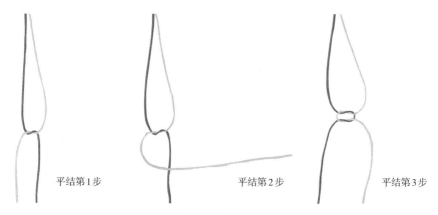

平结第1步　　　　平结第2步　　　　平结第3步

图9-1　平结

注：汉流莲提供，授权使用。

单耳结的系法：先将系带左右相交缠绕一圈，右边一条带子在下，左边一条带子在上。再将在上的带子往下拉，在下的带子往右边交，把在上的带子折叠成环状从左上抽出单耳，抽紧即可（图9-2）。如果是反向操作，则单环从右手抽出。单耳结在中衣内外襟及上衣内襟使用比较多。

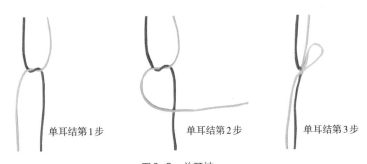

单耳结第1步　　　　　　单耳结第2步　　　　　　单耳结第3步

图9-2　单耳结

注：汉流莲提供，授权使用。

蝴蝶结的系法：先将系带左右相交缠绕一圈，右边一条带子在下，左边一条带子在上。再将在下的带子折叠成单环状，把左边在上的一条带子，从上往下缠绕右边折叠处两圈，将后绕的一圈套入右边圈内拉长呈单环状，抽紧后将两个单环整理对称并理顺即呈左右对称的蝴蝶结（图9-3）。只要掌握打结的规律，可以反向操作，即在下的带子先折单环，在上的带子缠绕单环。蝴蝶结适用范围非常广泛。

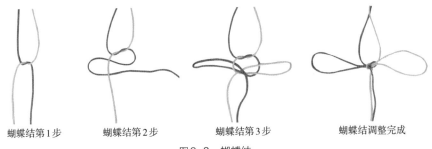

蝴蝶结第1步　　　　蝴蝶结第2步　　　　蝴蝶结第3步　　　　蝴蝶结调整完成

图9-3　蝴蝶结

注：汉流莲提供，授权使用。

双平结的系法：先左右相交（右在上、左在下），再将左边的系带由上往下绕两次后抽紧，即是打平结中的两个半边。然后再左右相交（右在上、左在下），最后将左边系带由下往上绕两次抽紧呈双八字状，即是打平结中的另两个半边（图9-4）。双平结最佳状态是两对，再多缠一对反而容易松脱，只要掌握打结的规律，可以反向操作。双平结较多适用在裙装，特别是在胸线上围合的裙装。

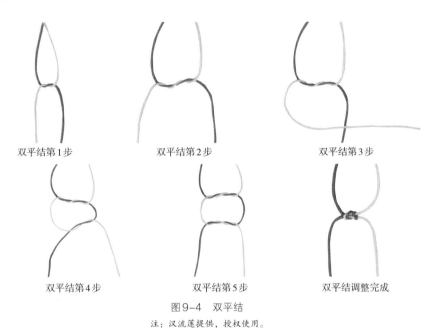

双平结第1步 　　　　双平结第2步 　　　　双平结第3步

双平结第4步 　　　　双平结第5步 　　　　双平结调整完成

图9-4　双平结

注：汉流莲提供，授权使用。

　　双钱结的系法：左手先持丝绦绕一圈，呈一端向上一端向下状。右手再持丝绦另一端从圈的相交处下端绕过，随即压过左边丝绦末端，谨记将圈内外的丝绦都压高起低，每一根线相互压着固定形如编织。最后右手持丝绦往下绕再穿过来之后将丝绦从圈里面穿出来，并抽紧呈左右套连式双钱结（图9-5）。需要注意的是，操作时左手持圈起定位作用，右手持另一端丝绦进行编织穿行。在打结绕圈时无须记住哪根线在上哪根在下，只要记住打结的规律就可以了。双钱结适用于通裁式袍服，也可以用在大带之上起装饰作用。需要强调的是，尽管古画容像画上的双钱结都是非常宽松的形状，也许是为了方便观赏者辨认结构及打结方法，但现实中使用时一定记得要把结子抽紧才能起到固定作用，除非是用来装饰的结才可以打得比较松散。

　　此外还要特别注意，裙头或裤头高于12厘米（含12厘米）时，在束好系带后最好是将裙头或裤头向下反折会更加牢固，但山形片状裙头不适用此方式。

双钱结第1步　　　　双钱结第2步　　　　双钱结第3步　　　双钱结第4步调整完成

图9-5　双钱结

注：汉流莲提供，授权使用。

二、衣的基本穿法

现代汉服体系中，衣的穿法多样。根据上衣与下装的穿着顺序，以及衣身下摆在下装裤腰以内或者以外，可以分为上衣在外、下装在内与上衣在内、下装在外两大类。上衣在外、下装在内的又分为"衣掩裤""衣掩裳"和"衣掩裙"三大类，通常是先穿下装，再穿上衣，最常见的是上袄搭配下裙，亦即袄在裙外，称为"袄裙"，也有交领长衣、长袍搭配下裳、裙与裤的穿着，变化多样。上衣在内、下装在外的又分为"裤掩衣""裳掩衣"和"裙掩衣"三大类，通常是先穿上衣，再穿下装，通常上衣较短，常见的是襦配裙和衫配裙，搭配为襦裙和衫裙，另外还可以与裤搭配，称为裋褐或短打。

三、裳的基本穿法

帷裳根据裳腰的结构不同，穿法也有所不同，基本可以分三大类：

（一）不共腰帷裳

不共腰帷裳基本特征是，前三后四片单独不共腰裳，基本穿法分为两种。第一种是衣在裳外，即"衣掩裳"，第一步是将四幅的后裳从身后往前围合，裳腰束系在中单之上覆盖后身及臀部，双手持腰带从两侧向身前相交缠绕两圈抽紧，束系蝴蝶结并将双环拉长，然后把双环平行于左右两侧腰带上，缠绕几圈掖紧收拾平整，勿使腰带零乱。第二步将三幅前裳从身前往后围合，裳腰束系在中单之上覆盖前身及腹部，双手持腰带从两侧向身后相交缠绕两圈抽紧，按上述方式束系掖紧即可。帷裳穿着完毕呈裳在衣内状，即俗语中所说的"衣掩裳"。第二种是衣在裳内，即"裳掩衣"：第一步将四幅的后裳从身后往前围合，裳腰束系在端衣之上覆盖后身及臀部，双手持腰带从两侧向身前相交缠绕两圈抽紧，束系蝴蝶结并将双环拉长，然后把双环平行于左右两侧腰带上，缠绕几圈披紧收拾平整，勿使腰带零乱；第二步将三幅前裳从身前往后围合，裳腰束系在端衣之上覆盖前身及腹部，双手持腰带从两侧向身后相交缠绕两圈抽紧，束系披紧即可。

（二）共腰帷裳

根据形制的差异共腰帷裳可细分为两种穿法：第一种是前后分幅共腰帷裳，穿着时将四幅后裳对准覆盖后身部位，然后围合三幅前裳，双手持腰带于左侧相交缠绕两圈抽紧，返回右侧相交缠绕两圈抽紧，束系蝴蝶结并将双环拉长，然后把双环平行于左右两侧腰带上，缠绕几圈披紧收拾平整勿使腰带零乱。此类分幅共腰式的帷裳也有分"衣掩裳"和"裳掩衣"的形态，但基本穿着方式相同，只是上下穿的顺序不同，"衣掩裳"是先穿帷裳，而"裳掩衣"则是先穿端衣。第二种是七幅相连共腰裳，穿着时将裳身从后面向身前围合左右对齐相交抽紧，再将在内侧的裳带反折向下，双手持腰带从两侧往身后中间相交缠绕两圈后抽紧，重新绕回身前相交缠绕两圈抽紧，束系蝴蝶结并将双环拉长，然后把双环平行于左右两侧腰带上，缠绕几圈披紧收拾平整勿使腰带零乱。

（三）裳身叠合裳摆分离的帷裳

此类帷裳可参照马面裙的穿着方式，并按系蝴蝶结方式完成。

帷裳穿着完毕后呈现两种状态，一种是"衣掩裳"状的形式，则在端衣上束系蔽膝大带，挂后绶、玉佩；另一种是"裳掩衣"状的形式，则直接在裳腰上束系蔽膝大带，挂后绶、玉佩。

四、裙的基本穿法

（一）一幅式裙腰

一幅式裙腰，即帷裙，其基本穿着方法与裙的结构相关，因形制差异有所不同，但围合的方向基本是由后向前围合和由前向后围合两种方式。根据裙身的结构分为四类：

第一类是裙腰和裙摆整幅裙式，即标准的帷裙样式，由后向前围合方法：是将裙身从后面向身前围合左右对齐相交抽紧裙带，再将在内侧的裙带反折向下，双手持裙带从两侧往身后中间相交后抽紧，重新绕回身前将系带左右相交系结，最后将裙带理顺使两端下垂；由前向后围合方法：是将裙身从身前向后面围合对齐相交抽紧，再将在内侧的裙带反折向下，双手持裙带从两侧往身后中间相交后抽紧，最后绕回身前相交系带左右相交系结，最后将裙带理顺使两端下垂。

第二类是裙腰叠合裙摆分离的裙式，既可以由身前向后围合，也可以由身后向身前围合，无论从哪个方向围合都必须于中间对齐裙身后再相交，最后重新绕回身前将系带左右相交束系，并将裙带理顺使两端下垂。

第三类是仅够围合的裙式，即裙腰及裙身与腰围相等的裙式，也是从身后往身前围合，于身前对齐裙身后将裙带相交，然后从左右两侧绕到身后相交后抽紧，再重新绕回身前相交系带左右相交系结，最后将裙带理顺。

第四类是马面裙，穿着时将裙身从身前向后面围合对齐裙门相交抽紧，再将在内侧的裙带反折向下，双手持裙带从两侧往身前中间相交后抽紧，再绕回身后相交抽紧，重新由后往前相交系结固定，最后将裙带理顺使两端下垂。

（二）分离式裙腰

分离式裙腰，即裙摆相连裙腰分离式，俗称"两片式裙头"，穿着时双脚直接套入裙摆内，双手提起后幅的裙腰向身前围系固定，并将系带末端整理掖紧，再提起前幅的裙腰向身后围合裙带相交，将裙带重新绕至身前系结固定。此类裙式整体穿着效果呈上下窄中间宽的纺锤形状，与一幅裙腰的裙式形成完全不同的视觉效果，而且必须与围合式衬裙及中裤配套穿着。

需要注意的，上述束系方式为通常惯例，如遇裙身裙腰采用了特殊布局，则按服饰的产品说明穿着。此外，在穿着衬裙时，最好将裙带束系打成蝴蝶结后将双环拉长，然后在系带下缠绕掖紧勿使系带散乱为宜。

五、裤的基本穿法

在现代汉服体系中，裤子保留了裤腰系带的方式，而不是使用松紧带与拉链，穿着时根据裤腰缝合后的结构不同，大致可分为四类穿着模式：

（一）桶状裤腰

第一类是桶状裤腰，穿着时双手提起裤腰两端双脚套入裤腿，穿上后把裤腰置于腰间，双手在左右两端平提裤头往前拉紧，右手提起裤头压在腰中间，然后左手提起裤头压在右手上呈左右相交状，如果要系裤腰带，则用单手稳定裤腰后再将腰带结缨固定，最后把裤头往下翻折遮蔽住腰带，如果不系带则直接将裤头往下翻折掖紧固定。大裆裤、交头裤因裤腰宽阔无分前后，如果没有缝合裤衬则直接按上述方式穿着，中式裤因有裤衬且裤腰相对贴身，则应分出前后照上述方式穿着，穿着时裤腰无须左右相交。

（二）半围合状裤腰

第二类是半围合状裤腰，开裆裤裤腰的成品属于这种形状，穿着时，开口部在后面，双手提着裤腰两端，将裤腿套入双脚，裤腰在身后左右相交，将裤腰带从两侧绕至身前系结固定。此式无分前后，穿着方式和裤带的固定位置，可以灵活使用。

（三）单侧开口裤腰

第三类是单侧开口裤腰，开衩裤、开口裤裤腰的成品属于这种形状，穿着时双手提着裤腰两端，将裤腿套入双脚，将系带相交于身前打结。

（四）双侧开口裤腰

第四是双侧开口裤腰，穿着时双手提着裤腰两端，将裤腿套入双脚，先围合后面一幅裤腰并将系带相交于身前打结，再围合前面一幅裤腰并将系带相交于身后重新绕回身前打结固定。

六、深衣的穿法

深衣类服式穿着方法大致可分为四类：

（一）直裾类深衣

第一类是直裾类深衣，穿着时先系左侧内襟的带子，再系右侧外襟的带子，整理好前后中缝保证其垂直，最后在腰间由后往前束系大带，条状大带可选择单环结或双环结固定，预制式大带则用结扣固定。衣袖一体直裾深衣、敞袖式深衣、收袪式深衣、圆领深衣、圆领襕衫均适用上述方式。

（二）明立体构造深衣

第二类是明立体构造深衣，穿着时将右衣襟的长系带从左腋下穿绕回过身前，与短系带系结固定，调好整衣身对好中缝并使衣身侧缘边部分覆盖在左后身中线1/2处，然后把左衣襟往右相交用条状大带在腰间束系固定。固定方式主要有两种，一是把大带由前往身后绕，再绕回身前打单环结或双环结后大带末端呈自然下垂；二是将大带平整束系腰间后，再把余下少量部分折角后平整缠绕在腰间的大带内。

（三）多绕曲裾深衣

第三类是多绕曲裾深衣，穿着时先系左侧内襟的带子，然后把续衽钩边的左衣襟在腰间缠绕将末端的系带系结固定，整理好中缝最后再在腰间束系大带。

（四）单绕曲裾深衣

第四类是单绕曲裾深衣，穿着时将右衣襟的长系带从左腋下穿绕回过身前，与短系带系结固定，调整好衣身对好中缝使衣身平整，然后把左衣襟绕向右侧身后再用系带束系固定。大带的固定方式与明立体构造深衣相同。

七、披帛的搭法

狭长飘逸的披帛萦绕于身上，可以搭出不同的形态，展现着千种风情（图9-6）。披帛穿戴随意，最基础的搭法有三种，并可以引申出多种。

双臂搭法：披帛搭挂在肩背，绕过肩背后搭于双臂上，这是披帛最常见的搭法。

交领搭法：披帛裹双肩从胸前交叉而下，掩胸形成较小的V领。

单侧搭法：两端都垂于左手边，一端垂于手臂和身躯之间，另一端绕过后肩背，在身前转弯搭在左手臂上，这种做法是为了方便右手活动。

除此之外，还可以有不对称搭法，如一侧搭在手臂上而另一侧搭在肩上，又或者一侧搭在肩上而另一侧掩在襦裙内等，呈现多姿多彩的形态。

图9-6　披帛（单侧搭法与双臂搭法）

注：雅韵华章汉服提供，授权使用。

第二节　内衣中衣的穿法

汉服中有一类特殊的服饰，只能在居家场景或者作为搭配外衣的内衣穿着，即中衣。中衣定义上分为广义和狭义，广义上是指所有穿在外衣里面的衣服，又称"里衣"，包含中衣（含窄袖中衣和广袖中衣）、中裙、中裤、通裁式中单、深衣制中单；狭义上特指上半身的里衣，属于短衣类。一般情况广义和狭义均会使用，指示里衣时采用广义含义，指示特点款式、单品的时候采用狭义含义。

一、内衣裤穿法

遵照汉服是为现代人服务这一理念，对于非特定功能或者特定礼服的装束，内衣裤类的穿着不做死板的泥古派，完全可以按照现代人的穿衣习惯：男性西式内裤搭配汗衫，女性西式内裤搭配文胸。

二、中衣穿法

根据中衣的狭义说法，中衣指代穿在内衣之上、外衣之内的上衣，领子通常为交领，领缘一般比外衣类较高，包括交领右衽、曲领右衽、圆领右衽、圆领贯头、竖领斜襟、竖领对襟等样式，领、袖、颜色上还可以有多种变化。中衣的色彩基本为原白色，但可根据外衣的颜色选择有色面料制作。面料通常为纯棉、亚麻、真丝等舒适贴身织物，袖子可以为窄袖，也可以为大袖。短款衣和中款衣其形制上基本相同，由于面料的材质和颜色以及适用范围不同而异名加于区分。交领、曲领圆领右衽穿法与上衣相同，先系左侧内襟的带子，再系右侧外襟的带子。竖领斜襟，先将竖领上两对子母扣扣合，再系左侧内襟的带子，再系右侧外襟的带子。竖领对襟，扣合方式如竖领斜襟，再系前襟的带子。

三、中单穿法

长的中衣通常称为中单，中单又包含有通裁式的长款衣和深衣两类，两类中单通常是对应搭配通裁式长款衣和深衣穿着（现代日常场合中也可不按通裁制和深衣制搭配），两类中单穿法与中衣相同。

四、中裙（衬裙）穿法

衬裙，也称为"中裙"，衬裙是单独制作成的帷裙，式样无固定，选用无褶幅裙或其他类型均可，无硬性定式。穿着时先穿好衬裙再穿外裙，最好将裙带束系打成蝴蝶结后将双环拉长，然后在系带下缠绕掖紧勿使系带散乱为宜。单独式的衬裙可以灵活搭配不同的外裙，具有灵活性和使用效率高的特点，也是传统的中裙制作方式。通常衬裙的裙长略短于所配搭的外裙，缩短的幅度控制在10~15厘米，但也有个别裙式的衬裙与外裙齐长或长过外裙，还有个别裙式需要与超短款衬裙搭配的。除采用单独式衬裙外，还可以采用直接把衬裙与外裙缝合在一条裙腰上的形式，需要强调的是现代汉服体系中对日常装束、社交装束不硬性要求一定要搭配中裤，但一定要穿着衬裙。衬裙是女子着下裙时的必需品，也是避免因为"薄透"而走光。

五、中衣裤（裙）装束

中衣裤装束，是由中衣和中裤组合而成的装束，是指穿在内衣裤之外、外衣裳（裙）之内的一类服式的总称。其中，上衣称为中衣，长裤称为中裤，所以中衣裤是一类服式而不是一个款式。中衣裤具有遮蔽和衬托双重属性，在大多数情况下中衣的款式由与其搭配的外衣相配套，才能让主体服式更加出彩。

中衣裤类似于"秋衣、秋裤"，可以作为睡衣或家居服单独穿着，但不能单独外穿。如遇外出，外面必须搭配常服或礼服，中衣裤在正式场景属于礼服的必备服式。女性可以把中裤换成中裙，选择四幅单纯拼接裙式与中衣搭配做居家服饰或里衣套装穿着。

第三节　上下分体的穿法

所谓上下分体穿法，又称分体穿法、上下穿法、上下两截穿法，指上装与下装组合成套的穿着方式，是现代汉服体系中最为常见的穿法。分体穿法具体有上衣下裳和上衣下裤两种形式，即衣裳制（含衣裙制）和衣裤制。其中衣裳制主要为重要礼仪场景，常见为男性作为礼服穿着；衣裙制的组合非常丰富，属于男女日常和女性礼服着装，并可以进一步细分为衫裙类、襦裙类、袄裙类等组合；衣裤制是现代日常中最为常见的装束，男女适用，常见的有中衣裤类、裋褐类等。

一、衣裳制

衣裳装束是男性礼服中最为常见的一种，分为衣裳制和衣裙制两大类。

（一）衣裳制

衣裳制可以分为两大种典型风貌，第一种涵盖四类装束：玄端装束、对襟装束、中款衣装束、短款衣装束，起源自传统的衣裳制，呈现上衣下裳的样式。第二种涵盖两类装束：忠静装束、翟衣装束，是指形制如端衣❶的长款衣与中裤、中衣、深衣制中单组成，腰间系束大带修饰，用深衣中单代替下裳的衣裳装束。

玄端装束：也称"玄端服"，基本形态是头戴爵弁，上着交领玄衣，下着纁裳，腰间束大带，蔽膝、后绶、玉佩等佩饰具全，脚穿翘头履。玄衣配纁裳，较常见的搭配有玄衣、交领中单、中裤、不共腰纁裳（前三幅后四幅）、蔽膝、后绶、大带、玉佩等部件佩饰、袜、履和爵弁，组成一套完整的爵弁冠服。穿着顺序是①袜②中衣裤③中单④后裳⑤前裳⑥玄衣⑦前身正中系蔽膝⑧后身正中系后绶⑨束大带⑩左右两侧挂玉佩及饰件⑪履⑫爵弁。玄端装束为男子高等级的礼服，仅适用于婚礼和公祭场景穿着。除了上述款式外，还有不同颜色搭配成套的同类服式，穿着方法与适用场合相同。

对襟装束：基本形态是头戴梁冠，上着直领端衣，下着百褶边饰帷裳，腰间束大带，蔽膝、后绶俱全，脚穿翘头履。上衣为直领对襟绛色上衣，裳为不共腰的百褶边饰帷裳。较为常见的搭配是直领端衣、曲领中衣、中裤、衬裙、帷裳（前三幅后四幅）、蔽膝、后绶、大带、袜、履和梁冠，组成一套完整的梁冠服。穿着顺序是①袜②中衣裤③衬裙④直领玄衣⑤后裳⑥前裳⑦前身正中系蔽膝⑧后身正中系后绶⑨束大带⑩左右两侧挂玉佩及饰件⑪履⑫梁冠。对襟装束的搭配是由玄端服衍生而来，为男性的高等级礼服，仅适用于婚礼场景穿着。

中款衣装束：基本形态是上着交领齐膝中款衣，下着帷裳，脚穿云头鞋。上衣为交领齐膝中款衣，裳为工字褶的共腰帷裳。较为常见的搭配是由齐膝交领中款衣、交领中衣、中裤、共腰帷裳、氅衣组合成五件套。穿着顺序是①袜②中

---

❶ 按照文献的记载，"翟衣"应该是分裁的深衣制，但是在明代，做成了通裁制。

裤③中衣④帷裳⑤氅衣⑥云头鞋。首服可选择佩戴梁冠，也可以免冠。足服可选择搭配云头鞋、布鞋、皮鞋。衣裳装束为男性的礼仪或正式场景服饰。

短款衣装束：基本形态是上着窄袖短款衣，下着帷裳，脚穿布鞋。上衣为窄袖短款衣，裳为交裥裁或扇形裳身上打工字褶的共腰帷裳。根据层次不同常见的有三种装束。第一种是基础搭配，由交领窄袖上衣、交领中衣、中裤、衬裙、共腰帷裳组合成五件套。穿着顺序是①袜②中裤③中衣④衬裙⑤上衣⑥帷裳。第二种是长短搭配，在基础搭配之上加一件直领半袖衫，组合成的六件套。穿着顺序是在基础搭配完成之后，穿⑦直领半袖衫，衫的下摆放在裳外。第三种是叠加搭配，在基础搭配之上加一件大袖褙子或直领披风，组合成六件套。穿着顺序是在基础搭配穿着之后，穿⑦大袖褙子或直领披风，大袖褙子不仅可以穿成对襟，也可以穿成交领。首服可视具体情况选择佩戴冠巾，也可以免冠。足服可视具体情况选择搭配云头鞋、布鞋、皮鞋。短衣装束适用于男性的正式和非正式场景。

图9-7　商家制作的仿翟衣

注：虞鹂提供，授权使用。

忠静装束：基本形态是头戴乌纱冠，身着忠静衣，腰间系大带，脚穿云头履。基础搭配是：由忠静衣、交领深衣制中单、中裤、中衣，组合成的四件套装束，以及预制式大带、乌纱忠静冠、鞋履和袜。穿着顺序是：①袜②中裤③中衣④中单⑤忠静衣⑥大带⑦乌纱忠静冠⑧履。忠静装束作为男性婚礼服仅限婚礼场景穿着，或在展示场合穿着。

翟衣装束：基本形态是头戴凤冠，身着翟衣，腰间束大带、副带、玉革带、蔽膝、后绶，玉佩等俱全，脚穿翘头履（图9-7）。基础搭配是：交领翟衣、交领深衣制中单、中裤、中衣、蔽膝、后绶、玉佩和小绶、大带、副带、玉革带、凤冠、翘头履和袜组成的礼服装束。穿着顺序是：① 袜 ② 中裤 ③ 中衣 ④ 中单 ⑤ 翟衣 ⑥ 蔽膝 ⑦ 后绶 ⑧ 副带 ⑨ 大带 ⑩ 玉佩和小绶 ⑪ 玉革带 ⑫ 凤冠 ⑬ 翘头履。翟衣装束仅作为女性婚礼服穿着，或在展示场合使用。

（二）衣裙制

衣裙装束是女性装束中最为常见的一种，可适用于礼仪、正式和非正式多种场合。根据搭配层次，常见的是基础搭配、长短搭配与叠加搭配三种方式。足服视具体情况而定，礼服可以选择布鞋、翘头鞋，常服可以选择皮鞋、凉鞋、木屐、休闲鞋、运动鞋，可搭配现代的短袜、长袜。在衣裙装束中，考虑鞋和袜的样式与穿着顺序相对固定，即袜为最先穿着，履为最后穿着，故不在每个装束中单独强调鞋和袜的穿着。穿衣完成后，可再搭挂披帛等肩背装饰。最常见的有以下七类：

半袖裙装束：基本形态是上着前闭式胸衣，下穿无襕马面裙，外穿直领背心，脚穿布鞋。采用半袖或无袖，搭配下裙的穿法，由于上衣与下装的款式都比较多，这里仅举例出两类典型装束，第一类家居装束，不可外出；又可分为两种典型搭配，一种是直领无袖背心、前闭式胸衣与无襕马面裙式的组合，另一种是直领无袖背心、帷裙式胸衣与中腰裙式的组合；第二类日常休闲穿着，也可做家居装束，又分为三种典型搭配，第一种是半袖衫与中腰裙式组合，第二种是方领对襟、或圆领对襟、或竖领对襟与无襕马面裙式、或中腰褶裙式组合，第三种是半臂襦与中腰裙式组合。这类装束都适合女性家居或日常生活穿着。

褙子裙装束：基本形态是上着抹胸，下穿中腰裙，外穿直领褙子，脚穿翘头履。抹胸在裙腰下，由抹胸、直领褙子、中腰裙式相结合的方式，在正常腰围部位束系裙腰，根据层次不同有两种装束。第一种是基础搭配：由褙子、帷裙式胸衣或吊带式抹胸、中裤、衬裙、中腰款裙子组合成的五件套，以及翘头履和袜。穿着顺序是① 抹胸 ② 中裤 ③ 衬裙，并将裙腰束系在抹胸上 ④ 褶裙，与衬裙方式相同 ⑤ 褙子。第二种是长短搭配：在基础搭配之上再加一件直领半袖罩衣，组合成的六件套。穿着顺序是在基础搭配之外穿 ⑥ 直领半袖罩衣。上述这两种搭配只是褙子裙装束的参考穿搭样式，除此之外，还有种类繁多的裙式可供选择，如褶裥裙式和裙腰相连、裙摆分离的裙式等。在生活装束中，如果是全围合式的帷裙，也可以省掉中裤只穿衬裙，以此类推，组成多类装束。穿着褙子裙装外出时，不能脱掉外面的褙子。褙子裙装束适用于女性夏天的非正式场景穿着。

衫裙装束：基本形态是上着短衫，下穿中腰裙，脚穿翘头履。衫在裙腰下，衫是短款或中长款衣，裙式是中腰款相结合的方式，在正常腰围部位束系裙腰，根据层次不同有两种装束。第一种是基础搭配：由交领衫、中腰款褶裙、衬裙组合成的三件套，以及翘头履和袜。穿着顺序是①中裤（可省略）②中衣③衬裙④衫⑤褶裙，将裙腰系在衣上在身前束系固定。第二种是长短搭配，在基础搭配之上再加一件直领半袖衫，组合成四件套。穿着顺序是完成④之后，穿⑤半袖⑥褶裙。第三种是叠加搭配，在基础之上再加一件褙子，组合成四件套。穿着顺序是在基础搭配之外穿⑥褙子。以上这两种形式搭配，形成一套两种外观不同的衫裙装束。除此之外，也还有种类繁多的裙式可供选择，组合成多姿多彩的衫裙装束，作为女性的正式和非正式场景装束。如果叠加搭配选择大袖衫搭配曳地裙，组合成的大袖衫装束则可作为重要的礼仪和庆典活动装束。

襦裙装束：基本形态是上着短襦，下穿中腰裙，脚穿翘头履。襦在裙腰下，襦是短款或中长款衣，裙式是中腰款相结合的方式，在正常腰围部位束系裙腰，根据层次不同有三种装束。第一种是基础搭配，由浅交领襦、衬裙、中腰褶裙组合成的三件套，以及翘头履和袜。穿着顺序是①中裤（可省略）②中衣③衬裙④襦⑤褶裙，将裙腰束系在衣上在身前束系固定。第二种是长短搭配，在基础搭配之上再加一件交领半臂襦，组合成四件套。穿着顺序是完成④襦之后，穿⑤半臂襦⑥褶裙。第三种是叠加搭配，是在基础搭配之上再加一件单衣，组合成四件套。穿着顺序是在基础搭配之外穿⑦单衣。以上这三种形式搭配，形成一套三种外观不同的襦裙装束。除此之外，也还有种类繁多的（幅裙褶裙）裙式可供选择，组合成不同风格的襦裙装束，作为女性的正式和非正式场景装束。如果选择宽袖襦搭配间色荷叶边褶裙，或叠加搭配选择大袖衫配及地长裙，组成的襦裙装束可作为正式和非正式场景活动装束。

高腰裙装束：基本形态是上着襦或衫，下穿高腰裙，肩背间挂披帛，脚穿翘头履。襦或衫在裙腰下，衫是短款中长款衣，高腰款裙式，即是腰线上升至胸下位置束系裙腰，根据层次不同有两种装束。第一种是基础搭配，由直领或交领短款衫、衬裙、高腰褶裙或幅裙组合成的三件套，以及披帛、翘头履和袜。穿着顺序是①中裤（可省略）②短款衫③衬裙，裙腰束系到腰上胸下位置，衫在裙腰内④高腰裙，按衬裙的束系方法将高腰裙围合束系固定，最后把披帛搭挂肩背。第二种是长短搭配，在基础搭配之上再加一件齐腰长短款交领半袖衫，组合成的四件套，穿着顺序是在基础搭配完成之后穿⑤半袖衫，呈下摆遮盖裙腰的状态。除此之外，也还有种类繁多的裙式可供选择，有无褶的幅裙或间色裙，还可以有各种褶裥裙供选择。上衣还可以选择袒领对襟衫和袒领半袖衫，搭配间色裙组合成另一种风格的高腰襦裙，可作为正式和非正式场景活动装束。

齐胸裙装束：又称长款裙装束，基本形态是上着齐腰短衫，下穿齐胸长款裙，肩背间挂披帛，脚穿翘头履。衫在裙腰下，衫是齐腰短款衣，长款裙式，即是腰线上升至胸上位置扎系裙腰，裙式多样，有无褶的幅裙、间色裙及各种褶裥裙。根据层次不同有三种装束，第一种是基础搭配，由直领或交领短款衫、衬裙、长款无褶幅裙（如间色裙）或褶裥裙，组合成的三件套，以及披帛、翘头履和袜。穿着顺序是①中裤（可省略）②短款衫③衬裙，衫在裙腰内，将裙腰扎系在胸上部④长裙，按衬裙的束系方法将长款裙围合束系腰带固定，最后把披帛搭挂肩背。第二种是长短搭配，在基础搭配之上再加一件⑤直领半袖衫，组成长短结合的四件套。穿着顺序是完成②之后，穿⑤半袖衫，后接③与④，且按对应束系方式完成穿着。第三种是叠加搭配，在基础搭配之上再加一件大袖衫，组合成叠加搭配的四件套。穿着顺序是在完成基础搭配之后穿⑥大袖衫，另外也可以把长短搭配中的半袖衫直接罩在已经穿着好的衫裙装束外，即完成基础搭配后穿⑤半袖衫，呈衫掩裙状。齐胸裙装束是女性的非正式场景装束，但如果选择大袖衫、大袖褙子叠加搭配曳地裙的装束，则适合礼仪和正式场景穿着，再选择高级丝绸，结合传统纹样印花刺绣等工艺制作的大袖衫、大袖褙子叠加搭配曳地裙的装束，则可以作为婚礼服穿着。

袄裙装束：基本形态是上着短袄，下穿马面裙，脚穿翘头鞋。上袄为短款或中长款，裙式是中腰款相组合，根据层次不同有三种装束。第一种是基础搭配，由交领袄、衬裙、马面裙，组合成的三件套，以及翘头鞋和袜。除此之外还有相同类型的短袄可供选择，如各种领型的对襟短袄有竖领、方领、圆领；竖领斜襟、圆领右衽等与马面裙或及无襕褶裙搭配。穿着顺序是①袜②中裤③中衣④衬裙⑤马面裙，按照裙腰束系方式穿好⑥袄，系结固定，使裙腰在袄内，呈袄掩裙状。⑦翘头鞋。第二种是长短搭配，在基础搭配之上再加一件直领半袖，组合成四件套。此外，还有相同类型的半袖可以选择，内穿交领短袄，外穿方领对襟半袖袄或者直领对襟半袖袄，半袖袄的长短没有限制。穿着顺序是在完成基础搭配之后，穿⑦直领半袖。第三种是叠加搭配，在基础搭配之上再加一件直领披风或交领长袄，组合成四件套。除此之外，也有相同类型的罩衣可供选择，如内穿交领短袄，外穿圆领对襟袄或者圆领右衽袄，罩衣的长短也没有限制。穿着顺序是在完成基础搭配之后，穿⑦披风或长袄。袄裙装束适用广泛，可做女性的正式场景与非正式场景装束。如果选择披风叠加搭配袄裙装，则仅适用于礼仪和正式场景穿着。

二、衣裤制

衣裤制是现代汉服体系中常见的非正式场景装束，常见的有三类：

裋褐装束：也称"短打"。基本上是由交领短款衣和长裤搭配而成，但也可以选择其他任意一种短上衣与长裤搭配成套，形制和外观上与中衣裤相似，但面料及颜色不同。还可以采用叠加搭配，即在上衣下裤的基础上，加一件直领开衩长衣搭配。夏天时还可以选择交领半袖衫或无袖背心与长裤搭配。交领、直领裋褐装束属于男女通用服饰，竖领、方领、圆领裋褐装束仅限女性。男子着裋褐可以免冠，足服可以选择传统的鞋履，也可以搭配现代休闲鞋。裋褐类装束是一种非正式场合的装束，适用于家居休闲和日常生活穿着。

图9-8　商家制作仿开衩裤
注：杨娜提供，北京华堂摄影拍摄。

半袖装束：也称夏日衣裤装束。是由半袖衫、半袖襦及长裤组成，选择交领右衽半袖衫与长裤搭配，属于男女通用装束。选择半袖襦、方领对襟、竖领对襟、圆领对襟等款式及长裤，属于女性专用装束。女士还可以选择直领对襟或无袖对襟背心，搭配前闭式胸衣与长裤，共同组成清凉的夏日装束；男士则可以选择无袖对襟背心搭配长裤，免冠，足服可选传统布鞋或现代休闲鞋。此类装束适用于非正式场景，仅限于家居或休闲场景穿着。

开衩裤装束：由直领褂子、帷裙式胸衣、中裤及开衩裤组成（图9-8）。穿着顺序是：①胸衣②中裤，并把胸衣下摆束系在中裤内③开衩裤④褂子，组合成四件套。也可以穿搭成叠加搭配，即长衣上再加一件直领半袖或无袖的罩衣，穿着顺序是在基础搭配完成后，穿⑤罩衣，组合成五件套。这套装束是女性专用，适用于正式和非正式场景，足服视情况选择布鞋、翘头鞋或现代鞋均可。

第四节　上下连体的穿法

所谓上下连体穿法，又称上下一体穿法、通身穿法，基本形态是以一件长衣覆盖全身，在衣身两侧开衩处或近脚踝处隐约可见裤腿或裙裾，体现上下身着装风格高度一致性，是现代汉服体系中常见的穿法。需要强调的是，连体穿法必须配套穿着中裤或下裙。适用连体穿法的服式主要有两类，一是通裁袍服类，二是深衣类。

一、通裁制

通裁类长衣的衣身虽然较长，可以说是上衣的加长版，甚至是由一件长衣充当了上衣下裳的功能，因此在穿搭分类上归入到上下连体穿法。虽然个别款式的外观与深衣相似，但两类服式在形制结构和制作工艺上都有着本质的区别，绝不能相提并论。

（一）袍服类

袍服类装束分为两类，第一类是指由通裁式长衣与中裤或中腰款裙式组成，衣身上下幅之间无界线，即从肩线直通到下摆底端，通常用腰带、革带、丝绦等修饰腰间并使腰线与下幅形成分界（图9-9）。需要强调的是里面必须搭配下装形成套装穿着，避免因为开衩处而露出腿部，男子可根

图9-9　袍服

注：广州日月华堂服饰设计有限公司提供，授权使用。

据服式和场景选择搭配合适的冠巾,非正式场景中可以免冠。常见的有八种:

行衣装束:基本形态是头戴东坡巾,身着交领开衩缘边衣,腰间系大带,脚穿云头履。基础搭配是:由交领开衩缘边长衣、交领深衣制中单、中裤,组合成的三件套装束,以及预制式大带、东坡巾、鞋履和袜。穿着顺序是:①袜②中裤③中单④交领开衩缘边长衣⑤大带⑥东坡巾(可免冠)⑦履。行衣装束是男士的正式和非正式场景装束。

直裰装束:基本形态是头戴幞头,身着交领开衩长衣,腰间系腰带或丝绦,脚穿皮靴。第一种是基础搭配:由交领开衩长衣、交领中衣、中裤组合成三件套,以及腰带或丝绦、幞头、皮靴和袜。穿着顺序是:①袜②中裤③中衣④交领开衩长衣⑤束腰带或丝绦⑥幞头(可免冠)⑦皮靴。第二种是长短搭配:由基础搭配之上加一件直领披风或长款背心,组合成四件套。穿着顺序是在基础搭配④之后,穿⑤披风或背心,后⑥束带固定。直裰装束是男士的非正式场景装束,也可用作正式场景穿着。

直身装束:基本形态是头戴乌纱帽,身着交领外掩衩长衣,腰间系革带,脚穿皮靴。第一种是基础搭配:由交领外掩衩长衣、交领中单、中裤组合成三件套,以及腰带或丝绦配带钩、乌纱帽、皮靴和袜。穿着顺序是:①袜②中裤③中单④交领外掩衩长衣⑤束革带⑥乌纱帽(可免冠)⑦皮靴。第二种是内外搭配:在基础搭配之上加一件裰护,组合成四件套。穿着顺序是在基础搭配③之后,穿⑧裰护,后④交领外掩衩长衣⑤束带固定。直身装束是男士的非正式场景装束,按基础搭配省略裰护,按第二种内外搭配,也可用作正式场景穿着。

道袍装束:基本形态是头戴方巾,身着交领内掩衩长衣,腰间系腰带、丝绦或无束腰,脚穿皮靴。第一种是基础搭配:由交领内掩衩长衣、交领中衣、中裤组合成三件套,以及腰带或丝绦配带钩、戴飘飘巾或方巾、皮靴和袜。穿着顺序是:①袜②中裤③中衣④交领内掩衩长衣⑤束腰带或丝绦⑥巾(可免冠)⑦皮靴。第二种是长短搭配:在基础搭配之上加一件裰护或者半袖衫,组合成四件套。穿着顺序是在基础搭配④之后,穿⑤裰护或者半袖衫,后⑥束带固定。第三种是叠加搭配:在基础搭配之上加氅衣、飘飘巾或方巾,组合成四件套。穿着顺序是在基础搭配④完成之后,再穿⑤氅衣,后⑥束带固定⑦巾⑧皮靴。道袍装束是男士的非正式场景装束,也可用作正式场景穿着。

圆领衫装束:基本形态是头戴幞头,身着圆领开衩长衣,腰间束革带或无束腰，脚穿皮靴。基础搭配是：圆领开衩长衣、圆领通裁式中单、中裤、半袖衣组合成四件套，以及革带、幞头、皮靴和袜。穿着顺序是：①袜②中裤③中单④半袖衣⑤圆领开衩长衣，穿着时也可以将肩部的纽扣解开呈翻领状⑥束系革带⑦戴幞头（可免冠）⑧皮靴。对于带夹里的圆领长袍，即圆领开衩长衣的双层结构，其穿着搭配方式与圆领开衩长衣相同。圆领衫装束是男女通用的非正式场景装束，也可用作正式场景穿着，女士也可按此方法免冠穿着，并对应类似场景。

　　圆领长袍装束：基本形态是头戴乌纱帽，身着圆领开衩外掩衩长衣，腰间束革带，脚穿皮靴。基础搭配是：圆领开衩外掩衩长衣、交领中单、中裤、裾护组合成四件套，以及乌纱帽、革带、皮靴和袜。穿着顺序是：①袜②中裤③中单④裾护⑤圆领开衩外掩衩长衣⑥系革带⑦戴乌纱帽（可免冠）⑧皮靴。圆领袍装束是男士的非正式场景装束，也可用作正式场景穿着。女士也可按此方法穿着，运用在人生礼仪作婚礼服。

　　圆领无襕袍装束：基本形态是头戴儒巾，身着圆领开衩外掩衩缘边长衣，腰间束丝绦，脚穿方头鞋。基础搭配是：圆领开衩外掩衩缘边长衣、交领中单、中裤组合成三件套，以及儒巾、腰带或丝绦、方头鞋和袜。穿着顺序是：①袜②中裤③中单④圆领开衩外掩衩缘边长衣⑤腰带或丝绦⑥儒巾（可免冠）⑧方头鞋。圆领无襕袍装束是男士的正式场景装束，也可用作人生礼仪场景。

　　（二）长袄类

　　长袄类装束是女性日常装束，由通裁式长袄与中衣、中裤、马面裙或褶裙组成，衣身上下幅之间无界线，即从肩线直通到下摆底端，腰间不束系大带。具体分为四类：

　　交领长袄装束：基本形态是身着交领开衩无缘边长衣，在衣身两侧开衩处和近脚踝处隐约可见裙裾，脚穿翘头鞋。第一种是基础搭配：由交领开衩无缘边长衣、交领中衣、中裤、衬裙、马面裙组合成五件套，以及翘头鞋和袜。穿着顺序是：①袜②中裤③中衣④衬裙⑤马面裙⑥交领开衩无缘边长衣⑦翘头鞋。第二种是叠加搭配：由基础搭配之上加一件直领披风，组合成六件套。穿着顺序是：在基础搭配之外穿⑧披风，纽合固定。外配罩衣时可用作人生礼仪、正式各类场景。

　　竖领斜襟长袄装束：基本形态是身着竖领斜襟开衩长衣，在衣身两侧开衩处和近脚踝处隐约可见裙裾，脚穿翘头鞋。第一种是基础搭配：由竖领斜襟开衩长衣、交领中衣、中裤、衬裙、马面裙组合成五件套，以及翘头鞋和袜。穿着顺序是：①袜②中裤③中衣④衬裙⑤马面裙⑥开衩长衣⑦翘头鞋。第二种是长短搭配：在基础搭配之上加一件方领对襟半袖，组合成六件套。穿衣顺序是在基础搭配之外，穿⑧半袖。第三种是叠加搭配：是在基础搭配之上，加一件竖领披风，组合成六件套。穿衣顺序是在基础搭配之外，穿⑧披风，纽合固定。适用于非正式各类场景。

竖领对襟长袄装束：基本形态是身着竖领对襟开衩长衣，在衣身两侧开衩处和近脚踝处隐约可见裙裾，脚穿翘头鞋。第一种是基础搭配：由竖领对襟开衩长衣、交领中衣、中裤、衬裙、马面裙组合成五件套，以及翘头鞋和袜。穿着顺序是：①袜②中裤③中衣④衬裙⑤马面裙⑥开衩长衣⑦翘头鞋。第二种是长短搭配：在基础搭配之上加一件直领或方领对襟半袖，组合成六件套。穿衣顺序是在基础搭配之外，穿⑧半袖。第三种是叠加搭配：是在基础搭配之上，加一件直领或方领披风，组合成六件套。穿衣顺序是在基础搭配之外，穿⑧披风，纽合固定。适用于非正式各类场景。

图9-10 深衣
注：十二片深衣，百里奚提供，授权使用。

圆领对襟长袄装束：基本形态是身着圆领对襟开衩长衣，在衣身两侧开衩处和近脚踝处隐约可见裙裾，脚穿翘头鞋。基础搭配是：由圆领对襟开衩长衣、交领中衣、中裤、衬裙、马面裙组合成五件套，以及翘头鞋和袜。穿着顺序是：①袜②中裤③中衣④衬裙⑤马面裙⑥开衩长衣。适用于非正式各类场景。

二、深衣类

深衣装束是将独立的上衣下裳合二为一，又保持着一分为二的界限，将身体深藏（图9-10）。而"被体深邃"也是充满礼制的内涵，衍生发展出一系列的形制，张扬着美的旋律。具体分为七类：

朱子深衣装束：基本形态是头戴幅巾，身着衣袖一体直裾深衣，腰间束系大带，脚穿方头鞋。基础搭配是：衣袖一体直裾深衣、交领深衣制中单、中裤组合成的三件套，以及预制式大带或条状大带、幅巾或东坡巾、方头鞋和袜。穿着顺序是：①袜②中裤③中单④深衣⑤大带，从身后往前束系⑥巾⑦方头鞋。衣袖一体直裾深衣是男士专属装束，自古至今都有着礼制的含义，仅适用人生礼仪和正式场景。

直裾深衣装束：基本形态是头戴东坡巾，身着敞袖式深衣，腰间束系大带，脚穿方头鞋。基础搭配是：敞袖式深衣、交领深衣制中单、中裤组合成的三件套，以及大带、幅巾或东坡巾、方头鞋和袜。穿着顺序是：①袜②中裤③中单④敞袖式深衣⑤大带，从身后往前束系并在身前结缨固定⑥巾⑦方头鞋。直裾深衣装束是男女通用装束，适用于正式场景。

直裾袍装束：基本形态是身着明立体构造深衣，腰间束大带，脚穿翘头履。第一种是基础搭配：明立体构造深衣、交领深衣制中单、中裤组合成三件套，以及大带、幅巾或东坡巾、方头鞋和袜。穿着顺序是：①袜②中裤③中单④明立体构造深衣⑤大带，从身后往前束系并在身前结缨固定⑥巾⑦方头鞋。第二种是叠加搭配：是在基础搭配之上再加一件单衣，组合成四件套。穿着顺序是在完成④之后，穿⑧单衣束⑤大带，并完成后续搭配。直裾袍装束是男女通用装束，适用于正式场景。

曲裾深衣装束：基本形态是身着双绕曲裾深衣，腰间束大带，脚穿翘头鞋。基础搭配是：由双绕曲裾深衣、交领深衣制中单、中裤、帷裙组合成四件套，以及腰带、鞋和袜。穿着顺序是：①袜②中裤③中单④帷裙⑤双绕曲裾深衣⑥腰带，从身后往前束系并在身前结缨固定⑦鞋。曲裾深衣装束是女士专属装束，适用于礼仪或正式场景穿着。

曲裾袍装束：基本形态是身着单绕曲裾深衣，束腰带，脚穿翘头履。第一种是基础搭配：由单绕曲裾深衣、交领深衣制中单、中裤、帷裙组合成四件套，以及腰带、履和袜。穿着顺序是：①袜②中裤③中单④帷裙⑤单绕曲裾深衣⑥腰带，从身后往前束系并在身前结缨固定⑦鞋。第二种是叠加搭配：在基础搭配之上加一件单衣，组合成五件套。穿着顺序是在⑤完之后，穿⑥曲裾单衣并完成后续穿搭。曲裾袍装束是女士专属装束，适用于礼仪或正式场景穿着。

襕衫装束：基本形态是头戴儒巾，身着圆领襕衫，腰间束丝绦，脚穿方头鞋。基础搭配是：由襕衫、交领深衣制中单、中裤组合成三件套，以及腰带或丝绦、儒巾、方头鞋和袜。穿着顺序是：①袜②中裤③中单④襕衫⑤腰带或丝绦⑥巾⑦方头鞋。圆领襕衫是男性专属装束，适用于礼仪或正式场景穿着。

圆领深衣装束：基本形态是身着圆领深衣，腰间束革带，脚穿翘头鞋。第一种是基础搭配：由圆领深衣、交领深衣制中单、中裤、帷裙组合成四件套，以及革带、翘头鞋和袜。穿着顺序是：①袜②中裤③中单④帷裙⑤圆领深衣⑥革带，束系固定⑦翘头鞋。第二种是叠加搭配：是在基础搭配之上加一件大袖衫组合成五件套，佩戴玉带、霞帔。穿着顺序是在完成基础搭配⑤之后，⑥大袖衫⑦玉带取代革带，束系⑧霞帔⑨翘头鞋。圆领深衣是女性专属装束，仅适用于人生礼仪或正式场景，叠加搭配为婚礼服，仅限于婚礼仪式穿着。

总而言之，汉服的现代穿搭装束如（图9-11）所示：

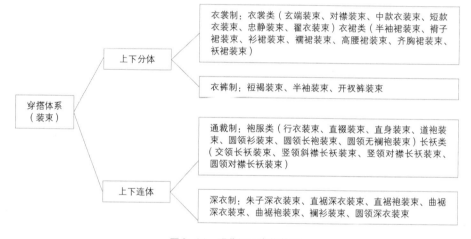

图9-11　现代汉服穿搭体系

第五节　特殊款式与装束

除了上述典型款式外，还有两类在中国汉族民间仍有留存的特殊装束，一类是婴儿服，另一类则是寿衣。所谓"人之初、穿衫裙"又或者"人之殁、着寿衣"，实际上也是祖先们在历史长河之中，用俗语，也是用实际行动传承着祖先留下的衣裳。

一、婴儿服

婴儿衫，俗称毛毛衫、和尚领等。由一幅衣身主裁片、两幅续衽裁片、两幅衣袖裁片及一幅长条形领缘系带小裁片组成。衣身前幅有中缝后幅无中缝，领襟及系带为一整体，领襟缘裁片在0.5~1.0厘米，左侧腋下开一个小口便于右襟的系带穿过，在右侧腋下系结固定。

开裆裤：由两幅上宽下窄类倒三角形裤身主裁片、一幅裤腰及两幅条形裤带小裁片组成。裤长与衣长相等，裤腰长与胸围相等，裤脚宽与袖口相等。缝合时分别将两幅裤身裁片腰线以下缝纫收边，在两条裤身近裤脚三分之一位置前后缝合形成裤脚，然后将两幅裤身腰线位置左右相交重叠10厘米再缝合裤腰，并在裤腰两端缝纫裤带。

围裙：由一幅矩形裙身主裁片、两条裙带小裁片或两条织带组成。将裙身裁片两侧及上下两端缝合收边，最后在腰线上端两侧缝合裙带。裙宽50~60厘米，裙长65~70厘米。

穿着搭配：

婴儿出生至满月，衫裙搭配。穿着方法是先穿尿裤，再穿上衣，最后穿裙子，穿着裙子时把上衣包在裙内即衣在裙腰下，从身后向前围合，在身前系结固定，最后把下端裙摆向上折叠掖进系带内，勿使双脚露出，最外一层再围上襁褓，无须穿着开裆裤。满月后，允许带婴儿在室外走动，婴儿的身体也比刚出生时硬朗，此时可衫、裤、裙搭配穿着。即上衣、开裆裤及裙子。通常衣在裤腰下，裤子前后围合均可，但系带最好在身前系结固定，最外一层穿裙子。

二、童装

现代汉服中的童装，经过十多年的努力从品种单一到如今的丰富多彩，其上衣基本上是仿照中国民间遗存的儿童交（水）领（田）衣形制、下装则参照成人裙（裤）缩小演变制作（图9-12）。除此之外，还有在西式服装裁剪体系下拼接汉服元素制作的各种连衣裙，此类汉元素童装连衣裙，虽然不在汉服体系内，但是相对于衣裙装和衣裤装更受消费者欢迎的原因，是以便利取胜，因此汉服童装是一个有待开发的分支。

图9-12　儿童汉服商品图
注：如梦霓裳提供，授权使用

三、寿衣

寿衣，即逝者小殓时所穿着的衣服。包括体服上装的贴身内衣、无领汗衫、交领中衣或中单、端衣或深衣、罩衣；体服下装的贴身内裤、中裤、外裤、裳。与寿衣搭配的首服有冠、巾、帽；足服袜及鞋；捆绑遗体的宽布带以及覆盖遗体的被衾等。如用生前穿过的礼服当寿衣，则凡是交领右衽式均穿成交领左衽，专门制作的寿衣则为交领左衽。穿着时首先穿贴身内衣裤，然后将所有上衣的两个衣袖逐件套好，便于一次性穿上，再调整好衣身及领襟，不用系带，穿着下装时也是先将所有裤脚逐件套好，再一次性穿着，调整好裤身及裤腰，不用系带。所有衣物穿着完毕后，用宽布带在腰间扎紧系结固定即可。最后穿戴足服和首服，用被衾覆盖遗体。

第 十 章

汉服的应用体系

应用体系即汉服装束对应的应用场景，即一整套汉服被穿着的时候，"最可能的"所处场景，包含家居、生活、社交、节日、庆典、仪式等多种可能。考虑到现代的时装社会和汉服的去阶级属性，将汉服的应用场景简略划分为：礼仪场景、正式场景和非正式场景。整体上看，礼仪场景对应的装束款式外观最为复杂与华丽，便利性最弱，仪式感最强；正式场景对应的款式复杂程度相对次之，在保持一定便利性的情况下，保持仪式感；非正式场景主要是日常生活中，对应的穿搭装束相对简单，便利性最强，仪式感最弱。

第一节　礼仪场景

礼仪场景是指特定的传统礼仪和仪式场景的服饰，也是现代汉服作为民族服饰最重要的用途与功能，更是现代汉服与古代汉服，保持民族礼服与礼仪一脉相承的重要标志。现代社会中与汉服穿搭相关的仪式主要有两大类，第一类是生命礼仪，因为人的社会属性会随着年龄增长而被赋予为不同的权利和义务，而这些社会性的获得也不是在达到年龄后便自然具备，而是需要"通过"仪式后才被赋予❶，如成人礼、毕业礼、婚礼、丧礼都是这一类仪式。第二类是祭祀仪式，"国之大事，在祀与戎。"《左传》中早已把祭祀与战争并列，上升到了关系国家存亡的地位。"慎终追远、民德归厚"的祖先信仰，奠定了中华民族历尽风雨日益深厚的文明基础，因而祭祀仪式又分为公祭礼与家祭礼两类。相比生命礼仪的华丽与隆重，祭祀礼服虽然外观朴素，却是蕴含文化意蕴最隆重的，最有底蕴。

礼服的服式主要强调仪式性，而弱化了便利性。这里的服饰风貌主要是指仪式主体人员的服式，可以分为成人礼服、婚礼服、公祭服、家祭服、丧服五大类，有较为固定的款式及搭配，以内外分层、妆面配饰、发型装扮整体风格符合传统搭配为核心，彰显传统、典雅、庄重的外观形象。对于一般观礼者和参礼者

---

❶ 彭兆荣. 人类学仪式的理论与实践. 北京: 民族出版社, 2007: 186.

的装束，以及生辰寿筵、出生开笔、毕业乔迁、弥月结拜等非重要仪式的着装，则可以参考庆典场景的着装方案。

一、成人礼服

成人礼是人生礼仪之始，是告别少年步入成年的关键节点，成人礼的服饰可以根据采用的仪式而有所区别，但总体而言应注重仪式感。如果简化也可以采用一加的方式进行，特别是集体成人礼，建议采用一加的方式进行，着装方面男生直裾深衣戴巾，女生曲裾深衣加笄（图10-1）。传统成人礼细分为男子冠礼和女子笄礼两种形式，具体着装以三加为例。冠礼或笄礼通常需要专人负责辅助行礼人穿着礼服和变更发饰，这里仅按照穿着顺序排列服饰。

第一类是冠礼：一加幅巾，服深衣，纳履；二加儒巾，服襕衫，革带，系鞋；三加幞头，服圆领袍，革带，纳靴。

第二类是笄礼：一加笄，服曲裾袍或曲裾深衣，纳履；二加簪，服圆领袄裙，系鞋；三加钗钿，服大袖襦裙，系鞋。

幅巾、儒巾、幞头按传统对应束发、进学、出仕三重含义，表示对冠者每一个阶段所赋予的责任。

图10-1 2018年厦门实验中学高三集体成人礼

注：缘汉·汉礼策划，授权使用。

二、毕业礼服

汉服毕业典礼礼服又称"中式学位服"或"汉式学位服",分类搭配如图10-2所示,是考虑到中国教育具有悠久的传统历史,在现代社会中的学位服饰及学位礼仪也应保留传统特色(图10-3)。每位中国学生在学士、硕士和博士毕业的时候,应该穿着以汉服为蓝本的毕业礼服,而不是采用有着宗教服饰特色的西式学位服,以利于激励学生传承文明,报效国家。

学生学位服应采用古代儒生的典型服饰,即深衣,男子可为直裾深衣,女子为曲裾深衣,或者是男子选用襕衫,女子选用圆领深衣,可通过衣身、衣缘的颜色差别,区分学位等级和学科分类。男女均带学位帽,学位帽仿照儒巾样式,可挂有流苏,并以流苏颜色区分学位等级。学位授予导师可穿着上衣下裳,带蔽膝、大带,戴冠。中式毕业典礼也可保留拨穗、学位授予等环节。

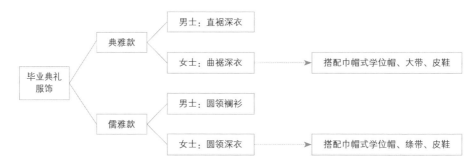

图10-2 毕业典礼服饰搭配示意图

图10-3 2019年河北美术学院毕业典礼

注:河北美术学院提供,授权使用。

三、结婚礼服

婚礼是人生之本，是新人告别单身组建家庭的起点，是民族文化的重要组成部分，也是大部分人生中必不可少的一个仪程环节。汉族的婚礼，在五礼之中属嘉礼，是继冠礼和笄礼之后的人生第二个里程碑。婚礼一如"昏礼"之称谓，无论是玄衣纁裳、钿钗礼衣、花钗大袖还是凤冠霞帔服饰，重的是天地相合，夫妻结发，从此后生死相依、家族延续，结两姓之好的含义（图10-4）。

现代汉族婚礼主要有四种比较盛行的风格，分别是：庄重典雅型、雍容华贵型、清新淡雅型和富丽堂皇型。新婚夫妇可以根据个人兴趣爱好、实际情况和经济能力，选择不同风格的婚礼仪式以及相应的婚礼服饰。婚礼服风格崇尚华丽，盛饰最多。对于个人而言，也可以选择三套婚礼服，一套为在家时的礼服，一套行礼时的婚礼服，一套婚宴时的敬酒服饰。新郎婚礼服需加礼冠配履靴，新娘则需高髻盛饰配履鞋，但新郎冠饰及新娘发型、妆面、配饰与所选择的婚礼风格相符合，趋于华丽，强调仪式感。通常需要有专人负责协助新郎和新娘修饰妆容、佩戴首饰和穿着礼服，因此仅按叠加顺序和配套佩饰排列服饰。另外，对于每种不同风格的婚礼服，不同类型也对应多种不同款式搭配可供选择。所有的礼服均为无夹里的单衣，可选用新型纤维织物或桑蚕丝织物做衣料，织物上可施以暗纹、印花或刺绣工艺。

图10-4　婚礼服

注：北京汉礼缘传统文化中心汉婚策大秦提供，授权使用。

（一）庄重典雅型

礼服特征是：玄黑暗红，鼓乐相合，承载着华夏文明萌生所赋予的端庄，蕴意着婚礼的典雅、宁静美好。

新郎：爵弁服——袜，履，网巾，交领中衣，中裤，衬裙，交领玄衣红色缘边，百褶边饰缥裳，氅衣，蔽膝，后绶，大带，玉佩，爵弁俱全。

新娘：大袖衫裙——袜，履，交领中衣，中裤，衬裙，交领玄衣红色缘边，百褶边饰曳地裙，直领大袖衫，蔽膝，后绶，大带，玉佩，金钗（或前后饰玉，也可以加步摇）俱全。

（二）雍容华贵型

礼服特征是：大袖礼衣、红男绿女，在保留婚礼大气典雅的同时，也增添了几分雍容华贵，喜悦浪漫。这里主要分为两种：

新郎第一种：大袖衣裳——袜，靴，网巾，曲领中衣，中裤，衬裙，直领绛衣，百褶边饰缥裳，蔽膝，后绶，大带，革带，玉佩，氅衣，梁冠俱全。

新娘第一种：大袖衫裙——袜，履，中裤，诃子，衬裙，直领衫，中腰曳地长褶裙，蔽膝，后绶，大带，玉佩，大袖衫，披帛，钗钿（簪、钗、花钿、插梳、正面用凤钗或凤簪、两侧加步摇）俱全。

新郎第二种：圆领襕袍——袜，靴，网巾，中裤，半臂衣，圆领中单，圆领襕袍，革带，幞头俱全。

新娘第二种：大袖衫长裙——袜，履，中裤，直领中单，直领衫，衬裙，曳地长款裙，玉佩，大袖衫，披帛，钗钿（簪、钗、花钿、插梳、正面用凤钗或凤簪，两侧加步摇）俱全。

（三）清新淡雅型

礼服特征是：花钗大袖、大衫霞帔，保留了大袖礼服，也搭配起了翡翠珠宝，从繁多与华丽走向简约理性之美。这里主要分为两种：

新郎第一种：大袖衣裳——袜，履，网巾，端衣红色缘边，百褶边饰缥裳，氅衣，交领中衣，中裤，衬裙，蔽膝，大带，绶带，玉佩，梁冠俱全。

新娘第一种：大衫霞帔——直领衫，大袖衫，抹胸，曳地长裙，帔帛，中裤，衬裙，蔽膝，大带，簪钗，玉佩，袜鞋俱全。

新郎第二种：圆领襕袍——网巾，圆领襕袍，交领中单，中裤，革带，硬角或展角幞头，袜靴俱全。

新娘第二种：大衫霞帔——直领衫，大袖衫，抹胸，前短后曳地长裙，衬裙，霞帔，中裤，凤冠，玉佩，袜鞋俱全。

（四）富丽堂皇型

礼服特征是：凤冠霞帔，红布盖头，风格为大红色，女子盛装红裙与红盖头，搭配各式男子袍服，华美多姿。这里主要有三种：

新郎第一种：交领长袍——袜，靴，网巾，中裤，深衣中单，衬裙，不开衩缘边长衣，大带，梁冠俱全。

新娘第一种：圆领霞帔——圆领袍，交领中衣，中裤，马面裙，衬裙，霞帔，狄髻，袜鞋俱全。

新郎第二种：圆领长袍——袜，靴，网巾，中裤，深衣中单，衬裙，圆领袍，革带，乌纱帽俱全。

新娘第二种：大衫霞帔——袜，鞋，中裤，竖领中衣，衬裙，马面裙，圆领袍，玉带，大袖衫，霞帔，凤冠俱全。

新郎第三种：交领长袍——袜，靴，网巾，中裤，深衣中单，衬裙，不开衩缘边长衣，大带，乌纱帽俱全。

新娘第三种：圆领霞帔——袜，鞋，中裤，深衣中单，衬裙，圆领深衣，玉带，大袖衫，霞帔，凤冠俱全。

四、公祭服

公祭是指祭祀先烈、先圣、先贤、先师的行为，但不包含祭帝王、祭孔及其他专门祭祀，这一类仍按既有仪轨进行（图10-5）。祭服风格尚质，不施华饰，要求是男士冕无旒，衣裳无章彩纹饰，最常见的是棉麻面料制作。典型样式为玄衣黄裳的爵弁服，礼衣、中单、蔽膝、大带、绶带、玉佩俱全。主祭、助祭、参祭人员，无论男女，可服同服。具体搭配为：

男士：袜，履，网巾，中裤，交领中单，黄裳，玄衣，蔽膝，后带，大带，爵弁俱全。

女士：袜，履，网巾，中裤，交领中单，黄裳，玄衣，蔽膝，后带，大带，爵弁俱全。

图10-5　己亥年第四届汉服汉礼公祭轩辕黄帝大典

注：北京华夏文化研习会提供，授权使用。

五、家祭服

家祭服是指家中对祖先的祭祀行动。祭服风格尚质，最常见的面料是用棉麻制作。通常男士着用青地皂缘的交领深衣，中单、大带俱全，戴皂色方巾；女着圆领深衣服色相同，中单、大带俱全。具体可以分为两种：

男士第一种：袜，方头鞋，网巾，中裤，深衣中单，朱子深衣，大带，幅巾俱全。

男士第二种：袜，方头鞋，网巾，中裤，深衣中单，直裾深衣，大带，幅巾俱全。

女士第一种：袜，翘头鞋，中裤，交领中单，衬裙，圆领深衣，革带，簪，钗俱全。

女士第二种：袜，翘头鞋，中裤，交领中单，衬裙，曲裾深衣，腰带，簪，钗俱全。

六、丧服

丧服又称孝服，指逝者直系亲属、旁系亲属在丧礼中所穿着，由原色麻布或白色棉布制作的特殊功用服式的总称，包括孝衣、孝帽、孝鞋。中国古代丧服用素服（素衣、素裳、素冠等），均取白色，按照服丧重轻、做工粗细分为五等：斩衰、齐衰、大功、小功、缌麻，即"五服制度"。

现代汉服中，孝衣可选择交领长款衣、衣裳、衫裙、衣裤、深衣款式，孝帽可选择巾帽类式样，或者直接用麻布在头上扎系，孝鞋可选择白色布鞋或者白色胶鞋。凡有孝服者至少在丧礼期间，应当除下所有首饰素面示人。至于丧服的亲疏等级，建议按当地习惯使用即可。

第二节　正式场景

正式场景即社交场景，可以分为三种：庆典场景、聚会场景和节日场景。这里的核心是把汉服当作有着民族特色的正装穿着，是可以取代西式礼服、西装、中山装、现代旗袍，作为中国人身份符号的礼服而出现，款式以端庄典雅为主，风格是华丽厚重，男子可选择性使用冠或巾，女子可以搭配披帛、香囊等配饰，发型、妆面、配饰无定式，风格和谐即可。

一、庆典场景

庆典场景是指庆典典礼、涉外仪式、宴饮观礼等重要场合，这类活动的一大特征是在特定空间内、群体内实现的自上而下的建构与推动，仪式的流程与风貌往往由主办方根据自身特征而创造，具有典型的建构属性。换句话说，庆典场景可以理解为以"穿汉服"的形式取代之前的西式礼服、旗袍所出现的场景，完成社会中的必要庆典仪式，具有本真性、不可逆的特征，并且会在特定的时空中形成新的集体记忆与文化认同，如参加外交宴会、商家开业典礼、汉式婚礼观礼、祭祀观礼等（图10-6）。这里的参加聚会是作为观礼者、参与者，而不是活动主办方或人生通过仪式的主角。具体又分为五类：

图 10-6　汉服作为正装与英国安妮公主的会面

注：英国英伦汉风提供，授权使用。

（一）宴饮仪式服

宴饮仪式包含家宴、婚宴、弥月宴、寿宴、团年宴、乔迁宴、毕业宴、外交宴、聚会宴等活动，款式强调仪式性，弱化了便利性。服式分为衣裳（衣裙）装束、袍服装束和深衣类装束三种，裙装礼裙长至脚面或及地，袍服及深衣衣长至脚面或及地，外穿罩衣皆为单衣不开衩。上衣衣袖有宽袖及大袖两种，最长一件袖长至少过指尖一掌。男子可选择使用冠巾，女子裙装可搭配披帛、香囊等配饰，发型、妆面、配饰无定式，但风格可以趋于华丽，强调仪式感。不宜化怪异的妆面，也不宜佩戴面纱或幂离之类的帷帽参加宴饮观礼仪式。

整个礼仪从开始至结束合影期间，应穿着完整的全套装束。但如遇特殊情况，也可在宴饮时脱去最外一件大袖罩衣，待宴会结束后再重新穿上离席。

（二）成人礼参礼服

参与者根据身份不同，可以分为三大类：

行礼者父母：服饰可选择衣裳（衣裙）装束、袍服类装束和深衣类装束三种，裙装裙长、袍服及深衣衣长至脚面或及地，外穿罩衣皆为单衣不开衩。上衣衣袖有宽袖及大袖两种，最长一件袖长至少回肘。父戴冠或巾，母发型、妆面、配饰应与身份相符，风格庄重，强调仪式感。

主礼人、主宾或师长、司仪：服饰可选择衣裳（衣裙）装束、袍服类装束和深衣类装束三种，裙装裙长、袍服及深衣衣长至脚面或及地，外穿罩衣皆为单衣不开衩。上衣衣袖有宽袖及大袖两种，最长一件袖长至少回肘。男性戴冠或巾，女性发型、妆面、配饰应与身份相符，风格稳重，强调仪式感。司仪服饰可以酌情去掉罩衣。

辅助人员服式：可选择衣裳（衣裙）装束、袍服类装束和深衣类装束三种，裙装裙长、袍服及深衣衣长至脚面不及地。上衣衣袖为宽袖，最长一件袖长至少过指尖。男性戴冠或巾，女性发型、妆面、配饰无定式，风格和谐即可，强调仪式感。

（三）婚礼参礼服

参与者根据身份不同，可以分为三大类：

新郎与新娘的父母：双方父母服饰应选用喜庆的服色，服式可选择衣裳（衣裙）装束、袍服类装束和深衣类装束三种，裙装裙长、袍服及深衣衣长至脚面或及地，外穿罩衣皆为单衣不开衩。上衣衣袖有宽袖及大袖两种，最长一件袖长至少回肘。父戴冠或巾，母发型、妆面、配饰应与身份相符，风格庄重略趋华丽，强调仪式感。

主礼人与司仪服式：可选择衣裳（衣裙）装束、袍服类装束和深衣类装束三种，裙装裙长、袍服及深衣衣长至脚面或及地，外穿罩衣皆为单衣不开衩。上衣衣袖有宽袖及大袖两种，最长一件袖长至少回肘。男性戴冠或巾，女性发型、妆面、配饰应与身份相符，风格稳重，强调仪式感。司仪服饰可以酌情去掉罩衣。

伴郎与伴娘：伴郎服式宽袖袍服或深衣，不加罩衣，衣长到脚面不及地，袖长过指尖，戴巾着鞋或靴；伴娘服式宽袖裙装，衣长到脚面不及地，袖长过指尖，发型、妆面、配饰简约，着鞋。

辅助人员：服式宽袖裙装，袍服或深衣不加罩衣，衣长到脚面不及地，袖长过指尖，男性戴巾着鞋或靴。女性发型、妆面、配饰简约，着鞋。

（四）家祭参礼服

服式风格尚质衣冠皆用棉麻制作，衣裳无章彩纹饰，不施华饰。深衣衣长至脚面不及地，袖长至少回肘。主礼人服式可以选择深衣，宽袖，其中男性戴巾着鞋，而女性发型、妆面简约庄重。着鞋。辅助人员服式为深衣，宽袖。男性戴巾着鞋。女性发型，妆面简约庄重，着鞋。

（五）公祭参礼服

服式风格尚质，衣冠皆用棉麻制作，衣裳无章彩纹饰，不施华饰。衣裳及深衣衣长至脚面不及地，上衣最长一件袖长至少回肘。对于不同角色也略有差别：主礼人服式大袖衣裳加不开衩罩衣，戴冠、着鞋或履；司仪服式大袖衣裳或深衣，戴巾、着鞋；乐工服式宽袖圆领襕衫，戴巾、着靴；辅助人员服式宽袖衣裳或深衣，戴巾、着鞋。

二、节日场景

汉服宣传与传统节日相结合的方式，一直都是汉服复兴运动的主打策略之一（图10-7）。因为节日生活的非日常特征，也给了汉服同袍展示其独特风格与习俗的合理空间。这种行为背后实际也是由参与者之间的文化认同所决定的，因为人们在选择"过何种节日""如何庆祝节日"以及"与何人一起度过节日"时，就是对自己所属的文化共同体做出判断❶。

图10-7　七夕节牵红绳

注：汉服北京提供，授权使用。

---

❶ 王霄冰.节日：一种特殊的公共文化空间.河南社会科学,2007(7).

常见搭配是衣裳（衣裙）装束、通裁式袍服装束和深衣类装束三种。下裙裙长、袍服及深衣衣长至脚面或及地，外穿罩衣皆为单衣不开衩。上衣衣袖有宽袖及大袖两种，最长一种袖长至少过指尖一掌。男子可选择使用头巾，女子裙装可搭配披帛、香囊等配饰，发型、妆面、配饰无定式，但风格可以趋于华丽，强调仪式感。不宜化怪异的妆面，也不宜佩戴面纱或幂离之类的帷帽参加重要节日仪式。

三、聚会场景

聚会场景是指雅集、聚会、旅行、活动、商业、艺术、演讲、会议、采访节目等较为正式的社交场合，类似于衬衫、西装的应用场景（图10-8）。款式具有一定的仪式性，但同时也不失便利性。款式分为衣裳（衣裙）装束、袍服装束和深衣类装束三种。裙装裙长、袍服深衣衣长过膝或至脚面。上衣衣袖有窄袖、宽袖两种，最长一件袖长不过指尖。一般性社交场合的装束男子可选择性使用冠巾，女子裙装可搭配披帛、香囊等配饰。

图10-8　四川汉服同袍聚会

注：四川汉服专委会提供，授权使用。

第三节　非正式场景

非正式场景即日常生活场景，一般对应于家居、上学、工作、休闲、户外运动、探亲访友等非正式场合，把汉服当作一件时装或常服穿着，款式以舒适便利为主，风格是低调朴实，男子免冠，女子对发型、妆面、配饰也没有特定要求，风格朴素和谐即可。具体可以分为三类：

一、家居场景

家居场景是指在家中休息或操持家务穿着的一种便装，特点是小袖、短款、舒适、便利。汉服中较为典型的装束有：中衣裤装束、中衣裙装束、半袖裙装束等。但仅局限于居家环境，家居装束不能穿着外出见人，类似于穿着现代睡衣裤不能外出见人是一样的道理。家居场景时男子不戴冠巾，女子不戴首饰不做妆面，也不用穿传统鞋履（图10-9）。

图10-9　家居服

注：璇玑提供，授权使用。模特：璇玑、杨娜，摄影：张苑。

二、日常场景

日常装束一般用于上课、工作、休闲、会客、探亲访友等非正式场合，是现代社会中最常见的场景。款式以舒适便利为主，样式要与现代人日常生活相匹配。上衣为不过膝或齐膝的短装，衣袖皆为窄袖，可无袖、半袖，长袖至腕最长不过手掌。下装有裙、裤两种，裙的长度建议离地10~30厘米之间，裤的长短以适度为宜不及地。男子通常不戴冠；女子不戴假发，也不做夸张的发饰处理，但长发不能披发。足服视具体情况而定可以选择布鞋、翘头鞋，也可以选择皮鞋、凉鞋、木屐、休闲鞋、运动鞋。除此之外，还可以有混搭装束，款式可以按传统方式搭配，也可以选择汉服、汉式时装或者汉元素时装，根据个人喜好与现代西式服装混搭，风格把握在适度和谐即可（图10-10）。

图10-10　日常穿搭服饰
注：璇玑提供，授权使用。

三、运动场景

穿汉服踢蹴鞠、玩投壶、练武术、习射礼，也都是现代社会中与汉服广泛结合的体育项目。在日常的休闲中，通常选择衣裤制或通裁制服饰，袖口为窄袖、衣长不过膝，下身为裤装，方便运动与奔跑。男子可不戴冠，女子不戴假发，可选择休闲鞋、运动鞋、布靴，以方便运动为准（图10-11）。

现代射礼通常可分为实践型与表演型。实践型应遵照古代射礼规范，参礼者（射箭比赛者）统一着直裾深衣，且主（主办者）、宾（主持人）、司射（教练兼指挥）、获者（报靶者）、三耦（两队六人）、有司（统计成绩者）、乐工（音乐演奏者）、众宾（观礼者）所着服饰形制、颜色各有区别，参赛者则宜穿同一款式

图10-11　清明节传统运动会

注：汉服北京提供，授权使用。

和颜色的直裾深衣。在待射时，参赛者可脱去左手的外衣衣袖，在右手拇指上带上钩弓用的扳指，右手臂上套好护臂，准备射箭。如果是表演型可以根据情况选择曳撒、圆领袍服、短褐等服装。

　　总而言之，对于正式与非正式场景而言，穿着与礼仪并没有硬性规定与特别注意事项，主要是以适度为宜，特别是发型、妆面、配饰在一定范围内保持风格和谐，不违背社会总体审美认知，不让人觉得突兀怪异的基础上即可，具体穿搭场景如图10-12所示：

	礼仪场景：生命礼仪（成人礼服、婚礼服、丧服）、毕业典礼、祭祀仪式（公祭服、家祭服）
应用场景	正式场景：庆典场景（宴饮仪式、成人礼参礼、婚礼参礼、家祭参礼、公祭参礼）、节日场景、聚会场景
	非正式场景：家居场景、日常场景（上学、工作、休闲、探亲访友等）、运动场景（蹴鞠、投壶、射礼等）

图10-12　现代汉服穿着场景一览表

如上所述：现代汉服的部件体系、形制体系、穿搭体系和应用体系共同构成了现代汉服体系。这里的核心是明确汉服不是古装，不是用来拍照的道具，更不是奇装异服，而是有着现实意义和实用价值的现代汉族人的民族服装，涵盖了礼服、正装和常服等各个层次的服式，以应对现代人们的不同需要。建构现代汉服体系和重正汉民族服装之位是一个漫长的过程，以上所描述的部件、款式、形制、装束和场景，并非制度严格限制，而是普通搭配惯例与建议，是一个比较可行的、可供参考的，应对现代社会各类活动的参考性方案，更是为了循序渐进、夯实汉服复兴的基础，进一步推进汉服运动稳步前进的办法。

现代化的世界是丰富多彩的，也是多元复杂的，对于汉服的重构，应该提倡首先在中国民众的日常生活世界里争取"各美其美"，其次便是"美人之美"，接下来才是"美美与共，天下大同"，汉服与其他民族服饰、西式服饰文化共存，在适当的场合穿着，发挥不同的作用，各自展现自己的文化风采，共同建构现代服饰文化体系。

第三篇

续写青史

此生无悔入华夏，来生愿在种花家

——《那年，那兔，那些事》

引言

在当代社会，动员了传统文化的诸多符号资源，并且已经取得了很多成就的汉服运动的建构实践是伟大的❶。随着汉服影响力的提升、实践者的增多、商品消费的增长，社会各界肯定汉服、了解汉服、支持汉服的声音也越来越多，"穿汉服"正逐步从"奇装异服"和"行为异常"，成为年轻人彰显新时代文化自信的时尚符号。但是，各界对于汉服的误读与争议并没有消失，关于"古装""穿越""汉民族虚无论""汉服不存在"的质疑依然是层出不穷，这里面一个重要的原因是在于汉服本身的理论言说，无论是初期的严重匮乏，还是今天的"复古"和"内向、封闭的自我循环"，都是这一理论困局的重要表现。

对于解决这一困局的办法，又要回到最初汉服运动兴起时的缘由，即汉服这一概念的建构，实际上是在正面回答与解决"现代汉族的传统民族服饰是什么"这个历史遗留问题。不论关于汉服复兴的引申义是什么，又或是它与文化价值捆绑的根源是什么，又或是"概念不存在""年轻人亚文化""昙花一现的时尚消费热潮"种种误解。但经过十七年来的反复实践，只有"汉服"在正面回答"什么是现代汉族的传统民族服饰"这一核心问题。如果这个问题不解决，只要有汉族人在，这个问题就会一直问下去："现代汉民族的服装是什么？"而唯有通过建构汉服这一概念，是今天唯一一个，也是最合理的一个，能够正面解决汉族民族服装缺位这一历史遗留问题的可行性路径与办法。如果不解决，这个问题即使问过了三百年，恐怕也还会再问三百年。

这场源自于中国民间的草根运动，除了轰轰烈烈的个人实践、商品交易、社团活动之外，还需要的是关于理论体系的建设。今天的理论建构，也是围绕汉服运动十七年的实践所展开，所有的思想核心源泉都应该是——汉服是现代人建构

---

❶ 周星. 实践、包容与开放的"中式服装"：下. 服装学报, 2018(3).

的、与古代汉族服饰体系一脉相承的现代汉民族服饰体系。它是自成一体的，有着完整独立的服饰体系的现代服装。只有厘清现代汉服的发展脉络，借助当代前沿学术思路，把古代汉服从民族国家理论"汉民族服饰不存在"的误区中找回，也把现代汉服从古代服饰史中剥离，走出当代"唯考据论""朝代论""名物训诂"的文物描绘思路，而是以扩容现代中式服装的思路，明晰现代汉服的部件、款式、穿搭与应用四个系列，重新建立现代汉民族服饰体系，才是汉服运动可以走向未来的正确思路。

与此同时，还要树立全新的"汉服学"概念，明晰现代汉服是当代人接续古代汉民族服饰史所建构的现代服饰体系，并不断通过现代民族服饰学、民俗学、人类学等学科建立与修正当代的汉服理论体系，并结合汉服制作、汉服妆造、汉服表演等分支领域，不断地拓宽体系结构，方能与现代人们反复实践的汉服运动所呼应，进而与现代其他民族的民族服装相提并论，推动汉服运动再上层楼、再续辉煌。这里面的核心与基点，依然是最初的出发点——用现代人的视角，回答"汉民族服装是什么"这个最初的问题，而这里面的核心是——建构一套与"建构主义汉服活动"相匹配的现代汉服理论，这也正是本书的意义所在。

汉服运动这十余年的成果，就服饰本身而言可以说是走向了两个截然不同的方向。一方面是在实践中改良，建构一个有生命力的文化实体，不断地扩容服饰本身体系，服务于现代人的文化生活。参考古代汉服体系的标准，在基于三点检验：理论检验、历史检验、实践检验的前提下，加入市场检验，不断地吸纳现代款式进入汉服体系。市场检验是指被消费者认可的服饰，服饰细节上可以设计与改良，允许大胆试错、大胆走弯路，最后能成为被其他商家借鉴与参考的模板，在消费市场、非遗市场、自媒体市场都有着可以存在的空间，被社会大众所接受与传播，自然也是当代汉服中的组成。

另一方面是在考据与复原，是依托古代服饰史、考古学的现有资料，不断地深入挖掘与探讨，借助自媒体时代的网络平台，用汉服资料反哺古代服饰史中关于结构设计的空白，也成了古装影视剧服饰造型的重要参考。汉服的归来，也重新展示了中国传统服饰之精神——这里有着传统服饰的裁剪制图的复原，填补了服饰史对于古代服饰结构的研究空白；也有着华夏服饰风貌的重现，草木染色、手工缝制、古法纹样，让千年前的中华衣裳以实物形式展现在世人面前，也是非遗技艺现代化、传统工业化的重要体现。

总体来说，汉服是立足于现代人们生活的服饰文化，今天的体系重构，也绝不是古代各类款式的陈列，而是有着生命力的文化实体。汉服体系同样有着革新能力，"苟日新、日日新、又日新"，祖先通过创新衣裳、深衣、袍服等款式积累出的丰富文化遗产，今天的我们更不会是故步自封，也是在海纳百川、博采众长，在传承中设计与创作，使现代汉服也可以永远站立在时代的浪潮之上，为中华传统文化注入新的时代内涵。

现代汉服体系必须要敢于面对、善于吸收、消化融合外来文化，作为现代中华文化中的一个组成部分，共同组成当代的中华优秀文化。把现代文化中优秀的、精华的部分为我所用，这也是一个拥有五千年文明历史的服饰体系，应该有的基本能力。就像古代汉服体系吸收了圆领袍，并彻底中国化，改造成为了大袖、加内衬、加横襕、加掩衩……最后演变成为皇帝的着装而源远流长。今天的汉服运动实践中，也可以有着把衬裙与外裙合二为一的案例，这都说明了现代汉服体系从来都不是故步自封，而是守正创新。只有兼纳百家之精华，融合多元文化之所长，才能促进现代汉服体系的不断扩容与发展。

最后是输出能力与交流互鉴能力，一套服饰文化体系只有建立了文化自信，成为国家软实力的象征，才有着源源不断输出的可能，正如日本的和服、动漫、樱花都是国家的文化符号，在一定场合下属于日本人认同的标识，也是能够得到世人喜爱的、具有超越民族性和普世价值的审美象征。现代人们所建构的汉服体系，也要在保留经典部分的基础上，赋予时代积极和正面的含义，体现出人类所共同追求的美好情感。历久弥新，汉服固然是中国人的历史财富，也是人类共有的文明精华。

总而言之，最后一篇是在为汉服正方向，汉民族的服饰文化，就像一本无字的史书，将筚路蓝缕以启山林的先民、将人文思想交相辉映的始祖先哲、将海纳百川的气魄——织就。今天对于汉服的重构，是中华民族对自己悠久历史的集体记忆，也是故国家园镌刻的文化基因。未来，还要借助有效的文化产业传播机制，使服饰文化获得更多人的理解，向更多的国家和民族展示古老中华文化永不褪色的魅力。薪火相传、代代守护，这里不仅仅是文化民族主义，背后的底层逻辑还有爱国主义，是维系着中华大地上各民族团结一心，激励着海内外各界华人，共同为汉服复兴不懈奋斗的深层次精神，还饱含了对于"两个一百年"奋斗目标和中华民族伟大复兴中国梦追寻的最真实行动力。

"雄关漫道真如铁，而今迈步从头越。"文明中的服饰部分本不应该缺位，它不仅是一个民族文化审美和价值的最浅层次表达，也是一个民族思想和精神最深层次追求。未来，这里仍然需要无数小人物，继续发扬愚公移山、自强不息的精神，坚定不移地一步步地做，一次次地穿，一句句地论证，一点点地推进与改变，使汉服中的文化基因与当代文化相适应、与现代社会相协调、与国家形象相匹配，向更多的人展示古老中华服饰永不褪色的时尚魅力。

　　"不负韶华，只争朝夕。"复兴之梦不是等得来、喊得来的，而要靠一代代人前赴后继拼出来、抓铁有痕做出来。今天的成绩绝不是交卷结束，更重要的是依托汉服复兴者们十七年所取得的成绩，以此作为起点，续写现代汉服新篇章，反映现代人们对优秀传统文化的热爱，对民族文化的自信和自豪，更是文化多样性、审美多样性、生活方式多样性的一种体现，正是这种多样性构成了中华文化的百花园，展现中华文化永恒不衰的魅力，最终让世人们都看到：汉民族的传统服饰是——汉服！

第十一章　扩容的中式服装

关于汉服运动的定位，应该明确是现代中式服装创新与发展中的一个重要组成部分。这里的"中式服装"是指在其与西式服装以及其他服装文化体系相互比较的语境或场景时，得以认可的具有中国文化属性和中国多民族服饰传统要素的服装❶。这里包含了有着古代汉服体系接续发展的现代汉服体系，也有着现代唐装、中山装在内的特色中式礼服，还有着融合了中华传统元素的现代西式服饰。只有明确汉服是为现代人服务的，是为扩容现代中式服装的理念，也是在特定场合下可以成为当代中国人文化认同的一个符号，才能为现代的服装产业做出贡献。

第一节　汉服体系创新设计

现代汉服理论的一个核心点是："穿汉服"是为现代人服务的，是现代人建构的服饰，而不是为中国古代服饰史的剪裁结构、考据复原提供实践案例支持，也不是带有着强烈"复古""复原"蕴意的古代汉民族服装。这是因为现代汉服体系本身就是一个开放的理论体系，有着时尚流行、与时俱进的属性，对于款式的设计与选择，重要的是在长期实践中通过自然演变与适应，以理论检验、历史检验、实践检验与市场检验四类方式，进行优胜劣汰来决定，绝非人为的干预而剔除或淘汰。

一、现代款式探索尝试

现代汉服体系中创新设计、探索研究的主要有两款，分别是曲裾深衣和杂裾深衣。这些款式外观上虽然与目前所掌握的文献与文物有差异，但是作为现代汉服复兴实践中存在过的重要款式与元素，不应该因为与文物有差异而被剔除。而这些创新款式，在汉服运动的十余年间，也深受消费者喜欢，因而不断被复制与

---

❶ 周星. 实践、包容与开放的"中式服装"：下. 服装学报, 2018(3).

改进，始终在消费市场中占有重要席位，对于未来发展如何，是否被纳入或保留在现代汉服体系中，历史考据仅仅是众多裁量、判断手段中，分量极重的一种。但这份权利应该依托的是广大身体力行的汉服生产者、消费者、实践者、推广者，并且由时间和市场来验证，绝不是某个人或者某些群体的单方面的抨击与指责所能决定。

（一）曲裾深衣

　　曲裾深衣特征是交领右衽，敞口式大袖或收袪大袖，也有窄袖，领、袖、裾及下摆等有缘边，长短不一，通常衣长过膝。因下裳有两至三圈的绕襟，也被称为"双绕曲裾"或"三绕曲裾"（图11-1）。该款式衣身是由上衣六幅，下裳五幅及缘边、腰带及系带等小裁片组成。其中上衣四幅正裁及两幅续衽，下裳四幅交解裁为八幅，一幅宽布斜裁，于下摆底端斜起圆弧至腰线止口呈三角边，上衣下裳拼接缝合后，于三角边位置缝纫一条长系带。穿着时先将内襟在左腋下系结，再将三角边由左身前经右侧绕向后身，然后再从左侧绕回前身系结固定，最后用腰带束系固定。

图11-1　现代曲裾与杂裾

注：杨娜授权，左图妆造纳兰美育，摄影：徐向珍。右图摄影：北京华裳摄影拍摄。

2003年11月22日王乐天走上河南郑州街头宣传汉服的事件被视作当代汉服运动的起点。事件本身没有争议，但是王乐天所穿的这件曲裾深衣是仿照影视剧服装制作，在形制上没有典籍文献的支撑。

站在体系的角度来看，"出土文物不符"可以作为非汉服的判断要素，但是不能作为否定汉服的充分条件。这件现代曲裾深衣具备：平面对折、不破肩线、保留上衣前后中缝、上衣下裳分裁连属、衣襟相交右衽、衣缘缘边等一系列核心特征。最关键的是它的下裳裁片，与马王堆曲裾比较，是用的宽幅布料剪裁拼接，网友所绘裁片拼接示意图呈弧形或扇形，是拼接缝合的状态，而非裁剪排料图，不能以此把它当作是立体裁剪的"证据"。

马王堆曲裾下裳部分采用斜裁斜拼，拼接示意图是斜向排列；现代曲裾绕襟部分是整幅斜裁斜拼，就可以达到相同的效果。从这个历史事实，我们可以得出初步结论是：古人认为曲裾深衣的下裳设计思路是绕襟；其下裳形状是可以改的。

总而言之，本书认为这一类符合深衣制基本规范，遵循传统制衣理念，体现汉文化内涵，在原有基础上自然生长出来的曲裾深衣款式，应当属于汉服体系内前沿探索部分，不宜完全否定。由于起步时间晚，中间又被人为阻滞了若干年，目前曲裾深衣这个大类还有非常漫长的道路要走，要解决的问题和机遇并存。

（二）杂裾深衣

杂裾深衣，实际上是一类服式的抽象总结，包含了多款，因为其衣裾呈交叠下垂的三角形显得不规整而得名，与历史名词"杂裾"相比，更为广泛而概括。其特征是整体上下分裁，上衣一般是交领，下裳部分以各种形式体现三角形衣片元素，一般搭配长裙。这种变化形式极为丰富，甚至于在某些衍生款上，突破了上下分裁深衣制的基本形制，发展出围裳、蔽膝的装饰性附件。典型的有直接将下裳裁成三角形衣片，与上衣下摆缝合的；有围裳由数幅三角形衣片联缀在一起的；有蔽膝加缝三角形衣片的。虽然衍生款本身已经是上衣下裙的形制，但是都是从深衣制衍生出来的，是深衣制中某些元素的显性遗留，带有较为浓厚的历史文化色彩，所以在现代汉服体系中，暂时归入"杂裾深衣"类别，同属于探索创新范畴。杂裾深衣以其华丽、隆重、传统的风格，目前一般用于表演、展示、摄影等场合，期待未来有更多的应用场景。

（三）连帽式斗篷

连帽式斗篷，是现代汉服中流行的斗篷。款式有长款、短款之分，领部用系带或纽扣闭合，将身体围裹，后背连有一个帽子，俗称连帽式斗篷。斗篷属于男女通用，通常在冬天披戴，起防寒保暖作用，仅适合于室外使用，进入室内时需要脱掉。这一样式是现代汉服运动兴起后，由汉服商家所设计与推广，从2006年初就有网友穿戴参加活动，现代汉服运动十余年间，一直属于冬天外出时必备的保暖款式，深受广大汉服实践者的喜欢。

但斗篷这一样式与古代斗篷存在着很大差异。因为古代的斗篷源自裘衣 ❶，基本样式为直领或圆领、对襟、无袖，下长至膝，一般身后有开衩，将整个人笼盖。穿戴方式是披，即披在人体的肩背部，与今人之俗称的"披肩""披风"样式相类似。按照这种描述，斗篷应该是没有帽子的，如果风雪天要出门除了披斗篷之外，还要再加上一个独立的风帽与之相搭配。

因此，有网友指责称连帽式斗篷是仿照古装电视剧，又或是参考西式连帽外套而设计，因而不属于现代汉服。尽管对其考据缘由与设计灵感与应用时间已无从得知，但可以肯定的是，其形制和样式与传世的婴儿"背被"绝对是如出一辙，风帽与被身连接在一条被领上。仅从这一点上，此款斗篷绝非是臆想设计，而是有其深厚的汉族生活基础及原型的。但需要强调的是，尽管在形制和制作上符合汉服理念，但是有一些人对于穿着场景并不了解。从古至今，都是在室外穿戴的外套，不能在室内穿着，进屋后要像现代羽绒服一样，脱下并挂起来或者叠好，而不是像毛衣一样，作为一般室内衣服穿着。如果穿错了场景，也同样会引起尴尬，甚至引起争议和诟病。

二、工艺革新应用尝试

虽然汉服产业起步较晚，但是通过十余年的发展，大部分商家已经摆脱了手工作坊的经营方式，改变了基于量体裁衣、预约定制的个性化生产模式，而是采用了后现代工业社会服装产业化、标准化、成衣化的生产方式，采用电脑制板、流水线生产等现代化服装生产工艺流程，按照大、中、小码等标准制作成简便式汉服现货供人们选择。除此之外，现代人们也利用现代服饰工艺和布幅特征，不

❶ 孙晨阳, 张珂. 中国古代服饰辞典. 北京: 中华书局, 2015(1): 814.

断地开拓汉服的新板型，在保持基本形制和原则性之上，对汉服款式进行着创新设计，以适应现代的工艺和生活需要，这些尝试更是应该成为现代汉服的重要组成部分。

（一）批量生产马面裙

成衣化的生产工艺，直接导致了一些服式的打板模式发生转变，较为典型的是马面裙。马面裙前后正中各有两幅重叠的裙门，如果按量体裁衣方式单独制作，裙门处于身体前后的中间位置，不会有问题。但成衣化生产，就会因消费者的个体差异而导致前后裙门中线发生偏离，即如果保证了前裙门处于正中，就不能保证后裙门，反之亦然，总是会顾此失彼。为了解决这一问题，有商家在裙腰上做了创新设计，即将一幅裙腰改成两幅裙腰。

两幅裙腰马面裙的制作工艺分为四步：第一步是将帷裙缝合成桶式裙，使前后裙门固定在中线；第二步在两侧褶裥中间剪出一个约10厘米长的开口；第三步分别将开口部分缝纫收边，再把两幅裙腰缝合；最后在裙腰两端缝合系带，即是采用混合式裙腰。如此处理虽然破坏了褶裥中间内侧的两个大马面，但解决了裙门偏离中线的问题。这种处理方式，与传统的马面裙结构相同，仅仅是破坏了两侧裙幅和褶裥的完整性，但它并没有改变形制，也没有减少裁片，而是为了适应汉服成衣化而做的工艺改革尝试，也应该予以接纳与吸收。

（二）折叠式斜裁上衣

考虑到现代社会的布幅较宽，人们也对上衣的制作和排料进行着全新的尝试，典型的是折叠式斜裁上衣。其外观上是交领右衽的短款上衣，但制衣方法是运用整幅折叠式斜裁，由相连的五幅衣身裁片及领缘等小裁片组成的衣身。上衣不破肩线、无续衽、无中缝、无接袖，衣身和袖子裁片展开呈梅花状，五幅裁片相连的上衣，整件上衣只有左右袖底线至衣身侧线两条缝合线，无多余拼接。领子的弧度处理上也相对简单，因此穿在身上比较服贴。折叠斜裁式方法对面料的门幅宽度要求在150厘米以上，优点是无须预先绘制裁剪图排料图，可以运用折叠手法折出衣身的外轮廓，然后按胸宽、下摆、袖根宽和袖口等数据直接画在面料上进行剪裁，剪裁方式简单。不用接续衽，不用接袖，缝纫工艺简单，而且领缘不易变形还特别服帖，由于没有中缝和接袖，所以作中衣穿着对人体特别舒适。

这一做法最早由刘荷花（网名"汉流莲"），于2004年1月25日运用"整幅折叠式"斜裁法制作，并上传至汉网论坛。2005年，又有江南地区的网友上传同样制衣方式的折叠斜裁上衣，这也是在彼此没有交流的情况下，对同类衣服进行了相同剪裁模式的探索。尽管这件衣服保留了平面剪裁、不破肩线，不改变布帛经纬线原有走向的特点，由于这件衣服没有前后中缝，也没有典籍和文物印证是汉民族的传统制衣方法，所以是否可纳入现代汉服体系中仍存在着争议。

但这一款式确实是21世纪，由民间网友立足于汉民族的制衣理念，根据古代汉服典型样式自发创造的。迄今为止，这种制衣方法仍然在大量汉服实践者及裁缝间流传使用，其简单、舒适、省料的特征，足见其生命力之旺盛，所以也作为现代汉服的一种探索研究记录于此。

（三）合并衬裙与外裙

现代汉服制作中，很多是把衬裙与外裙合二为一、化繁为简，将衬裙与外裙合并为共腰裙，一次性穿着内外双层裙子（图11-2）。而且内衬的颜色与风格，也可与外裙一致，增强美观。这种处理方式的特点是简化穿着程序，穿在身上避免走光，穿脱方便，适合现代快节奏的生活方式，同时也节省时间和空间，缺点是灵活性和使用率低，是一种适应现代生活方式探索性尝试。除衬裙之外，开衩裤也可以采用合并裤腰形式，即把衬裤与外裤缝合为共腰裤，适合日常穿着。

三、他族元素的吸纳

现代汉服运动中涌现出很有特色的两种款式：曳撒和贴里，根据考据，其原型源自蒙古的质孙服，或受到其影响，明朝时期在不同阶层中流传。外形是交领右衽，但是其结构既不同于通裁式上衣，也与

图11-2　衬裙与外裙合二为一的下裙
注：虞鹔提供，授权使用。

深衣制不同。因而，此类服饰在汉服界存在重大争议。历史上质孙服与汉族衣冠从样式、审美和设计理念上讲，属于不同的文化体系，曳撒和贴里可以看做是两种服饰体系交叠和重合再演化的产物。

曳撒：交领右衽，窄袖或琵琶袖，衣身长度过膝（图11-3左）。后襟不断为整片，前襟分裁连属，腰间有横断，腰部以下作马面褶，大褶上部还有细密小褶。左右两侧有双摆，正中形成大马面。有侧耳，侧耳的结构是在袍服左右两侧开裾，夹缝宽度约为16厘米的长方形侧插摆❶。曳撒上通常饰有云肩、通袖襕、膝襕等纹样❷。由于常常装饰一种近似龙首、鱼身、有翼的虚构图案❸，即"飞鱼"纹样，因此一般俗称"飞鱼服"。

曳撒的腰身与"辫线袄"的宽腰身结构不同，打褶的方式也发生了改变，更符合汉族的审美与认知。明朝期间作为"赐服"，风格和细节不断地向圆领官袍靠拢，可以看作是汉服体系与其他民族服饰体系的交叠重合部分。

现代汉服运动以来，一直有人在研究曳撒。控弦司社团的"雪飞"于2013年2月手绘"飞鱼服"图案，上传到百度汉服贴吧，2013年制作印花飞鱼服，2014年制作织锦飞鱼服。近10余年来，曳撒这一款式极大地丰富了男士的常服选择，同时也受到女性的欢迎。穿着时搭配中裤、大帽或幞头帽、玉带或革带、皮靴，其窄袖便捷、下摆打褶保证活动量充足、衣身花纹丰富的造型更是适用于多种场合，比如射礼仪式、走秀展示演出以及非正式场景。

贴里：交领右衽、窄袖或琵琶袖，腰下有横襕，并打上活褶，无马面褶，根据褶的不同可分为大褶、顺褶、旋褶等，形似百褶裙（图11-3右）。衣身前后襟均分开剪裁，两侧不开衩，无摆。贴里上也缀有补子或饰以云肩、通袖襕、膝襕纹样❹。贴里与曳撒外形相似，但二者主要存在三点区别：一是曳撒可以前襟分裁而后身不断，但贴里前后襟均为分开裁剪；二是曳撒下摆有马面褶，而贴里则没有马面褶，腰下四周皆为活褶；三是曳撒两侧有开衩，且外接双摆，贴里可不开衩也可开衩但无摆。《通雅》认为贴里是古代深衣的遗制："近世摺子衣即直身，而下幅皆襞积，细折如裙，更以绦环束腰，正古深衣之遗。"贴里处于汉服体系的外围部分，主要特色是吸收了蒙古服饰中打褶的元素。

❶ 刘畅，刘瑞璞. 明官袍"侧耳"考. 装饰. 2017，(4).
❷ 崔莎莎，胡晓东.《孔府旧藏明代男子服饰结构选例分析》,《服饰导刊》，2016年第01期.
❸ 汉服北京控弦司、历代帝王庙.《锦衣卫的飞鱼服》,《中华遗产》，2017年12月第十二期《中国衣冠》第17页.
❹ 撷芳主人. 大明衣冠图志. 北京：北京大学出版社，2016：110.

曳撒　　　　　　　　　　　　　　　贴里

图11-3　仿质孙服

注：控弦司提供，授权使用。

　　总而言之，在复兴现代汉服体系过程中，如何看待体系外围，以及与其他服饰文化交叠重合的部分，如何善于使用其他体系服饰元素来建构汉服体系，以何种形式、何种内容，甚至以何种程度参与建构，是一项非常重要的研究课题。因为汉服体系较为特殊，同时要完成两件事：体系本体的接续和重构、体系中传统内容的现代化。其他文化门类直接借词和化用就完成，在汉服这里却需要花费数十倍的精力去探讨。毫无疑问汉服体系是开放的、动态的，善于吸收外来文化元素的，对于其他民族的服饰文化元素，既不能一概拒绝，也不能盲目使用。在今天可以按照关系远近将体系划分为"核心""主干""枝干""外围""过渡""衍生"……多个同心圆层次，我们应该用开放包容、努力实践、勇于试错的态度，站在"重建体系"和"现代化"的出发点，放在较长时间段耐心地观察和判断。

第二节　时尚化设计与搭配

随着汉服商家与爱好者们不断地推陈出新，借助一些古代汉服款式的再创作、再吸收与再设计，形成了一系列古今融合、中西合璧的汉式时装、汉元素服装的新样式，以及汉服日常穿着时与西式服装、帽子、鞋子混搭的方式，极大地丰富了现代人们在生活世界内对于汉服的选择与应用。

一、汉式时装

汉式时装全称是汉服式时装，是为适应现代日常生活装束所设计的汉服（图11-4）。核心是运用平面剪裁、中缝对称的传统制衣理念，在不改变现代汉服体系基础形制，以现代人穿衣习惯或制作工艺进行微观调整设计的日常汉服，如缩短裙长离地15~30厘米，长袖的袖长缩短至手腕、衣身相对贴身、袖子相对窄小等。

但是在裁缝工艺上，汉式时装的本质仍是汉服，不能使用拉链、松紧带、魔术扣、蕾丝花边等现代配件及装饰手法，要在整体风格上保留汉服的基本风貌。

图11-4　汉服时尚街拍

注：十音提供，授权使用。

在穿着搭配上，汉式时装的选择也是变化多姿，如女性在夏日上衣穿半袖，搭配上裙长不及脚踝的褶裙；男性着交领窄袖上衣，搭配合裆裤。女士不戴假发，男士免冠，这类装束作为工作、学习的便服没有任何不方便，更不会与现代生活格格不入。因此，这类服饰也可以认为是有着当代流行样式的普适性便装、常服，尽管并不完全符合古代汉服的形制，但是适合于现代社会的生活，也拥有着极大的市场。

二、汉元素类时装

汉元素时装，又称汉风时装，指运用西式服装体系的裁剪方法和制衣方式，借鉴汉服的部分形制与元素，与现代服装工业辅助配件相结合设计制作而成的服装。因为其核心是西式服装的裁剪理念和方法，因而不属于汉服，与款式创新的现代汉服、日常穿着的汉服时装截然不同，属于现代的时尚服装，仅做日常服饰穿着（图11-5）。

衣身基本特点是立体剪裁，上衣前后衣身开片，破肩线，挖袖窿，绱袖，腰部收省，属于西式剪裁范畴；裙装则两侧缝合为桶式裙腰，并运用松紧带或者隐

图11-5　汉元素服饰

注：织羽集提供，授权使用。

形拉链收缩裙腰的闭合方式；裤装则直接在裤筒上部裁出裤裆，在直裆位置或者裤腿两侧与裤腰相接处利用拉链开合，或者在裤腰上装松紧带，这些结构均属于西式制衣方式。

汉元素时装的优势是它不拘泥于传统形式，设计上发挥的余地也较多，适合日常穿着的款式非常多。而且，伴随着汉服运动的推进和服饰的时尚变迁，也在不断地推陈出新，其中较为常见和流行时间较长的基本款式为以下四类：

汉元素上衣：外形与短款袄、短款襦、半袖衫相似，衣身既可以采用平面剪裁，也可以使用立体剪裁。领子通常为交领或浅交领右衽、竖领对襟、圆领右衽等，也可做成V字型拼贴缝和领缘成为"假交领"，领口加缘，领缘可宽可窄，可融入传统的绣边工艺。长袖袖长不过腕，也可有短袖、无袖。为了合体性，腰间可以有"收省"的处理。也可印上现代的图案，如卡通人物、现代花纹等，属于男女通用型服饰。

汉元素下裙：外形与现代西式裙子相似，可采用汉服下裙裙身的剪裁结构，也可使用两侧缝合的西式裙结构，但通常会使用拉链、暗扣、松紧带等西式工艺配件，因而本质上仍属于汉元素裙。裙式长度一般为超短裙、短裙或过膝长裙。裙身可设计为幅裙、褶裙、马面裙的样式，并融入间色拼接、晕染装饰等工艺手法，颜色、花纹、装饰都可采用汉服的传统风貌。裙式设计比较宽松，仅限女士穿着。

汉元素裤：剪裁方式多为立体剪裁，裤头闭合通常采用拉链、松紧带的现代工艺。形状多为阔腿裤、直筒裤和灯笼裤，灯笼裤的裤脚也会加入松紧带，属于男女通用款式。女装中还有一类是简化版的开衩裤，即按照西式裤的剪裁方式直接裁出裤裆，并去掉两侧开衩处的褶裥工艺仅保留外观形式上的开衩，整体裤型收窄约三分之一的分量，在裤头上加装松紧带的设计，同时将外裤与衬裤合并连接在一条裤腰上，简化穿着程序以适应现代日常生活。

汉元素连衣裙：外形与短款深衣相似，衣身既可以采用平面剪裁，也可以使用立体剪裁，上下分裁后腰部缝合。领子通常为交领或浅交领右衽、竖领对襟、圆领右衽等，也可做成V字型拼贴缝和领缘成为"假交领"。连衣裙长度一般为超短裙、短裙或过膝长裙。长袖袖长不过腕，也可有短袖、无袖。下摆较宽松，腰部通常有收腰的结构，采用松紧带、系带的方式，使裙子更贴合身体，仅限女士穿着。

上述这几大类别的汉元素时装便服，虽然不属于现代汉服体系，但也极大地丰富了现代服饰款式，满足了不同人群的着装需求，也是汉服以脱敏的"接地气"的姿态让公众认识。在外观上扩大了现代汉服文化体系的影响力和覆盖面，也让公众更好地改善对于汉服不日常、不方便、不时尚、不潮流的认知。

三、特殊功能

汉服的兴起也带动了很多的衍生服饰，现代生活中有大量基于汉服的基本形制进行设计与创作的特殊功能型服饰。近年来，这一部分的市场需求在日益增长，主要用途分为四类。

舞台类服饰：如古典舞服饰、武术表演服饰、影视剧服饰、戏曲服饰、绘画人像服饰等，随着汉服运动的发展，越来越多的汉元素被融入服饰之中，如交领右衽、直领加宽缘边、大袖、水袖等元素，与西式服装体系的舞台服装形成明显差异（图11-6）。

动漫类服饰：即用在中国动画、漫画中人物像上的汉服，题材一般为经典神话、历史故事等，以汉服的衍生服饰展示出"中国风"的韵味，也借此体现传统文化气息。

茶艺类服饰：简称茶服、茶衣，可以为汉服时装板型也可为汉元素板型，通常采用棉、麻等材质，颜色选用淡雅色，款式舒适得体，是专门适用于从事茶活动的服装。

仙女类服饰：简称"仙服""仙女服"，最初可以理解为古代神仙系列的服饰，后可引申至一些具有"仙气飘飘"风格的服饰，属于有特色风格的衍生类服饰。

作为衍生类功能性服饰，有着特定的用途，不能统一地、唯一地用形制去批评和纠结，它们属于与汉服有交集，但不属于全交集的衍生类服饰。毕竟民族

图11-6　舞蹈服饰

注：MV《长城之下》舞蹈服，璇玑提供，授权使用。

服饰只是一个母版，它可以衍生出很多分支。而且这些功能性服饰除了要考虑民族传统性，还要考虑很多其他因素，为他们的功能性主题服务，更不能用"汉服明明不是这样"的观点去对待不同文化领域的服饰，而这也恰恰是现代社会服饰文化缤纷多彩的缘由。

四、日常混搭

对于穿着搭配，在日常生活中也可以采用汉服、汉服时装或汉元素，与西式服装混搭的方式，俗称为中西混搭，泛指中国传统与现代西洋的融合（图11-7）。如西式衬衫搭配马面裙、交领上襦搭配牛仔裤，或者加入现代化的小物件，如

图11-7 时尚混搭风格
注：池夏提供，授权使用。

帽子、手提包、项链、腰带等，妆容、发饰也可以选择现代的流行风格，不必拘泥于古代的搭配，使汉服日常出门时能够更好地融入现代社会。

第三节　汉服元素时尚运用

随着汉服运动的兴起，也引出了服装行业对于"汉服元素"的运用，这里的"汉服元素"是指加入了汉服元素的现代礼服，可以是以汉服体系为主体的中式礼服，也可以是以西式服饰为核心的礼服。而相比于汉服运动致力于"恢复汉民族服饰"这一明确的实践行动相比较，"汉服元素"更像是一个包容宽泛的时尚名词，这里有着与汉服相似的其他民族服饰，也有着加入汉服元素的西式礼服。但总体来说，定位是基于汉服的基础上，以元素为载体大范围扩充了中式服装的样式与风貌，推动了中国民众对于多元化服饰生活的追求。

一、对"右衽"元素的传承

近年来，有一类称为"华服"的西式礼服频繁出现在现代时装舞台、进出口博览会上。而这一类的服饰典型风貌是基于西式礼服或婚纱的样式，采用三维立体剪裁和审美，突出人体胸、腰、臀部的塑造。但是会把领子设计为"立领"或"交领"，借此突出"中国风"的特点，也会将传统的吉祥图案印制在衣服上，形成有着极具中国元素特色的"新中式礼服"或者是"中式婚纱"。

在早些年的设计中，无论是"立领"还是"交领"，都不会凸显"左衽""右衽"的差别，经常是设计师为根据图案或花纹的配色的"好看"原则，选用领子的"左衽"或"右衽"。在2006年有过"时尚婚装展上汉服成寿衣❶"的案例，即仿照汉服的婚纱服设计中运用了"左衽"的领子，主办方对此的解释是"老百姓不会在乎左衽右衽，只要他们喜欢就行"。除此之外，还有网友在2012年时投诉人民教育出版社2006年6月第2版七年级《中国历史（上册）》中的屈原所穿服装是"左衽"，后来也有网友反映祖冲之也是"左衽"，后人教社收到投诉后回应插图印制确实有误，是"制版工人觉得佩剑在左侧好看，所以调个面朝左，会在新版中更正❷。"

随着汉服运动对于"相交尚右"理念的普及，"交领右衽"的符号被更多运用在中华元素服饰之中，就像"中国华服日"的活动，它的活动标识被设计为"交领右衽"，这也是华服的重要象征。而"衣襟朝右"的理念，甚至成了"中国风""民族风"的标识，表明中式礼服对于中国文明的传承。

二、"连肩袖"技术的运用

"连肩袖"技术的运用来自2014年11月在北京召开的第22次APEC会议上，作为主办国的中方又推出了一套"新中装"。该服饰采用了中式的短褂或中长褂样式，保留了立领、对襟、连肩袖的传统服装结构，选用了宋锦、双宫缎传统面料，配上海水江崖纹、万字纹等传统纹饰，也采用了故宫红、靛蓝、孔雀蓝等传统中国色调。

这种服装样式其实是融入了大量中国元素的西式礼服，但据说"为了体现和

---

❶ 时尚婚装展上汉服成寿衣. 华商晨报, 2006-8-11.
❷ 人教社教科书中屈原、祖冲之"穿错衣". 文汇报, 2012-10-22.

而不同的理念，实际上是为领导人及其配偶，提供了多套款式和颜色以供其自由选择❶。"在剪裁工艺上，有的款式与2001年的新唐装如出一辙采用了立体剪裁，但有的则是运用了平面剪裁。而各款式与新唐装最大的区别在于，新中装没有采取垫肩装袖的西式剪裁，而是采用了中国传统的连肩袖，这一点可以称为典型的突破。

与十四年前"新唐装"的强烈反响不同，"新中装"的反映有些冷淡，并未引发设计者们所期待的流行性追捧。但是，"连肩袖"这一技术却被应用到了更多的中式礼服、"中国风"乃至"民族风"的服饰中，成为既可以表达中国服饰的意境，也可以让穿着者感到合体与舒适的一种制作方法。

三、"抹胸"与"齐胸"装饰

在汉服体系中，女性的胸前装饰往往也是服饰的重点，无论是肚兜、抹胸、"诃子"还是"主腰"，这些束在胸上的衣饰也是形态各异，甚至可以在中央绣上花卉如意等吉祥图案。除此之外，还有传统的齐胸长裙，往往会在裙腰头上做上装饰，使人的下身显得"修长"，并掩盖腹部和臀部的缺陷。

而正是这一胸部的装饰手法，使"抹胸"和"齐胸"装束成了现代中式服饰中的一个新亮点，给炎炎夏日的女性服饰变化带来了新的风采。传统胸部装饰的精美艺术，在时装体系中也有了新的发展，又像把裙腰头系到胸上并在裙头处加以装饰，也使现代的服饰多了份风情与时尚。

---

❶ 周星. 百年衣裳——中式服装的谱系与汉服运动. 北京: 商务印书馆, 2019(11): 321.

第十二章　带动文化产业链

2019年9月央视财经频道报道中表示，目前全国汉服市场的消费人群估算已超过200万，产业总规模约为10.9亿元。汉服运动的成果，不仅可以被认为是对汉民族传统服饰的再认识与再建构，还有大量的非遗技艺因为汉服而"活"了起来，带动了整个传统文化产业链。因为文化一定是"活着"，不是被保护起来的"非遗"，更不是被拍卖的"工艺品"。对于曾经的传统服饰、非遗技艺、文物保护、文化旅游，只有活下来，才能传下去。而汉服在"复活"的过程里，还使众多文化元素，不再单单是一件件被保护起来的艺术品，而是有了对接产业链的经济品。毕竟，回归生活才是最好的保护，接轨现代才是最好的传承❶。

第一节　填补古代服饰空白

汉服的复兴，不仅是在一定程度上辅佐了学术界、考古界对于古代服饰结构、板型、审美意识的再认识，还可以说是全面带动了中国传统服饰的考据、复原、展演热潮，使对服饰的讨论、研究、实践、不再局限于历史学、考古学、服饰学特点的研究范畴，而是以大量资料或实物成为中国人日常生活中的组成。需要强调的是，"考据""复原"的古代汉服可以为现代汉服的实践提供理论支持，现代汉服的实践也可以填补古代服饰的结构空白，也可以重新把古人的风貌带回现代的舞台。但是二者绝不能相提并论，更不能以古代服饰的形制"绑架"汉服，二者是相辅相成、相互促进的关系。

一、重现传统服饰结构

从学术传统上看，中国传统服饰的结构考据是古代服饰史的一个分支，但在研究视角上，从古至今往往是"形而上大于形而下"，即"重道轻器"，就是崇尚服饰文化和精神含义的探讨与研究，而对于器物本身结构的整理与研究却显得微不足道。但汉服本身所注重的服饰制作与"考据"，实际上是帮助了各行各业对

---

❶ 杨娜.汉服归来.北京:中国人民大学出版社,2016(8):75.

于古代服饰的研究。

因为在传统服饰的研究中，相比中国古典建筑有着"营造法式"，古典家具有着"家具结构研究"的学术氛围不同，服饰的研究大多还是流于表象的逻辑阐释，关于服饰文化的有关结构考据的研究几乎还处在"开荒"状态❶。这里面有两点原因，一是古代服饰的剪裁制作往往是以口传心授的方式流传，大量的打板口诀、量度裁制法流传在裁缝手艺人之间，基本没有结构文献、裁剪图录被发现流传于世；二是学者在服饰的研究时不重视对结构的考证、梳理和挖掘，更多的在于文物的训诂或是风格的概括，而服饰本身的裁剪模式和制作却认为是"雕虫小技"。

这一误区也导致了中国古代服饰史的一个实践困境，即某一款式一旦在人们生活中断裂后就很难再接续。典型的款式即深衣，曾经淡出了民众的生活，等到后人想重新拾起时，却对文献上的文字记载有着种种不解，一句"续衽钩边"便可引申出数个不同解释，从而衍生出众多不同的款式。这一点，也正是当代汉服商家和研习者的最大困境，即如何根据文献资料、考古文物的图案，猜测复原出古代服饰的真实样貌。

正是大量的汉服研习者或是团队和汉服商家的实践与研究，导致更多关于传统服饰形制研究的书籍、文章、结构图、板型图问世，并借助着广大汉服爱好者的穿着与实践，验证服饰结构的合理性与科学性。有些商家设计了齐胸裙腰夹，作为辅助部件，便于日常穿着，防止滑落。尽管这其中的有些款式存在争议，但这些尝试，却极大地拓展了传统服饰研习者们对于唐代齐胸长裙的认知。

二、复原古代服饰之美

汉服的复兴也带回了中国的传统审美，还有部分爱好者致力于传统服饰和风貌的还原，这里面有两类团体，一类是致力于复原传统服饰和装束的民间非营利团体或研习者个人，另一类是售卖具有浓郁传统风貌服饰的汉服商家，把古色古香的汉服带回到现代服饰市场。典型的是中国装束复原团队，自2007年起，他们根据古书文献、出土报告的记载，结合文物、壁画、绘画的样式，到蚕丝原产地搜集原材料，再采用古法染色、上色、固色的方式，并用"反复捶打生丝织物使其柔软"的捣练手法，还原出古香古色的配色、花纹与布料形态❷。

❶ 刘瑞璞,陈静洁.中华民族服饰结构图考.北京:中国纺织出版社,2013:2.
❷ 广东共青团.11年复原200套汉服,……这群年轻人火到国外！.广东共青团微博,2018–10–19.

第三篇 续写青史

331

除此之外，还有楚和听香复原的《绝色敦煌》系列，根据莫高窟供养人复原的服饰，突出款式、造型和色彩的还原，一次次登上了《国家宝藏》和《敦煌之夜》等节目。《国家宝藏》节目也播出过绢衣彩绘木俑、明衍圣公朝服节目，以历朝历代的图像、壁画或出土文物图片为依据，结合现代的汉服实物，向世人们展示古人的风貌（图12-1）。

正是这种追寻，一次又一次地把汉民族古代的王公贵胄、歌舞仕女、山野村夫的形象展现到了现代人的面前，不仅填补了考古区域中对于纺织品的复原实践，也让古人的审美和中国的美学精神重新以实物的形式呈现给世人，把惊艳过全世界的中华服饰文化，一丝不差地重新摆放到世人面前，把祖先留下的服饰瑰宝，留下来、传下去。

图12-1 《国家宝藏》"守护盛唐服饰"宣传海报
注：中央广播电视总台《国家宝藏》节目组提供。

三、为古装影视剧参考

当代社会中汉服的考据实践，正在逐步成为古装影视服装的参考范例。就像网上经常看到的"某部古装剧服装还原很好"之类的评价，实际上也是因为人们开始关注古装剧服装的样式与板型，而人们之所以有了这一意识，又或是说现代人们有了可以评判古装剧服装的审美标准与概念，这与现实生活中大批宣传汉服的人们，以及网络上"考据"与论证汉服的人们密不可分。

还原传统服饰的影视剧，是一个很理想的状态，但实际上也比较困难。这里面涵盖非常多的要素，如剪裁、板型、面料、妆容、发型、色彩、配饰等。比如剪裁，影视剧服饰曾经会选用立体剪裁，是为了修身与上镜，也为了适应不同的群众演员，而在"考据"网友的不断的抨击与指责下，近年来已经很少见到立体剪裁的古装剧服饰了。再或者是板型，也许是因为人们对古人服装有着"宽袍大袖"的印象，曾经古装剧中的神仙还会穿上古罗马的围裹式长衣、又或是古希腊的不开襟双肩垂挂式长衣，虽然看起来都是"褒衣大袖"，但这些都是与中国古代服装属于截然不同的服饰体系。

而在汉服群体不遗余力地推广下，近些年来的古装影视剧：《鹤唳华亭》《军师联盟》《长安十二时辰》等作品，不仅在服装设计阶段会参考汉服的结构板型，在作品的呈现中也会更加考据传统服饰的搭配与应用，尽可能地符合历史文化背景，也期待未来能够做得更好。

第二节 为非遗注入生命力

在现代社会中，中国许多优秀精湛的制造工艺都濒临失传，有些只能依靠"非物质文化遗产"的名称，靠救济、保护、补助而残喘延续。造成这一现状的原因有很多，其中一点就是古老工艺生产的产品与现代人的生活需求品相脱节，随着汉服运动的不断成长，消费者的增加、社会认知度的提升等，汉服成为当代传统文化复兴与传承的典范。不仅自己"活起来"、传下去，而且带活了相关行业，特别是在一些高端定制领域，把一些濒临消失的纺织技术，运用到服饰之中，为非遗工艺注入新鲜活力。

一、纺织技艺非遗魅力

汉服市场的扩大，最先影响的是面料市场。市场上的很多汉服面料，都能体现出中国纺织技艺的精湛魅力，其中最典型就是关于"丝绸"的记忆。中国古代丝绸以蚕丝为原料，纺织品种类繁多，可以分为"绫、罗、绸、缎、锦、绢、绮、绡、纱"等，曾经是古代制作高端服饰的面料。其中，锦是外观最华丽、结构最复杂、工艺最精湛的一大门类。锦又以四川蜀锦、苏州宋锦和南京云锦最为著名，被称为中国的"三大名锦"，它们的织造技艺先后被联合国教科文组织列为人类非物质文化遗产，都是中国的宝贵财富❶。

---

❶ 钱小萍. 蜀锦、宋锦和云锦的特点剖析. 丝绸, 2011(5).

但在近现代社会，由于西式服装更注重立体、修身的样式，丝绸工艺受到了高科技黏胶、混纺性纤维"仿真丝"等面料的巨大冲击。而汉服的回归，则带回了蚕丝织造技艺，丝绸面料本身特有的悬垂性及高品质性，也是汉服高端品牌的绝佳选择。除此之外，汉服礼服则还会选用织锦面料，织锦则是采用桑蚕丝的染色丝，在桑蚕丝的应用前对原料进行精炼和染色处理，而不同锦的纹样样式和风格也各有侧重，如宋锦适用于仿宋风格，云锦则适用于仿明风格❶，而且锦也可以加入织金纹样，各类吉祥图案的融入使织锦更是富丽辉煌。至此，也让织锦面料不再仅仅是部分"中国风"服饰的选用面料，也不再是因为设计不时尚、面料不挺拔，而被西式服饰弃之的"文物"，而是成了部分高端汉服的重要面料，极大地开拓了市场。

除此之外还有缂丝，是一种古老的丝织技艺，是以生丝为经线，各种彩色熟丝线为纬线，通过通经断纬方法制造的精美丝织物。古有"一寸缂丝一寸金"和"织中之圣"的盛名，更被形容为"承空观之如雕镂之像"，是具有犹如雕琢缕刻的效果且富双面立体感的丝织工艺品，明代时曾用于龙袍，清代时更远销海外。但遗憾的是，抗战结束后，缂丝失去了销路，到新中国成立之初，全国已无缂丝生产，缂丝艺人则靠种田谋生❷。近现代社会中，缂丝一度只能依靠出口和服腰带、配饰才能存活，在国内除了少量的艺术品，生活用品中缂丝的运用几乎绝迹❸。庆幸的是，缂丝2006年被列为非物质文化遗产，得以在苏州保护和传承。与此同时，现代汉服更是把缂丝带回了服饰，使用缂丝技艺，让缂丝不再是单纯被保护的非遗，而是真正回到了现代服饰的应用之中，重新焕发光彩。

二、刺绣工艺商品载体

刺绣是用彩色丝、绒、棉线，在绸缎、布帛等底布上，借助针的运行穿刺，绣制成各种精美图案的工艺。在历史上，刺绣是观赏与实用并举的传统民族工艺，其中的苏绣、粤绣、湘绣、蜀绣更是以其独特的艺术风格并称为"四大名绣"。到了今天，机械化和自动化的生产方式，电脑绣花成了传统刺绣和现代高科技电子技术结合的产物，使绣花产业有了质的飞跃和量的提高❹。

❶ 周赳，吴文正. 中国古代织锦的技术特征和艺术特征. 纺织学报，2008(3).
❷ 郑丽虹. 中国缂丝的源流与传承. 丝绸，2008(2).
❸ 刘欢. 汉服文化的产业链模式研究[D]. 上海师范大学，2015.
❹ 柴荟博，余美莲，杨雨洁，等. 电脑刺绣在现代生活中的应用及创新发展. 轻纺工业与技术，2020(1).

但在现代社会中，刺绣的市场拓展一直存在着问题。作为艺术品，刺绣最应发挥功能的地方是四类：服装、工艺品、家纺用品和文化创意品，而实际情况是，无论是现代西式服装，还是其他三类物件，均只能属于小范围的点缀、装饰作用，并不适合大面积被采用。直到汉服的兴起，由于其衣身、裙身、衣缘等部位都会采用绣花工艺，可以作为刺绣工艺的主要载体，为中国各地绣花厂商带来了生意（图12-2）。如果在网上搜索，不难看到大量信息是汉服厂商寻找绣花厂，也有不少绣花厂的合作商是包括汉服商家在内的中式服装工艺厂等信息，这也足见二者之间的"上下游"产业链关系。

这也正是汉服带来的产业联动效应，从侧面助力刺绣艺术品转化为具有主体的商品，形成良性循环，避免单纯的被保护而衰落。换句话说，包括刺绣在内的大量非遗艺术品，如果想在当代重放光彩，必须要认知它的双重性，即经济性和艺术性。既要用经济的行为推动艺术，也要用艺术的眼光审视经济行为❶，只有把民族文化内涵和价值内涵结合起来，形成相关产业链，才能拓展市场，做成有生命力的现代化工艺产品。现代的电脑刺绣作为元素的主体，其低价、量产的优势，不仅大范围开拓了市场，还让汉服的设计更加出色。

图12-2　汉服中的刺绣

注：都城南庄提供，授权使用。

三、头饰上的手工技艺

发簪、步摇、金钗、花冠是汉民族的传统首饰，与现代汉服相搭配具有天然的优势也是绝佳选择。有着悠久历史的花丝镶嵌又叫细金工艺，是一门传承久远的传统宫廷手工技艺，起源于春秋战国金银错工艺，在明代达到高超的艺术水

---

❶ 李芳. 浅谈中国当代刺绣产业所面临的问题及发展趋势. 艺术与设计(理论), 2007(2).

平，尤以编织、堆垒技法见长，取得金碧辉煌的效果❶，分为"花丝"和"镶嵌"两部分，主要是使用金、银等材料，通过镶嵌宝石、珍珠或编织等工序，制作成工艺品。

近年来，花丝镶嵌工艺作为国家级非物质文化遗产，主要用于工艺品装饰上，常常作为艺术交流品而被展示。而汉服兴起后，大量花丝镶嵌的工艺被用在了发簪、步摇、花冠的制作中，改变了过去只有一根木簪或铁簪绾住头发的风貌，更成了头顶绚烂装束。特别是搭配婚礼服的凤冠，更是由"花树""钿""博鬓"等部分组成，精制的花丝镶嵌工艺熠熠生辉（图12-3）。更重要的是又为一项非遗工艺找到了现实出路，使它不仅仅是一件件被展出、被冠上的艺术品，而是现代生活的一个组成部分。

除此之外还有绢花和绒花，也都作为现代汉服中常见的配饰被带入市场。绢花和绒花在中国都有着悠久的历史，鉴于鲜花不宜保存的缺点，绢花和绒花都是妇女们的主要装饰品，绢花主要是用各种颜色的丝织品仿制成花卉的样子，作为女子的头饰而使用，但遗憾的是近年来几近失传，掌握传统绢花制作技艺的人已寥寥无几，人们只能从历史记载或婚礼上的工艺品中领略它曾经的魅力。绒花的处境也曾经颇为相似，历史上既可以做发髻，也可以做室内装饰品，2006年后尽管作为了地方的非遗产品而被保护，但因为工艺复杂、收益慢，绒花的处境也颇为窘迫。

图12-3 花丝镶嵌的发冠

注：静尘轩提供，授权使用。

---

❶ 闫黎. 花丝镶嵌技艺在现代首饰设计中的融合与创新. 艺术科技, 2019(9).

直到汉服的兴起，绢花和绒花又重新回归作为女性发饰的实用功能。在现代生活中，无论是热爱汉服的穿着者，还是不了解汉服的路人，往往都会被女子头上的花饰所吸引与惊艳。这里承载的不仅是一种生活美学，更是无数非遗技艺在生活中的延续。如今，潮流和时尚元素依旧不断在这些传统技艺之中交融，成为新时代的时尚装扮。

总而言之，在现代社会发展中"日常生活审美化"更是消除了艺术与生活的距离，必须与生活接轨的技艺，才有它存在的价值。就像胡塞尔所谓"回到生活世界"，让非遗技艺参与生活方式的建构，让一切产品在功能价值的基础上提升文化价值、审美价值，宣告进入经济流通的全产业链时代，才能真正地让非遗物质"活"下来。

第三节　引领民族服饰产业

现代化不等于西方化，不仅汉服面临着现代化、工业化的服饰体系转型，其他民族服饰也面临着相同的困境。汉服的复兴，是否能够为建构相对完整、完善的现代民族服饰工业体系，为统一的民族服饰行业标准带来参考意义，甚至是带动其他民族服饰体系共同推进完成工业化、商品化、市场化的生产经营与推广，更是中华各民族彼此共同理想和愿望，希望以汉服商家的努力为范例，同心协力、坚持前行，早日达成这一愿景。

一、发展汉服行业协会

对于今天的汉服产业来说，最为迫切的是组建行业协会，制定行业标准，搭建汉服形制图库，从而建立起产学研宣一体化的现代化汉服服饰工业体系，推动规模化经营和建立完整的产业链，促进产业链的不断优化升级，这不是简单的剪裁、打板、制作、销售就可以完成的。汉服行业协会的发展不仅关系到商品经济体制的完善，也关系到汉服发展的整体运行效率，更关系到企业和产业的竞争力。

行业协会在中国属于《民法》规定的社团法人，既非政府机构，又非营利性机构，即国外通称的NGOS或NPOS❶。汉服行业协会的主要职能可以归结为八项：第一，代表职能，代表汉服行业全体经营者的共同利益。第二，沟通职能。作为政府与企业之间的桥梁，向政府传达经营者的共同要求，同时协助政府制定和实施行业发展规划、政策、法规和法律。第三，协调职能。制定并执行行规、行约和各类形制标准，并且协调同行经营者之间的经营行为，避免抄袭、山寨等冲突。第四，监督职能。对汉服产品和服务质量、竞争手段、经营作风、售后服务进行严格监督，维护行业信誉，鼓励公平竞争，打击侵犯其他经营者、消费者权益行为。第五，公证职能。受政府委托，进行资格审查、签发证照，如汉服企业资格认证，确认汉服生产许可证等。第六，统计职能。对本行业的基本情况进行统计、分析，并发布结果，也可出版汉服发展白皮书，或媒体报道、期刊。第七，研究职能。开展对本行业海内外发展情况的基础调查，研究汉服产业面临的问题，提出建议，供企业、政府、消费者参考。第八，服务职能。如信息服务、教育与培训服务、资讯服务，举办展览、会议等。

对于未来，如果行业协会能够推动汉服在全国范围内更大规范普及，也有更多的式样与标准在行业协会规范后，得以在政府的主导下发布、推广、使用，必然会产生许多突出的效果和作用，使汉服行业协会成为汉服产业发展的"支点"。

二、引领民族服饰产业

传统的民族服饰是靠手工制作，汉服兴起的初期生产模式是小作坊经营，未来如果不是昙花一现，那么一定是与生活、与时代、与流行、与当下文化相接轨的现代工业技术。"被保护起来的是非遗，活下来的才是文化。"汉服如此，其他民族服饰也是如此。如果提起民族服饰的制作，首先想到的是非遗手工艺人，在乡村山野之间，凭借着精湛的手工工艺，花费数月后或数年的时间，融入了植物矿物扎染、传统纹饰刺绣、手工缝纫等技艺，完成一件精致的民族服装，那么这件衣裳理应属于当代可以被珍藏的非遗作品，绝非是一类已经现代化的民族服饰。

又如张改琴在2013年中国人民政治协商会议上《关于汉民族服饰传承与发展的提案》上写到的："民族服饰的发展是一个国家、一个民族富强、兴旺、发达的重要标志。……随着汉服的推广和使用，必然会带动中国纺织、印染、传统

---

❶ 康晓光. 行业协会何去何从. 中国改革, 2001(4).

服饰材料（如中国传统丝绸）的制造和普及，从而打造新的经济增长点；……还可以使一些民族传统艺术、工艺（如刺绣、民族服装配饰等）具备更多的使用价值，使民族文化遗产在实用中得以保护，在产业化进程中得以发展，为民族文化的传承、创新开辟一条充满活力的崭新路径……"

毕竟，汉服要对接的是现代化已经成型的服装工业市场。如果仅仅由手工作坊单件生产转变为工厂流水线的批量生产，依旧不是现代服饰产业链的体现与转变。如何协调各环节之间的工艺与设计，完善民族服饰的现代化产业链，才是未来的创新所在。今天，在现代化的工业服饰产业体系中，如何探索出一套可以推广的现代化民族服饰工业体系，也许，作为人口最多的汉民族服饰，应该成为一个先行者。

三、重视服装品牌效应

在当代服装产业中，越来越重视品牌效应，中国也有越来越多的时尚服装企业走向了"品牌服装"的道路。但对于汉服以及其他民族服装而言，或是因为认识和经验的不足，虽然商家很多、实体店铺很多，但许多企业并不理解品牌的真正含义是什么，更不明白品牌服装设计运作的规律，出现了因产品设计盲目而导致品牌风格含糊不清的被动局面。也正是因为没有明确的品牌引领，进一步催生了产品上的"山寨""仿制""抄袭""借鉴"界限模糊不清。

理论上看，一个品牌服装之所以有自己的风格，是因为这个品牌有属于自己的识别标志，也叫产品辨别度，又称设计元素。每个品牌在一定时期应该有一个稳定的设计元素群构成，这个稳定的设计元素群可以分为主要元素群和次要元素群。主要设计元素是品牌中经常使用和反复出现的元素，构成了品牌的基本风格；次要设计元素是前者的补充和点缀，是品牌风格的变化和补充，也是流行元素之所在❶。比如香奈儿品牌的主要设计元素是镶边和金属配件，巴宝莉的主要设计元素是骆驼色、黑色、红色、白色组成的格子，在每一个流行季里都能看到这些元素的反复出现，可以通过单个或重复、放大或缩小、明纹或暗纹、原形或变形的方式，让设计元素引人注目，体现品牌的标识。同时，也会适当地加入一些流行元素，比如本季的颜色、花边，保持品牌的活力。

---

❶ 刘晓刚. 服装设计元素论. 东华大学学报：自然科学版，2003(4).

如果一个服装品牌没有主要设计元素群，产品面貌也将混乱不堪。遗憾的是，虽然市场上有着大量的"中国风""民族风""汉元素"服装企业，但多数还只是停留在低级的阶段，并没有在自己的产品中运用中式设计的元素，因而服饰的整体风格显得杂糅。消费者对于商家的认同，往往也是对品牌风格的认同，不是对某一个产品的认同。只有重视品牌效应的企业，才能引领更多消费者的追随，在日趋激烈的市场中脱颖而出。

除此之外，以品牌风格为引领，也是淡化"朝代论"分类的最好途径。毕竟，当下的"朝代论"是源自中国古代服饰史，而这一论调，也是当下对汉服款式进行风格分类的唯一办法。如果人们不再以线性的服饰史观，如"宋制褙子""明制圆领袍"来归类某一系列汉服款式，取而代之以品牌标志作为划分思路，如某一品牌的"褙子""圆领袍"，类似于"香奈儿围巾""巴宝莉衬衫"，这也是去除朝代论，助力汉服走向现代民族服饰的重要举措。

今后，随着汉服的普及，未来汉服登上时装周秀场、服装服饰博览会的机会也会越来越多，届时如何发挥品牌效应，带动中国民族服饰的市场扩张，影响时尚潮流，对于汉服产业而言，未来可期。

四、知识产权模糊不清

作为文化产业，汉服同时具备文化资产和无形资产双重属性，经营得当更是汉服商家的核心资产，主要表现是知识产权，包括版权、商标、专利、设计权、商业秘密等要素❶。健全的知识产权制度，也是汉服文化产业发展的基本前提。但实际情况是，汉服的版权资源领域存在着诸多问题，缺乏相应的监管与保护。

由于知识产权在我国本身就是一个争议比较多的领域，汉族服饰又是基于对传统文化的发掘，传统部分属于先人智慧的结晶，因此，就算有很多优秀的资源被开发，即使是被冒用也很难界定❷。除此之外，因为大部分汉服商家都没有申请服装设计版权、专利、商标，因此有了大量"正品"与"山寨""仿制""抄袭"的纠纷。所谓"山寨"通常是指"抄袭""模仿"某个品牌，比如山寨"耐克"、山寨"阿香婆"，但是很少会有山寨"裙子"一说。也就是仿照某一个注册的品牌商标，生产出了一款被申请了专利的衣服，这意味着"山寨"。但是对于汉服

---

❶ 向勇. 文化产业导论. 北京：北京大学出版社，2015(2)：215.
❷ 刘欢. 汉服文化的产业链模式研究 [D]. 上海师范大学，2015.

而言，目前的"山寨"对象都是既没有商标，也没有专利的某一件服饰。也就是说，目前所谓的"山寨"与"正品"之争，如果从单件衣服上的著作权上看，确实是违法的，也应该被取缔和赔偿，但是对于服饰创作主体企业而言，从法律上讲如果本身没有申请专利，就构不成"正品"这个说法，更很难明确是否存在"山寨"的问题，更不是某些人说它是"正品"就是"正品"，说它是"山寨"就是"山寨"的问题。这也正是现在汉服产业中存在大量"正品"与"山寨"纠纷的核心关键。

解决这一问题的办法，并不是消费者在小圈子里指手画脚，或者是告诫消费者如何凭借价格是否过低、商家的营业范围是否只是汉服、绣花是否平整、微博口碑是否过硬等办法进行判断，甚至是采用"鄙视链"或"互撕"的方式，以"设计师辛苦""原创不易"的道德绑架来剔除"山寨"，这样做只会加剧"小圈子"的网络言语暴力行为，反而不会从法律上制裁住"山寨"产品。

这里的核心是督促汉服商家建立商誉及无形资产保护意识，一方面是建立品牌概念，从知识产权的角度保护文化资本的"现实性、独占性、排他性"的资产特定；另一方面是确立"价值二元性"，即文化资本的价值属性以文化价值和经济价值的共时并存为基本特征❶，也就是说作为一件文化产品，商品的价格要满足消费者能感知的体验效用，无论是基本的汉服品质质量，还是美学上的精神和文化价值，二者都要相匹配。所谓的"正品"，不等于质量好，所谓的"原创"，不等于设计的漂亮。只有设计和质量都过硬、且价格与品质相符的商品，才可以在竞争中活下来，独占鳌头❷。

五、建立服饰话语体系

总体上看，现代的服装设计理念是基于西式立体裁剪服饰体系建构。无论是服饰风尚的引领，还是奢侈品牌的缔造，又或是模特走秀的范式，甚至是对"美"的定义，几乎都把纽约、伦敦、巴黎、米兰四大国际时装周作为了风向标。如果想在共同体愈加凸显的今天独树一帜，不可替代，最需要的是自己的服饰话语体系。

时间追溯到百年前的辛亥革命，在食不果腹、衣不遮体的动乱年代，对于中

❶ 向勇.文化产业导论.北京：北京大学出版社，2015(2)：185.
❷ 虎臣君.汉服不存在山正，内行人：知识产权法都不知道，还复兴汉服.搜狐虎臣君公众号，2019-3-22.

国人的服饰穿着，孙中山多次提出了自己的主张，并且认为穿衣是仅次于吃饭的问题。《三民主义》中写道："在民生主义里，第一个重要问题是吃饭，第二个就是穿衣。……先恢复政治主权，用国家的力量来经营丝、麻、棉、毛的农业和工业……而穿衣材料的问题方能完全解决❶。"时至今日，中国纺织产业的经济产值也已如先生之所愿，成为全球的重要贸易出口国。但遗憾的是，纺织原材料更多属于西式服装的加工厂。除了在已有的产业上继续努力之外，还需要走一条自主的民族服饰之路，建立自主的中华服饰文化体系和产业集群，包括自己的行业标准、规范术语、产业结构等，积极参与到时代的竞争中去，甚至建立与西方服饰理论和品牌相抗衡的中国民族服饰话语权体系。在此阶段中，汉服作为中华民族服饰的核心构成部分，应起到领路人的作用。

❶ 孙文著. 三民主义. 台湾：三民书局，2009(11)：234，248.

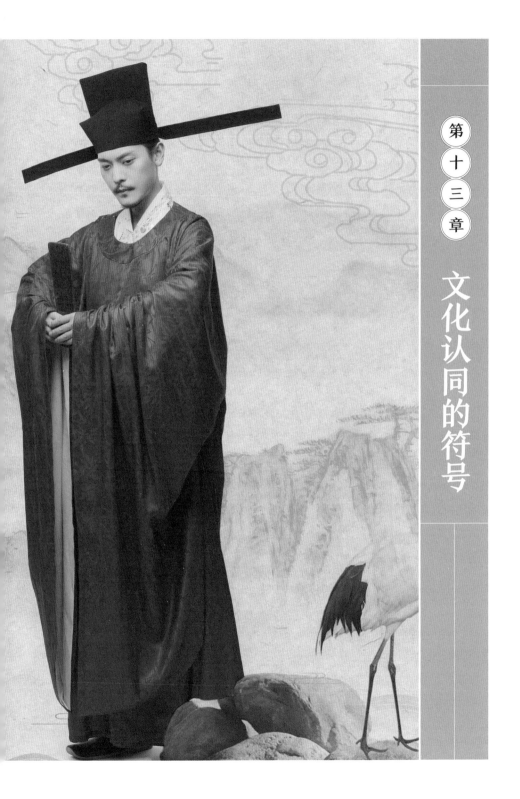

第 十 三 章

文化认同的符号

汉服复兴过程中，可以说是动员了传统文化一切可能的符号资源，也取得了伟大的建构实践成果❶。如今，又呈现出各传统文化符号之间相互借鉴、合作助力的效果。这是因为现代社会是一个符号消费社会，人们购买某一件服饰，选择的是该服饰的符号文化价值。也就是说，这里选择的不止有汉服，还有背后一系列的内容、文化和象征意义。在文化产业的语境中，诸如民俗旅游、博物馆、文化体验也都是重要的符号资源，在此过程中新媒体也扮演了对汉服及诸多传统文化资源相互整合的连接点，共同助力传统文化的整体复兴，让汉服真正成为中华文化的重要组成部分，在人类命运共同体的潮流中担负起文化认同的符号象征。

第一节　关联文化旅游资源

汉服作为汉文化的载体和艺术结晶，是文化资源的一部分。文化资源的开发重要模式就是与旅游产业的融合，实施文化旅游开发模式❷。挖掘传统文化资源，打造文化城市，营造独特的艺术氛围，也是各地经济增长的重点策略，这其中服饰也是必不可少的一个环节，就像云南西双版纳身着傣族服饰的导游、新疆喀什古城区的维吾尔族服饰居民、苏格兰爱丁堡下的方格裙风琴演奏、日本京都里的和服体验店等，服饰与民族文化一样，都是旅游资源的一部分，具有旅游、文化和经济资源。

一、文化旅游项目符号

当下最常见的活动是旅游区域与汉服社团或商家，联合举办汉服活动，通过汉服把传统文化与旅游文化联系起来。这其中有三种类型，第一类是常态化应用，如景区工作人员穿着汉服，使汉服成为售票员、导游等工作人员的工作服，类似于其他民族旅游景点的工作服，在有着极强的地域、历史文化的景区穿着上

---

❶ 周星.实践、包容与开放的"中式服装"：下.服装学报，2018(3).
❷ 向勇.文化产业导论.北京：北京大学出版社，2015(2)：22.

汉服,比如南京的国子监、曲阜的三孔景区、西安的大唐芙蓉园等,使汉服与景区的文化氛围相得益彰。

第二类是体验化营利,因为服饰可以给人带来心理审美和自我表现的功能❶,常见的是在景区内加入汉服体验、拍摄活动,为游客提供可以租借的汉服,这种形式,不仅能让游客亲身体验到汉服的古典之美,还可以用照片或视频形式留念,进而增强旅游体验的回味感觉,使旅游文化有了具象化的表达。除此之外,还有景区在特定时间推出"穿汉服免费游园"的活动,比如婺源、西安、西塘、开封等旅游景区,都在特定的节假日举办过类似活动,不仅使汉服与园区的景色相交融,更是大规模增加游客数量,借此提升城市的知名度(图13-1)。

第三类是项目化推介,这也是伴随着汉服复兴群体不断增加后的特有模式。如"汉服节""汉服周""华服日"等,是以政府出资与商业化运作相结合的方式,通过景区设计、节目策划、服饰走秀、演出展示、学术座谈、礼仪实践、国学学习等方式,以文化项目的形式再现汉服文化,典型的有"中华礼乐大会""西塘汉服文化周""中国华服日""国丝汉服节""明文化节"等,进而影响

图13-1 西塘古镇

注:摄影爱好者张会君提供,授权使用。

---

❶ 余佳,张洁.汉服旅游资源价值及开发策略研究——以徐州为例.商场现代化,2013(26).

到举办活动的区域和城市。这些旅游活动，往往会吸引大批量的汉服爱好者从世界各地汇聚而至，共同表演、展现、观赏汉服和与之相关的文化故事。同时也引来了媒体的竞相报道，打响文化旅游品牌，给城市的旅游发展带来收益，促进当地的经济增长。通过引入汉服，不仅会借助汉服弘扬该区域的历史文化，也对促进地方文化产业繁荣有着极其巨大的引领价值和示范作用，就像最早的"中华礼乐大会"和"西塘汉服文化周"，从2013年至2019年，已经走过了七届，其影响力、辐射力、带动性、涉及面显而易见，使得区域的文化得到持续发展。

二、穿汉服去看博物馆

现代汉服的确是源自古代汉服，但并不意味着它一定要躺在博物馆里，相反的是，今天吸引了大量喜欢汉服的人们去博物馆学习、了解古代汉服的样子，形成了文化分支之间的交流互补。在各博物馆经常可以看到穿汉服来参观的个人和团体，尤其是博物馆在举办特别展览的时候，如唐三彩仕女展、孔府旧藏明代服饰展、丝绸之路文明特展等，经常可以看到成群结队的汉服群体，到服饰展区来学习，近距离地了解古代汉族服饰的原貌（图13-2）。

除此之外，也不乏博物馆与汉服群体的合作案例。比如青岛的中国汉服博物馆，馆内展示了自先秦到明清的汉族代表服饰，所有讲解员均身着汉服；陕西历

图13-2　中国丝绸博物馆展览图

注：中国丝绸博物馆提供，授权使用。

史博物馆不仅有自愿穿着汉服的讲解员，也会不定期与当地汉服社团、商家举行传统文化活动；中国丝绸博物馆的"国丝汉服节"和"汉服之夜"，或者是组织穿着汉服来参观的小学生，讲解自己的服饰特色等，现代汉服与古代汉服携手互动，既让文物"活起来"，也为汉服找到历史之源。

三、汉服旅行深度体验

近年来"带着汉服去旅游"的做法得到越来越多人的认可，也有越来越多的人喜欢穿着汉服，到世界各地著名的景区去旅游。汉服这种极具古典韵味的服装，与各种古建筑、古镇、古城的旅游胜地相互协调，构成一幅幅完美画卷，像苏州园林、南京秦淮河、西安大唐不夜城、江西景德镇、北京古北水镇、浙江西塘等地，随处可见穿着汉服旅游、拍照的人，使服饰与景区相得益彰，相互映衬。

与此同时，还催生了景区周边的"汉服体验馆""写真旅拍店"等周边产业，类似于在日本京都和服、韩国景福宫韩服的体验店，如北京故宫、武汉大学、杭州西湖等景区附近都有汉服体验店，不仅可以租赁汉服，店内还通常配有专门的化妆师，为游客盘头梳妆、妆点各色珠钗，甚至可以租赁配套的团扇、油纸伞、剑等道具，感受汉服之美。

除此之外，近几年还新兴了"汉服游学"项目，即把学习与旅游相结合，通常采用"夏令营"的模式，以"旅游团"的形式参与穿汉服、习礼仪、学国学、听雅乐、游景区、观博物馆的一系列活动，典型的有马来西亚华夏文化生活营、四川古蜀文明游学、山东曲阜游学等等，这一类项目也吸引了众多小学生、老年人、外国人的参加，在旅游中全方位感受汉文化的魅力。

第二节　新媒体对符号整合

汉服运动发轫于互联网，更可以认为是互联网之子，如果没有互联网，它就不会如此迅速地崛起[1]。如21世纪初的论坛、贴吧、人人网、博客等媒体形态，

---

[1] 周星.本质主义的汉服言说和建构主义的文化实践——汉服运动的诉求、收获及瓶颈.民俗研究,2014(3).

为汉服运动的思想启蒙和走入线下的实践，起到了跨越时空交流和连接作用。近年来，随着网络的普及与发展，电子商务、社交媒体、弹幕网站、短视频手机软件等，不仅给汉服的宣传带来了新的平台，更是以"国风""国潮""国货"的态势，呈现出传统文化诸多符号在"二次元"平台整合现象，纷纷带来粉丝、流量、利润，成为双赢互利的局面。

一、国货品牌销量提升

随着淘宝、京东、拼多多等网上购物平台的兴起，电子商务逐渐发展成为人们日常生活的一部分。就像淘宝的造物节、天猫的服饰内容盛典，每年都有汉服商家的身影。其背后映射的也是整个"国货"、非遗、老字号的复兴热潮，不仅是数字经济为传统文化带来的"高光时刻"，也是以文化自信推动经济增长的新引擎。

作为电子交易平台，淘宝曾经以开店"0"成本的优势、跨区域销售、接受预定小规模生产等特色，吸引到了大量热爱传统文化的年轻人入驻，逐步成为汉服最重要交易平台。从2003年第一家汉服商家"采薇作坊"诞生，2011年才有了第一家"皇冠"店铺"如梦霓裳"，2015年汉服产业市场的淘宝交易额突破一亿元，到2019年淘宝"正版"汉服商家1188家，头部商家"汉尚华莲"的年度产值为2.6亿元。除此之外，"重回汉唐"在坐拥30家实体店铺的情况下，以淘宝成交量1.6亿元的产值位列第三[1]。虽然整个产业上看依旧属于小众市场，但汉服店中的许多金冠店和皇冠店，近两年几乎都在以10倍的速度在增长[2]，其增长率与传播速度可见一斑。

就像淘宝总裁蒋凡在淘宝"造物节"颁奖现场表示的："他们很好地将那些传统的艺术和现代时尚结合，创造出全新的商品，既保留了中国文化的内涵和底蕴，又融入了现代时尚的潮流。我觉得这就是真正的'造物[3]'。"这实际也反映了汉服对于电子商务平台的价值，即在互联网平台中找到传统文化与消费的结合点，以更富参与性和共创性的方式，向现代人们展现传统文化的时尚魅力，成为连接汉服复兴、数字经济、文化创意与年轻人的桥梁，这既是电子商务平台的意

---

[1] 汉服资讯微信公众号.2019汉服商家调查报告.2019-12-19.
[2] 汉服经济学：阿里、虎牙入局，能复制"毒app"的成功吗?.中国服装网，2020-1-8.
[3] 淘宝造物节闭幕了 马云亲点的终极神物竟然是它…….钱江晚报，2018-9-16.

义也是优势。

二、社交媒体"圈子"文化

在文化产业语境中，社交媒体的出现实际上也推动了汉服的"圈子"文化。需要强调的是汉服没有"汉服圈"，因为汉服不是爱好，不是职业，更不是群体范畴，从实用角度看它是一件衣服，一件世人都可以穿的民族服装❶。但是穿汉服的人，在社交媒体、社会群体、社会交往中，可以有"圈子"文化，这既是现实社会中的"差序格局"的体现：每个人都有一个以自己为中心的圈子，同时又从属于以优于自己的人为中心的圈子，"好像把一块石头丢在水面上所发生的一圈圈推出去的波纹。每个人都是他社会影响所推出去的圈子的中心。被圈子的波纹所推及的就发生联系，一圈圈推出去，愈推愈远，也愈推愈薄❷。"也是新媒体"网络友谊"的本质，像微博提供两种好友选择："关注"和"特别关注"，也可以只是"浏览"的过客。在发布消息时还可以选择"公开""粉丝""好友圈""指定好友"的选项，实际上都是细分的网络"圈子"紧密度，形成网络上的"差序格局"。

正是在社交媒体的"圈子"文化，使汉服运动看起来更像是"汉服圈"。这一"圈子"的优点是在这里可以紧密联系到有相同兴趣爱好的人，彼此之间免费获得大量信息和知识，通过"网红""种草""带货"等模式带来网络流量，并出现集体的线下实践、汉服社团与汉服活动等，形成"线上—线下—线上"的传播模式。缺点则是形成了一个虚拟环境下的非正式组合，在没有"群主""领袖""纲领""规章"的情况下，是一个极其复杂的社交"圈子"，有"鄙视链"、吵架、纠纷、争执、谩骂，于是在网络上形成了无数个关于"汉服圈有多乱？"的质疑。

对于这一问题需要客观的审视社交媒体自带"圈子"文化的属性，"汉服圈"的称呼绝非是个偶然的特殊案例，而是社交媒体平台中一个复杂的现象，因为"圈子"的"阶层化人际关系传播具有虚拟的多元性和现实的多变性，是一把双刃剑，其所产生的影响也具有正面和负面的双重效应，并对社会关系格局有着深

❶ 杨娜，等. 汉服归来. 北京：中国人民大学出版社，2016(8)：317.
❷ 费孝通. 乡土中国　生育制度. 北京：北京大学出版社，1998(5)：27.

刻影响❶。"如果可以了解"圈子"的逻辑生成与运行模式，则是成为各路资本竞相入局的投资对象。

典型的是2019年入局汉服领域的古桃和华夏两款社区手机软件，投资方分别是阿里巴巴和虎牙直播。在此之前，早已有汉服荟、同袍、汉服街、掌上汉服等手机软件入场，希望打造线上汉服商城、同袍社区、穿搭交流等社交平台，并获得了一定的下载量。虽然未来前景尚不明朗，但是从内容切入，把用户端需求端的人群聚合起来，打造此前的"圈子"的社区平台，也是互联网巨头的一贯打法❷。在各路资本不断入驻的情况下，汉服文化的传播边界不断被拓宽，"圈子"也在不断被扩大，甚至衍生出新的垂直社交产品，也足见汉服文化的影响力，以及"圈子"与社交平台息息相关的共生属性。

三、影像作品整合符号

在文化产业语境中，随着新媒体的兴起，文化产业出现了内容和渠道整合文化符号的现象。就像抖音、哔哩哔哩网站上汉服搭配古风音乐、古典舞蹈、武术、街拍等风格的视频，吸引了大量用户点击与关注。如抖音上的数据：截至2020年2月，抖音平台上与汉服相关的话题数量有近200个，仅"汉服"话题，累计播放量就已达280亿次，远超当红综艺话题"明星大挑战"。这实际上也是得益于传统文化的整体复兴趋势，而这些文化符号以"内容"输出的形式在影像空间中得到了整合。

比如2018年"汤圆姐姐"因为一身高腰裙的汉服、仿唐仕女的妆容、丰腴的体型和一碗汤圆，在网络上走红。这一组图片同样也是整合了汉服、仕女图、元宵节、汤圆等文化元素，并搭配上现代人"再吃一碗，明天减肥"等流行语，呈现出古今交融的景象。再如2019年大唐不夜城身着华服的"真人不倒翁"冯佳晨，以身型优美、气质优雅的古典装束，搭配电影《神话》背景音乐的视频在网络上走红，这一创意实际上也是连接了诸多传统文化符号：民族服饰、古典妆容、中国风音乐、古典舞蹈、唐风建筑等内容，并搭配街头表现、集体围观、灯光舞美等当代元素，呈现出一幅颇具代入感的"神仙牵手"动态场景，使现代人感受到中国文化之美。

---

❶ 巴宁, 马纯锋. 社交媒体"圈子"传播的特征解析. 传媒, 2018(3).
❷ 汉服经济学: 阿里、虎牙入局, 能复制"毒app"的成功吗?. 中国服装网, 2020-1-8.

在互联网的语境中，文化产品是以图像、音频、视频等形式来呈现的，某个产品之所以会流行，并不是因为作品与符号的单一对应，反而是呈现出多渠道、多符号的整合特征。也就是说，对于汉服而言，它一定是与中华传统文化兴衰荣辱与共的，只有传统文化诸多分支共同的复兴，才有汉服的复兴。对于影像内容而言，它的创意一定是包含了传统文化诸多元素的，只有在作品中将这些符号有机地串联，才有可能获得成功，这也正是当下流行作品的一个共同特征。

总而言之，汉服的复兴是汉民族的文化之旅，是传统文化复兴浪潮中的一支重要脉络，也是与传统节日、礼仪、国学、诗词等文化现象同步回归中的一个组成部分。互联网媒介上的商品、作品与平台则起到了对这些文化门类的整合作用，这也是中国人在文化寻根过程中呈现的符号，更加完整的在网络平台的一个集中表现。因此，不应该对网络平台上的汉服商品、"圈子"与作品过于挑剔，而可以将其视为优秀传统文化复兴的象征和契机，并适当地引导和包容，使人们能够由外而内追溯到源头，进而更好地在现代社会中焕发生机。

第三节　传统的现代化象征

"中华优秀传统文化是中华民族独特的精神标识"，但是在传统文化复兴的诸多部分中，相比国学、戏曲、雅乐等门类专业群体的"阳春白雪"，传统服饰本应属于生活化、民俗化的范畴，应该是与饮食、语言相似，与中国人的日常生活紧密相关。但是由于历史原因，汉服发生了断裂，因而今天人们对于传统服饰的概念淡泊，甚至认为是"古人之服""演戏之服"，或是与其他传统文化部分相似，是属于非物质文化遗产部分，应是特定的专业人士、文人墨客或是手工艺传承人所掌握、学习与应用的技能，而这一认知却与汉服应属于"信手拈来"的服饰属性背道而驰，这也正是现代社会中对汉服有诸多误解的重要缘由。但是，又凭借着大量汉服爱好者持之以恒的推动，汉服运动呈现出如火如荼的态势，这一现象背后映射的是传统文化在现代社会复兴后，对于中国人民群众的生活性意义。

一、改变对传统的认知

在现代社会中，人们对于中国传统服饰的定位不足。有调查显示，在现代中国，对传统服饰感兴趣的人群中，有89.42%的人喜爱是源自古装剧❶，也就是说接触渠道相对简单。而另一部分对于传统服饰非常感兴趣的人群，多数又是来源于《中国古代服饰史》等服饰史学，这也导致了对于传统服饰的定位有了偏颇，即学术理论与现实实践的分离。像理论中的"汉服"多是出现在了古代服饰史中，对于传统的区间定位在了中国古代与历史文物，侧重点在于服饰的结构与历史属性。但实际生活中的汉服，则是立足于年轻人的亚文化，是属于年轻人的文化实践，侧重点在于服饰的时尚与搭配属性。这也是形成了人们对于"传统服饰"的认知悖论，因为作为断裂过的部分，它既不像饮食、语言等民俗部分与人们的生活相联系，又不像其他断裂部分，往往是作为现代生活的附加部分出现，而汉服则是以一种流行的、个性的、传统风格的服饰直接出现在了人们的日常之中，因而也是备受争议。

这也是因为服饰本身的应用属性，与其他传统部分相比，并不需要特殊的专业门槛学习，比如，古琴需要弹奏、书法需要练字、舞蹈需要训练，但服饰则是人们日常生活中触手可及，信手拈来就可以穿在身上表现个人认同情节的载体，也是在特定场合中，承载着社交属性的外在符号。因此，汉服在现代社会中的出现，更像是直接把古代服饰史或者是古装剧中的"传统服饰"穿上了身，呈现在了世人面前。但尽管服饰形制与古代服饰非常相似，可以认为是具有"本质主义"的复原色彩，要求款式核心要素必须与古代服饰保持一致，否则会被视为"臆想"。然而，人们对于汉服的实际穿着搭配，却呈现出了一派"建构主义"氛围，可以搭配西式的凉鞋、复古的礼服帽、时尚的手提包，在礼仪环节中，更是根据现代社会的特征，比如婚礼的地点从家中改为酒店，成人礼由家庭为主体改变为学校为主体等，也正是这一悖论，使人们对于"传统"的界定有了争议。

因此，这里首先需要改变的是人们对于"传统服饰"的认知，它既不是与生活世界脱离的古代服饰，也不是被尘封在历史文物之中的"古装"，更不是在学术史料中"遥不可及"的服饰史料，而应当是可以经历现代化设计与改造的现代传统服饰，更是与中华优秀传统文化的复兴紧密相关。除此之外，对于汉服的设计与应用，应当不仅仅是把考据、制作与研发局限在传统服饰的历史框架中，一次次高度"复原"某些古代服饰款式，给人历朝历代的古代服饰再次上身的效

---

❶ 陈颖诗，郭坤兰，邓玉雯.中国传统服饰现代化存在的问题及对策.中小企业管理与科技：中旬刊，2019(2).

果，进而继续给人以"古装""穿越""戏服"等特殊历史功用的服饰印象。重要的是，更正对于"传统服饰"的定位，即在保留古代汉族服饰一脉相承的共性基础上，进行现代化的实践和创新，使之与现代服饰的设计与审美相匹配，实现传统服饰的现代化、应用与接续，使传统服饰也可以在现代场景中，作为一件个人正常衣物穿着。

二、明晰礼仪服饰内涵

礼仪服饰是服饰文化的重要组成部分，"中国有礼仪之大，故称夏；有服章之美，谓之华。华、夏一也。"由此可见，中国自古礼仪和服饰就紧密联系在一起，共同构成了华夏文化的核心和精华。礼仪服饰习俗是服饰文化的重要组成部分，在古代时曾经是身份地位的象征，"同时也是社会角色的外显符号，人们透过礼仪服饰可以看出礼仪的性质与关系❶。"在近现代社会中，礼仪服饰在人生礼仪、岁时节日、重要社交场景中作为礼俗文化的典型代表，体现出一个社会群体的生活模式和文明特色。但是在近现代中国社会中，由于诸多元素，人们对于礼仪、正装类服饰概念淡泊，甚至会认为"不需要"，或者把"西装"与正装画上了等号。

这一现象的出现，实际与中国近现代社会的转型和改革密切相关。新中国成立后的50年代到文化大革命期间，中国社会进入"制服社会"的状态，以军装、军便装和中山装为主要款式形制的短装上衣和西裤，逐渐扩散到全社会，甚至不少女性也穿蓝色黑衣裤，在此极端的情形下，哪怕是稍微重视一下服饰打扮的人，都有可能被指责为（小）资产阶级情调的危险❷。民国时期的西服洋装自是被视为资产阶级的服装或象征符号，也是需要被革除的对象，而那些曾经具有中国传统文化属性的长袍马褂和现代旗袍，也被定义为是"封建余孽"。在这一"制服社会"的背景下，人们史是缺少了礼服、正装的概念。但在这一阶段中"过年穿新衣"的传统习俗依旧保留在中国各地，人们往往用"穿新衣"的方式来代替礼仪服饰的应用。

改革开放之后，中国很快进入了时装社会，在此背景下的一个显著特征就是西式服装卷土重来，并以更大规模和深层次进入了中国城乡，无论是日常生活，

---

❶ 王芙蓉．中国传统礼仪服饰与礼仪服饰制度．服饰导刊，2018(1).

❷ 周星．实践、包容与开放的"中式服装"：中．服装学报，2018(2).

还是正式场合，都深受广大普通民众所喜爱。而时装周上、广告上的流行品牌、款式，也成了人们追求时尚、开放和国际化的标志符号。在现代婚礼上，西式的白色婚纱与晚礼服几乎成了"标配"；学校的集体成人礼上，身着西装的学生们举手宣誓，也似乎成了成年礼的标志；毕业典礼与学位授予仪式上，有着宗教色彩的西式学位服，更是成了高等学位的象征。在这样的社会现状下，人们对于礼仪服饰的概念，甚至与西式西装、晚礼服、婚纱画上了等号，而对于礼服的样式甚至呈现出华丽的、奢侈的、贵重的直观感受。

与日本、韩国等其他东亚国家相比，现代中国的礼仪服饰，无论是"新衣"还是西式礼服，实际上都缺少了中国传统文化的内涵。换句话说，中国的现代礼仪服饰基本不具备传承文化的功能，更是跟中国传统礼仪毫无联系。因此，在传统服饰现代化的进程中，也需要重新挖掘古代礼仪服饰的内涵，重新建立人生成人礼、婚礼、丧礼，以及春节、清明节、端午节等传统节日、仪式，或是重要的外交场景、涉外活动上的礼仪服饰概念，在服饰上凸显家国文化的情怀，也使"礼仪之邦"的中国传统价值观有与之相匹配的显性符号。

三、弯道超车的现代化

在现代社会中，伴随着工业革命的发展，人类社会发生了翻天覆地变化。表现在服饰穿着上则是，很多人眼中的现代化等于西方化。这是因为西方世界率先进入了工业社会，西方服饰不仅进行了现代化，还建立起现代服饰文化体系。就像在工业革命之前，西方服饰也不像很多人想象中的那样简洁方便，比如17世纪的巴洛克荷兰风，衣服上有着细密的蕾丝花边的拉夫领、头戴装饰着长长羽毛的宽檐帽，以及纤细的腰身，装束造型夸张。即使是19世纪的巴斯尔样式女装，也会将臀部的夸张表达到极致，并且大量使用裙撑。浪漫时期时的男装，尽管很接近今天的西装样式，但高高的礼帽，收腰的衬衫，依然与今天的西装有着很大差别。

而经历了工业革命给人们生活的变化，不仅是资本主义为核心的政治制度，工厂和机器的生产服饰，在服装面貌上也带了来了崇尚简洁、时尚的新面貌，比如开创了现代女性时装的香奈儿、崇尚运动和简洁的迪奥等，也奠定了现代流行时装的基础。这一现代化路径，其实就是所谓的"改良"。这里的"改良"是指如果不"改良"就无法融入现代人快节奏生活，适应这个现代社会，这里的核心本质是"现代化"，也就是基于工业革命后的服饰的生产、应用和理念。从最浅显的角度来看，工厂化势必要求人们短发、窄衣，去掉繁复的装饰，一切以实用为要，在这种社会背景下，也产生了人们日常生活中习以为常的T恤、衬衫、西裤。

而相对率先进入了现代化的西方传统服饰，汉民族服饰有一特例，就是它不仅没有经历工业革命，还有着近400年的断层。今天要复兴的，不只是断裂的传统服饰体系，还要跨越三次工业革命的背景，直接进入第四次工业革命社会。实际上，现代汉服运动起源于互联网，汉服复兴又高度依赖于互联网，本身也正是工业革命的产物，更是现代化的一个注脚。在此背景下，汉服的现代化路径，是基于第四次工业革命成果，所走出的现代化之路。

这一现代化之路，也是汉民族传统服饰体系重生的必经之路。它绝不是对西方世界的学习和模仿，更不是在西式时装中加上一点点东方元素，而是基于本身传统服饰的结构、审美、文化等特征，立足于机器的流水线生产工艺，比如大号、中号和小号的尺码设计，并借鉴东亚其他民族服饰，在汉服断裂400年中的现代化成功案例，比如日本、韩国的民族服饰，不断适应新的技术背景，实现弯道超车，最终成为现代化文明的一部分，成为能够与西式服装所媲美的现代中式服装。

汉服的全称是汉民族传统服饰体系，今天汉服复兴运动所面对的，不仅是在现实中重新找回一件好看漂亮的衣服，也是明晰人们对于汉民族服饰的认知，重要的还有理论上的重构，即把汉服研究从古代服饰史中分离，明确它是一个文化门类，是一个立足现代视野的崭新服饰文化。在汉服之外，背后还有着一套庞大的文化体系，诸如汉服妆容、汉服摄影、汉服表演等一系列思想和精神等着人们拓展完成。其中的服饰部分，只是这个体系与学科门类的外在表现和具象化表达而已。

第一节　恢复汉族服饰之名

正如汉服复兴运动兴起之初，所定下的概念：汉族的汉，服饰的服。既然如此，汉服的本质属于一类衣服，但绝对不仅仅是一件漂亮、时尚、有个性的衣服，更不能与影视剧装、洛丽塔裙、角色扮演（COSPLAY）这些功能性服饰划分至同一层次，而是与"汉"这一词紧密相关的服饰。"汉"点明了这一服饰的来历、内涵与外延，也表明了它作为民族服饰在现实社会中的位置。如今，虽然看起来仍然有些异类，或是属于"汉服圈"，或是属于"二次元"，那仅仅是因为汉服还处于初期发展阶段。未来只有重新找回汉民族服饰的名分，回到最初汉服运动的出发点——"汉族没有自己的传统民族服饰"，一步步完成它自身的服饰文化体系重构，才能让汉民族服饰真正的活下去，活得久远。

一、汉族服饰名实相符

回溯到2001年，由上海APEC会议"唐装"作为"触发点"所引出的汉服，它的出场其实是在回应一个最明显、最直观、最无法逃避的一个问题："现代的汉族传统服饰是什么？"而不管社会上有多少冠冕堂皇的质疑："汉族是不存在的，民族的划分属于现代性的产物""在中国服装史中，没有汉服这个概念，语义和款式混乱不清""汉服不适合现代生活"等说辞，但却始终没有能正面回答问题的根本答案，对于中国现实的多民族场景，常常会出现的汉族民族服装缺失的尴尬，这一根本事实依旧没有找到解决办法。然而，关于汉族这一词，却始终对应了绝大多数中国人身份证上的那一个选项——"民族：汉"。

随着国内外语境的变化，汉族服饰缺位的尴尬不仅凸显在了族际场景，在国际场景中也同样存在，汉服也有了必须从"汉民族性"走向"中华民族性"的属性。而无论人们如何质疑与否定汉服，"视而不见"或者"偷换概念"，但始终没有人能正面解答"现代汉族没有传统服装"这一问题，又或是指出"什么才是现代汉族的传统服装"。

从实践上看，十七年来群众自发寻找汉民族传统服饰的结果，基本上呈现了解决问题的本身层面，即"坚持不懈、翻来覆去的穿"。相反的是对汉服的研究者们，往往会把问题复杂化、"绕道而行"或者"偷换概念"，把"汉"与"中华"进行辨析与延展，他们之间的辩论并非就解决、回答最根本的问题，而是就引申问题展开预设立场的发挥与猜测。也就是竭力否定"汉服"概念的基础上，按照自己的理解方式去分析"汉服的款式是什么""汉服复兴会带来哪些问题""汉与中华的关系逻辑"……于是出现了今天"百家争鸣"的状态。

但如果回到最初的问题，汉服运动的本质是为了解决三百多年的历史遗留问题，即以汉族为主体的中国人在节日庆典、人生礼仪、国际交往中没有自己民族服饰的问题。这个历史问题，如果不解决，只要汉族人还活着，只要汉文化还存在，就会有人一直问，问过三百年，也依旧会再问三百年。在清政府乾隆年间，改朝换代已经百余年，来华的朝鲜使节问到汉人"其衣服之制"时，汉人看着自己的衣裳只得"辄赧然有惭色❶"。到了清末的起义军中，太平天国也把衣冠问题列入讨伐檄文中："中国有中国之衣冠，今满洲另置顶戴，胡衣猴冠，坏先代之服冕，是使中国之人，忘其根本也❷。"以衣冠作为起义的抗争符号。辛亥革命之时邹容在《革命军》中也反复追问："辫发乎，胡服乎，开气袍乎，花翎乎，红顶乎，朝珠乎，为我中国文物之冠裳乎？抑打牲游牧贼满人之恶衣服乎？我同胞自认！"更是把衣冠作为革命的重要宣传内容。即使到了今天，在传统服饰已经去掉政治制度色彩之后，关于中华民族和汉民族的传统服饰到底是什么？这个问题依旧是"一团乱麻"。

❶ 葛兆光. 渐行渐远——清代中叶朝鲜、日本与中国的陌生感. 书城, 2004(9).
❷ 杨秀清, 萧朝贵. 太平天国义军奉天讨清檄文. 1852.

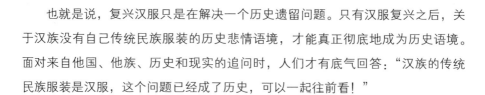

也就是说，复兴汉服只是在解决一个历史遗留问题。只有汉服复兴之后，关于汉族没有自己传统民族服装的历史悲情语境，才能真正彻底地成为历史语境。面对来自他国、他族、历史和现实的追问时，人们才有底气回答："汉族的传统民族服装是汉服，这个问题已经成了历史，可以一起往前看！"

二、再提汉服文化内涵

对于现代，很多喜欢汉服或是穿汉服的人，最初可能是因为觉得汉服好看才去接触，随着深入，会慢慢了解汉服中的文化、精神与内涵。对于中华民族而言，汉服，它不仅仅是一件漂亮的衣服，而是承载着华夏文明的外在表象。上溯五千年前，仓颉造字、嫘祖养蚕、黄帝"垂衣裳而天下治"，文字、纺织、服饰、制度等，奠定了中华文明的基础。再到一千三百年前，无论是"九天阊阖开宫殿，万国衣冠拜冕旒。"还是"绣罗衣裳照暮春，蹙金孔雀银麒麟。"服饰映射出来的都是整个文明的璀璨及辉煌，而遣唐使者们毕恭毕敬带回日本京都的那件"吴服"，一定不仅仅是因为"好看"与"方便"，而是因为他们对于服饰背后文明的憧憬与向往。再到三百七十年前，透过尘封的历史，依稀可以看到衣冠陨落时人们的切肤之痛。那时的百姓们以死反抗，也不愿脱下祖先留下的衣裳。在改朝换代之后，当明朝遗民们对着日本和朝鲜使者身着的"旧衣冠"时，又"有垂泪者"那是因为这件"衣冠"寄托着先王法服故国之思。

再上溯一百年前，辛亥革命初期的"汉衣冠运动"，参加的有革命烈士、有知识分子，也有庆祝光复的百姓，他们根据戏服、和服、文献记载，也穿上了"汉衣冠"，他们也绝对不是因为"时尚""好看"，而是因为这件衣服，交织了他们对于民族独立、国家强盛的期许。而回到21世纪初，汉服复兴运动兴起阶段，那一批很多是各行各业的职业青年，他们讨论的话题多数是历史、民族和文化，并把服饰作为其中的一个外在符号，推向了最前端，关键点也绝不是好看与个性。

对于汉服的具体款式而言它确实是一件衣服，在某个阶段中，看起来是与旗袍、新唐装、波西米亚风、民族风非常相像的一种流行服饰，也许是年轻人的一次个性上位。但是从历史上看，每一次汉服影响力扩大的背后绝不是一次时尚潮流，而是凝聚了人们对于祖先智慧的自豪、历史文化的自信、民族精神的回归、国家昌盛的向往和对未来的期许。

三、破除服饰的附加标签

然而，因为三百年前"薙发易服"的缘故，汉服已经从人们的生活世界中消失。在它刚一出现时，就被深深打上了"古装""戏服""寿衣""和服""汉服""和尚服"的烙印，早期穿汉服的人们也不止一次地被误为"演出服""日本人""拍戏的"，甚至被定义为"大汉族主义""奇装异服""神经有病""行为异常"。

如今，在汉服作为时尚流行服饰重新被人们所接受时，又因初期的小众消费市场，开始被附加上了"古风""穿越""COS作秀""非主流"，甚至还有过"仙服"的闹剧，或者与JK制服（女高中生制服）和洛丽塔裙并称为"破产三姐妹"等新的标签。

但历史实践证明，这些特殊的标签只是昙花一现，或可以在数日之内成为抨击汉服实践者的"口水仗"理由，但很快就在网络言论之中消失了。这些特殊现象，并不是汉服爱好者们刻意将其与特殊化、功能化、个性化服饰挂钩，而是那些并不了解汉服，也不愿意深入了解汉服的人，依据自己对服饰表面的认知而牵强附会。总而言之，今天理论重构所要做的第一件事，即重正其名：破除与摘除掉那些关于汉服的附加名称与指代，回归到它本来的面目——汉族的、传统的、服饰体系。

四、回归汉服本质意义

汉服作为汉民族的服饰文化，已经诞生了五千余年，中间虽然因为外力的因素而短暂的沉寂与消失，但是它始终是我们中华民族宝贵的历史文化遗产，无论如何都不应被遗忘与丢弃。它的含义与年龄、性别、职业没有关系，却跟国家和社会的发展密切相关。现代汉服运动兴起的背景，与辛亥革命时期"汉衣冠"运动时积贫积弱的环境有着天壤之别，当下更是基于人类命运共同体愈加凸显的大背景下，中国经济取得举世瞩目的成绩后，政府对传统文化的呼吁日益升温，源自国人内心深处对文化"寻根"的情结，而这种"寻根"属性更是获得越来越多人的认同与理解。

正是这种对于传统的挖掘与重构，使汉服从始至终都有着一种"寻根"式民族文化共同体的特征，也代表着穿着者的民族认同、文化认同、消费认同和国家认同。正如《半月谈评论》中提到的："文化是活的，继承和弘扬中国优秀传统文化，不仅要依靠国家层面的部署，还要依靠每一个民众的创造和参与。文化自信不是一句空话，而应该是真切自然的实际行动和开放包容的交流心态。汉服文化的兴起，可以说是传统文化融入现代生活的鲜活范例，是国民真正认同本民族文化的体现。自豪地将传统的生活方式展示给世界，才是真正由内而发的文化自信❶！"总而言之，回归汉服作为民族服饰文化的本质。只要国家繁荣昌盛，汉服就会如同花朵一般盛开，并一直盛开下去。

第二节　树立汉服学科意识

基于汉服是现代人建构的汉民族服饰的初衷，这里重新强调对汉服的研究实际上应该理解为"汉服学"，即用一个单独的学科视角来看待汉服。乍一看"学科"或许显得有些过大，但实际上也只有这样定位，才能清晰的体现汉服研究与其他学术门类，特别是中国古代服饰史学、考古学、民俗学等学科之间的关系。从表象上看它们的研究对象是相同的，但理论根基却分属完全不同的学术领域，只有奠定了这一核心思路，才是厘清汉服理论未来的发展前景所在。

一、"汉服学"本质属性

为了更好地理解汉服研究与其他学科的关系，这里把研究汉服的学问称作是"汉服学"，也是汉服研究的拓展学科。"汉服学"之所以应列为一个单独的学问门类，核心是因为它是伴随着当代的汉服复兴运动而产生的，其历史渊源也不是无根之木，而是在古今中外学术文化的交汇之中产生。又如，陈寅恪先生说过的："一时代之学术，必有其新材料与新问题。取用此材料，以研求问题，则为此时代学术之新潮流❷。"也正是立足其"新材料""新问题""新潮流"三个事实，在此提出了"汉服学"的概念。

"汉服学"是指：研究汉民族传统服饰体系的专门学问，用以指导现代汉服实践的学术理论体系，属于民族服饰学范畴。研究对象为古代汉服的文献史料、

❶ 泰黛新. 汉服迎新年, 回归传统彰显文化自信. 半月谈系媒体, 2020–1–8.

❷ 陈寅恪. 金明馆丛稿二编. 上海古籍出版社, 1980(236).

考古文物、异化服饰、民俗服饰，以及现代的汉服作品、汉服活动、汉服市场、汉服理论等，综合服饰史学、历史学、考古学、人类学、社会学、民俗学、服装工程等诸多学科门类的交叉领域。为了避免争议或者是固有名词的某某学有着过"大"的争议，这里参考"文选学""红学""敦煌学"的用法，使用带引号的"汉服学"，把它看作是汉服研究的扩大门类。

二、考据不是研究主体

汉服运动发轫十余年来，绝大多数研究者和爱好者关注的是它的"新材料""新问题""新潮流"，以及支持、恢复、传播它们的一些具体方法。又鉴于汉服体系与中国服饰史有着交叉重叠，对于每一类款式，认真严谨的历史考据也是汉服复兴最为基础、核心、重要的工作，然而多人却长期聚焦在微观与局部的款式、形制、剪裁、穿搭的考证课题上，特别是探究古与今的传承脉络。陷入唯考据的泥淖，忽略了自身学科的理论体系建设，这样既不能观察汉服体系全貌，也难以宏观把握现代汉服的"本质""精髓""灵魂"。

根据布鲁纳对"学科理论"的定义："学科基本结构"是指该学科的基本概念、基本原理及其相互之间的规律和联系，是知识的整体性和相关事物的普遍联系，而非孤立的事实本身和零碎的知识结论❶。而"汉服学"恰恰是由于其文化背景之特殊性、知识结构之复杂性、学术理论之匮乏性，在学科概念、基本原理、学科关联及研究理念上还缺乏梳理、提炼，导致"基本结构"的面貌并不清晰。

主干不清，枝蔓庞杂，必然呈现出整体模糊的景象。当然，任何一门学科理论，都不会是凭空产生，也是在实践中一步步发展并完成的。如今伴随着汉服运动的不断深入，数以万计小人物的坚韧努力，可以认为是已经奠定了可以建构"汉服学"的结构基础。

三、争论不是理论建设

在汉服的实践中，关于汉服的思想争论与争鸣很多，在互联网上可谓是"百花齐放"，但是对于理论体系建设，却是趋近于零。现代实践中的思想讨论更多

---

❶ 布鲁纳. 教育过程. 邵瑞珍，译. 北京: 文化教育出版社, 1982(6): 37.

聚集在对于汉服本质性、纯粹性的框架讨论中，关于汉服的本质"起源"就显得非常重要，这件服饰背后承载的是民族精神，还是文化符号，又或是服饰形制，在汉服运动的理论体系中具有举足轻重的价值，甚至分出了诸多的派别。

同时，还引出了反向的倒推靶向，即反向指代，汉服不是旗袍，不是唐装，不是中山装，而是"明末清初前汉人身上的衣服"，但到底是什么，却依旧没有说。这样的讨论依旧是聚焦在了汉服的历史性、正统性、纯粹性思想建设，或许可以引领汉服实践者们注重考据，也注重实践传播，更可以成为精神上的启蒙力量，担负起汉服运动意见领袖的作用。但如果仅仅挖掘汉服在古时候的服饰、文化、民族属性，无疑会使现代的汉服运动理论走入内向的、封闭的自我循环之中。

在"汉服学"基础上的理论派系，基本点应该是建构主义的，即每一个时代、每一批人，在现实的社会公共空间中，展现出的汉服实践行为是具有建构主义的属性。也就是说，每一个阶段、每一类服饰、每一组人群所表现的内涵与承载的意义并没有不变的本质，就连意义也是在特定的历史条件下或社会背景中被各种力量的当事人所选择、认定、分类、附会、粘贴甚或拼凑而成的。而对于这些意义，也是在事物发展过程之中逐步被附加或阐释的，也就是说，建构一套与现代汉服活动实践相匹配的现代学术，这也正是"汉服学"的研究核心。

第三节 "汉服学"分支体系

汉服复兴运动在当代中国是一个复杂的文化现象，而随着汉服的兴起，也带来了很多分支的发展，包括汉服制作、汉服妆造、汉服摄影、汉服模特、汉服舞蹈、汉服礼仪、汉服文化、汉服运动、汉服经济、汉服理论等诸多细分行业和领域。如果把汉服本身的研究认作是主干，那么其余部分就是与其他领域、学科可能的交集，也就是"汉服学"的分支领域，等着人们继续研究与阐释。

一、汉服制作

无论汉服背后有多少理论、思潮、含义，但最离不开的还是这件衣裳，毕竟这是一场"穿"出来的文化复兴运动。正如央视报道所说："2019年在淘宝平台上汉服市场规模已经超过20亿元，并且保持着每年150%左右的增速在发展❶。"
与汉服产业不相匹配的现象是，迄今为止仍没有汉服制作的相关研究著作，各
商家和个人研习者仍然是各自为政地，沿着十多年前的老路在左冲右突中摸索前
行，汉服制作的实践与讨论，更多的是基于互联网上网友们上传的作品与研习成
果，所有人的关注点都局限在中国古代服饰史的文献资料与出土文物上。

汉服制作即设计、绘图、制板、排料、剪裁与缝纫，属于服装设计与工程学
中的一个分支。在现代的学术研究中，汉服制作的专业书籍很少。对于汉服的行
业标准、设计范围、测量法则、绘图规则、制板要领、缝纫工艺、制作流程的要
求，特别是一些经典款式的基础板型、结构比例、布料选择等，是今后必须进一
步重点研究与挖掘的方向。期望未来能够有更多关于汉服制作的资料问世，推进
现代工艺的运用与不断前行。

二、汉服妆造

"时世妆，时世妆，出自城中传四方。时世流行无远近，腮不施朱面无粉。"
白居易的一首《时世妆》点出了唐代，人们对美容妆术的追逐。比起衣冠之重，
点缀于肌肤之上的浓妆淡抹也不乏锦上添花之妙，而那些高耸的发髻也是百般花
样与风情，以至从古至今，女子们竞相仿效。汉族的化妆起源于何时，这个已很
难考证，但是从出土文物看来，周代时已经有了眉妆、唇妆、面妆以及一系列的
化妆品，如妆粉、面脂、唇脂、香泽、眉黛等，都可以在文献中找到记载❷。

现代汉服中的妆造也是古色古香，鹅黄妆、酒晕妆、桃花妆、飞霞妆、芙蓉
妆等等，数不胜数；发型上有椎髻、垂云髻、迎春髻、垂鬟髻、飞天髻、灵蛇
髻、惊鹄髻等，千姿百态。除此之外还有面靥、眉形、花钿、唇脂的变化，更是
反映了人们对于审美、时尚的憧憬与追求。如何与汉服竞相呼应，在妆造上既可
以打造飘逸的名士风范，也可以追求大胆创新的时尚妆容，还可以营造修长瘦
小的视觉效果，又或是打造高端典雅的现代新嫁娘……关于妆造与时世潮装的搭
配，同样有待进一步的挖掘与研究（图14-1）。

❶ 央视财经. 汉服受追捧2019年汉服规模达数十亿. 央视财经频道，2020-1-7.
❷ 徐向珍. 首届汉服模特课程教案: 故状故饰品. 北京服装学院，2020-1-12.

图14-1　汉服妆容实践（左至右：唐、魏晋、宋）

注：纳兰美育提供，授权使用。

三、汉服摄影

　　所谓的汉服摄影是指古代或古典风格的摄影，主要是为了体现中国传统文化和韵味，也可以称之为"古风摄影"（图14-2）。在这种风格的创作中，由于被摄影者会选择汉服，或者汉式时装来表达这种典雅，因而与汉服产生了大量交集。很多摄影师和被摄影者为了突出汉服与影楼拍摄古装的差别，往往喜欢选择有着古典风格的外景，那么对于服饰与环境的搭配、镜头与景别的选择、天气与光线的运用，也都增加了摄影师的难度。

　　汉服摄影与一般人物摄影的差别主要体现在三点：一是服装选择，因为服装可以体现出人的性格，人物与汉服、妆容的搭配往往也是首要要素，摄影是色彩的艺术，还要考虑服装与背景的搭配，符合色彩搭配原理；二是镜头选择，汉服的褒衣博带、长裙曳地等特点与西式修身的特征截然不同，镜头会有畸变也会把人拉宽，寻找符合现代美感的镜头和视角，以及最合适的镜头景别体现出最佳的氛围感，也都是值得考虑的要素；三是光线的选择，时间和天气都会决定光线，而汉服摄影本身所追求的淡雅、精致、古典的色调，不仅与现代写真不同，与很多人印象中"薄露透"、饱和度较高的"影楼拍摄"手法更是截然不同，而这些都是拍出好的汉服照片所必须要考虑的要素。

　　除此之外，面妆、道具、造型、构图、光圈、后期、排版等一系列要素的应

图14-2　汉服摄影

注：北京华裳摄影拍摄，授权使用。

用，也使汉服摄影与现代的个性写真和传统的影楼风格摄影形成了差别，而这些不同的分界点与挖掘点，也都是未来值得在实践和理论上探讨的重点。

四、汉服模特

随着社会对于汉服认可度的提高，近年来，汉服开始活跃在T台、舞台、时装杂志上。由于汉服风格的特殊性，其形体、姿态与造型要求更趋向于传统中国的审美，它与西式服装在审美方面存在着极大的文化差异，所以汉服展示与现代时装表演截然不同，是一个新兴细分职业（图14-3）。

这其中也涉及了五点要素：一是形体，穿着汉服时手应该如何摆放；二是步态，如何走出适合T台又有古典韵律的步伐；三是造型，在符合传统礼仪的规范下，如何在舞台前方展现汉服不一样的结构、袖型、下摆、花纹等；四是神韵，眼神、表情又该如何把握，大气而又不失古典；五是道具，不同的古典道具又该如何与服饰相呼应。总而言之，对于专业的汉服模特，如何在舞台上、从内而外地演绎汉服之美，展现千年衣冠上国的文化底蕴，更是汉服推广中的一个重要环节，也是值得在实践中继续探索的一个新的研究方向。

图14-3　北京服装学院模特表演班结课表演秀

注：北京服装学院继续教育学院提供，授权使用。

五、汉服舞蹈

汉服舞蹈即穿着汉服跳的舞蹈，是略晚于汉服运动发轫时间，伴随着汉服复兴共同回到现代人生活世界中的民俗性舞蹈，属于汉族舞蹈的一个重要组成部分。《山海经》载："帝俊有子八人，始为歌舞。"早在原始部落时期，汉族的舞蹈便因古代先民群体性居住，以及对图腾的敬畏而出现。举手投足间，衣袂摇摇，飘摇兮若流风之回雪；广袖飘飘，仿佛兮若轻云之蔽月。"凌波微步，步步莲花，翩若惊鸿，宛如游龙"，从古代文章诗词中，依稀可以领略到美人衣之璀璨、君子艺之灵修。昔日的服章之美、舞蹈之大，用独领风骚、辉煌夺目来形容一点也不为过。

时至今日，汉舞式微成了一个事实。人们眼中的民族舞蹈，只剩下了其他民族的舞蹈，甚至学界都不愿采用"汉舞"这个提法，而是代之以"古典舞"或"汉唐舞"这个称谓。对于汉族舞蹈是怎么消失的，至今史学界或者古典舞研究者也无法道明其中的原因，又或者是没有人感兴趣或关注吧。对于汉舞的复兴，又是一个遥远的愿景。相比汉服是"信手拈来"就可以穿在身上表达文化认同的举措相比，舞蹈对个人身体的控制性和协调性都有一定要求。如果没有一定的基础和训练，那些简单、僵硬的肢体动作，在舞者身上反而会显得不美观或不专业，更是无法传承其背后的含义与韵律。这也正是汉服舞蹈的无奈之处吧，在没有了历史记忆、专业团队、理论文献的支撑下，仅在民间的自发性实践与练习中艰难地走着复兴之路。

随着汉服运动的进展，汉服舞蹈也逐步成为汉服活动中的一个重要组成部分，也带回了"汉舞"这一词语（图14-4）。汉服舞蹈可以理解为穿着汉服或由汉服衍生的功能性舞衣，融入了古典舞中压腕提腕、五花手、晃手、甩袖、旋转、翻转等古典舞身韵的民间舞，也可以引入传统的团扇、折伞、油纸伞等道具，动作通常是通俗易学、韵律十足，又明显区分于舞台上专业演员的汉族民间舞蹈，甚至发展前景应可以锁定在"健身操""广场舞"中的一个重要选项。那么对于"汉舞""古典舞""汉唐舞""秧歌舞"及"腰鼓舞"的差别所在，目前来看几乎又是一片空白，这也是未来极具发展前景的理论研究点。

图14-4　第七届中华礼乐大会汉舞比赛

注：汉服天下提供，授权使用。

六、汉服礼仪

汉服礼仪与传统礼仪有重合部分，但又不完全相同，这里面的核心是传统礼仪现代化的问题。中国自古号称"礼仪之邦"，礼乐文明在千年的王朝中不仅是社会身份、等级的重要标志，也是区别文明与野蛮，君子与小人的标志，而礼乐制度更是国家层次的典章。然而，近代社会形态的转型，传统礼制的僵化、异化，以及西方文明的冲击，传统礼仪在社会中逐渐被边缘化甚至是无奈退场，"礼仪之邦"近乎名存实亡❶。

礼仪的现代化与汉服的现代化面临着同样的困境，即传统社会中的"礼"，有着礼之义、礼之仪、礼之制的三种含义，分别对应着礼的人际伦理准则与价值取向，人际交往中的行为方式和衣食住行、婚丧嫁娶的风俗仪式，以及国家治国安邦的典章制度，而现代化社会中，民间所要复兴与推广的是礼之义与礼之仪，其中与汉服最紧密相关的则是礼之仪。

另外，现代社会的节奏较快、交通便利、男女平等理念与传统社会截然不同，在此背景下，绝不能照搬古代旧俗，应在原有的基础上进行创新发展，顺应时代潮流。那么，如何形成一套与现代人们生活相匹配的礼仪仪式，特别是如何形成一套与汉服礼服、正装、常服相对应的现代传统礼仪，更是值得研究的话题。最为常见的是人生仪式，社会中较为常见的是成人礼、毕业礼和婚礼，与之对应的汉服礼服，面临着对应的、规范的、现代化的通用仪程。具体来说：

第一类是成人礼，现代成人礼与古代成人礼很大的差别在于：往往是由学校作为组织者、男女集体参加，而且是在现代社会人对"头发"又没有特别讲究的背景下，那么如何改变古代以家庭所主办的，有着个人"性别"标志，且以"头发"为主要变化的模式，并且对应至现代的服饰装束，是当代汉服成人礼推广中最需要解决的问题。

第二类是毕业礼，当下社会的中式毕业礼应理解为是与汉服式学位服同步出现的公众性典礼，这一部分古人从未涉及，但却是今天高等教育日益普及中面临的重要议题。除了社会各界对于中国特色学位服的呼吁外，还应有一套与之对应的学位授予仪式，把"校长致辞""代表讲话""学士帽拨穗""奏乐"等西式学位授予仪式环节，对应到一套传统习俗中。

---

❶ 冯琳,何志攀,杨娜.华夏礼仪.北京:开明出版社,2018(2):3.

第三类是婚礼，则面临着更为深刻的中西结合、古为今用的转化（图14-5）。在改变了以家庭"洞房花烛"酒宴为主题后的现代婚礼中，如何在酒店中融入下车迎亲、合卺同牢、解缨结发、互换信物等环节同样是值得研究与规范的主题。

另外，在现代的礼仪推广中，公祭礼、家祭礼、射礼、宴饮礼，乃至一般性社交礼仪均面临着相似的问题，如何形成一套与现在汉服相呼应的简易通用礼仪，更是当今传统文化现代化进程中急需解决的课题。

七、汉服文化

汉服本身就是一种文化，也是文化的一种载体，还是文化传承最直接的外在符号（图14-6）。中国号称是衣冠上国，先人们也是以服饰为话题，自铸伟辞，构筑了中国服饰文化系统，这一系统应理解为是在服饰体系之外的宏观系统。正如《周易》不只确立了中国服饰起源论，还为服饰赋予了文化内涵，无论是卦象、爻辞、无一不含有"取其两端，用乎其中"之意，这一"中和之美"则奠定了汉服"平面对折""中缝对称"的基本底色；又如坤卦六五爻辞的"黄裳元吉"之说，显示了黄色的显贵与尊严，也成了历代服饰色彩的核心。

到了周代末期，面对着"礼崩乐坏"的现状，孔子又予以了新的解释，赋于服饰文质彬彬、衣人合一的理念，也是"服使之然也"，提出了服饰对人心的雕塑作用，为后世衣冠冢这一现象奠定了思想基础[1]。除此之外，还有老庄的"素雅之美：大音希声"，魏晋时期的"粗服乱头"浪漫风骨，无一不显示出古人把服饰作为一种文化符号，在新的情境中继续传递与解读"当世之服"的含义。

换句话说，服饰的文化意义自古至今均处在生成与再生成的过程，服饰也总是以一种文化的新的组合方式传递着文化信息[2]。就像今天的人们保留深衣前后的中缝，并不仅仅是为了体现"为人正直"，还有着对于祖先精神和深衣内涵的传递；年轻人选择袄裙披风，或许并不仅仅以为是"富贵""厚重"，还有着对于明朝的追思。对于今天的人们来说，汉服和汉服运动与其执着去上古追寻意义，不如反问所建构的民族服装在现当代能够承载何种意义[3]。相对于那些在古代可能曾附会于服装之上的意义，汉服在当代社会的实际含义，包括物理、审美、文化

❶ 张志春. 中国服装文化. 北京: 中国纺织出版社, 2001(2): 130.

❷ 张志春. 中国服装文化. 北京: 中国纺织出版社, 2001(2): 280.

❸ 周星. 实践、包容与开放的"中式服装": 下. 服装学报, 2018(3).

图14-5　汉服婚礼

注：上海汉未央传统文化中心。

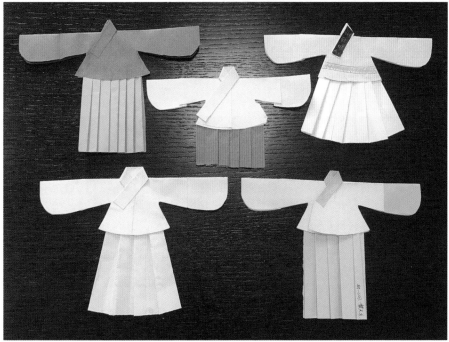

图14-6　北京师范大学附属实验中学《走近汉服》选修课

注：北京师范大学附属实验中学何志攀老师提供，授权使用。

等，更值得汉服运动的实践者们去思考。人们对于汉服形制的选择，穿搭的抉择，以及汉服背后所代表的传统意义，也都是需要在现当代的社会生活中予以重新确认和阐释。

八、汉服运动

毋庸置疑，并不是所有亚文化都具有"翻烧饼"的变革力量，更不是所有"二次元"文化都有"破壁"的可能，进而发挥出文化建设的时代意义。发轫于21世纪的汉服运动可以认为是草根出身、白手起家、从零开始，在其风雨飘摇走过十七年后，与其他传统文化的复兴趋势相比，却呈现出参与人数多、波及范围广、持续时间长、影响效果强、市场规模大的特征。一言以蔽之，相比其他传统文化复兴运动，汉服复兴运动是最成功的。

关于汉服运动之所以连绵十七年方兴未艾，从互联网年轻人"亚文化"走入了中国人民的生活世界，不断呈现"井喷"现象的背后，又是何种意识形态、动员机制、组织方式、行动策略，共同成就了今天的结果，更是值得探讨的话题（图14-7）。就像2020年初的新冠肺炎疫情，网上流传的一句话："没有从天而降的英雄，只有挺身而出的凡人。"汉服复兴运动同样是依托草根的成长在不断发展壮大，"凡人"在今天社会中的效应，年轻人对于中国未来发展的影响，在汉服复兴运动中同样值得研究与关注。

图14-7　2019年"汉服节"重庆活动

注：重庆汉风文化社。

除此之外，关于汉服运动缘何发展于21世纪，又或是百年来国人为何从未放弃对于"国服"的追逐，再或是汉服复兴可以为传统文化的现代化带来哪些可行性借鉴意义，这些实践成果值得年轻人和后来者花费心血与精力去研究，也是未来与汉服运动紧密相关的话题。

九、汉服经济

近年来汉服逐渐发展成一个较大规模的产业，并在年轻消费群体中得到迅速推广。据艾媒咨询2019年底发布的《2019—2021中国汉服产业数据调查、用户画像及前景分析报告》显示，2018年汉服爱好者数量达到204.2万人，同比增长72.9%。未来2~3年中国汉服市场仍将保持增长态势，2019年销售额预计为14.1亿元[1]。汉服经济从零开始、从无到有的发展过程，更是证明了有文化自信的中国人完全有能力在复兴传承中华优秀文化的同时创造新的经济增长点，成为名副其实的朝阳产业（图14-8）。

汉服作为曾经的小众爱好，近年来逐步展现出其商业价值，汉服产业的市场也在大幅增长。艾媒咨询分析师认为，汉服爱好者人数仅约200万人，是一个相对小众的群体，但这一群体支撑

图14-8　2020年上海时装周＆天猫云上
汉服商家汉尚华莲海报

注：汉尚华莲提供，授权使用。

---

[1] 艾媒报告. 2019—2021中国汉服产业数据调查、用户画像及前景分析报告. 艾媒网，2019-12-5.

的消费规模突破10亿元，说明这一群体的消费力强并且消费热情高、黏性大❶。另一个统计显示，2019年在淘宝平台上汉服市场规模已经超过20亿元，并且保持着每年150%左右的增速❷。近年来，汉服市场也获得了资本青睐，大量商业资本开始进入汉服市场，据天眼查显示，有汉服企业在2018年起开始获得2000万元天使轮投资。又如2019年9月，有古风摄影平台从中国古装摄影服务分离出汉服品牌，正式进军汉服产业。在大量资本的涉足下，汉服产业正在逐步走向品牌化、细分化。

除汉服本身外，一些周边衍生品或者关联产品经济也应运而生，如汉服体验店、汉服生活馆、汉服租赁店等。如央视财经新闻报道，2019年4月至9月，北京汉服租赁店迅速从三四家，增加到了二十多家。有的体验店因为离景点比较近，月销售额甚至能够达到6万元❸。还有各地的汉式舞蹈服演出服等衍生服装及关联产业，其创造的就业机会和经济价值也呈暴发式增长的趋势。

总体而言，随着汉服复兴运动的不断发展，汉服经济将迎来更加广阔的市场前景，也将会吸引到更多的资本进入到这一新兴的经济板块，对汉服产业未来走向产生深远的影响，因此，非常值得立足经济学视角展开追踪式研究。

十、汉服理论

在"汉服学"的主体框架下，汉服理论是指导汉服复兴的思想理论，包括理论体系、汉服学史、建构实践、评价体系等多个方面，其核心是汉服兴起背后的思想认识与未来发展方向指引。从汉服运动的发展历程来看，主要有三个视角：第一类是重视汉服民族性的民族主义派；第二类是重视汉服与礼仪、民俗和节日等传统文化相结合的文化论；第三类是重视展现汉服之美，以"翻来覆去的穿"作为主要推动手段，依托对于汉服的考据、设计、经营，以消费、产业或活动为主导行动力。

对于已有的三个视角，究竟哪一类主导了汉服的发展，或者是三类观点融合与兼备，共同推动了汉服运动的良性发展？相比于这个问题来说，建构当代汉服复兴的理论体系，让汉服在现代社会的发展中不会走偏与迷失，才是我们应当思

❶ 艾媒报告.2019—2021中国汉服产业数据调查、用户画像及前景分析报告.艾媒网,2019-12-5.
❷ 央视财经.古风热来袭！汉服经济井喷:2019年汉服市场规模超20亿元.正点财经,2020-1-7.
❸ 汉服产业规模超十亿,订单排到两年后.央视财经,2019-9-4.

考的推动汉服继续发展、传承与扩大的重要课题。

当下社会，主流社会给予汉服的认可和期待也是空前的❶。汉服复兴也正处在从"奇装异服""野蛮生长"向文化自觉、有序发展转型的过渡时期，这一过渡能否最终成功，取决于此时此刻的局中人能否作出正确抉择。对于思想的研究，也期待能够有多元化思潮的领路人，找到连绵不断的可持续性发展战略，未来能够被更多的人欣赏与接受，让汉服的生命力得以更为长久的维系。

这里面有三个分支：一是汉服学史，梳理并分析汉服复兴实践活动和理论成绩的基本脉络和主要成就等。除此之外，也可以有其他理论方向等着人们来挖掘，共同建构完成现代的"汉服学"；二是建构实践，即建构完成现代汉服理论体系，形成自成一体的现代汉服理论。以款式流变法为主要手段，辅以名物训诂方式，对象是现代人实践的汉服单品，不断扩充现代汉服形制体系容量；三是评价体系：适时检讨当代汉服复兴现状，包含理论和实践层面正面与负面评价，调整研究策略。

---

❶ 汉服文化为什么突然火了. 人民日报, 2019-9-23.

第十五章

守望百年的振兴

"中华民族的伟大复兴"是百年来炎黄子孙的共同心愿，也是主导新中国几十年经济和政治建设的根本动力❶。在经济现代化建设过程中，如何传承和发扬中华优秀传统文化，在建设物质文明的同时建设好精神文明，增强文化软实力，实现中华民族的全面复兴，需要社会各界不断探索，付出艰辛的努力。汉服复兴作为中华文化复兴中的一个重要组成部分，无论是它的民族性、传统性、文明性、现代性，无一不与国家腾飞息息相关。这里所谓的文化复兴，"不是旧的文化之因袭，而为新的民族文化之创造❷"；复兴的指向，不是往回走，而是向现代文明转型。只有牢牢把握住"民族复兴"这一前提，才能把握汉服复兴的正确方向。任凭道阻且长、栉风沐雨，汉服运动必将在民族复兴的浪潮中走向成功，为现代中国的文化建设添砖加瓦。

第一节　超越文化的民族性

回到汉服这一概念的最初命题——"汉民族的传统服饰是什么？"由此引申出的恢复汉服这一目标，即"解决现代汉族没有民族服饰的问题"。具体说就是，要解决现代汉族人在节日庆典、人生礼仪、国际交往等场景中缺乏民族服饰的问题。也正是基于这一目标，汉服复兴从诞生之时，就与"汉族"这一概念紧密相关。公众在不甚了解之中，还会把民族主义、种族主义、民粹主义、保守主义混杂在一起，指责"汉服"之"汉"的意识形态，认为有激进的"大汉族主义"的倾向，其实这是一个误区。汉服之存在，正如同儒学、武术、中医、书法等很多传统文化的复兴，他们本质中都涵盖着本民族文化的独特标志。换句话说，对待"文化的民族性具有与该民族共存的超时代性"这一内在属性，并不能简单的排斥与否认，重要的是深入了解、理性对待，就事论事，避免偏颇，进而为中国传统文化向现代文明转化做贡献。

---

❶ 王春风. 中国文化民族主义研究. 内蒙古：内蒙古大学出版社，2010(10)：3.

❷ 朱谦之. 文化哲学. 北京：商务印书馆，1990：218.

一、走出民族主义误区

汉服运动的起因，是对于"汉民族"服饰的找寻与讨论，背后有着国际交流场景中民族服饰的缺位尴尬；有着经济发展后国人文化自信的符号需要；有着国人无法摆脱的传统文化现代性焦虑；也有着汉民族面对其他民族"文化失语症"的刺激……正是在这种内外部因素的综合作用下，汉服运动应时而生，成为当代社会中的一种文化心理。

民族主义的产生是现代社会的一个既成事实，很多人从汉服运动所标榜的复兴汉服和传统文化目标看，把它定义为一种文化的民族主义。所谓文化民族主义是指民族主义在文化领域的表现。"它坚信民族固有文化的优越性，认同文化传统，并要求从文化上将民族统一起来❶"。这是因为从表现特征上看，汉服运动承载着汉民族服饰缺位的质疑，而其又依归传统、复兴文化部分，看似拥有主流的话语，讲着与主旋律相似的口号，却是处在了一个边缘的地位。其中又存在着"汉族本位""汉文化正统""汉文明中心主义"的观念，更进一步凸显了文化民族主义的本质。

但实际上并不如此，汉服复兴背后的思潮，应理解为是"年轻一辈面对中国的文化危机时所作出的一种反应❷"，即传统文化的民族性与现代性，并且是国学复兴、民间信仰复兴、传统礼仪复兴等传统文化形态回归浪潮中的一个支流而已。即"高扬的是民族历史文化之旗，凸显的是传统对于现代以至未来社会的意义，注重的是现代化的民族性或现代化过程中如何保持民族文化的主体地位问题，追求的是由传统开出的现代化❸"。

这里的"汉"是交织了民族文化本位论和复兴论两种不同形式的思想观念，更不能简单概括为民族主义文化本位论是由"文化传统派"构成，是在外来文化的冲击下，思考汉服本身的价值以及它未来的意义，这里的典型表现是危机感与优越感，更多地突出古代曾赋予在汉服身上的意义，可以看作是民间版的"文明的冲突"，这里展现的民族族徽具有正统性和纯粹性；另一种是文化复兴论，它不是一味以复兴过去的制度、思想为己任，更多的是立足于今天，在继承传统形制的基础上，强调它对"古典型"服饰的超越，背后是希望以服饰为载体，建立

❶ 郑师渠. 近代中国的文化民族主义. 历史研究, 1995(5).
❷ 周星. 百年衣装——中式服装的谱系与汉服运动. 北京: 商务印书馆, 2019(11): 313.
❸ [美]菲利普·巴格比. 文化: 历史的投影. 夏可, 等, 译. 上海人民出版社, 1987(96).

一种"外不后于世界之新潮、内不失固有之血脉"的现代服饰文化，并在以这种文化与主流文化、西方文化保持自己的"对话"属性，这里展现的民族族徽是现代性和文明性。

但如果仅根据网络上的民族对峙言论，或者以"族别"诉求和表象为特点的其他民族言论，简单地把汉服运动当作是一种"汉服文化本位和汉族中心主义的种族性民族主义❶"，这里实际上是以偏概全的逻辑，不仅没有真正把握汉服复兴在现代社会中的实质性意义，更没有观察到现实生活中积极美好的汉服活动，而是把个别时期、个别空间、个别群体的表现，以及"网络平台上的暴力语言、极端言论和捣乱意识❷"的网络民族主义表象，当成了汉服运动的全部。同时，也误读了文化的民族性含义，即"文化的民族性是一种文化在历时性的嬗变中始终保持自身同一性的倾向❸"。也就是，民族性纵向上构成了文化演化的内在基因，而横向上又包含了文化之间的多元性和特殊性，这也是当代传统文化复兴都具备的本质属性。

对于文化的民族性，是一个价值中立的概念，也是一个无善无恶的本体立场，更没有绝对的对与错、好与坏。单就汉服而言，它所体现的民族性更没有倾向性。但从民族主义功能的学说上看，会认为文化的民族性有着"双刃剑说"，"既有促进民族自给自强、推动民族经济文化发展的正效应，也有发展到极端民族主义乃至种族主义的负效应；既有推动各民族平等参与国际事务的积极面，也有导致民族纷争、战乱的消极面❹"。因此，对于汉服运动而言，同样有了正面和负面两方面影响，也有着正常和极端之分。

这里需要的是合理引导，即剔除保守和封闭的极端思潮，发扬与弘扬关于本国民族文化的积极意义。如果只是片面的认识，一味地打压，单纯的否定，把它理解为保守的、反理性的、反现代化的，反而会促成汉服文化走向激进，最后极端排外、走火入魔，从而对国内多民族关系的格局产生不良影响。今天，重要的是把握文化的民族性本质特点，引领都市青年们借助"穿汉服"形成文化凝聚力在传统文化的现代化进程中起到积极作用，被全世界各民族、各国家的人们所接受。

---

❶ 张跣."汉服运动"：互联网时代的种族性民族主义.中国青年政治学院学报,2009(4).

❷ 卜建华.网络民族主义思潮与当代青年政治社会化研究.江苏：江苏人民出版社,2013(12)：120.

❸ 王春风.中国文化民族主义研究.内蒙古：内蒙古大学出版社,2010(10)：226.

❹ 潘光.民族主义上升引人注目.解放日报,1994-6-2.

二、把握文化的现代性

汉服运动具有多重属性，从不同角度看就会浮现出不尽相同的意义。若从人类命运共同体这一视角来审视，它是力图建构并凸显中国文化符号，以强化文化认同的作用，这也是当代传统文化回归的普遍性。若是把它放到中国传统文化现代化的历程上看，又会凸显出人们在经济富足后，对于本土文化复兴和价值观回归的必然性。而这些普遍性和必然性，则要把汉服运动放置到现代文明多样性历史线索和理论框架中加以考察，这里面重要的是厘清三点关系：

第一，内在性。民族性是文化的基本特征[1]。文化与民族相始终、共存亡的性质，决定了民族性构成了文化演化的内在基因，在时代传承的历史进程中，具有稳定性和连续性。也就是说，传统文化是民族群体的历史经验形成的积淀，最终形成了某种特定的"文化——心理结构"，这一结构是纳入了民族的文化心理结构之中[2]。显然，汉民族服饰属于这一文化积淀之中，更是民族文化的外在表现形式。这种民族情绪也会在本民族文化受到外来文化威胁时，强烈地反映在文化上，沉淀在民族成员心理深层的"我族优越意识"就会被激发出来。就像汉服运动中涌现的"文化辛亥""重回汉唐""华夏复兴，衣冠先行"，所代表的学说和思想也都是这样的价值取向，是以服饰作为民族文化的一种应激性回应的表达形式。

第二，决定论。文化的民族性有着强烈的文化优越意识，即试图借文化解决政治、社会、经济问题。这一方面源于传统文化与民族的内在关系，同时也源于在社会器物层和制度层传统文化的缺失，只能寄希望从思想文化上来解决问题。正如南怀瑾所强调的："任何一个民族、一个国家都不怕亡国，亡国了还有后代起来可以复国。但就怕文化断了，文化一旦亡了，这个民族国家就没有了，重要的是文化的根基[3]。"又如梁漱溟所说的："近百年来，中华民族之不振，是文化上的失败。……民族复兴问题及文化之重新建造[4]。"在汉服运动的部分人看来，汉服运动也同样承载着"正本清源，恢复正统"的理念，由此也是寄希望于使汉

---

❶ 陈先达. 文化自信中的传统与当代. 北京：北京师范大学出版集团，2017(8)：60.
❷ 李泽厚. 李泽厚对话集——中国哲学登场. 北京：中华书局，2014：29.
❸ 以上文字出自2014年9月25日中央电视套十套《人物》栏目播出的纪录片《先生，南怀瑾》中，引用的1994年南怀瑾先生于厦门南普陀寺主持禅七时的讲话同期声部分.
❹ 二十一世纪中国学术文化随笔大系——梁漱溟学术文化随笔. 中国青年出版社，1996：140.

服成为文化中的符号，更是以汉服的复兴，视为"华夏汉族的复兴"，进而成为中华复兴和中国复兴的关键及先决条件❶，并且使"以汉服为起点，再造整个华夏"作为前行动力。

第三，认同感。民族的形成要以民族认同为前提，民族认同是一个文化范畴问题，它在行为上涉及风俗习惯、礼仪、家庭等民族性特点，也深深地扎根于文化结构里。中国古代的"华夷之辨"更是把民族认同与文化认同绑定在一起，也就是说民族之间的差异不在种族、血统、样貌，而在于文化，"华夷"之间可以通过文化认同而相互转换。而对于近现代社会，在人们眼中以文化来感召和凝聚民族的观念是根深蒂固的，无论是章太炎的"国粹国光论"、陈寅恪的"文化民族论"，还是钱穆的"文化本位论"，都是在国难当头的历史年代，通过对民族文化的认同，寻求民族自救之路，也是在面对民族沉沦危亡的时候，通过传统文化的呼唤与感召，起到振兴民族新生的作用。正是这种立足文化的认同属性及对民族群体的凝聚效应，使汉服从诞生之日起就注定了民族性的如影随形。

如上所述，只有认清了汉服是当代传统文化复兴中的重要组成部分，也是现代人们对于民族文化新生的建构尝试，那么它的文化性就会与民族性呈现出共栖一世的印痕。也只有认识到汉服运动它有着与生俱来，又挥之不去的民族性，才能更好地对其兴起缘由、理论主张和具体实践进行分析，掌握它时代性、普遍性、一元性的原因，抑制并最大限度地消解民族性的负面影响，实现服饰文化的传承与延续。

三、走向现代文明实践

如果说民族和民族性是现代化的产物，那么要为汉服运动找到出路，就必须从对现代性的理解入手。这也是因为文化复兴从一开始就是植根于现代性的，虽然它的表现形式是反对外来压迫，但其实质是要建构一套现代性的民族文化认同，即立足传统而面向现实和未来。文化复兴讲的传统文化，完全是一种现代建构的传统，注重运用现代的理论和方法对其进行建构，而不是传统的照搬。哪怕是以儒学思想为本位的现代国学复兴，在阐释中国传统文化的过程中，强调的也是现代的思想理念和现代的研究方向，尤其注重的是西方研究理论和方法的移植

---

❶ 周星. 百年衣装——中式服装的谱系与汉服运动. 北京: 商务印书馆, 2019(11): 307.

和运用，诸如在基础课堂中引入经典诵读、大学学科体系中设置"国学"专业、电视节目中推出"中华诗词大会"等，作为一种备受人们喜爱与关注的文化表现，成为现代文化的一个组成部分。

汉服的现代性建构更是如此，它之所以能够呈现出越来越大的活力和影响力，最根本的原因是其呈现出越来越多的现代文明色彩。它的意义是与现代性相伴而生，更有现代文明意义。这里的现代文明是立足于今天的现实社会，符合或适应现代社会的基本规则，具有普遍性、实用性的功能，而且能够正面、积极引导人的精神，能够面向未来，产生社会价值的当代文化生活。

但是，由于汉民族传统服饰在历史上有过断裂的缘故，汉服运动的现代文明性一度被遮掩。这是因为汉服源自民间的自发实践，带有浓烈的"摸着石头过河"的草根色彩，行动背后更是缺少足够的理论支撑，就像外界批判的"只是一种形式主义的复古，与其说是文化自觉，不如说是在全球化时代跨文化交流的前提下，缺乏文化自觉的表现❶"。很多观点不仅不能"自圆其说"，还被认定是"自我中心""妄自尊大""陈腐狭隘❷"。

这里固然有着草根理论水平有限的原因，但事实证明，在传统文化的现代性转化过程中，汉服运动贡献良多。这里表现主要有两个方面：其一，中国社会与传统文化生活里的很多问题，不少都是因为汉服运动的提示而逐渐引起公众关注，诸如传统婚礼的习俗问题、成人礼的建构问题、传统节日意义缺失的问题等；其二，汉服对古代服饰采取的是一种非本质主义的建构主义态度，即从古代服饰史中接续出现代汉服学，而不是回归本质主义和保守主义的态度。尽管"相关概念和理论具有本质主义的特点，但是实际活动又有明显的建构主义特点❸"。这是因为汉服运动的核心实践，是站在现代中国人的角度，回应世界范围内对于"现代汉民族的传统服饰是什么"的质疑。

总而言之，只要中国的现代化进程没有完结，现代性就永远是民族文化复兴的灵魂，更是汉服运动的发展方向。至于汉服所表现出的内容和意义，也切不可就表面现象加以简单粗暴的分析。它绝不是年长者眼中的年轻人时尚潮流，不是主流媒体笔下的"二次元"青年嬉戏，不是资本市场眼中的小众消费，更不是学

---

❶ 卢新宁."复兴汉服"合适宜吗?.人民日报:海外版,2007-4-17.

❷ 张跣."汉服运动":互联网时代的种族性民族主义.中国青年政治学院学报,2009(4).

❸ 周星.本质主义的汉服言说和建构主义的文化实践——汉服运动的诉求、收获及瓶颈.民俗研究,2014(3).

术视角下的"伪命题"。"我们看待传统文化，要从一个更高的角度，从人性和人生的需要、社会文化的全面发展以及文化自身的内在价值角度，来认识传统文化的意义与价值❶"。对于汉服运动也是如此，相比于网络上那些偏激的、混乱的、无理的言论争执，倒不如以真实的、客观的、平静的、具体的文化实践行动来理解当下的汉服，更多的同当代其他服饰文化沟通与交流，这样才能真正理解汉服运动在当下传统文化现代化进程中的意义。

第二节　文化自信绽放新颜

在千年的历史长河之中，中国从不缺乏文化自信，绚烂多姿的服饰文明更被赋予了审美表达、民族信仰、礼乐制度等精神内涵。大秦咸阳、盛唐长安、宋代的泉州、明代的广州等，曾是世界的时尚风情之都。服饰文明早已超越了遮体保暖的作用，从"未有丝麻，衣其羽皮"一路走来，或是峨冠博带的端庄典雅，或是"云想衣裳花想容"的精美绝伦，又或是"轻解罗裳，独上兰舟"的婉约含蓄，"衣冠上国"的古称，丝绸之路的连通，中国的传统服饰更是风靡世界。然而，鸦片战争之后一系列的不平等条约，中华民族面临着"亡国灭种、瓜分豆剖"的存亡危机。面临着三千年未有之大变局，中国的传统服饰成了"封建帝制"的象征，革命党人则以"剪辫易服"作为"新国之民"的标识，开启了"西学东渐""师夷长技以制夷"的热潮。如今伴随着中华民族的复兴，也终于成了传统文化复兴的最好时光，那些传统的价值也开启了新时代创造性转换和创新性发展之路。

一、作为文化实物载体

首先需要澄清的是：文化不限于观念，它必须有物质表现，比如故宫的建筑、龙门的石窟、王羲之的书法、苏州的评弹等。这是因为文化不是完全存在于人的头脑之中的，它有物质载体，这种载体不仅是语言、文字符号系统，而且表现为实物❷。但实物之表现文化并不在实物自身，而在于它所表现的文化观念。就

---

❶ 陈来. 守望传统的价值——陈来二十年访谈录. 中华书局, 2018: 111.
❷ 陈先达. 文化自信中的传统与当代. 北京: 北京师范大学出版集团, 2017(8): 11.

像绘画的文化价值不在于纸墨笔砚、水墨山水，而在于透过作品所传达的风骨和神韵；饮食的文化价值不在于烹炒煎炸、禽肉果蔬，而在于通过菜品所表现的味道和讲究。服饰也是如此，它的文化价值不在于纺织面料、制作工艺，而在于通过服饰所表达的性格和品位。

这也意味着实物在渗透着文化内涵的同时，也会清晰地表达出文化含义。就像常提起的生活方式，"衣食住行"都是文化，但并不意味着人们可以穿文化、吃文化、住文化，实际上是因为生活方式里渗透着文化，即服饰里有文化、饮食里有文化、建筑里也有文化，其中的思想、礼仪、习俗，这些都是文化。这种文化更是与每个个体的生活、经济、地位紧密相关，在这些方式中，表达了文化观念的差异。如饮茶，表达的文化不在茶叶的品类，而是接待宾客时的礼节和饮茶方式，如大碗茶的"解渴之用"，"斟茶礼"的恭敬礼节，茶艺中表达的高贵典雅，它们也都传达了不同人对于茶所诠释的文化内涵。

"衣食住行"中的首位"衣"同样如此，除了性别的差异、场景的不同、时尚的变化等，也反映了人类对于进步文化和先进文化观念的认可。近现代的"中山装"，自创立之后就被赋予了政治意味，成了"革命派"的标志符号；而20世纪80年代改革开放之后，喇叭裤、迷你裙开始流行，中国与世界潮流同步而行❶，这些款式意味着时髦、时尚；21世纪之后，多元化时装开始流行，有"哈韩"也有"哈日"，有中性装也有"波西米亚风"，这实际上也反映了多元文化中，人们寄希望于借助服饰表达自己性格、审美品位的特征。

以此类推，汉服也同样包含传统文化内涵，并具有文化实物载体的属性。即人们是希望通过"穿汉服"这一生活方式，表达心中对于汉民族文化的喜爱，这就是最基本的文化认同。换句话说，"穿汉服"这一行为不仅是中国传统文化复兴中一个组成部分，也是因为人们对于传统文化的自豪感想要得以表达，就必须找到具体、鲜活的文化实物来实现。汉服，恰恰是一种理想的文化符号，也成了传统文化复兴中的一面旗帜，借此表达年轻人对传统文化的热情❷，在当代中国民族情怀与传统文化热潮中迅速升起，脱颖而出。

❶ 华梅. 中国服装史(2018). 2018(6): 188.
❷ 汉服文化为什么突然火了. 人民日报, 2019-9-23.

二、整合历史文化符号

汉服复兴，所谓的"复兴"意味着该事物曾经"兴盛"过。这里的"复兴"不是复古，不是恢复某一朝代的服饰制度或古礼古风，而是提炼服饰文化中的基因，重构现代汉民族传统服饰体系，恢复中国服饰文化以往在世界文明中的重要地位。对于基因的理解，意在揭示"精神基因"的特征，也是为何中华文化能够葆有长久生命力，代代相传的奥秘。

用基因做比喻，因为"文化基因"具有类似于生物基因的稳定性和可变性❶。稳定性，意味着中华文化历经劫难从未中断，是因为基因在起作用，它们在文化继承中一再被肯定；可变性，意味着在文化继承中可以创新，可以创造发展。而今天我们要做的是提炼古代汉服体系中的文化基因，或者一种范式，而不是某个具体文物的复制。依托这部分基因，进而重构整个汉族服饰体系。就像古人对待服饰文化，从始至终都是立足基因的体系发展、代际传承，呈现出一脉相承的清晰线索。和人们无法割断自己的民族历史一样，任何一个时代的文化都不是从无到有、凭空产生的，相反，都是在先人的基础上，吸收其他文化因素，反映时代特征，在继承的基础上创新和发展。

典型的比如历代的《舆服制》，虽然大不相同，但从来都不是全部推翻重新设计，更不是原封不动照搬挪用，而是在前朝的基础上进行修正与改写。因而《舆服志》成了"世界上唯一——套国家的车旗服御的系统完整历史典籍❷"。但是各代《舆服志》又各有不同，如《旧唐书·舆服志》记载："……后魏、北齐、舆服奇诡，至隋氏一统，始复旧仪❸。"即写出了参考的古礼与依托的现实。这些也正是文化基因的稳定性和可变性的统一，共同构成了中华民族服饰演变和创新的壮丽图景。

又比如明朝人，已经不穿夏商周时期的上衣下裳，不穿战国秦汉的深衣，不穿唐宋的圆领缺胯袍，但他们依然进行了从头到尾的历史性的梳理，并重新用服饰语言记载，于是有了忠静冠服、圆领襕衫、加摆圆领袍等新款式的接续。从这些款式上看，虽然细节不一样，但基因没有变，都属于同一个体系。后人把这些文化传统，或者称为"文化基因"，通过重构的方式传承下去，是中华民族有底

---

❶ 张光山.民族复兴视野下的中国文化现代化.重庆：重庆出版集团,2019：180.

❷ 华梅等著.中国历代《舆服志》研究,2015(9)：4.

❸ [后晋]刘昫.旧唐书.北京：中华书局,1975：1929–1930.

气说自己有上下五千年文明史的缘由所在。这种"重构传统的传统"也就是今天人们所要着重去研究和继承的内容。

历史是螺旋式上升的，即便回到原来方位，也不是原点位置。中华文明之所以历经劫难从未中断，是因为文化的基因深深熔铸在中华民族的生命力、创造力和凝聚力之中。今天的人们必须对原有服饰文化做出高度提炼和升华，寻找和继承文化基因，对其表现形式做出相应取舍，为新的现实服务，帮助适应新的时空。服饰中所承载的文化精神基因，理应在中华传统文化全面复兴的背景下，发挥出推进中国现代化建设，实现民族复兴的特有优势。

三、"两创"传承文化基因

泱泱华夏，历史悠久。文化基因，奠定了汉服文化生生不息的基本命脉。对于文化如何传承，传统文化不应该是文献里的古籍，也不是博物馆里的文物，更不仅仅是一句空洞的口号，重要的是让它活起来、用起来，发挥"人文化成"现代性作用。

这里要的是古为今用，而不是"原封不动"，当然也不可能"原封不动"。就像汉服，即使复原了外观，纺织、印染、缝制、绣花、搭配等都发生了变化。更重要的是适应现在这个时代，以积极行动用古人的服饰文化解决当下的民族服饰问题，重归现代人民的日常生产、生活，才能有长久生命力，真正实现活起来、传下去的目标，让人们感受到中华优秀传统文化基因在生活中无处不在、魅力无穷，使之有益于建设文化强国之路。

传承的方式是推陈出新，即"以科学的态度对待传统文化，既不能片面地讲厚古薄今，也不能片面地讲厚今薄古❶"。服饰的创新更是如此，面对社会的深刻变革，传统不能照搬照用，更不能作茧自缚。它属于人类文化中的"遗传基因"，既充当历史的"见证者"，又扮演现代文明某方面的"代言者"。

历史上的汉族传统服饰不断在演变，今人更是如此。"文化求根，也求变。没有创新，就会失去文化的灵魂❷"。古代汉服体系里有宽袍大袖的礼服风范，也有窄袖袴褶的常服时尚；婚礼服中有玄衣纁裳的庄重典雅，也有凤冠霞帔的喜庆热闹；文人装束有深衣冠巾，武者装束也有圆领革带。这些多元的形态与装束，

---

❶ 慎海雄, 蒋斌, 王珺. 习近平改革开放思想研究. 北京: 人民出版社, 2018(7): 161.
❷ 刘汉俊. 文化的颜色. 北京: 中国人民大学出版社, 2013(9): 7.

造就了衣冠上国的绚烂多姿。今天对于汉服同样如此，一方面要对那些值得借鉴的款式进行重构，并赋予新的时代内涵和现代表现形式；另一方面是按照当下时代的步伐和趋势，对服饰中的文化内涵进行补充、扩展和完善，从而进一步增强其影响力与生命力。

今天的汉服体系要立足现代，通过创造性转化、创新性发展，与时迁移、应物变化，焕发新的生命力。在这个过程中，提炼的是文化基因，重构的是现代汉服文化体系。

四、谱写现代文化自信

优秀传统文化，是我们民族的"根"和"魂[1]"，如果没有很好地传承和弘扬，我们就没有了根基。现代汉服体系既然是对优秀传统的文化基因进行归纳和提炼，那么必须是对历史和现实的客观实在的高度抽象，是立足于挖掘本质的创造性转化、创新性发展，是基因"突变"的自适应。同时也意味着绝非是设计师追求个性的"人为转基因"。因而必须依据长期的实践，在实践中摸索延续中华文化血脉的具体路径。

马克思主义唯物史观认为，文化在实践中产生，又反过来丰富和发展着实践[2]。离开了广大民众的自发性实践，文化现代化不仅毫无意义，也难以获得推动力和民俗生活支撑，更谈不上文化自信。换句话说，在中华民族复兴、传统文化复兴的大视野下，考察汉服的现代化，就是要把汉服放到整个社会系统中来考虑，通过"反反复复、翻来覆去的穿，尽自己可能的动员更多民众去穿"，共同体现服饰背后的文化自信，才是汉服运动的前景所在。而不是基于现代"就文化论文化"的自我设计、自我遐想、自我评价，或者单纯用经济或政治的发展逻辑，对古代服饰进行选择性的剪裁和拼凑，搭建抽象虚无的"空中楼阁"。

坚定文化自信，基本前提是正确对待自己的文化，也就是对自己国家和民族的优秀文化持有敬畏和自豪之情，要自觉认识、礼敬、尊崇传统文化，从内心深处强烈认同优秀传统文化承载的价值理念与文化基因，对自己文化的生命力和前景怀有坚定执着的信念，更是"对自身文化价值的充分肯定与坚守[3]"。对于民族

❶ 何莉. 新知新觉：守护好中华民族的"根"与"魂". 人民日报, 2018-7-3.
❷ 张光山. 民族复兴视野下的中国文化现代化. 重庆：重庆出版集团, 2019：2.
❸ 慎海雄, 蒋斌, 王珺. 习近平改革开放思想研究. 北京：人民出版社, 2018(7)：183.

传统服饰也是如此，若是从内心深处就不认同，认为汉服属于封建糟粕、奇装异服、不合时宜，那自然也不愿穿着，更不能传承。而这种数典忘祖、蔑视传统、丑化民族的做法，也是十分有害的。只有内心认可了，认为汉服是璀璨夺目的服饰，是中国的文化血脉，是祖先的智慧结晶，才知道如何去提炼优秀的部分，才能把它更好地表达与发扬。

在此过程中，也要旗帜鲜明地反对历史虚无主义和民族虚无主义❶。当一些人以历史虚无主义的眼光来看待汉服时，往往否定本民族的成就，似乎本民族文化一无所长，服饰一无所有，仅仅只有支离破碎的流行时尚；甚至还有人认为"汉民族"也不存在，只有其他民族才是民族，如犹太、日耳曼、库尔德这些才是民族。基于此就导致人们没有本民族文化的概念，没有民族服饰可以留念，没有民俗文化可以传承，也没有民族英雄可以崇敬。显然，这样的论调不符民族历史，更不会有文化认同与文化自信。

今天的我们，只有了解自己的文化，掌握自己的文化，热爱自己的文化，才可成为中华传统文化的守护者、弘扬者和传播者。文化自信是对自身文化价值的充分肯定，是对自身文化生命力的坚定信念，也是对自身价值体系的长期坚守。只有对本民族优秀文化具有坚定信念和强大定力，才能最终获得推进文化繁荣发展的强大动力❷。只有对自己的服饰文化感到自信，汉服才能走向世界，走向未来！

第三节　弘扬优秀传统文化

文化兴邦，文化立世，文化是国家强盛和民族复兴的重要决定力量❸。优秀传统文化是现代社会文化的一部分，也是在"创造性转化、创新性发展"中继承的传统文化。汉服问题也是如此，我们不能在传统礼乐制度内谈论汉服的继承问题，如果"不跳出传统文化的视角就不能真正继承传统文化❹"，重要的是对服饰中的传统部分进行分析、吸收与改造，充实其中的现代化内涵，为实现中华民族

❶ 厉以宁.文化经济学.北京：商务印书馆，2018(5)：198.
❷ 张江.建设新时代社会主义文化强国.北京：中国社会科学出版社，2019(3)：22.
❸ 慎海雄，蒋斌，王珺.习近平改革开放思想研究.北京：人民出版社，2018(7)：164.
❹ 陈先达.文化自信中的传统与当代.北京：北京师范大学出版集团，2017(8)：76.

伟大复兴做贡献。

一、民族复兴根本前提

民族是文化的主体，文化是民族的血脉❶。只有民族的复兴，才会有文化的复兴，服饰的繁华灿烂。同样，汉服复兴也只有在中华民族与文化的整体复兴背景下，才会有现代性的绚烂多姿。纵观历史也是如此，只有在国泰民安，百姓安居乐业的前提下，服饰才会有不断的创新与丰富。比如，周朝的丝织物品种增加和质量提高，成为周代服饰等级制度确立的先决条件；两汉时期，得益于"丝绸之路"的开辟，中国的丝绸美名远扬，传播到中亚、西亚，乃至欧洲；盛唐时期的繁荣与富足，女性长裙曳地，富丽堂皇，造就了唐代服饰的雍容气度。反之亦然，民族的存亡危机是文化的危机，服饰更是黯然退场。横向看当代世界的文明史，在战火纷飞、满目疮痍的国家那里的人们更是无暇去恢复昔日的辉煌。

只有从民族复兴才有文化复兴的角度，才能理解新文化运动时期的知识分子们，面对千年未有之变故，为民族之生存，把中国传统文化称为旧文化，而把自己追求的科学和民主称为新文化的合理性。同样也可以理解，那一次的"汉衣冠"实践为何只是昙花一现，在国家摇摇欲坠、千疮百孔、民不聊生的背景下，文化一定是颓靡与颓废，传统服饰一定会随着新文化对封建旧制度的批判而销声匿迹，最后由西式礼服与有着政治寓意的革命服装取而代之，也是"西学东渐"的历史必然性。

在当代中国，文化自信是时代命题。七十年前，以中国共产党为领导的中国革命取得了胜利，中华民族从此站起来了。新中国成立以来，改革开放的经济发展、"两弹一星"的科技成果、百年奥运的体育精神、打造人类命运共同体的全球治理机制⋯⋯也重新恢复了中华民族生气勃勃的民族生命力和文化自信心，正是在此背景下，才使衰落中的传统文化得以复兴，也有了汉服复兴的可能性。

回首十余年来的汉服复兴历程，可谓从无到有，举步维艰。这里面涉及一个本质问题，就是经历了新文化运动和"文化大革命"后的中国现代化进程中，与贯穿了中国社会几千年的传统文化并无直接联系，传统文化的外在形式与内在本

---

❶ 陈先达. 文化自信中的传统与当代. 北京: 北京师范大学出版集团, 2017(8): 190.

质也都有了深刻的断裂。这正是新文化运动所留下的负面影响，曾经笼统地把传统文化称为旧文化，而把民主和科学认为是新文化，这种新旧文化二元对立的观念，堵塞了由传统文化走向当代优秀文化转化的可能性和路径❶。

今天，如何在一个被批判过的传统上，找寻现代与传统的结合点，接续起中国传统文明，以"弯道超车"的方式实现传统的新陈代谢，也是社会各界几代人不断摸索与尝试的工作。在此过程中，又是汉服——这件民族文化中断裂最深刻、消失最久远、记忆最淡泊的符号标识，深深地扎根于民间草根的实践行动，将其传统风貌展现在现代生活之中，这正是新时代民族文化复兴的典型象征。

二、明确未来发展方向

民族文化犹如长江黄河，不可能简单区分为新与旧，而应分为民族精神中的源与流。中国传统文化是现代中国社会主义的文化之源，是文化母体，若是没有源，"流"也必然干涸与中断。而中国文化的特点是源远流长，如果不是外力强加阻隔，一定是具有持久性的，而且将不断地累积与发展。

"求木之长者，必固其根本；欲流之远者，必浚其泉源"。源是文化母体，流是文化的延续。当代的汉服运动不是无源之水、无根之木，而是祖先留给我们的宝贵遗产；现代汉服体系也不是只重传统，从古书中寻找"宽袍大袖"和微言大义，把当下变成传统的注脚，而是立足现代人的视角，提取基因、反复实践，做到传统文化的现代化，力求实现本土民族传统服饰体系的独立自主，重新焕发新的生机。

汉服文化亦如流动的水，有了源头，顺着地势高低，它就有流动的方向。但"文化往哪个方面流，与政治道路的选择密不可分"。与传统文化的"往回流、往东流、往西流、往前流❷"四个流向相似，汉服复兴同样有着四类选择。往回流，是"复我明制衣冠""重正周制古礼"的论调，这是文化上的复古思潮，是本质主义的特写；往东流，是借鉴日本和韩国的服饰潮流搭配，早期有与日本动漫、COSPLAY、洛丽塔相结合的汉元素时尚，眼下有仿照"和洋折衷"的"汉洋折衷"，即融合汉服与西式古典礼服要素的搭配，这些是文化上的时尚风范，

❶ 陈先达. 文化自信中的传统与当代. 北京: 北京师范大学出版集团, 2017(8): 192.
❷ 同❶.

虽然刹那芳华，却是稍纵即逝；往西流，则是与西式服装相结合的中式服装，即以西式立体服饰为载体的元素拼凑，是脱离了汉服体系的元素借鉴。

可以说，这些都是中国传统服饰的断流。只有继承和发扬汉服体系之根本，吸取东方和西方的先进元素，建立当下的现代汉服文化体系，才能使现代汉服运动与中华优秀文化的发展脉络一致，滚滚往前流。汉文化的特征是海纳百川、兼容并蓄❶，而保持这一文化滚滚向前的机制，就是创造性转化和创新性发展。

三、社会主义"体用之争"

近年来，对于汉服复兴的误解也是层出不穷，其中一个误区就是把汉服复兴的意义究竟指向何方，有人认为汉服复兴是要"回到古代，再来一次全民换古装的复古潮流"，又有人定义汉服运动是"互联网上的种族性民族主义"，也有人感觉是"年轻人的古风亚文化"，还有人看到的是一次"小众群体的正版与山寨消费之争"等，这旷日持久的争论，核心是因为现代社会主义的文化之"用"是一个不确定的概念。

这一误区的根源，与百年来关于文化的体用之争如出一辙，因为中体西用、西体中用、西体西用、中体中用，还有所谓的中国为体全球为用，始终是众说纷纭，莫衷一是。"体用之争"牌面是文化问题，牌底是社会选择。如果不从社会结构角度来看文化形态，而单纯地讨论文化形态的自身选择，文化建设就只能转变为体用搭配的游戏。这里的一个基本点，就是我们的社会主义性质，我们是社会主义，建设的是有中国特色的社会主义文化，这也决定了现代的汉服文化，无可选择地必须是以马克思主义为指导的中国特色社会主义文化，必须是中国特色社会主义文化中的一个组成部分。

中国特色社会主义文化的基本内容是由中国传统优秀文化、革命文化和社会主义先进文化❷组成的。那么，当下的优秀传统文化必须是在社会主义文化辩证统一中发展的，面对的是两个传统，一个是中华民族自古以来的文化传统，也就是前工业时代积淀的文化传统；另一个是辛亥革命以来，中国新民主主义革命时期，在中国共产党领导下，革命过程中形成的红色文化传统❸。"为有牺牲多

---

❶ 潘玉毅. 关于"汉服热"的一点冷思考. 科技日报, 2020-2-7.
❷ 张江. 建设新时代社会主义文化强国. 北京：中国社会科学出版社, 2019(3): 42.
❸ 陈先达. 文化自信中的传统与当代. 北京：北京师范大学出版集团, 2017(8): 52.

壮志，敢教日月换新天"与之相对应的井冈山精神、长征精神、延安精神、西柏坡精神等革命文化，也正是今天汉服复兴中所要重视和面对的。就像今天的社会主义核心价值观，可以认为是传统文化创新和转化的一个范例，他并不是与古代传统思想观念的一一简单对应，而是立足社会主义制度的本质，形成了国家、社会、个人三者统一的社会主义核心价值观，这就是中国特色社会主义文化之"用"。

与此相似的是，一系列传统文化也同样面临着中国特色社会主义文化转换问题，因为文化土壤不一样了。如传统节日，作为文化符号是要保存的，但是如何在文化符号中充实内容还是一个比较大的问题。中秋节除了吃月饼以外，现实中也不会和家人一起拜月神、赏花灯；端午节除了吃粽子外，也不会再去赛龙舟、挂香囊等。所以，现在有人戏称中秋节变成了月饼节，端午节变成了粽子节，而那些曾经的民俗，只是成了电视里的精彩节目或者是旅游景区的民俗体验项目。汉服同样如此，即使是作为节日中的礼服穿着，那么对应到的节日氛围又应该是什么？除了依托小众的亚文化群体在特定空间中举办民俗活动外，如何回到主流社会中，为中华传统文化注入新的时代内涵，这也正是今天的"用"所必须面对的现实问题。

中国历来强调和而不同，海纳百川、有容乃大，对于西方文化中的优秀成果，也是要吸取的。这里的"西"应理解为"现代性"，"所谓'西体'就是现代化，它是社会存在的本体。它虽然来自西方，却是全人类和整个世界发展的共同方向❶"。即西方文明步入工业社会化的优秀成果，如现代纺织工业技术、时装表演艺术、互联网自媒体传播平台等，这些科技、知识和工具都是值得我们挖掘与借鉴，所不能排斥的。特别是汉服在当下的实际功能，包括物理的、审美的、象征的功能，都值得去深入思考，就像抖音短视频的意义、现代成人礼或毕业礼的应用、电子商务平台上的虚拟体验等，都是需要在当下社会中重新确认与阐释的，使其真正成为现代文明的重要源泉。

"问君哪得清如许，为有源头活水来。"中国社会的变革，不是沿着原有改朝换代的方向向前发展，而是整个社会形态的变化。今天也只有坚定中国特色社会主义道路，正确处理好两个传统之间的关系，才能推动汉服复兴更上层楼，让所

---

❶ 李泽厚. 中国古代思想史论. 北京: 新知三联书店, 2008(6): 294.

有中国人在穿着汉服的那一刻，就承担起了新的角色——中华优秀传统文化的传播者。

第四节　共筑文化强国之梦

对于今天的汉服复兴不仅是文化复兴中的一个实践符号，也是民族精神的一种映射与写照❶。相信在改革开放、经济发展、文化繁荣的今天，汉服同样能成为中国特色社会主义文化中的辉煌壮丽篇章，为中华民族文明的对外传播做出历史性贡献，以中国形象的新符号，成为国家文化软实力与文化强国的精神和感情的美好载体与寄托。

一、爱国主义底层逻辑

汉服运动在十余年的发轫期间，看似一路风生水起，然而却并非一帆风顺，掌声与赞美的背后充满了冷眼和嘲讽。就像网友"天涯在小楼"2004年的文章中写道："在哪里，那个礼仪之邦？在哪里，我的汉家儿郎？为什么我穿起最美丽的衣衫，你却说我行为异常？为什么我倍加珍惜的汉装，你竟说它属于扶桑？为什么我真诚的告白，你总当它是笑话一场？为什么我淌下的热泪，丝毫都打动不了你的铁石心肠❷？"这一段话不仅是作者心中最真实的情感和深切的悲伤，更是汉服运动发轫初期大众对汉服认知的最真实写照。

然而，汉服运动又如何在人们的反对、误解、质疑、嘲讽之中走到了今天，呈现出连绵不断、愈演愈烈的态势？恰恰是因为汉服运动的底层逻辑，是爱国主义。这一份份奉献、坚持、守护、拼搏的精神，构成了汉服运动与中华文化复兴的根基与支撑。从屈原的"虽九死其犹未悔"，文天祥的"留取丹心照汗青"，顾炎武的"天下兴亡，匹夫有责"，直至孙中山的"振兴中华"这些名句不仅让一代又一代的中国人民刻骨铭心，也是今天一批又一批汉服复兴者们彼此共勉的话语，那是因为爱国主义精神始终贯穿民族精神的思想红线，使得这一场文化复兴运动无论多苦多难，都能让大家凝聚在一起，从无奈中奋起，在逆境中成长，一

---

❶ 杨娜. 汉服归来. 北京: 中国人民大学出版社, 2018(8)319.
❷ 方哲萱: 网名"天涯在小楼". 所谓伊人在水一方(又名: 为汉服的低声吟唱). 2004.

步步推动汉服重新走入青史。这绝不是追求种族纯粹性和政治化的民族主义，而是隐藏在每位中华儿女心中深处的爱国主义。

这里面的理论误区也是当下对于爱国主义和民族主义的混淆。"爱国主义"意味着"特定地方和特定生活方式的奉献，不论军事还是文化，本质上是防御的[1]"。但民族主义则不同，它的本质"与对权利的欲望密不可分，所坚持的目标是摄取更大的权力与威望[2]"。正是因为二者的学术定义如此相近，以致于混淆了汉服复兴中的尊重、仁慈与同情。就像2019年适逢中华人民共和国成立70周年，人民日报"中央厨房"运营体系在微信上开启了"爱国Style"的"56个民族传统服饰"的换装小程序，用民族服装的造型"表白：我爱你中国"；又如海外华人举办的"汉服快闪活动"，用《我和我的祖国》惊艳全场，为祖国献上海外华人的赤子之情。2020年，在突如其来的新冠肺炎疫情事件中，以"岂曰无衣，与子同袍"为宣传话语，汉服"同袍"们踊跃向抗击新冠疫情第一线的武汉市捐款捐物，伸出援助之手，如淘宝网销售业绩最好的商家汉尚华莲捐款捐物共计100万元。这就是当代爱国主义的真实写照。

也许未来，汉服复兴的路还有很长，但正是它的爱国主义属性，成为支撑起无数人为它走下去的信念。爱国主义不仅是中华民族的精神基因，也是激励着一批又一批海内外华人为了汉服而不懈奋斗的最深层、最根本、最永恒的动力。"你的样子，就是中国的样子。你什么样，中国就什么样[3]"。尽管还有人在误解，在嘲讽，或者是西方别有用心的媒体或学者，借此夹带政治问题打击与诋毁。但不论路途遥远、艰难险阻，正因为"世世代代的中华儿女培育和发展了独具特色、博大精神的中华文化，为中华民族克服苦难、生生不息提供了强大的精神支撑[4]"。我们也可以相信，汉服文化的魅力和吸引力，一定能使它更紧密的联系海内外中华儿女，续写当代的汉服辉煌篇章，也为中华民族的伟大复兴贡献力量。

二、文化软实力的繁荣

当今世界，文化被称为软实力，集中体现了一个国家基于文化而具有的凝聚

❶ [美]毛里齐奥·维罗里著. 关于爱国 论爱国主义与民族主义. 潘亚玲，译. 上海：上海人民出版社，2016(4)：2.
❷ Notes on Nationalism. The Collected Essays, Journalism and Letters of George Orwell. New York: 1968 (pp.iii): 362.
❸ 朗诵：你的样子，就是中国的样子. 中央广播电视总台：2020元宵特别节目，2020-2-9.
❹ 十八大以来重要文献选编：中. 北京：中央文献出版社，2016：119.

力和生命力，以及由此产生的吸引力和影响力❶。追溯历史，中国先贤早在数千年前就阐释了"软实力"的思想。古代典籍最早将"文"和"化"连用起来，这里的"化"是动词，体现出"文"具有"化入人心"的巨大力量，指的是用这些伦理道德、诗书典籍去教化、影响人们。《周易·贲卦·象传》也对这种"软实力"的文化进行了阐释："刚柔交错，天文也。文明以止，人文也。关乎'天文'，以察时变；观乎'人文'，以化成天下。"意思是支配世界的权力（"止物"）可以有两种形式：武力胁迫的征服天下和文德之教的化成天下，古人将后者称为"文化"。这里的文化也正是"文化软实力"的意思，即通过文化的吸引来影响他国偏好的能力，这一思想可谓是贯穿了中国上千年的治国思想❷。

"人文化成"中，服饰文明也是文化软实力的重要表现。当国家综合国力强大时，它的服饰文化往往可以影响世界，有着较为有力的影响力和吸引力。就像秦汉时期凭借着"丝绸之路"，源自中国的丝绸，就开始传到中亚，传到欧洲。唐朝时期，日本遣唐使将大唐服饰带回日本，日本天皇下诏："男女衣服悉仿唐制。"从此唐代服饰在日本生根发芽，奈良时代仿唐之风更是鼎盛。明朝时期，安南（越南古称）黎朝也采用了宋明衣冠之制，被称为"越服"而保留，其中国王冠服更是与汉服如出一辙。历史上一个国家的服饰文化，更是与这个国家的综合实力相得益彰。与此对应的是，本国民众对于服饰样式的选择往往也是国家综合实力的体现。国家落后贫穷时，服饰文化不仅不会被学习模仿，更会被鄙夷歧视，就像清朝末年时的外国传教士所耻笑的"猪尾巴辫"，成了"脏"与"落后"的象征。而国家昌盛时，服饰文化也会被趋之若鹜，就像今天的国际四大时装周，他们的服饰会被全球各大品牌所借鉴，时装周发布新款若干小时后，电子商务平台上即有了"某某同款"，这也正是文化输出的表现。

今天，全面建成小康社会，实现中华民族伟大复兴，仍然离不开中华优秀传统文化的支撑❸，自然也不应该放弃与遗忘民族传统服饰这一重要环节，它不仅攸关着每个人的日常生活，更是在特殊场合中占据了举足轻重的地位。就像在全球化和本土化并存的当下，在国与国的特殊外交场合，一些国家代表都会穿着本民族服装出席，以显示自己文化的独立和特色。如韩国的仪仗队，至今仍保留了李

❶ 张江. 建设新时代社会主义文化强国. 北京：中国社会科学出版社，2019(3)：180.
❷ 朱汉民. 中国古代"文化"概念的"软实力"内涵. 湖南大学学报：社会科学版，2010-1-28.
❸ 孙守刚. 弘扬优秀传统文化　振奋中华民族精神——深入学习习近平同志关于继承和弘扬中华优秀传统文化的重要论述. 人民日报，2014-5-24.

朝王室的《国朝五礼仪》，仪仗队穿的是民族服饰，欢迎仪式中还保留了卤簿仪仗的献刀礼，仪仗队中也保留了古代的"五方神旗"，代表东、南、西、北、中五个方向。这些保留在国家层面的传统礼仪，不仅凝聚着这个民族对世界和生命的历史认知和现实感受，也积淀着这个民族最深沉的精神追求和道德准则❶。

如果今天的人们认可"越是民族的越是世界的理念"，更应该引领民族传统服饰在文化软实力建设中的作用。虽然我们曾经习惯了"洋为中用"的服饰倡导，但随着民族的复兴，也是到了反思民族传统服饰在哪里，以及如何发挥现代化建设积极作用的时候了。古为今用、推陈出新，把文化穿在身上，让中华民族的服饰文化跟着中国人一起，走出国门、走向世界，对全球文明做出应有的贡献。

这里的文化自信绝不是文化自大，更不是文化上的闭关锁国或拒绝文化交流。中华民族信奉和而不同的原则，能主动吸收和借鉴外来文化。对于服饰文明，古代如此，现代更应如此。"只有充满自信的文明，才会在保持自己民族特色的同时包容、借鉴、吸收各种不同文明❷"。千百年前，丝绸之路在服饰文化交流中留下了许多辉煌的篇章，之所以以"丝绸"为名，也是因为丝绸是这条人类物质和文化交融之路上最具代表性的商品。从中国的长纤维、丝绸纺织品到改良的吐蕃"撒答剌期锦"，再到具有民族地域特色的吐蕃贵族袍服，"丝绸之路"不仅有丝绸织物的传输和流通，还有以服饰为载体的更纵深的技术和艺术、物质和文化的交融❸。今天的"一带一路"战略，同样如此，不仅是一种经济交往，也是一种文化交往，也一定会为服饰文化交流带来新的价值。

三、文明古国历史担当

回眸历史，汉服的命运可谓坎坷。曾历尽数千年的繁华，却又遭遇劫难，陷入数百年的长久沉寂，"一国之芳兮"沦为"一国之殇"。华夏民族在神州大地，而华夏民族的服饰却在东亚邻邦。如今民族振兴、国家强盛，终于给汉服复兴带来重大转机。自2003年11月22日被王乐天穿上街头，汉服复兴运动扩大为社会公众事件，也成为当代的"汉服运动元年"。2013年第一届中华礼乐大会、第

---

❶ 莫秀凤，陈深汉. 服饰文化软实力的建设与发展研究. 南宁职业技术学院学报，2013(6).
❷ 文化自信的生动展示. 求是网，2020-2-9.
❸ 刘瑜. 以服饰为视角的"丝绸之路"文化交融研究. 兰州大学学报：社会科学版，2018(2).

一届西塘汉服文化周，2018年第一届中国华服日、第一届国丝汉服节，2019年第一届"华裳秀典—国风时装秀"，每年越来越多的大型活动纷至沓来。再到《中国诗词大会》的武亦姝，再到外国网站上风靡全球的李子柒、西安不倒翁小姐姐冯佳晨，这些饱读诗书、淡然出世、闭月羞花的汉服美女们也走入了公众视野，赞不绝口、掌声连连。于媒体眼中，这是汉服亚文化的"二次元"破壁；于市场眼中，这是"国货"经济井喷的一个起点；于学者眼中，这是年轻人"国潮"归来的一个表现；于世人眼中，汉服终不再是复古作秀、幼稚肤浅、奇装异服，而是国风回归、文化自信、中华符号的视觉盛宴。

复兴汉服，提高文化软实力，塑造中国形象，并不意味着文化侵略与强制输出，而是增加一个新的文化符号，共同传播中华文化。"自古以来，中华民族就以'天下大同''协和万邦'的宽广胸怀，吐纳八面来风，自信而大度地开展同域外民族的交往交流，谱写了万里驼铃万里波的浩浩丝路长歌，创造了万国衣冠会长安的盛唐气象❶"。今天的汉服重构亦是如此，复兴汉服不是要摒弃、打压或强制同化其他民族服装，恰恰是要携手并存，"各美其美，美美与共"。重构现代汉服体系的初心是填补"汉族没有自己民族传统服饰"这一历史遗留问题，今天的目标同样如此。对于中国其他传统文化部分，也从未想过要去争执谁才是唯一的文化符号，而是期望与武术、熊猫、长城等文化符号共同成为现代中国的国家形象。对于国际社会而言，重要的是以服饰为载体，向世界展现中国文化的独特魅力和内涵，推动世界文明交流互鉴，滚滚向前。

对于未来，汉服复兴的指向应是现代文明转型，浴火重生、再度辉煌。重要的是擦亮古老传统与时俱进的气质底色，以严谨的历史诠释重建文化认同，以鲜活的服饰装束重塑精神标识，以悠远的未来蓝图凝聚共同价值，让中华文明的生命力量由表及里的再度激活，这是我们对汉服复兴、文化复兴所期待的美好蓝图。今天我们所做的一切不是为了一己私利，更不是为了自由享乐，而是为了共同实现人们对美的追求、对美好生活的向往、对中华民族伟大复兴的期望。始终相信，只要走在正确的道路上，哪怕长路漫漫、曲折迂回，汉服运动必将走向最终的胜利。

"不忘初心、牢记使命"。汉服复兴，不应是被火热商业价值所迷惑的时尚消

---

❶ 文化自信的生动展示. 求是网, 2020-2-9.

费，也不应是由少数群体来背负的沉重家国情怀，而应该是所有人都可以轻松惬意、毫无负担地去享受祖先留下的福祉荣耀。愿终有一日，汉服不再被世人误解，中国传统服饰的璀璨文化能够得到传承与弘扬，中华文明能够再次引领世界。而我们今天所做的一切，关于汉服、汉服文化、汉服运动的全部努力，才能被人民记住、被历史记住、被子孙后代记住。这份行动力的源泉，正是百年来中国历经劫难后，无数人愿意奋起拼搏，"拼将十万头颅血，须把乾坤力挽回"的爱国主义精神，体现的则是"我以我血荐轩辕"的民族傲骨。

　　这也是一个文明古国的文化自信和历史担当。

后 记

　　《汉服通论》终于尘埃落定，太多的感悟不知从何说起，唯一的感觉就是：难！难！难！太难了！真的太难了！

　　在认识汉服的这十四年里，曾经有很多的问题我不理解，为什么很多人反对汉服，也不理解汉服复兴运动，甚至有"中国历朝历代服饰风格不一样，从古至今都不存在汉服这个说法"的质疑言论。大学毕业后，大概开始明白了一些，因为汉服复兴实践活动与理论解释之间存在着悖论，对于汉服的制作、穿搭和活动是充满了建构主义色彩的，比如"汉洋折衷"的搭配、"汉元素"的设计，又或者是现代人所设计的集体成人礼、婚礼、毕业礼，都是根据现代人们的社交属性所创新的。也就是说，汉服的"理论"，一直是局限在具有本质主义色彩的中国古代服饰史，不仅以"唐制""唐风""宋制""宋风"来划分汉服的各类风格，还不断地以文物考据、名物训诂进行倒推，要求必须与古人的服饰一模一样，如果不一样的话，就是不符合形制的"改良汉服""仙服""影楼装"。实践与理论之间的分离，更是成了世人们看不懂汉服的重要理由。

　　可是那时的我，虽然能看到其中的问题，但却是无能为力。虽然我相信，如果想让汉服更好地传承下去，在现代社会中真正的复兴，就必须回到汉服运动的初衷——找回汉族的传统民族服饰。那么今天最好的，也是唯一的办法，就是要依托十七年数以千万计汉服同袍的实践成果，重构一套与当代建构的汉服复兴活动相匹配的汉民族服饰理论。然而，要想重构，谈何容易？曾经满心期盼有学者、专家，或者是权威机构参与，完成一套完整的汉服理论，或是真正的汉民族

后记

服饰理论，才是对于汉服复兴的最好解答。

直到认识了第一位做汉服运动研究田野调查研究的日本神奈川大学的周星教授，他彻底地否定了我的"期盼"。在与周老师的交流中，周老师曾多次提到了汉服复兴中的悖论，我也是感同身受，于是向周老师请教解决办法。周老师告诉我说："如果要想解决这个问题，你们不能指望任何人，只有靠自己。我作为一个学者，可以指引你的学术研究方向，也可以帮助你建立学术思路，但是对于汉服体系的建设，真正去解决实践与理论的悖论，必须要靠你们自己。因为理论体系的建设，不仅要基于本身具有的汉服实践活动认知，还必须要跳出汉服爱好者的立场，在现代学术思维的指导下，搭建完成现代汉服体系，这也是汉服复兴的唯一出路。"此后，周老师这句话一直在我脑海里回荡。慢慢地，我也认同如果想要真正解决这个瓶颈与悖论，我能做的，只有靠我自己。

我知道自己最大的弱势就是没有受过社会科学的学术训练，在周星老师的鼓励与支持下，跨专业报考了中国人民大学社会学专业博士，系统的接受学术指导与训练。在完成博士答辩之后，就开始投入到现代汉服体系的搭建过程中，但是当真正动笔时才明白这是何等的艰难！因为不论是对于汉服本身的概念，还是汉服复兴的实践方向，甚至关于汉民族本身的发展史，十七年来的正向解释几乎都是一片空白。在过去的很多阐释中，更多的是反向指代，如"汉服是剃发易服前的服装""汉服不是旗袍"，即使对于汉服所赋予的文化符号、文化象征的意义，更多也指向了古代汉服的思想与内涵，如"服章之美谓之华""冕服采章曰华"。但对于现代汉服是什么，这里的"汉"来自哪一阶段，"服"又包含了哪些范围，传统是传自哪里，接续的又是哪一部分等，自始至终都没有人能够说清楚。

写书的过程中，不仅会想到周星老师的鼓励，也时不时会想起当年那些嘲讽汉服的人们说过的话："汉民族服饰？我就不信你们这些小孩子们真的能够自圆其说，建设一套与之匹配的汉民族服饰理论。"但是越是有过嘲讽和不解，这件事情对于我来说就更要去做，去完成，去做好。因为我始终相信，只有汉服这一事物，能够正面解决汉族没有传统民族服装这一问题。中国孔子研究院院长杨朝明教授对我们给予了莫大的鼓励和支持。他指出："汉服不是古装，也不是复古的衣服款式，而是中华文化的重要载体之一。"只有立足于现代的民族学、民俗学理论，解构中国古代服饰史，重构现代汉民族服饰体系。使我们的传统服饰，

403

不再局限在文物考据范畴，而是成为可以演化、发展的现代民族服饰。更重要的是汉服复兴的实践成果，不能仅仅作为中国古代服饰史案例的复原、还原实验，这样一个死循环，而是真正成为我们现代中国人生活的一部分，成为传统文化复兴中的一个重要组成部分，更成为当代中国人为之骄傲的文化符号。这才是真正的汉服复兴，更是我们无可推卸的使命与责任。

但是说起来容易，做起来真的格外艰辛。我也经常想到我的已故导师郑杭生的话，老师一生致力于中国社会学的"理论自觉"，他曾经写道："如果没有'理论自觉'，如果还用西方的观点、西方的理论来解释中国社会的巨变，还是在西方的笼子中跳舞❶。"每次回想到这段话时，我都深受感触，因为对于汉服更是如此。汉服理论，绝对不是用历朝历代的古代服饰史来解释，更不能用历史上的文物和文献来评估，否则依旧是中国古代服饰的案例。重要的是重新定位在汉民族这一社会实体的民族服饰，注重服饰在民族文化和思想大框架下，结构的演变与传承，这才是可以为现代中国人所用的汉服呀。只有实现理论自觉，才能够为自己争取到更多平等对话的权利和能力。这也是汉服发展历程中唯一的出路。再难，也绝不能畏惧，更是要咬着牙坚持。

很幸运，在这过程中认识了本书的另外两位作者张梦玥和刘荷花。张梦玥是当之无愧的第一批汉服复兴者，2003年时开始在汉服运动的发源地汉网论坛上发布汉服相关的研习帖子，2005年发表现代第一篇关于汉服的学术论文，而被网友们大量引用与转发的汉服定义，也是出自她之手。在一起写书的这三年里，张梦玥经常说，汉服就像她的第三个孩子，为了能够在工作之外挤出时间去翻阅各类哲学思想、文化概论还有中国古代服饰史，她经常是把老大放到奶奶家，老二放到姥姥家，这样她才能够回到自己家，专心的守护"老三"汉服。刘荷花阿姨，网名汉流莲，已经是与家中长辈们一般的年岁了，也是当代的第一批汉服复兴者，阿姨是客家人，在聊天时得知她在很小的时候曾经跟老家的乡村裁缝们学过传统剪裁技艺与口诀，在认识汉服以后，更是坚定地相信，这就是她今生要找回的汉民族服饰。阿姨最初听到我要做的理论大纲后，第一句话是："你这个思路应该是一个学术研究团队的事，这样做会搞死我的。"可是我也很无奈："现在能弄懂汉服的人并不多，我也没有能力和金钱去组织团队，我能做的，只能是

---

❶ 郑杭生. 社会学概论新修: 第五版. 中国人民大学出版社, 2019(1): 29.

'搞死'我们自己……"不过，这也仅仅是玩笑话，刘荷花阿姨还是义无反顾地跟我们一起，共同完成了《汉服通论》这本书，从大纲到修订，前后反复更正共计三版，以及其中的形制示意图都是阿姨在百忙之中手绘完成。

难，真的太难了。提笔后也更深刻地感受到，为什么迄今为止汉服都没有自己的理论体系，因为这不仅要懂汉服，还不能仅仅懂汉服，一定要跳出服饰本身，才能够真正地重构这套汉服理论，这个难度远远大于服饰本身的考据与训诂。在这四年的过程中，我们前后看了有近千本书，还有数千篇的文献，涉及民族学、民俗学、人类学、社会学、政治学、历史学、考古学等诸多学科，从中国古代服饰史、各类文献、文物的款式训诂书籍，以及网络上大量汉服爱好者们的研习作品中，寻找到汉民族服饰的共性，以及各类款式的结构演变思路，梳理出汉民族传统服饰的现代化接续脉络，实现对古代汉服的梳理归纳和现代汉服的传承发展，最终完成了这本可以呈现给世人的《汉服通论》。

我和张梦玥都有一份本职工作，而且与汉服毫无关系，所以我们大部分书稿都是在半夜完成，经常是写到一两点钟，或者搭入仅有的周末休息时间。刘荷花阿姨更是在照顾家中耄耋高堂、又要与中国装束复原小组一起做服饰展示的空余阶段，完成了书稿的写作和修订。而且，为了能够真正地解释清楚汉服的发展脉络，整本书稿前后改了三遍，不仅要自己与自己"争论"，也要彼此讨论，我们也经常为了一个观点或者一个理论解释，争论的面红耳赤，或者互"怼"，毫不客气，但最后往往是以2：1，或者"休战"后自行想通的办法来解决。问题解决之后，彼此之间仍是不离不弃的继续奋笔疾书。而且为了追求最佳的描述方法，还要推翻与删除写好的稿子，一次次重新调整结构与理清脉络，在三次几乎是全部推翻旧稿子的情况下，终于完成了这一本《汉服通论》。如今，再回首这数十万字的书稿，虽然已经不记得自己这四年的时间又是怎么熬过来的，但留在书桌上的三百余本书籍和电脑中的千余篇文献资料，证明着我真的是努力过，奋斗过，更是为汉服复兴的理论搭建拼尽了全力。

另外，要特别感谢为这本书作序的三位老师。杨丽丽是中国传统文化促进会会长，与杨老师的认识纯属偶然，但是老师对汉服表示了大力支持，一直告诉我说她真心为我们这些身体力行复兴传统文化的年轻人点赞，只要是汉服的事情，无论何时何地，一定会力所能及的帮忙。蒋金锐老师也是我的老师，与蒋老师的相识也像是冥冥之中注定，是源自北京服装学院的课程安排，蒋老师希望能找到一位可以讲汉服的人，于是搜索到我，后来对于这本书的序言，找到蒋老师后，蒋老师毫不犹豫地就答应了，她说，只要是我的事，关于汉服的事，她一定会帮忙的。王冠老师是我的同事，周末的时候经常会在他的《王冠红人馆》中聊聊近期的经济新闻，每一次都为王冠老师的知识储备、直播控场能力和滑稽幽默的措辞而折服，这一次请王冠老师写序言，王老师更是要走了全书稿，认真打磨完成了本书的序言。最后，要特别感谢为本书题词的张改琴老师，张老师是原中国书法家协会副主席，其实本来并不认识，我是看到张老师在中国书法家协会上关于《找寻失落的汉服文案》的提案后找到她，在素未谋面的情况下，希望为上一本书《汉服归来》题词，张老师立刻答应了，特别感动，后来我还特意去兰州拜访了张改琴老师，希望老师能为这本《汉服通论》再一次题词，老师又是毫不犹豫地答应了，她说，没想到她在两会上关于汉服提案一事，竟然导致了与我结缘。

还要感谢为本书写了推荐语的各位老师和朋友。感谢周星教授长期以来对我的学术研究的鼓励，若没有周老师的指导与关怀，绝对不会有今天的学术小成绩；感谢彭永捷教授，一直以来对于汉服活动和汉服理论的帮助，而且也是不断指点对于汉服发展中应该注意的问题，并且尽可能地提供资助；感谢甄忠义教授，同样素未谋面，但是知道老师一直特别喜欢汉服，看到照片上白须飘飘，就是记忆中华夏民族长者的模样，并且还为本书提供了河北美术学院毕业学位服的实践图片；感谢好友闫光宇，我们的相识是源自华服日，那时听说他要牵头办活动时，非常震惊，而且也是经历了重重困难后，保证了华服日的如期举行，很荣幸受邀参与了第一届华服日的组委会，有幸见证了活动每一个环节的艰难与繁杂，彼此留下的也是汉服复兴路上患难与共的友谊；感谢同事李思思，虽然是同事，因不同部门缘悭一面，及至见面之后竟有相见恨晚的感觉，当得知我在写关于汉服的书后，一直表示愿意尽可能地提供帮助。感谢同事苗霖，也是认识多年的好伙伴，后来有幸成为同事，还合作出品了《汉服说》这首歌曲，共同为汉服复兴而努力；需要特别感谢的好友李子柒，也是相识几年的好姐妹，后来看着她在油管上越来越火，还成了诸多媒体眼中"中国传统文化国际传播"的代言人，真心为这位勤劳、努力、善良的姑娘感到高兴与骄傲，本来以为她在红了之后没有时间再理我，但却一直是有微信必回，当告诉她我要写书之后，她不仅提供了书稿配图，还亲笔为本书写了推荐语。除此之外，也会经常与她请教国际传播经验，她在百忙之中，还分享了很多在与外国网友互动、讲述中国故事的故事，特别感谢。

对于本书的内容，特别感谢毫无保留地提供了《浅谈当代汉服体系传承与重构》的参与者：刘荷花（汉流莲）、逐雁听琴、吴笑非、张梦玥、欧阳雨曦、王闻达、青松白雪、万壑听松、刘帅、琥璟明、王永晴、嘉阳，这一部分内容也成了本书现代汉服体系划分的基础大纲。此外还要单独感谢琥璟明的支持，他把自己的《当代汉服体系构建》等相关文章提供给我们参考，有些内容也纳入本书应用体系中。另外还要感谢文化和旅游部、共青团中央、北京故宫博物院、中国国家博物馆、中国丝绸博物馆、陕西省委宣传部、陕西省历史博物馆、中国人民大学、北京大学、北京服装学院、北京师范大学、北京师范大学附属实验中学、浙江省嘉善县宣传部、西塘古镇、中国传统文化促进会，为本书的研究提供了大量的文献、资料和图片支持。还要感谢中央广播电视总台综艺频道《国家宝藏》《衣尚中国》节目组，以及文艺之声、经济之声、中国国际电视台（CGTN）、央视网、央视频提供的资料、文稿、宣传平台支持，还要特别鸣谢央视纪录国际传媒有限公司授权的节目海报，特别允许本书宣传使用。除此之外，感谢中国装束复原小组提供的大量考据资料、文献梳理以及复原实践配图，成了本书的一个重要组成部分，甚至还几经沟通其中部分款式的主体样式；还有古墓仙女派的宣传资料、北京师范大学附属实验中学何志攀老师的教学思路、"汉服资讯"公众号的统计数据，感谢他们为本书提供的支持。

本书的配图，有太多太多要感谢的商家，他们是（按拼音排序）：北京汉婚策、池夏汉服、重回汉唐、都城南庄、福建厦门缘汉·汉礼、风雪初晴、汉尚华莲、考工记首服足服工作室、流烟昔泠、花间赋、花朝记、花妖汉衣堂、静尘轩、京渝堂、马师傅汉服工作室、明华堂、菩提雪、琴瑟汉婚＆汉文化、如梦霓裳、十三余小豆蔻、双玉瓯、溪春堂传统服饰、衔泥小筑、雅韵华章、簪花阁、织羽集等都无偿提供了商品图，使本书的文字部分不再枯燥。感谢全球各汉服社团和机构，阿根廷天南汉家、汉服北京、北京华夏文化研习会、北京墨舞天下汉服社、春耕园书院、重庆汉风文化社、德国汉文社、法国博衍协会、福建汉服天下、广州市汉民族传统文化交流协会、汉服春晚、控弦司、纳兰美育、欧洲汉服协会、日本汉服协会、四川汉服专委会、上海汉未央传统文化促进中心、石门汉韵、雅乐传习所、英国英伦汉风汉服社等，帮助协调了大量活动、合影图片。

除此之外，还有身边多年的好朋友对这本书的大力支持。首先要感谢的是，近十年的好朋友璇玑，当年不仅接手了英国英伦汉服社，还把汉服社推向了新的高度，而我每次写书稿或者期刊稿件需要配图时，她都是我脑海里闪过的第一个人。这次书稿中对于部分必须有，但又找不到合适的配图，绝大部分是由璇玑专门拍摄完成；除此之外，感谢虞鶵，为了更好地展示效果，在北京故宫开门的第一天就专门前往故宫，为本书完成了核心配图的拍摄。另外，还要感谢羁儿、书杀、面具、百里奚的大力支持，部分图片也是专门抽出时间、找好衣服、约好摄影师拍摄完成。此外，还有各网站的"网红"好友们，甚至有些是十余年来都素未谋面，仅仅是网络联系，但在了解到我需要配图后，也是第一时间发来合适图片，这里面主要有：敖珞珈、波兰Marta Rezmer、冬小蜜兄、旒璃、十音、徐娇、小豆蔻儿等。

　　此外，还有大量的摄影机构和摄影师，也参与了配图的拍摄。最要感谢的是北京华裳摄影，我是10年前在网络上搜索汉服摄影时找到的这家拍摄机构，这些年我已经成为该店的"老客户"，每次文章需要配图，或者制作宣传海报时，都是找华裳摄影拍摄，为了追求时效，摄影师、化妆师陪我拍摄到夜里1、2点也是常事。除此之外，还有摄影师忍者便利屋，我的每一本著作中都有他的作品，也是在百忙之中屡次帮我完成了配图拍摄。另外还有摄影师耘耘众生、凉小酸，也为本书提供了插图。感谢我的表妹胡楠，人在美国因为时差缘故，每次我们沟通都是她的夜里，即便如此仍帮我手绘了大量人体模特图。除此之外，还有宝马儿、吴笑非也提供了曾经发布在网络上供大家实验制作曲裾深衣、朱子深衣、江永深衣、黄梨洲深衣的原图，为本书增加了历史感。

　　本书的出版、发行与宣传，特别感谢中国纺织出版社的策划编辑巨亚凡，在一次偶然的机会了解到汉服后，也深深地"入了坑"，更是全力支持本书的出版，还一直在定期的"催稿"鞭策我，要加油，要努力，不要因为稿子的煎熬而给自己找理由。开玩笑时候说，她不光是要做策划，还要鼓励作者坚持写下去，而为了这本书能拥有更多的宣传、推广资源，也一直在向出版社争取。在本书的宣传推广过程中，感谢北京紫薇星文化产业集团张扬、北京红楼公共藏书楼徐鹰对于网络宣传的大力支持，以及网友百里奚、琥璟明、书杀、嘉林、若木、快乐的蜜蜂、空心砚、秧苗等人的参与支持。

　　这本书，还有太多要感谢的人。要感谢我们的家人，对我们的支持，就像我的父母和公婆，张梦玥的父母和公婆，都是替我们分担了照顾孩子的大量工作，让我们可以安心在工作之余写书。另外感谢长期以来对我学术支持的老师们，中国人民大学的李路路教授，也是我的导师，虽然我博士毕业已经三年了，但一直帮我指点思路。此外，还有中国人民大学张建明教授、洪大用教授、郑水泉教授、冯仕政教授、陆益龙教授、郭星华教授，中国艺术研究院的李宏复教授、吴玉霞教授，也都经常抽出宝贵时间，讲授学术上的前沿理论，帮助我们解疑释惑、分析症结，更是提供了大量学术资源支持。还有我的博士同学们，谢宇、侯玲、施曲海、宋义平、邵占鹏等，一直在"学术圈"内帮我提供各类资源。

最后还要感谢我的单位、领导和同事们，特别是我的老领导，不仅一直鼓励着我要在汉服复兴的路上坚定走下去，甚至还抽空翻阅大量的汉服新闻报道和自媒体的发展态势，帮我寻找写作思路，寻找汉服复兴的大方向和自媒体宣传的落脚点。另一位老领导，担心我把握不准书稿落脚点，或是对传统文化的立意高度不够，最后亲笔动手、逐字审阅修改完成了本书最后一章，不胜感激。还有我身边的领导和同事们，刘倩、王元朋、庞宁、韩巍、王希、刘畅、刘钊、王晨、陈璜等，也提供了很多资源支持，帮我联系到一些宝贵的一手资料。正是身边朋友、同学和同事们的鼓励、信任与帮助，也成了我们在汉服理论研究这条路上能够一直走下去的最坚定的后盾。

这本书写得也许还不够完美，也许存在有错漏之处，还望大家批评指证，毕竟我们的理论功底、写作能力、视野格局都有限，但我们希望以此书作为现代汉服理论研究的一个开端，让更多人能够了解汉服、喜欢汉服、在日常生活和礼仪场景中应用汉服，也期待更多人能够真正地认识汉服的来处与去处，推动我们的传统文化获得新生。让这源自历史、基于传统、立足当下、面向未来的服饰，在现代社会中熠熠生辉，成为现代社会文明的一个组成部分。

于汉服复兴而言，它在现代社会中走过了十七年，饱经风霜、举步维艰，毕竟这是一场生于草根、长于草根的传统文化复兴现象，但恰恰是它的草根性造就了它有着草根一般的韧劲——"野火烧不尽，春风吹又生"。虽然未来的路还有很长，但是我相信在党中央弘扬中华优秀传统文化的倡导下，在多元文化之中，汉服的复兴一定会有它的必然性，汉服也完全可以承载大国崛起的精神内涵和文化自信，只要我们坚定信念的穿着与实践，不放弃；只要我们找准正确的方向继续努力，不犹豫；只要我们吸引更多人加入"穿汉服"的行列，不退缩。汉服复兴一定会赢来更加美好的明天。

于我而言，待到两鬓苍白、步履蹒跚时，能够问心无愧的说：我这一生为汉服复兴拼尽了全力，不辱于祖先、无愧于后代，这就足够了。愿古衣今裳，与时偕行！

杨娜（"兰芷芳兮"）

辛丑年三月

中央广播电视总台